U0296239

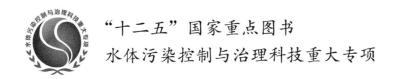

"十二五"国家重点图书

水体污染控制与治理科技重大专项

饮用水深度处理技术

张金松　刘丽君　等编著

中国建筑工业出版社

图书在版编目(CIP)数据

饮用水深度处理技术/张金松等编著. —北京：中国
建筑工业出版社，2016.10
"十二五"国家重点图书. 水体污染控制与治理科技
重大专项
ISBN 978-7-112-19529-9

Ⅰ. ①饮…　Ⅱ. ①张…　Ⅲ. ①饮用水-给水处理
Ⅳ. ①TU991.25

中国版本图书馆 CIP 数据核字（2016）第 139063 号

　　本书为"十二五"国家重点图书"水体污染控制与治理"科技重大专项研究成果之一。研究根据我国不同地区的特点，选择长江流域、黄河流域、珠江流域开展饮用水深度处理应用技术研究，重点针对臭氧-活性炭工艺的设计与运行管理、副产物控制、生物风险控制等问题开展研究，形成了一批应用型成果，并通过示范工程得到了推广和应用。本书对上述成果进行了总结和提炼，具体包括臭氧-活性炭工艺设计与优化、臭氧-活性炭与其他工艺的组合、臭氧化副产物控制、臭氧-活性炭工艺生物风险控制等四个方面，最后通过案例的形式，对深度处理技术成果进行了具体展示，对成果的推广应用情况进行了总结。本书可为城市供水厂采用臭氧-活性炭工艺进行建设或改造，以及运行中深度处理水厂提供工艺选择的参考和技术改造的借鉴。

责任编辑：俞辉群　石枫华
责任校对：王宇枢　赵　颖

"十二五"国家重点图书
水体污染控制与治理科技重大专项
饮用水深度处理技术
张金松　刘丽君　等编著
*
中国建筑工业出版社出版、发行（北京海淀三里河路 9 号）
各地新华书店、建筑书店经销
北京红光制版公司制版
北京中科印刷有限公司印刷
*
开本：787×1092 毫米　1/16　印张：24¾　字数：566 千字
2017 年 8 月第一版　2017 年 8 月第一次印刷
定价：**98.00 元**
ISBN 978-7-112-19529-9
(28813)

丛书编委会

主　　　　任：仇保兴

副　主　任：陈吉宁　　陈宜明　　邵益生

编　　　　委：王秀朵　王洪臣　王晓昌　王峰青　孔彦鸿　孔祥娟

邓　彪　甘一萍　刘　翔　孙永利　孙贻超　孙德智

严以新　严建华　李广贺　杨　榕　杨殿海　吴志超

何　强　汪诚文　宋兰合　张　昱　张　智　张　勤

张仁泉　张　全　张　辰　张建频　张雅君　陈银广

范　彬　林雪梅　周　健　周　琪　郑兴灿　赵庆良

越景柱　施汉昌　洪天求　钱　静　徐宇斌　徐祖信

唐运平　唐建国　黄　霞　黄民生　彭党聪　董文艺

曾思育　廖日红　颜秀勤　戴星翼　戴晓虎

本书执笔主编：张金松

本书责任审核：刘文君

前　　言

近年来，由于环境污染带来的水源水质的持续恶化是饮用水安全的最大隐患。目前，绝大部分集中式供水厂仍采用以去除浊度和微生物为目标的常规处理工艺，对受污染水源中溶解性有机物，特别是对加氯消毒后形成的"三致"物质及其前驱物，常规处理工艺没有明显的去除效果，相反还可能使出水氯化后的致突变活性提高，水质毒理学安全风险加大，对人体健康造成危害。因此对于受污染水源，常规工艺处理后的出水已不能充分满足水质净化的要求，在饮用水常规处理工艺基础上，选择针对污染水源水质特征的饮用水深度处理技术势在必行。

随着我国《生活饮用水卫生标准》（GB 5749—2006）的全面实施，以及中央和各级地方政府对饮用水安全的高度重视，近十年来饮用水深度处理技术在水厂的应用发展迅速，与此同时，在深度处理技术应用中遇到一些新的问题亟待解决，为此，国家"十一五"水专项饮用水主题根据不同地区的特点，选择长江流域、黄河流域、珠江流域开展饮用水深度处理应用技术研究，特别是重点针对臭氧—活性炭工艺的设计与运行管理、副产物控制、生物风险控制等问题开展研究，形成了一批应用型成果，并通过示范工程进行推广和应用。本书对上述成果进行了总结和提炼，具体包括臭氧—活性炭工艺设计与优化、臭氧—活性炭与其他工艺的组合、臭氧化副产物控制、臭氧—活性炭工艺生物风险控制等四个方面，最后通过案例的形式对深度处理技术成果进行了具体展示，对成果的推广应用情况进行了总结。本书可为城市供水厂采用臭氧—活性炭工艺进行建设或改造提供工艺选择的参考和技术改造的借鉴。

本书的编写工作得到了住房和城乡建设部水专项管理办公室、水专项总体专家组和饮用水主题专家组的大力支持，水专项饮用水主题"珠江下游"、"长江下游"和"黄河下游"三个项目相关课题承担单位和示范工程单位提供了研究成果和示范工程资料。在此，谨表示衷心感谢！

全书由张金松、刘丽君负责组织编写和定稿，各章主要撰写人员为：第 1 章，张金松、刘文君、乔铁军；第 2 章，杨宏伟、李继、刘文君、陆少鸣、冯硕；第 3 章，马军、高乃云、乔铁军、杨宏伟、梁恒；第 4 章，董文艺、李继、陆少鸣；第 5 章，尤作亮、刘丽君、尹文超、刘文君、赵建树；第 6 章，张金松、张燕、高乃云、戎文磊、刘文军、马军、刘丽君、常颖、冯硕、乔铁军、范爱丽；第七章，刘文君。

本书主审刘文君。

由于书中涉及的内容广泛，有些成果仍有待于在应用中不断完善，书中难免有不妥和不足之处，敬请读者批评指正。

目　　录

第1章 绪 论

1.1 饮用水深度处理技术需求分析

1.1.1 我国水源水质的现状

水体污染是指进入水体中的污染物在数量上超过该物质在水体中的本底含量和水体的环境容量，从而导致水的物理、化学及微生物性质发生变化，使水体固有的生态系统和功能受到破坏。当受污染的水体作为饮用水水源时，就会对人体健康产生危害。

近年来，我国工业废水和生活污水排放量逐年大幅度增加，导致河流、湖泊和水库等水质污染日益加剧，水体污染的形势十分严峻，有的甚至到了积重难返的地步。《全国城市饮用水水源环境保护规划（2008-2020年）》判断，"水源地面临的环境压力显著增大，饮用水水源水质总体呈下降趋势"。根据《中国绿色国民经济核算研究报告2004》公布的结果，2004年我国因环境污染造成的经济损失为5118亿元，其中水污染的环境成本高达2862.8亿元。

2012年上半年，全国地表水环境质量总体为轻度污染。长江、黄河、珠江、松花江、淮河、海河、辽河等七大水系、浙闽区河流、西南诸河、西北诸河以及太湖、巢湖、滇池等重点湖（库）等759个国控监测断面（点位）监测结果表明：Ⅰ类～Ⅲ类水质断面比例为51.5%，劣Ⅴ类水质断面比例为15.5%。与上年同期相比，Ⅰ类～Ⅲ类水质断面比例提高3.7个百分点，劣Ⅴ类水质断面比例降低0.6个百分点，主要污染指标为化学需氧量、总磷和氨氮。七大水系中，长江和珠江水质良好，淮河为轻度污染，黄河、松花江和辽河为中度污染，海河为重度污染。与2011年同期相比，七大水系总体水质状况无明显变化。

如图1-1所示，2011年，全国地表水水质总体为轻度污染，湖泊富营养化问题突出。长江、黄河、珠江、松花江、淮河、海河、辽河、浙闽片河流、西南诸河和内陆诸河等十大水系469个国控断面中，Ⅰ类至Ⅲ类、Ⅳ至Ⅴ类和劣Ⅴ类水质的断面比例分别为61%、25.3%和13.7%，主要污染指标为化学需氧量、五日生化需氧量和总磷。26个国控重点湖泊（水库）中，Ⅰ类～Ⅲ类、Ⅳ类～Ⅴ类和劣Ⅴ类水质的湖泊（水库）比例分别为42.3%、50.0%和7.7%。主要污染指标为总磷和化学需氧量。中营养状态、轻度富营养状态和中度富营养状态的湖泊（水库）比例分别为46.2%、46.1%和7.7%。

2010年，全国重点流域水环境质量总体为中度污染，Ⅰ类～Ⅲ类水质比例为51.9%，

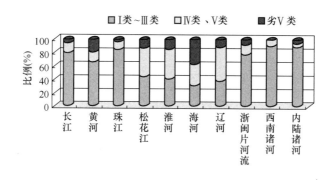

图 1-1 2011 年十大水系水质类别比例

Ⅳ类和Ⅴ类为 27.3%,劣Ⅴ类为 20.8%,如图 1-2 所示。全国地表水国控断面高锰酸盐指数平均浓度为 4.9mg/L,同比下降 3.9%,满足Ⅲ类水质标准要求;氨氮平均浓度为 1.38mg/L,同比下降 12.1%,但仍超过Ⅲ类水质标准。七大水系水质总体为轻度污染,Ⅰ类~Ⅲ类水质比例为 59.6%,同比 2009 年上升 2.3 个百分点;劣Ⅴ类水质比例为 16.4%,同比 2009 年下降 2.0 个百分点。"三湖一库"富营养化依然较严重,"水华"现象时有发生。太湖湖体水质基本为劣Ⅴ类,水体以轻度富营养状态为主,水华频次比例为 80%;巢湖西半湖水质以劣Ⅴ类为主,处于中度—重度富营养状态;东半湖水质以Ⅳ类为主,处于中营养—轻度富营养状态,水华频次比例为 76%;滇池外海水质为劣Ⅴ类,水体处于中度—重度富营养状态,在 21 次蓝藻预警和应急监测中,滇池水域持续出现"区域性水华"。

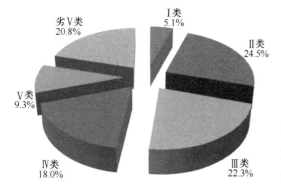

图 1-2 2010 年全国地表水水质类别

2009 年,全国地表水总体为中度污染,759 个地表水国控监测断面中,Ⅰ类~Ⅲ类水质比例为 48.2%,较 2008 年提高了 0.5 个百分点;劣Ⅴ类水质断面比例为 20.6%,较 2008 年下降了 2.5 个百分点,首次达到《国家环境保护"十一五"规划》目标(<22%)要求。七大水系水质好转,部分流域污染仍然严重。Ⅰ类~Ⅲ类水质断面比例占 57.1%,较 2008 年提高了 2.1 个百分点,较 2005 年提高了

16.1 个百分点,达到《国家环境保护"十一五"规划》目标(>43%)要求。七大水系中,长江和珠江水系Ⅰ类~Ⅲ类水质比例在 80% 以上,黄河水系为 68.2%,辽河、松花江、淮河和海河水系均在 40% 左右。重点湖库未出现大面积"水华"和水体大面积黑臭,其中太湖、滇池和洪泽湖水体为重度污染,营养状态为轻度富营养;巢湖水体为中度污染,营养状态为轻度富营养;洞庭湖水体为中度污染,营养状态为中营养;鄱阳湖水体为轻度污染,营养状态为轻度富营养。

全国大部分水源均受到不同程度的污染,饮用水源地水质不符合饮用水源要求,有

机、有毒污染现象较为严重，短期内难以根本好转。2007 年环保部门对水源地进行了普查，结果表明：全国 4002 个饮用水水源地中，共有 1032 个地表水源和 411 个地下水源不符合作为饮用水水源的水质要求，涉及供水规模约 1.33 亿 m^3/d。全部公共供水厂中，原水水质不符合饮用水水源要求的水厂 2566 个，涉及供水规模总计 1.47 亿 m^3/d、用水人口 1.9 亿人。综上所述，原水不符合集中式生活饮用水水源水质要求的水厂供水规模超过总规模的 50%。水厂原水水质超标主要指标统计见表 1-1。

水厂原水水质超标统计　　　　　　　　　　　　　　　　　表 1-1

超标指标	水厂数量（个）	供水规模（亿 m^3/日）
高锰酸盐指数和氨氮	155	0.17
高锰酸盐指数	276	0.25
氨氮	190	0.20
硝酸盐	75	0.02
铁、锰、氟化物、砷	477	0.09
总硬度、硫酸盐等其他指标	1393	0.74
合计	2566	1.47

2008 年，环保部门对全国城镇 4002 个集中式饮用水水源地进行了水质调查统计：2333 个饮用水地表水源地中，不符合水源水质标准的水源地达 1079 个，占地表水源地总数的 46.2%，主要污染物为氨氮、耗氧量、氟化物、挥发酚、硫酸盐、硫化物、铁、锰、石油类等。1669 个饮用水地下水源地中，未达到《地下水质量标准》（GB/T 14848—93）Ⅲ类水体水质标准的有 308 个，约占地下水源地总数的 18%。

2009 年，住房和城乡建设部又对全国设市城市和县城 4457 个公共供水厂取水口水质进行了调查：2714 个公共供水地表水厂中，水源水质不达标的有 1219 个，占地表水厂总数的 45%；供水能力 1.15 亿 m^3/d，占地表水厂供水总能力的 59%。1743 个公共供水地下水厂中，水源水质不达标的有 640 个，占地下水厂总数的 37%；供水能力 0.122 亿 m^3/d，占地下水厂供水总能力的 29%。原水水质超标主要指标是铁、锰、高锰酸盐指数、氨氮、氟化物、砷和硝酸盐。

住房和城乡建设部连续 8 年（2002 年～2009 年）对 35 个大中城市（除拉萨市外）的公共地表水厂约 12000 个取水口水源水样检测，结果表明：达到Ⅱ类水体标准的水样数量比例由 2002 年的 24.8% 下降到 2009 年的 8.6%，主要超标项目为有机物和氨氮，石油类、耐热大肠菌群超标情况呈上升趋势。

2010 年《113 个环境保护重点城市集中式饮用水水源地水质月报》显示：84 个饮用水水源地不达标，占重点城市饮用水水源地的 22.8%。40 个城市水质存在安全隐患，占重点城市的 35.4%。该结果主要通过常规污染指标反映，若考虑到难以检测的微量有毒有害物质、三致物质以及环境激素类物质，则目前的饮用水水源水质污染状况更加严峻。

水源水质的持续恶化是饮用水安全的最大隐患，而与水源水质相适应的饮用水处理技术的发展相对滞后，常规处理工艺对受污染水源中溶解性有机物，特别是对加氯消毒后形成的三致物质及其前驱物没有明显的去除效果，相反还可能使出水氯化后的致突变活性有所增加，水质毒理学安全性下降，对人体健康造成危害。常规工艺处理后的出水，已不能满足污染水源水质净化的要求，不能有效解决水源中持续出现的氨氮、亚硝酸盐氮超标和水源高含量藻类及藻类代谢物引起的色、臭、味的问题，更不能满足人们对饮用水水质的要求。因而，在饮用水常规处理工艺基础上，选择针对污染水源水质特征的饮用水深度处理技术显得势在必行。

1.1.2 我国供水设施的现状

我国在"十一五"期间城镇供水发展迅速，公共供水占主导地位，供水设施建设持续发展，供水设施改造稳步推进，期间设市城市和县城公共供水能力增加 0.33 亿 m³/d，管网长度增加 22.21 万 km，用水人口增加 0.96 亿人。根据 2009 年住房和城乡建设部水质专项调查统计结果，全国城市和县城共有公共供水厂 4457 个，供水能力 2.35 亿 m³/d，其中：设市城市供水厂 2201 个，供水能力 1.96 亿 m³/d；县城供水厂 2256 个，供水能力 0.39 亿 m³/d。地表水供水厂 2714 个，供水能力 1.94 亿 m³/d；地下水供水厂 1743 个，供水能力 0.41 亿 m³/d。现状设市城市和县城供水厂基本情况详见表 1-2。

现状设市城市和县城供水厂基本情况表 表 1-2

城镇类型	地表水厂		地下水厂		总计	
	数量（个）	供水能力（亿 m³/d）	数量（个）	供水能力（亿 m³/d）	数量（个）	供水能力（亿 m³/d）
设市城市	1452	1.66	747	0.30	2201	1.96
县城	1262	0.28	996	0.11	2256	0.39
合计	2714	1.94	1743	0.41	4457	2.35

虽然城镇供水发展迅速，但相对于水源状况和新的《生活饮用水卫生标准》（GB 5749—2006）的实施，我国绝大多数水厂工艺落后。目前水源污染日趋严重，水中有毒有害物质的种类和含量不断增加，常规处理工艺难以净化处理，出厂水水质存在问题的水厂占有相当数量。

根据 2009 年住房和城乡建设部水质专项调查结果统计分析，全国 4457 个供水厂 2.35 亿 m³/日的供水能力中，深度处理的供水能力仅占 3.8%，常规处理占 65.1%，简易处理和未经处理、直接供给的占 29.5%，地下水厂经除铁、锰、氟化物、砷处理后供给的仅占 1.5%，详见表 1-3。

现状设市城市和县城供水厂处理工艺情况表 表 1-3

水厂类型	净水处理工艺类型	水厂数量（个）	供水能力（亿 m³/d）
地表水厂	深度处理	44	0.09
	常规处理	1988	1.53
	简易处理和未经处理	682	0.32
	小计	2714	1.94

水厂类型	净水处理工艺类型	水厂数量（个）	供水能力（亿 m³/d）
地下水厂	除铁、锰、氟化物、砷	156	0.036
	直供	1587	0.374
	小计	1743	0.41
合计		4457	2.35

根据对全国设市城市和县城现有 4457 个公共水厂的普查，在 2714 个地表水厂中，常规处理工艺的占 98％，具有深度处理工艺的仅为 2％；在 1743 个地下水厂中，简单消毒和直接供水的占 91％。建制镇中公共水厂普遍是常规处理工艺。根据对 400 多个重点镇的调研及安徽、福建、内蒙古等 14 个省（区）的情况分析，建制镇多数水厂的工艺不完善，尤其是属于临时性质的简易供水设施多达 11000 多个。结合设市城市和县城的水质情况，其他建制镇出厂水超标的水厂约占 2/3，涉及供水能力合计约 3200 万 m³/d。

由于水源水质下降，供水厂净水处理工艺又相对落后，近年来，很多地方生活饮用水水质非但没有根本改善，反而有所下降，饮用水水质安全问题突出。根据 2009 年水质专项调查结果，现有 4457 个水厂中（其中，地表水厂 2714 个，地下水厂 1743 个），有 2367 个水厂出厂水不达标（其中，地表水厂 1163 个，地下水厂 1204 个），供水能力总计 0.86 亿 m³/d。出厂水水质超标主要指标为消毒剂余量、浑浊度、锰、氟化物、砷和硝酸盐。现状城镇供水厂出厂水水质情况详见表 1-4。

现状城镇供水厂出厂水水质总体情况表　　　　表 1-4

城市类别		城市			水厂			主要超标指标
		总数（个）	超标（个）	超标比例	总数（个）	超标（个）	超标比例	
设市城市	重点城市（含市辖区）	35	24	69%	471	132	28%	氨氮、高锰酸盐指数（COD$_{Mn}$）、臭和味、氟化物
	地级市	260	179	69%	1071	459	43%	消毒剂余量、浑浊度、高锰酸盐指数（COD$_{Mn}$）、氟化物、硝酸盐、砷
	县级市	370	228	62%	659	328	50%	消毒剂余量、浑浊度、高锰酸盐指数（COD$_{Mn}$）、氟化物、砷
	合计	665	431	65%	2201	919	42%	消毒剂余量、浑浊度、高锰酸盐指数（COD$_{Mn}$）、氟化物、砷、硝酸盐
县城		1534	1093	71%	2256	1448	64%	消毒剂余量、浑浊度、锰、氟化物、砷、硝酸盐
合计		2199	1524	69%	4457	2367	53%	消毒剂余量、浑浊度、锰、氟化物、砷、硝酸盐

出厂水耗氧量和氨氮指标超标的，以大中城市 10 万 m³/d 以上大型水厂为主，主要分布在长江下游、黄河中下游和东北地区，超标的主要原因是水源污染；浑浊度指标超标

的，以小城市和县城 3 万 m³/d 以下小型水厂为主，在全国各地普遍存在，超标的主要原因是处理工艺不能适应饮用水水质标准的提高；铁、锰、砷、氟化物、硝酸盐指标超标的，以北方地区县城 2 万 m³/d 以下的小型水厂为主，超标的主要原因是地下水本底值超标。

根据原国家环境保护总局发布的《饮用水水源保护区划分技术规范》（HJ/T 338—2007），水厂取水口应设置在水源地一级保护区。对于地表水源地，取水口（一级保护区）水质应符合《地表水环境质量标准》（GB 3838—2002）Ⅱ类水体水质标准和补充项目的要求；对于地下水源地，取水口（一级保护区）水质应符合《地下水质量标准》（GB/T 14848—93）Ⅲ类水体水质标准的要求。按照《全国城市饮用水水源地环境保护规划（2008-2020）》，我国城市和县城集中式饮用水水源水质按照Ⅲ类水体进行目标控制，已污染水源未来 10 年仍难以达到水厂现状工艺对水源水质的要求。

常规处理工艺难以净化地表水Ⅲ类水体。对于混凝—沉淀—过滤—消毒的常规净水工艺，其对水中的颗粒物、微生物、大分子有机物（分子量 3000 以上）去除效果较强，但对原水中小分子有机物的去除效果较差。常规工艺对有机物（以耗氧量 COD 表示）的去除率约为 30%，当水源为Ⅱ类水体时（耗氧量≤4mg/L），出厂水可以达标（水质标准为≤3mg/L）；当水源为Ⅲ类水体时（耗氧量≤6mg/L），出厂水难以达标。很多建于 20 世纪 80 年代前的水厂，设计参数水平较低，常规工艺流程不完整，出厂水浑浊度、细菌总数等指标难以稳定达到新水质标准的要求。

对于水源受到污染的水厂，现有常规处理工艺和简易处理工艺难以保证水质稳定达标，城市供水水质安全问题十分突出，加上饮用水水质标准的提高，给供水设施也带来了严峻的挑战。因此，必须抓紧提高现有水厂工艺水平，采取新工艺、新手段，在现有常规处理工艺的基础上，增加饮用水深度处理工艺，全面提高水质，确保安全供水。

1.1.3　饮用水水质标准的发展

饮用水与人类健康密切相关，为有效地监测和控制饮用水的安全质量，国内外各级组织制定了各种饮用水水质标准，以保障饮用者的身体健康。

1. 美国饮用水水质标准发展

1914 年《公共卫生署饮用水水质标准》只有细菌学两个指标，是人类历史上第一部具有现代意义、以保障人类健康为目标的水质标准。1925 年对该标准进行了修订，增加了感官性状和无机物方面的几项指标，对细菌学指标要求严格；1942 年、1946 年修订后标准变化不大；1962 年修订后的标准明显反映了水体污染及其对健康影响的认识，首次提出了合成洗涤剂、重金属和放射性物质；1974 年受美国国会授权，美国环境保护局对全国的公共供水系统制定了可强制执行的污染物控制标准，对污染物最大允许浓度进行了研究；1975 年 3 月，美国环境保护局提出了强制性《国家饮用水暂行基本规则》；1977 年对标准限定的污染物提出了非强制性的"推荐最大污染物浓度"，水污染防治重点由常规污染物转为重金属和有机化合物；1979 年推出了非强制性的《饮用水二级标准》和《国家饮用水暂行标准》，提出三卤甲烷指标，体现对氯消毒副产物的关注，把浊度归于微生物项目类中，这反映了认识上对浊度有关归属的改变；1986年将《国家饮用水暂行标准》和《修正饮用水基本规则》合并为《国家饮用水基本规则》，对每一种被提出限定的污染物，要求提出最大污染物浓度 MCL，最大污染物浓度目标 MCLG 和最可行处理技术 BAT。美国环境保护局所制订的《美国饮用水水质标准》（2001年）较完整，指标数为101项，2001年3月颁布，2002年1月1日起执行，有机物指标多达60项，体现了国际饮用水水质标准的发展趋势：加强饮用水中有机物的控制，特别是对消毒剂、消毒副产物和农药的限制。标准中各项指标提出了两个浓度值，即 MCL 和 MCLG，其中，MCL 是为保障人体健康而设立的强制性标准，MCLG 为非强制性标准。

2004年美国环境保护局将《美国饮用水水质标准》修订为《2004版饮用水标准及健康顾问》，总指标为108项。新标准将消毒剂及消毒副产物项目取消，其具体指标放入相应的有机物和无机物指标当中，即新标准分为有机物、无机物、微生物和放射性四项指标。其中有机物指标包括与2002版标注准中相同指标53项。消毒副产物 THMs、HAAs 不限制总量，而是具体限制到某一种消毒副产物（DBPs），增加一氯乙酸（0.06mg/L）、三氯乙酸（0.06mg/L）、氯仿（0.08mg/L）、一溴二氯甲烷（0.08mg/L）、二溴一氯甲烷（0.08mg/L）、溴仿（0.08mg/L）6项指标，体现出对具体种类消毒副产物的重视。其余有机物并没有给出 MCL 强制性标准限值，只是给出了参考剂量、致癌风险等参考指标，对这些有机污染物质需进行进一步的筛选和跟踪调查，以备修订标准之用。

新标准无机物指标中增加了硝酸盐氮和亚硝酸盐氮总量的限制（<10mg/L），同时将砷的 MCL 指标从0.05mg/L 严格限制到0.01mg/L。新标准将2002标准中的消毒剂和消毒副产物中溴酸盐、氯、氯胺、二氧化氯、亚氯酸盐5项指标并入无机物指标中。新标准放射性指标中增加了氡的标准（MCL＝300PCi/L，AMCL＝4000PCi/L），对水中可能产生臭和味的4种物质（氨、甲基叔丁基醚（MtBE）、钠、硫酸盐）提出建议值，而对原标准中微生物指标和二级饮用水法规没有修改。

2. 世界卫生组织（WHO）水质标准发展

WHO《饮用水水质准则》由世界卫生组织于1956年起草、1958年公布，并于1963年、1984年、1986年、1993年、1997年、2004年、2011年进行了多次修订补充，现行的水质标准为第四版。该标准提出了污染物的推荐值，说明了各卫生基准值确定的依据和资料来源，就社区供水的监督和控制进行了讨论，是国际上现行最重要的饮用水水质标准之一，成为许多国家和地区制定本国或地方标准的重要依据。WHO《饮用水水质准则》（第四版），指标体系完整且涵盖面广，这与它作为世界性的水质权威标准和世界各国的重要参考标准是相符合的。但同时可看出 WHO 所提出的大部分指标值较低，这体现了该标准制定的主要目的是为各国建立自己的水质标准奠定基础，通过将水中的有害成分消除或者降低到最少来确保饮水安全。

3. 欧盟（EU）水质标准发展

欧洲饮用水标准正式公布于1963年。在这个标准中设置了7种金属的最大允许浓度和饮用水的 18 个参数。同时也讨论了氟和硝酸盐可接受的极限以及建议的放射性极限。这对发展水质定量指标、加强水质的取样和分析以及保证饮用水的安全性起到了积极的作用。EC《饮用水水质指令》是 1980 年由欧共体（欧盟前身）理事会提出的，并于 1991 年、1995 年、1998 年进行了修订，现行标准为 98/83/EC 版。该指令强调指标值的科学性和适应性，与 WHO 水质准则保持了较好的一致性，目前已成为欧洲各国制定本国水质标准的主要框架。EC《饮用水水质指令》(98/83/EC) 中指标数为 52 项，包括 20 项非强制性指示参数。它包括 68 个参数，分成细菌学、毒理学、物理学、化学及感官参数等，也包括一些无害的物质如硅等。关于三卤甲烷（THMs），欧共体标准中没有对它作出规定，然而欧共体成员国中有的已订入国家标准，如德国标准 THMs 为 0.01mg/L，而英国则为 0.1 mg/L。

4. 我国饮用水水质标准发展

1950 年～2006 年，我国生活饮用水水质标准曾进行 6 次修订，如表 1-5 所示。

我国生活饮用水水质标准的修订　　　　　　　　　　　　　　　　表 1-5

项目 ＼ 年份	1950	1955	1956	1976	1985	2006
感官及化学指标	11	9	11	12	15	20
毒理学指标	2	4	4	8	15	78
细菌学指标	3	3	3	3	3	6
放射性指标	—	—	—	—	2	2
指标总数	16	16	18	23	35	106

我国目前执行的饮用水标准为《生活饮用水卫生标准》(GB 5749—2006)，于 2006 年 12 月 29 日由卫生部和国家标准化管理委员会联合发布，于 2012 年 7 月 1 日起全面实施。该标准综合国际上各国水质标准而成，以健康效应确定饮用水水质指标限值，指标总数为 106 项，其中常规指标 42 项，非常规指标 64 项。新标准由原标准（《生活饮用水卫生标准》(GB 5749—1985)）的 35 项增至 106 项，增加了 71 项，其中常规指标 42 项，非常规指标 64 项，主要变化见表 1-6。

现行饮用水卫生标准与原标准对比　　　　　　　　　　　　　　　　表 1-6

指标情况	《生活饮用水卫生标准》(GB 5749—85)	《生活饮用水卫生标准》(GB 5749—2006)	主要变化
指标总数	35	106	增加 71 项
感观及化学指标	15	20	增加 5 项，其中浊度由不大于 3NTU 提高到不大于 1NTU
毒理学指标	15	74	增加 59 项，主要是处理难度大的有毒污染物，其中新增加的耗氧量指标综合反映了水中有机污染情况
细菌学指标	3	6	增加 3 项，其中总大肠菌群数由每 1L 小于 3 个提高到每 100mL 不得检测出
放射性指标	2	2	略放宽要求
饮用水消毒剂	—	4	增加 4 项

新标准对浊度等常规指标更加严格，毒理指标中无机化合物由 10 项增至 21 项，增加了对净化水质时产生的二氯乙酸等卤代有机物质、存在于水中藻类植物中微囊藻毒素等的检测；增加了大肠埃希氏菌、耐热大肠菌群、贾第鞭毛虫、隐孢子虫等微生物指标；饮用水消毒剂指标由 1 项增至 4 项；毒理指标中有机化合物由 5 项增至 53 项，包括了 19 项农药指标；感官性状和一般理化指标由 15 项增至 20 项。水质评价点确定为"水龙头"，且增加了水源、出厂水、管网末梢水检测频次；每月全分析要求提高；增加的管网水的检测项目；每天管网水检测由 4 项指标扩展到了 7 项；增加了水厂日检验的检测项目氨氮、耐热大肠杆菌和高锰酸盐指数（COD_{Mn}）。为了使用户受水点水质达到《标准》要求，部分出厂水水质项目的控制指标必须要严于《标准》限值。

1992 年，我国建设部根据国内各地区发展不平衡状况，将各地自来水公司按供水量的大小、城市的现状分成 4 类水司，规定了第 1 类水司（供水量＞100 万 m^3/d）到 2000 年的水质目标，包括 88 个水质指标。但是对农药、DBP 等有机物的种类和浓度限定较宽。1993 年中国城镇供水协会制定了《城市供水行业 2000 年技术进步发展规划》，对一类水司的水质指标调整为 88 项，其中有机物指标增加到 38 项；二类水司的水质指标为 51 项，有机物指标增加到 19 项。

2001 年 9 月 1 日，中国卫生部执行其新修订的《生活饮用水水质卫生规范》。《规范》对生活饮用水水质标准的一些项目作了修改并增加了一些项目。新的《规范》在定义中明确规定"生活饮用水是由集中式供水单位直接供给居民作为饮用的生活用水。"与原《饮用水卫生标准》对比，增加了有机物综合指标耗氧量；在规定的常规检验项目中，增加了铝和粪便大肠菌；提高了镉、铅和四氯化碳的限值的要求。另一重大修改，是将浊度由原 3NTU 改为 1NTU。在非常规检验 62 项中，增加了有关农药、除草剂、藻毒素（MC-LR）、消毒副产物：三卤甲烷、卤乙酸、亚氯酸盐、一氯胺等和其他有毒有害有机物。修改后的水质标准比 1985 年颁布的水质标准更完善，为改进居民生活饮用水水质提供了有力的保证，也为居民生活饮用水水质与国际接轨创造了条件。

2005 年 2 月 5 日，建设部颁布了中华人民共和国城镇建设行业标准《城市供水水质标准》（CJ/T206—2005），该标准 2005 年 6 月 1 日实施，共 93 项指标，其中常规检测项目 42 项，非常规检测项目 51 项。从我国城市供水水质现状出发，在多年积累资料的基础上，吸取了国外水质标准的先进性和科学性，借鉴 WHO 和美国环境保护局制定标准的做法，在保障公众健康的前提下，与我国的社会和经济发展相适应，提出了城市供水水质的合理目标。与卫生部《生活饮用水水质卫生规范》相比，该标准对水质提出了更高的要求。

5. 国内外的水质标准比较

我国现行的饮用水标准《生活饮用水卫生标准》（GB 5749—2006）与国际三大水质标准的比较见表 1-7。

从表 1-7 中通过项目分类和数量对比，以及由国内外水质标准发展可以看出，对微生物的健康风险普遍给予高度关注，对消毒剂与消毒副产物越来越重视，对有毒有害物质指标制定更趋严格，对保护人体健康的水质指标更加严苛。

我国饮用水水质标准与国际三大标准项目分类和数量对比　　　　　表1-7

水质标准项目	中国生活饮用水卫生标准 （GB 5749—2006）	WHO饮用水水质准则 （2011）	欧盟饮用水水质指令 （98/83/EC）	美国饮用水水质标准 （2004）
感官指标	20	26	15	15
化学指标	78	90	31	81
放射性指标	2	3	2	5
微生物指标	6	2	4	7
总计	106	121	52	108

美国环境保护局饮用水标准对微生物的人体健康风险给予高度重视。微生物学标准共有7项之多，其中隐孢子虫、贾第鞭毛虫、军团菌、病毒等指标在其他国家水质标准中并不常见，体现出美国对致病微生物的研究深入、细致。美国把浊度列入微生物学指标，其值为0.3NTU（2002年执行），这主要是从控制微生物风险来考虑，而不仅仅是感官性状，同时对消毒副产物进行严格控制，具体限制到某一种DBPs，体现出对具体种类DBPs的重视。

WHO《饮用水水质准则》作为一种国际性的水质标准，应用范围广，已成为几乎所有饮用水水质标准的基础，但它不同于国家正式颁布的标准值，不具有立法约束力，不是限制性标准。《饮用水水质准则》第四版明确提出微生物通过饮用水引起的传染病是对健康最常见、最普通的威胁，且无论在发展中国家还是发达国家，与饮用水有关的安全问题大多来自于微生物，因此在饮水安全中，微生物问题仍将列为首位，其后依次是化学物问题、放射性问题和水体的感官问题。

EU《饮用水水质指令》只有52项，但却重点体现了标准的灵活性和适应性，欧盟各国可根据本国情况增加指标数。例如对浊度、色度等未规定具体值，成员国可在保证其他指标的基础上自行规定。该标准既考虑了西欧发达国家的要求也兼顾了后加入的发展中国家，同时兼顾了欧盟国家在南北地理气候上的差别。

我国《生活饮用水卫生标准》（GB 5749—2006）与WHO、美国饮用水水质标准相近，指标设置比较全面。《生活饮用水卫生标准》（GB 5749—2006）指标修订时，参考了美国、欧盟、俄罗斯、日本等国家和地区的饮用水标准。我国地域广大，水质情况复杂，可能存在的污染物种类多，各地区居民的生活和饮食习惯不同，对一些特定水质指标设定的要求也不同。《生活饮用水卫生标准》（GB 5749—2006）在指标上与国际标准接轨，同时充分考虑中国的国情，指标限值主要取自WHO在2004年10月发布的《饮用水水质准则》第三版，二者相同指标、相同限值的指标数为62项，比WHO严格的项目有17项，不同的指标有7项，具有较强的中国特色。

为了掌握城镇供水设施是否适应《生活饮用水卫生标准》（GB 5749—2006）的要求，2008年和2009年，住房和城乡建设部城市供水水质监测中心组织对全国4457个城镇自来水厂进行了普查，按照《生活饮用水卫生标准》（GB 5749－2006）进行评价，自来水厂出厂水质达标率与标准要求存在较大差距，其中城市自来水厂出厂水质达标率仅为 58.2%。

2011 年，住房和城乡建设部城市供水水质监测中心对占全国城市公共供水能力 80% 的自来水厂出厂水进行了抽样检测，全国设市城市公共供水厂出厂水水样达标率为 83%，设市城市和县城公共供水末梢水水样达标率为 79.6%。2011 年中国城镇供水协会开展的"达标水厂"创建活动调查数据，大中城市水厂达标率仅 12%（按 4000 座水厂计），中小城市（含镇级）水厂达标难度更大。

由此可见，随着饮用水水质标准要求愈来愈高，常规的絮凝、沉淀、过滤、消毒处理工艺，已难以满足水质不断提高的要求，要全面提高水质，必须采取新工艺、新手段，因此有必要在现有常规处理工艺的基础上，再增加饮用水深度处理工艺。

1.1.4 深度处理技术的提出

随着水污染日益严重，大量的污染物尤其是有机污染物通过不同的方式进入水体，饮用水水源受到日趋广泛的污染。我国各地水源水质条件差异明显，大部分水厂多采用地表水源，分别取自江河、湖泊和水库。按照原水水质条件和水处理要求的不同，地表水源大致有以下 5 类：

（1）未受污染或轻度污染的地表水：水体符合国家规定的《地表水环境质量标准》（GB 3838—2002）Ⅰ类、Ⅱ类水体的水质指标，且浊度和水温均属正常范围，处理的目的主要是去除浊度和达到微生物学卫生指标；

（2）微污染的地表水：由于环境污染，水体某些指标已超过《地表水环境质量标准》（GB 3838—2002）中Ⅲ类水体的规定。目前我国七大水系和内陆河流近年来已受到不同程度的污染，主要污染物为氨氮、有机物等；

（3）高浊度地表水：黄河以及长江上游河段，洪水期大量泥沙流入水体，形成高含沙量的原水。黄河的高浊度一般指沉淀过程中出现浑液面的河水；长江高浊度水则指洪水期经常出现的浊度大于 1000NTU，且数次出现 5000NTU 以上的浑水；

（4）低温低浊地表水：低温低浊水一般是指冬季水温在 0～4℃，浊度低于 30NTU 的地面水。我国北方地区，一年内低温延续时间长，且原水浊度又较低，给水处理带来困难；

（5）高含藻地表水：高含藻地表水主要出现在湖泊和水库。由于富营养化日趋严重，氮、磷含量高，造成藻类大量繁殖。在富营养化湖泊水中，藻的数量一般为每升几百万个到每升几千万个。

常规水处理工艺被设计用来控制病原微生物和水中非溶解性有机物（包括色度，臭和味及消毒副产物）。主要工艺包括取水泵房、格栅、混凝、絮凝、沉淀、快砂滤池和消毒。其中关键的工艺为消毒和过滤，消毒工艺通过化学或物理灭活去除微生物，通用的消毒方式为加氯消毒。而过滤工艺可以物理截留较大的微生物、有机物和颗粒物。随着我国工业的高速发展和城市化进程的加速，饮用水水源的污染程度加大，水中有毒有害物质的种类和含量不断增加，常规处理工艺难以净化处理以下污染物：

（1）天然大分子有机物

天然大分子有机物是水中有机物的重要组成部分。天然有机物是动植物自然循环代谢过程中的中间产物，是一类复杂的具有不同分子量、憎水性、官能团、反应活性的分子组成的混合物，其中主要是腐殖质，它们是含有酚羟基、羟基、醇羟基等多种官能团的大分子缩合物质，其分子量一般为 300 到 30000（Dalton）。腐殖质本身对人体无害，但由于其表面含有多种官能团，能够与水中金属离子络合，影响水处理效果。

有机物可吸附在胶体颗粒表面，形成有机保护膜，不但使胶体表面电荷密度增加，而且阻碍了胶体颗粒间的结合。水中高有机物浓度使絮凝剂耗量增大、制水成本升高。由于我国多数水厂采用的是铝系絮凝剂，造成出水中铝离子浓度高，过量摄取铝会造成神经纤维缠结的病变，也可抑制胃液和胃酸的分泌，使胃蛋白酶活性下降，从而影响居民的身体健康。另外，水中高浓度的有机物导致高投量的混凝剂，势必会加大滤池的负担，而且水中大分子有机物也会严重影响过滤单元的出水水质。

（2）氯化消毒副产物

氯化消毒副产物是影响饮用水水质的一个重要因素。挥发性三卤甲烷（THMs）和难挥发性卤乙酸（HAAs）被认为是两大类主要氯化消毒副产物，其在水中生成量取决于有机前体物质的种类、投氯量、投氯时间、水的 pH 值、温度、氨氮及溴化物浓度等。三卤甲烷和卤乙酸的前体物质主要是腐殖酸、富里酸、藻类和一些具有活性碳原子的小分子有机物。随着 pH 值升高，三卤甲烷生成量增大，但卤乙酸生成量降低。当有氨氮存在时，在氯化曲线折点之前，三卤甲烷产率很低，当水中含有自由性余氯时，三卤甲烷的生成量明显增加。三卤甲烷和卤乙酸是潜在的致癌物质。近年来人们发现溴代三卤甲烷对人体的潜在危害更大。

在常规水处理工艺中，虽然无机金属离子的水解产物在絮凝的过程中能络合或吸附去除部分疏水性大分子有机物，但是大部分小分子亲水性、与氯气反应活性很高的有机物残留在滤后水中。在消毒的过程中它们势必会直接和消毒剂相互作用，生成的消毒副产物直接影响水质，而且随着现在水土流失的加剧，消毒副产物的问题将变得更加严重。

（3）藻类及藻毒素

藻类对水质的影响很大，主要表现在以下几个方面：

1）由于藻类的密度低，沉淀池和澄清池难分离，又因浊度多为有机质组成，耗氧量高，而且电动电位（ζ）高，具有较高的稳定性，混凝时需投加更多的混凝剂，使净水成本升高。生成絮体轻且强度低，沉淀困难，又极易穿透滤床，对滤池的设计及运行管理要求较高。

2）由于含藻水的 pH 都偏高，对混凝剂品种的选择性强。高 pH 会阻碍铝盐产生带高电荷的水解聚合物，不利于脱稳。

3）藻类在水中大量繁殖后，所产生的芳香族臭、青草臭、水藻臭、鱼腥臭、霉臭和泥土臭等不同臭味，在给水处理中很难去除。

4）色度是藻类的次生物，由于藻类存在而导致水的色度增高，增加了净水过程的难度。

5）藻类干扰快滤池的运行。含藻水经混凝沉淀池后进入滤池，因藻类有的长度为 $100\sim200\mu m$，很容易在滤池表面形成一层毯状物，这种毯状物犹如一层滤膜，使快滤池水头损失过快，运行周期大为缩短，反冲洗频繁，产水量大为减少。

6）藻类易在钢筋混凝土和金属表面附着生长，由于藻类的物理、化学及生物作用而产生腐蚀性。

7）藻类附着在各种池的钢筋混凝土、金属附件及管道表面，除有腐蚀性外，时间久了便形成黏泥，增加了清洗池及水中金属表面的难度和工作量，并消耗大量的漂白粉、液氯和硫酸铜等清洗剂。

8）有的藻类还具有毒性，在其生长繁殖及死亡后将毒素释放到水体中，对人体健康带来危害。

9）穿透滤池进入管网的藻类以及残留在水中的生物可同化有机物（AOC）成为微生物繁殖的基质，促进了细菌生长，甚至可能在管网中生长较大的有机体，如线虫和海绵动物等，这些浮游动物是很难消除的，严重时可堵塞水表、水龙头。

10）水中藻类死亡后代谢的腐殖酸和富里酸具有和水中的无机离子及金属氧化物发生离子交换和络合的特性，所以往往和水中的无机颗粒结合在一起，出厂水中会含有这种微细颗粒，它们在管道流速较小的地方沉积下来形成管垢，在沉积较厚的地方因厌氧而发生腐殖质的腐化和垢下腐蚀，影响管网水质并增加动力消耗。

藻毒素是藻类代谢过程中产生的有害成分，2000 多种蓝绿藻中有 40 余种可产生毒素，不同的藻株可产生相同的毒素，而同一藻株可产生多种不同的毒素。

常规水处理工艺的一些处理阶段有可能导致水中藻毒素释放，例如，向水中投加硫酸铜杀藻会导致藻毒素浓度增加；混凝过程中由于无机混凝剂会刺激藻细胞，也可能导致藻毒素的释放。另外，在过滤过程中藻类在滤料表面截留，随着过滤时间的延长，截留在滤料表面的藻细胞在死亡的过程中也会释放出藻毒素，并导致出水 AOC 升高。

水体富营养化使藻类过量繁殖，产生藻毒素，使常规水处理工艺难度加大，不但影响水厂运行效果，而且也影响管网水质。

（4）臭味

臭味是影响饮用水出水水质的重要因素。臭味来源主要由两个方面：其一是藻类等微生物代谢产物；其二是化学污染物。

水中产生臭味的微生物主要是放线菌、藻类和真菌。在藻类大量繁殖的水体中，藻类一般是主要致臭微生物。不同的藻类引起不同的臭味，富营养化水体中产生臭味的物质有 10 余种，其中主要致臭物质有：土味素、2-甲基异茨醇、2-丁基-3-甲氧基吡嗪、2-异丙基-3-甲氧基吡嗪、2，4，6-三氯茴香醚及三甲基胺等。

臭味物质在水中的浓度一般在 ng/L 数量级，而且一般呈亲水性。它们在混凝剂水解产物表面吸附很弱，而且饱和吸附量也很有限，在过滤过程中，滤料表面上的吸附量也很小，因此臭味很难被常规水处理工艺去除。预氯化工艺往往会增加水的臭味，产生刺激性的臭味或氯酚味。

（5）致病微生物

水中致病微生物具有一定的尺寸，一般在微米数量级。常规水处理工艺的某些过程能强化去除致病微生物，如靠无机金属离子水解产物的吸附、卷扫作用可以去除一部分致病微生物，又如靠滤料表面的吸附与截留作用也可以去除水中剩余的大部分微生物。但一些尺寸很小、危害很大的致病微生物如贾第鞭毛虫、隐孢子虫等在常规处理过程中难以被混凝、过滤过程彻底去除，即使很少量的致病微生物进入自来水中也可能对饮用水安全构成很大的风险。另外，水体有机污染也严重地影响常规工艺中致病微生物的有效去除。鉴于致病微生物的突发性、危害性，必须采取更为有效的措施，提高饮用水的安全性。

（6）生物可同化有机物（AOC）

AOC 表示能够影响管网水质的有机物浓度，反映水中可作为细菌吸收利用的基质浓度。一些有机物很难被常规净水工艺去除，特别是分子量相对较小、极性相对较大的有机物，去除率相对较低。这些有机物能穿过常规给水处理工艺，进入到管网中，导致管网水的生物不稳定性，影响饮用水水质。

（7）铁

在地表水中，由于有机物的大量存在，铁很容易和有机物形成高稳定性的络合物，很难被混凝剂水解产物和滤料表面所吸附。这种有机铁络合物进入管网后。会在微生物的作用下释放出铁，造成"红水"现象，导致管网水的化学不稳定性，严重影响饮用水水质。

由此可见，随着饮用水源污染的日益加重以及《生活饮用水卫生标准》（GB 5749—2006）的实施，常规处理工艺不能满足水源水质净化的要求，不能有效解决水源水中持续出现的氨氮、亚硝酸盐氮超标和水源水高含量藻类及藻类代谢物引起的色、臭、味的问题，更不能达到新的饮用水标准水质的要求，导致饮用水水质安全问题十分突出。因而，为了提高现有工艺水平，提升水质净化能力，确保安全供水，采用饮用水深度处理技术改造和更新传统处理工艺显得势在必行。

1.1.5　饮用水深度处理技术优势

以活性炭吸附、臭氧氧化、臭氧和活性炭联用和各种膜技术为代表的深度处理技术在国内外得到了广泛的应用，有效提高了饮用水的水质。

在各种改善水处理效果的深度处理技术中，活性炭吸附技术是完善常规处理工艺以去除水中有机物最成熟有效的方法之一，在欧洲已得到普遍应用。

臭氧—活性炭工艺是我国饮用水深度处理使用最为广泛的技术。臭氧和活性炭联合使用，除可保持各自的优势外，臭氧对大分子的开链作用与充氧作用，为活性炭提供了更易吸附的小分子物质和产生生物活性炭作用的溶解氧，而臭氧化可能产生的有害物质，可被活性炭吸附并降解，这使臭氧与活性炭工艺相得益彰。经臭氧—活性炭工艺处理后的出水中有机组分很少，且含量甚微，在加氯消毒过程中，有机组分的含量一般处在卤代物生成的下限之下。臭氧—生物活性炭工艺消除了可能生成卤代物的前驱有机物，可以全面改善饮用水水质。

膜分离，是一种新兴的、先进的水处理技术，得到了广泛的关注。膜分离技术脱离了传统的化学处理范畴，转入到物理固液处理领域。与常规饮用水处理工艺相比，膜技术具有少投甚至不投加化学药剂，从而避免了因加药产生毒性等问题，它还有占地面积小、便于实现自动化等优点，目前已大量应用于饮用水的深度处理上。在水处理领域应用最为广泛的是一系列的低压膜，如超滤膜、纳滤膜、反渗透膜等。在净水处理中，常将膜分离和混凝或粉末活性炭吸附等预处理工艺组合。活性炭与膜联用能有效解决单独使用膜过滤而引起的膜阻塞和膜污染问题。利用活性炭对水进行必要的前处理，以减少水中的有机物、无机物、微生物等在膜表面和膜内孔积累，从而可以极大延长膜的使用寿命，而膜的存在又可以克服单独使用活性炭的弱点，解决活性炭出水中细菌偏高的问题。活性炭与膜联用能有效去除水中大部分 TOC 和 Ames 致突变物，使 Ames 试验呈阴性。

随着深度处理技术的广泛应用，深度处理技术由于自身的技术优势，在不同类型的受污染水源处理中起着重要的作用。

根据地表水源水中所含有污染物的种类不同、污染源不同，地表水典型水质可分为微污染水、富营养化湖泊水库水、低温低浊水、病原生物污染水等类型。

1. 微污染水

微污染水是指水源水的物理、化学和微生物指标已不能达到《地表水环境质量标准》中作为生活饮用水源水的水质要求，水体中污染物单项指标如色度、氨氮等有超标现象。特别是近年来随着工业的发展、城市化进程的加速及农用化学品种类和数量的增加，许多水源已受到不同程度的污染。微污染水中污染物的种类很多，有各种有机物、色度和臭、味的物质，有重金属、硫、氮氧化物等无机物以及放射性、病原微生物等。

有机污染物一部分来源于生活性有机污染，其主要污染指标为高锰酸盐指数和氨氮，水质往往具有下列特点：有机物综合指标值较高（高锰酸盐指数）、氨氮浓度较高、臭和味明显等。经过常规处理工艺处理后，出厂水难以达到饮用水水质标准，其出厂水水质问题有：

（1）臭阈值较高。色、臭和味等感官性状有待提高；

（2）常规工艺去除氨氮、高锰酸盐指数的能力有限。当原水氨氮、高锰酸盐指数高时，出厂水氨氮、高锰酸盐指数经常超标，无法满足饮用水水质标准；

（3）氯耗高。水厂氯耗长期居高不下，增加了消毒副产物超标风险；药耗增高，可能产生铝和丙烯酰胺等生产过程副产物。

（4）出厂水 Ames 试验结果呈阳性，水质安全性差。

深度处理工艺通常采用活性炭吸附、臭氧—活性炭工艺去除有机污染物。各地采用的工艺不尽相同，水厂根据自身条件和经验，针对原水中污染物质的性质，采用技术上有效和经济上可行的深度处理工艺，实际运行都取得了良好的去效果。例如美国应用炭砂双层滤料滤池；欧洲、日本和我国一些水厂，采用常规工艺与臭氧活性炭联用；有的水厂仅在快滤池之后设置活性炭吸附池；有的水厂采用中间臭氧活性炭工艺等。

2. 富营养化湖泊水库水

随着世界经济的快速发展，含有大量氮、磷营养物质的生活污水、工业废水以及农田排水进入湖泊、水库，为藻类的生长繁殖提供了充足的营养，加速了水体的富营养化。目前，日趋严重的水体富营养化已成为全球性的环境问题。

因藻类大量繁殖引起的水源污染造成许多自来水厂被迫减产或停产，给饮用水安全供给带来了越来越严重的威胁。藻类及其代谢产物给传统净水工艺带来诸多不利影响，主要表现在：

（1）对水质的影响。使饮用水产生令人厌恶的臭和味，形成臭和味的物质主要包括蓝藻中的席藻、巨胞鱼腥藻、微囊藻、束丝藻和空球藻等的代谢产物和放线菌等微生物的分泌物。同时，水体中藻类的大量存在，还可导致水的色度增大，耗氧量上升。因藻类死亡沉到水底形成腐殖质，同时释放藻毒素；藻类及其代谢产物，是生成致突变物的前体物质，藻类愈多，氯化消毒后水中生成的致突变活性就愈强。

（2）对混凝沉淀的影响。水中的藻类及其悬浮颗粒物质，电动电位约在 $-40mV$ 以上，具有较高的稳定性，相对密度小，难于下沉，导致滤池反冲洗频繁。如武汉东湖水厂每逢高藻季节，滤池冲洗水量约占制水量的 6.5%；桂林市某水厂，在高藻期间，滤池每运行 $1\sim2h$ 就要进行反冲洗，厂自用水量高达 30%。

（3）对滤池的影响。藻类不易在混凝沉淀中去除，未去除的藻类进入滤池，容易造成滤池的堵塞，从而使滤池运行周期缩短，反冲洗水量增加。

（4）对管网和管网水质的影响。穿透滤池进入管网的藻类可成为微生物繁殖的基质，促进细菌的生长，造成管网水质恶化，加速配水系统的腐蚀和结垢，使管网服务年限缩短。

目前我国富营养化湖泊和水库水含有大量藻类，藻类含量常年处于 10^7 个/L 水平，含量高时甚至超过 10^8 个/L，经过常规工艺处理后，出厂水的藻含量仍处于 $10^6\sim10^7$ 个/L 水平，同时富营养化湖泊和水库水可产生藻毒素、臭和味（土臭素、2-MIB）等污染物，氨氮和高锰酸盐指数较高。常规处理工艺的滤后水水质不符合饮用水标准时，可进行深度处理。如果污染较轻，可采用颗粒状活性炭（GAC）滤池过滤。例如北京水源九厂的水源密云水库水质污染较轻，藻类较多，臭阈值达 14。在常规工艺后增加活性炭滤池，重点去除浊度、色度、臭、味，出水效果良好。对于污染更重一些的水厂，可采用臭氧—活性炭深度处理工艺。臭氧—活性炭处理工艺可提高污染物去除效率，延长活性炭再生周期，在国内外广为应用。例如我国深圳梅林水厂、昆明第五水厂等，都有成功应用的先例。

3. 低温低浊水

我国北方地区每年有 $3\sim5$ 个月的冰冻期，地表水原水在这一时期呈现低温低浊特性：水温 $0\sim5℃$、浊度 $10\sim30NTU$（有时在 10NTU 以下）。此时水中胶体颗粒电位升高，稳定性增强；颗粒的布朗运动减弱；水体中无机胶体颗粒含量减少，有机胶体颗粒含量增加；动力黏滞系数变大，颗粒的极限沉降速度变小，因而浊度去除率降低，相应其他污染物质的去除率也随之降低。

在南方地区，以水库水或者湖泊水为水源的水处理设施，由于水温随水深的变化以及静沉的作用，也会遇到低温低浊水处理的问题。受低温低浊水源水特点的影响，我国北方地表水厂的水量、水质很难达到设计负荷，经常采用降低负荷的方法以满足水质需求，导致供水形势趋于紧张。

低温低浊水主要控制指标为浊度，因此解决的途径有以下几个方面：选择合适的构筑物，投加助凝剂，加强混凝过程，促使水中微粒逐渐生成粗大的絮体以便为后续的沉淀、过滤创造良好条件；利用泥渣的剩余活性，增加水中颗粒数量，消除低浊度引起的不足。

对于低温低浊水同时伴随着有机污染的情况，在常规工艺的基础上，采用 PAC 预吸附法、PAC＋超滤（UF）直接过滤法、活性炭深床浮滤池直接过滤法、臭氧生物活性炭等工艺，以增强对低温低浊水中有机物的去除效率。但上述研究大多是小规模的试验研究，仅有日本大津市膳所给水厂（处理水量 $5 \times 10^4 \mathrm{m}^3/\mathrm{d}$）的实际成功运行经验，在冬季温度最低达 2～3℃时，生物预处理仍可去除 70％～80％的氨氮。

4. 病原生物污染水

病原生物污染水主要指含有兰伯氏贾第鞭毛虫及其卵囊、隐孢子虫及其孢囊、剑水蚤、摇蚊幼虫等生物污染的水源水，不包括藻类生物污染。这类污染物本身可使人类致病，或者是人类某些疾病的中间媒介，因此在水处理工艺中，必须将这些病原生物灭活或去除，才能保障饮用水的安全性。

对于水源水中病原生物浓度较低的情况，可采用强化常规工艺。强化气浮对隐孢子虫的去除率达到 99％，满足美国环境保护局（U.S. EPA）对隐孢子虫的去除率要求。对于现有工艺以气浮为主的水厂，可采用强化气浮工艺。对于混凝沉淀工艺为主的常规工艺水厂，可采用强化混凝和强化过滤工艺。

目前主要采用臭氧预氧化＋常规工艺、常规工艺＋臭氧活性炭工艺去除两虫。臭氧可改变两虫的表面性质，使其失去活性，易于被后续的常规工艺有效去除；对于剑水蚤、摇蚊幼虫等浮游或底栖类的生物污染，预氧化剂采用二氧化氯去除效果较好。因此对于污染程度中等的水厂，可采用预氧化处理工艺与常规工艺协同，或者采用常规工艺＋臭氧活性炭工艺，可获得良好去除效果。采用膜技术可完全去除病原生物污染。为了防止病原生物污染，尤其是隐孢子虫引起的介水传染疾病，1994 年以后，欧、美、日建立了微滤（MF）、超滤（UF）膜技术水厂，如加拿大 Rothesayui 水厂、Collingwood 水厂、日本濑尾给水厂等出水中病原生物得到了全部去除。

由此可见，传统的常规处理技术已远远不能满足处理污染水体的要求，而深度处理技术已在不同类型的污染水源处理中起着重要的作用，这些优势成为深度处理技术能在欧、美、日等发达国家广泛应用的主要原因，而我国在这方面还处于起步阶段，目前深度处理工艺规模仅为 2500 万 m^3/d 左右，考虑到日益恶化的饮用水水源问题，深度处理技术在我国拥有广泛的应用前景。因此有必要针对我国饮用水水源污染范围广、原水水质复杂的特点，研究应用能够适应不同污染程度，满足不同使用要求，特别是《生活饮用水卫生标准》（GB 5749—2006）水质要求的饮用水深度处理技术，经济高效地改善饮用水水质。

1.2　深度处理技术发展概况

1.2.1　深度处理原理

深度处理就是通过物理、化学、生物等作用去除常规处理工艺不能有效去除的污染物（包括消毒副产物前体物、内分泌干扰物、农药及杀虫剂等有毒有害物质、氨氮等无机物），减少消毒副产物的生成，提高和保证饮用水水质，提高管网水的生物稳定性。对于高锰酸盐指数及氨氮含量较高的微污染水源水来说，经常规混凝沉淀与过滤处理后，水中的污染物质主要为有机物和氨氮。

深度处理的效果可以从三个方面来反映：一是出水的水质指标，应满足有关的饮用水水质标准；二是出水的致突变活性低，致突变试验应为阴性；三是水在管网中的生物稳定性要高，防止管网中细菌的繁殖。

深度处理最主要的目的是去除溶解性有机物。按有机物（以溶解性有机碳 DOC 计）能否被活性炭吸附，可将水中有机物分成可吸附有机物（DOCA，adsorbable DOC）、不可吸附有机物（DOCNA，non-adsorbable DOC）；按有机物能否被生物降解，可将水中有机物分成可生物降解有机物（BDOC，biodegradable DOC；）、难生物降解有机物（DOC-ND，non-biodegradable DOC）；这几类有机物互相交叉，因此又可将水中的有机物综合分成 4 类：

（1）可生物降解同时可被吸附的有机物（用 DOCD&A 表示）；

（2）可生物降解、不可吸附有机物（用 DOCD&NA 表示）；

（3）难生物降解、可吸附有机物（用 DOCND&A 表示）；

（4）难生物降解、不可吸附有机物（用 DOCND&NA 表示）。

其中可降解有机物可通过生物作用去除，难降解有机物（包括农药、杀虫剂及其他内分泌干扰物）可通过化学氧化作用将其转化成易生物降解有机物再通过生物作用去除，也可通过活性炭吸附作用将其去除。

水中的氨氮可通过生物作用将其转化为硝酸盐，或通过加氯将其去除，但氯化法的氯气消耗量大。

常用的化学氧化方法有臭氧氧化和高级氧化，目前在工程中应用最多的是臭氧氧化。活性炭具有很强的吸附作用，可有效去除水中有机物，生物膜成熟后成为生物炭，可去除水中易降解有机物及氨氮，延长活性炭的使用寿命。传统工艺对水源水中的病原原生动物（贾第虫、隐孢子虫过滤）去除率较低，生物炭滤池（粒状炭）过滤对贾第虫孢囊和隐孢子虫卵囊的去除效果与砂滤池基本相同，其中，隐孢子虫卵囊比贾第虫孢囊更易穿透活性炭滤池，通用的消毒剂氯和氯胺对隐孢子虫的灭活效率较低。大量研究证明，膜过滤对隐孢子虫卵囊具有非常高的去除率，经膜过滤的水中很少发现隐孢子虫卵囊，其去除机理被认为是膜的截留作用。

臭氧—活性炭工艺是一种较成熟的深度处理工艺，两者的有机结合使其成为有效去除有机物的工艺。臭氧氧化可以有效去除农药及其他内分泌干扰物，并将难生物降解有机物氧化分解成可生物降解有机物，这一部分有机物可在生物活性炭滤池中通过生物降解被去除；同时，一些不能被活性炭吸附的大分子有机物可被臭氧分解成能被吸附的较小分子有机物，从而通过活性炭吸附去除。臭氧氧化产物中的醛类对人体有害，但由于这些物质容易生物降解，因此，生物活性炭可以将其有效去除。同时，一部分易被吸附的难降解有机物被氧化成易生物降解有机物，在活性炭滤池中通过生物作用被去除，从而延长了活性炭的使用寿命。

深度处理的内涵是在常规处理的基础上提高水质，因此，深度处理并不是单纯在常规处理工艺后增加臭氧—活性炭工艺，还包括常规处理前的各种预处理工艺、对常规处理工艺单元的改进以及膜过滤技术。预处理包括了化学氧化及生物处理工艺，为提高混凝对有机物的去除效率而采取的各种强化措施，为提高过滤单元对污染物的去除效果采用活性炭或改性滤料代替石英砂滤料。

1.2.2 深度处理技术的发展

随着社会和经济的快速发展，水源日益受到城市污水、工业废水以及农业面源等的污染，饮用水中陆续发现了种类众多的对人体健康具有风险的微量有机污染物（如农药等）、氯化消毒副产物以及新型污染物（如 PPCPs、EDC 等）。常规处理工艺对这些有机污染物去除的局限性促进了深度处理工艺的研究和发展。在长期的研究和实践过程中，针对不同的水源水质特点的研究和探索，逐渐形成了多样化的深度处理技术体系，其中研究较为广泛的有臭氧活性炭技术、膜技术和高级氧化技术等。

1. 臭氧与活性炭技术

（1）臭氧—生物活性炭技术

臭氧—生物活性炭技术将臭氧氧化、活性炭吸附和生物降解等进行组合，既发挥了臭氧的强氧化作用，又强化了活性炭的吸附功能。臭氧不仅具有很好的除色除臭和消毒作用，还可以氧化有机物，使难生物降解有机物转化成易生物降解有机物，提高有机物的可生化性。另外，臭氧还能提高水中溶解氧含量，增强活性炭上的微生物作用。活性炭可吸附去除水中的污染物，还可利用炭上生长的微生物对有机物进行消化和分解，既有效去除了水中污染物，也使活性炭性能得以再生，保持持续吸附有机物的能力，大大延长了活性炭的再生周期。

从 20 世纪 60 年代以来，国内外对臭氧-生物活性炭技术进行了广泛的研究和实践。Takeuchi 等进行了臭氧-生物活性炭工艺去除水中天然有机物试验。研究发现，经臭氧处理后水样的 BOD/COD 从原来的 0.12 上升到了 0.35，水质的可生化性得到很大改善。

张朝晖等研究了臭氧—生物活性炭工艺对水中溶解性有机碳的去除，发现生物活性炭能有效去除的 DOC 主要分布在 3～10l、1～3l 及＜0.5k 的分子质量范围内，其中对分子质量为 3～10k 的 DOC 的去除效果最好，在生物活性炭运行稳定后，能够有效去除的溶解性有机碳为可吸附且可生物降解性 DOC。

施燕等研究了臭氧—生物活性炭工艺处理砂滤池出水，发现臭氧—生物活性炭工艺能够十分有效去除砂滤池出水中的有机物、氨氮等，对高锰酸盐指数的平均去除率达 40%，氨氮平均去除率达 95%，亚硝酸盐氮平均除率达 97%。

叶恒朋等采用臭氧—生物活性炭工艺处理我国南方某市Ⅲ-Ⅴ类微污染水源水，结果表明，臭氧—生物活性炭工艺能有效去除水中的营养性指标（氨氮、总磷、铁、锰、AOC），增加了饮用水的生物稳定性和安全性，一定程度上起到了抑制了管网中细菌的再生长作用。

乔铁军等研究了深圳市梅林水厂臭氧—生物活性炭滤池的运行效果，发现经过主臭氧段处理后水中 AOC 浓度增加较多，再经过活性炭处理后又大幅下降，臭氧—生物活性炭处理后出水浊度＜0.1NTU，2μm 以上颗粒数＜50 个/mL，臭氧—生物活性炭工艺对高锰酸盐指数、UV_{254} 和 TOC 均有较好的去除，在砂滤基础上对高锰酸盐指数的平均去除率为 34%，对 UV_{254} 平均去除率为 73%，对 TOC 平均去除率为 28%。

朱建文等报道了臭氧生物活性炭工艺在杭州南星桥水厂的应用，发现预臭氧可以起到较好的氧化铁和锰的作用，能去除约 10% 的色度，臭氧生物活性炭工艺对浊度、色度、氨氮、亚硝酸盐氮、高锰酸盐指数的平均去除率分别达到 99%、95%、75%、47%、67%。

王琳等对吉林前郭炼油厂深度净化水厂进行了研究，结果表明，在最佳臭氧投量 3mg/L 下，臭氧化去除的高锰酸盐指数能达到 12%～13%，再经 GAC 处理后去除的高锰酸盐指数能达到 67%，进行 GC/MS 分析显示，滤后水含有 115 种微量有机污染物、5 种 USEPA 重点污染物和 23 种潜在的有害有机污染物，臭氧—生物活性炭工艺出水微量有机污染物种类总数仅为 15 种，USEPA 重点污染物、潜在有害有机污染物种类数均为 0。

李思敏等以邯郸市滏阳河水为原水，进行了臭氧—活性炭工艺深度处理微污染水源水的中试研究，综合考察臭氧—活性炭对浊度、高锰酸盐指数、UV_{254}、氨氮等指标的去除效果，结果表明，在该深度处理工艺中，臭氧的最佳投加量为 2.0mg/L，活性炭滤池的最佳滤速为 6.0m/h，在最佳运行工况下，出水浊度、高锰酸盐指数、氨氮和 UV_{254} 的平均值分别为 0.85NTU、2.43mg/L、0.33mg/L 和 0.031cm^{-1}，平均去除率分别为 62%、54%、73% 和 59%，出水水质满足《生活饮用水卫生标准》（GB 5749—2006）的要求。

杨洁等对比了后置臭氧活性炭、中置臭氧活性炭、曝气活性炭滤池 3 种不同工艺对北江顺德水道Ⅱ～Ⅲ类水质的净水效果，结果表明，曝气活性炭滤池采用 0.2 的气水体积比对高锰酸盐指数的去除效果比后置、中置活性炭的处理效果要好，去除率达 46%；中置臭氧活性炭工艺对 UV_{254}、TOC 的去除效果最好，臭氧投加量 0.5mg/L 时去除率分别达 66%、39%；曝气活性炭滤池对于高含量氨氮的去除效果明显优于后置、中置臭氧活性炭滤池，0.4 的气水体积比时氨氮去除率达 99%，出水达到《生活饮用水卫生标准》

（GB 5749—2006）的要求。

窦建军采用臭氧活性炭—超滤组合净水工艺处理以长江水为饮用水源的砂滤池出水，中试实验结果表明，经臭氧活性炭—超滤组合工艺深度处理后，出水浊度维持在 0.1NTU，高锰酸盐指数、UV_{254} 吸光度值和溶解性有机碳（DOC）分别为 1.68mg/L、0.051cm^{-1}、3.08mg/L，去除率分别为 58%、48%、34%。膜出水颗粒数（＞$2\mu m$）平均为 18 个/mL，大于 $10\mu m$ 颗粒数已完全去除，未检出细菌。膜出水中 SUVA 值比原水减少了 21%，消毒副产物前体物（THMFP）总去除率为 69%，有效地抑制了消毒副产物的产生。

刘洋等采用两级臭氧—活性炭工艺在以太湖水为水源的某水厂进行深度处理中试研究，结果表明，该工艺对有机污染物有稳定的去除效果，在预臭氧投加量为 0.5 mg/L、主臭氧投加量为 0.7 mg/L 下，相对于原水对高锰酸盐指数，UV_{254}，DOC，THMFP，氨氮、亚硝酸盐氮和硝酸盐氮的平均去除率分别为 47%、80%、32%、59%、66%、81% 和 9%，出水满足《生活饮用水卫生标准》（GB 5749—2006）的要求，炭滤池出水中臭氧消毒副产物均低于标准限值，工艺对有害物质冲击负荷有较高的抵抗能力。

杨凯人等采用臭氧—活性炭工艺处理黄浦江原水，试验结果表明，预臭氧和后臭氧投加量分别为 1.74mg/L 和 2.11mg/L 时，臭氧—活性炭工艺对高锰酸盐指数的去除率在 80% 左右，能有效解决出厂水高锰酸盐指数大于 3 mg/L 的问题；对色度的去除效果显著，但在未形成生物膜的情况下，对氨氮的去除效果仅在 20% 左右，对亚硝酸盐的去除效果不及常规处理工艺水厂。

张磊等通过预臭氧和活性炭工艺对饮用水进行深度处理研究，结果表明，预臭氧的最佳臭氧投加量为 0.75mg/L，与单独活性炭工艺相比，预臭氧—活性炭的工艺组合可有效将丹江口水库水中高锰酸盐指数的总去除效率提高 10%，UV_{254} 的总去除率提高 17%。预臭氧助凝效果明显，在原水浊度 2~35NTU、PAC 投加量不变的情况下，开启预臭氧后砂滤池出水浊度稳定在 0.05NTU 左右。

刘建广等通过试验和对生产性活性炭池运行情况的调查分析，对臭氧—活性炭饮用水深度处理工艺中活性炭去除有机物的规律、活性炭使用寿命（生命周期）的影响因素及评判指标进行了探讨，并对机理进行了分析，结果表明，活性炭吸附期和使用寿命与进水水质、臭氧投加量、炭池滤速及出水要求等因素有关，臭氧氧化主要是通过提高进水可降解有机碳与总有机碳的比值，起到延长生物活性炭运行寿命的作用，活性炭的吸附参数不能作为活性炭生命周期的唯一判定指标，出水水质限值是控制活性炭生命周期时间点的最重要参数。

俞小明等将臭氧、活性炭及臭氧—活性炭对水中有机物的去除进行了研究，臭氧对水中的 UV_{254}、高锰酸盐指数、TOC 去除率分别为 14.3%、12.5%、17%，活性炭对 UV_{254}、高锰酸盐指数、TOC 去除率分别为 61%、53%、51%，臭氧—活性炭联合运用对水中 UV_{254}、高锰酸盐指数、TOC 去除率分别为 67%、58.3%、65%，臭氧与活性炭的结合工艺有较好的去除效果。

邵志昌等对臭氧—活性炭工艺后置砂滤池的应用进行了研究。结果表明，后置砂滤池比常规净水工艺砂滤池出水微型生物密度降低，后置砂滤池采用粒径较小的滤砂能更好地解决微型生物穿透现象，对于浊度为 0.5 NTU 左右的炭滤池出水，应适当采用粒径较小的滤砂，以提高对浊度的去除率，采用双层填料砂滤池可以使出水平均浊度降至 0.10 NTU，提高了城市供水生物安全性。

臭氧生物活性炭技术的应用，对于饮用水水质提升发挥了重要作用。但是，在其长期运行过程中也产生了一些问题，如溴酸盐超标、pH 下降、微生物泄漏等。

臭氧氧化过程会产生溴酸盐和次溴酸盐等一些对人体有害的臭氧化副产物，溴酸盐具有致癌和致突变性，已被国际癌症研究机构定为 2B 级（较高致癌可能性）潜在致癌物。有研究表明，当人们长期饮用含溴酸盐为 $5.0\mu g/L$ 或 $0.5\mu g/L$ 的饮用水时，其致癌率分别为 10^{-4} 和 10^{-5}。我国《生活饮用水卫生标准》（GB 5749—2006）增加了溴酸盐项目，限值为 $10\mu g/L$。

通常认为溴酸盐的形成主要有两种途径：一种是臭氧分子直接氧化溴离子生成，另一种是臭氧/羟基自由基氧化溴离子生成。影响溴酸盐生成的因素除了水中溴离子浓度以外，主要还有臭氧投加量与投加方式、水体 pH、水中有机物含量等。

刘冬梅等对臭氧化处理含溴水时溴酸盐的生成特性进行了研究，发现溴酸盐的生成大部分发生在臭氧氧化的前 10min，臭氧化 10min 后溴酸盐的增加较为缓慢；臭氧化过程中溴酸盐的生成量随着溴离子质量浓度的增加而增加，溴离子的初始质量浓度和溴酸盐的生成量成具有良好的线性关系；水的 pH 值对溴酸盐的生成影响较大，当 pH＞8 时溴酸盐的生成量会显著增加，pH 值从 8.5 降低到 6.5 可以减少 58% 的溴酸盐生成量；氨氮和有机物的存在会抑制溴酸盐的生成，有机物的质量浓度越大，对溴酸盐生成的抑制作用越明显。

控制臭氧氧化过程中 BrO_3^- 的生成方法有加氨、降低 pH、加过氧化氢、加自由基清除剂、加 HOBr 清除剂、加入催化剂等，而去除水中已生成的 BrO_3^- 的方法有添加还原剂、活性炭吸附、UV 辐射等。

施东文等研究了新鲜活性炭向生物活性炭转化过程中对溴酸盐去除能力的变化，结果表明，活性炭滤池能够十分有效地去除溴酸盐，并且具有较强的抗溴酸盐冲击能力，新炭在向生物活性炭转化的过程中活性炭滤池对溴酸盐的去除能力表现出逐渐减弱的趋势，待完全成为生物活性炭滤池后对溴酸盐的去除效果则较差。

安东等研究活性炭对溴酸盐的去除效果时发现，在溴酸盐初始浓度为 $137\mu g/L$ 时新炭即使接触时间较短也可以去除 100% 的溴酸盐，在初始浓度为 $283\mu g/L$ 时新炭空床接触时间大于 15min 时对溴酸盐的去除率可以达到 100%，使用 1 年的活性炭对溴酸盐的去除效果明显下降，空床接触时间需要较长才能对溴酸盐达到较好的去除。

刘燕等对臭氧—生物活性炭工艺对溴酸盐的去除进行了研究，结果表明，生物活性炭对溴酸盐的去除率在初期高达 75%，随着运行时间的延长，去除率逐渐降低，随着微生物的大量形成，在活性炭吸附、微生物降解协同作用下活性炭滤池对溴酸盐去除率保持稳定在 40% 左右。

李继等人研究了臭氧投加方式对溴酸盐生成量的影响，结果表明，在臭氧投加量相同时，增加臭氧投加点的数量可以大大降低溴酸盐的生成量，以单点瞬时投加臭氧的情况为基准，采用 2 个投加点可使溴酸盐生成量降低了 33%，采用 3 个投加点可使溴酸盐生成量降低 40%，但继续增加投加点数量则溴酸盐生成量的降低程度减小。

何茹等研究了臭氧催化氧化过程中溴酸盐的生成规律，结果表明，氧化镁、氧化铁的加入提高了臭氧氧化产生溴酸根的量，而氧化铈的加入明显地抑制了溴酸根的生成，在一定范围内增加氧化铈投量能进一步减少溴酸根的产生，当氧化铈投量多于 100 mg/L 后，催化剂投量的增加并不能明显增强臭氧催化氧化对溴酸根生成量的控制作用。

韩帮军等研究了臭氧催化氧化过程溴酸盐生成的特点，结果表明，催化剂的加入使臭氧氧化中溴酸盐的生成能力平均降低了 52%，臭氧催化氧化－生物活性炭处理可使出水中溴酸盐的超标率从无催化的 30% 降到 0。

生物活性炭工艺的运行经常出现出水 pH 值大幅下降的现象，特别是在一些原水碱度低的地区尤为明显，严重影响到水质的化学稳定性。

王长平等对采用臭氧－生物活性炭工艺的深圳某水厂出水 pH 大幅度下降现象进行了研究，发现 pH 下降的主要原因是原水的碱度偏低，缓冲能力较弱，在处理过程中水的酸度增加造成了出水的 pH 下降，而酸度主要来源于二氧化碳、硝化作用、水中残余有机物和活性炭自身，在主臭氧过程中，它们分别占酸度增加量的 57%、0、43%、0，在炭吸附过程中，它们分别占酸度增加量的 13%、15%、67%、5%。

为解决 pH 下降的问题，许多水厂在混凝池前投加石灰，一方面有助凝作用，另一方面可以调节水体 pH 和碱度，提高水质稳定性，如深圳梅林水厂等。但增加石灰投加量会导致沉淀后浊度显著上升，而使用铝盐作为混凝剂则可能会导致出水铝浓度大量增加甚至存在铝超标的风险。也有一些水厂采用在清水池前投加烧碱的方式来调节 pH 值，如广州南洲水厂、杭州南星桥水厂。

汪义强等采用投加石灰改善水质稳定性、投加食用 Na_3PO_4 缓蚀剂减轻管道腐蚀的防腐处理方案进行了实践，结果表明，该方案可行且取得了较好的处理效果，大大减轻了管网腐蚀，达到了改善管网水质的目的。

王长平等进行了在混凝阶段投加石灰、在滤后水中投加氢氧化钠的多点投加方法调节水厂出水 pH 值的试验，结果表明，这种投加方式能够使 pH 值调节对生产及水质的不利影响大幅降低，对石灰及氢氧化钠的投加优化表明，在混凝阶段石灰的最佳投加点为混凝剂后 1 min，最佳投加量为 2.0mg/L，最大投加量宜控制在 6.0 mg/L 以下，在滤后水中投加氢氧化钠可有效提高出厂水的 pH 值，氢氧化钠投加量约 1.6 mg/L 即可控制出厂水 pH 值在 8.0～8.5 之间。

生物活性炭工艺的运行还存在微生物泄漏的风险，对水质的生物安全性产生影响。一些研究发现，活性炭工艺出水中细菌数会大幅升高，并出现细小活性炭颗粒泄漏，这些颗粒可以保护细菌，降低消毒效果。在活性炭滤池长期运行过程中，池内会孳生大量的无脊椎动物，例如轮虫、桡足类、枝角类、寡毛类和线虫等。活性炭滤池孳生的无脊椎动物不仅会引起感观问题，而且可作为病原体宿主威胁人类健康，当控制不当时可能会大量进入配水系统，对饮用水水质产生不良影响。

祝玲等对采用臭氧—活性炭工艺的南方某水厂进行了研究，发现生物活性炭滤池出水中颗粒物数量水平显著提高，进行 HPC 检测发现生物活性炭滤池出水中的细菌数量远高于进水中的细菌数量，生物活性炭滤池出水添加解吸液后测得的异养菌数目是原水样直接测得的异养菌数目的 4.4 倍。

何元春等对生物活性炭生物池内微生物的生长和出水消毒效果进行了研究，结果表明，尽管经主臭氧处理后的炭滤池进水未检出微生物，但炭滤池内生长繁殖的微生物种类繁多，存在着微生物泄漏风险，炭滤池出水采用氯消毒杀菌率达 99.98％以上，但并不能杀灭所有的微生物，消毒后残留菌中有少量条件致病菌检出。

金鹏康等运用 PCR-DGGE、脂磷法及传统的细菌培养法等微生物技术研究了臭氧—生物活性炭污水深度处理工艺中生物群落的分布特征，结果表明，活性炭床内生物量呈沿炭层高度从上到下逐渐减少的分布特征，生物活性炭床中存在丰富的专性好氧、兼性和专性厌氧等 16 种菌种，生物活性炭床内生物量呈现沿炭层深度从上到下逐渐减少的分布特征，在炭床中上部，好氧及兼性菌数量极大，厌氧菌虽然在炭床底部占主导，但其数量较少，在整个生物活性炭床内，好氧菌处于优势菌的地位，生物活性炭床内生物种属较多，生物相丰富，形成了由细菌、真菌到原生动物和后生动物的复杂的生态体系。

吴强等通过扫描电镜对生物活性炭池内不同深度的微生物进行了观察分析，并对生长在活性炭滤料上的生物膜进行了分离培养，结果表明，在生物活性炭的炭粒表面存在大量的微生物，通过分离培养各类微生物发现，细菌是 BAC 生物膜的主要组分（异养菌的数量达到 $2.56 \times 10^6 \sim 1.17 \times 10^7$ cfu/g），分离出的细菌大部分为环境水体和土壤中常见的细菌，但有部分细菌如阴沟肠杆菌、栖稻黄色单胞菌、嗜水气单胞菌、蕈状芽孢杆菌为条件致病菌，可引起免疫力低下及体弱人群的感染。

为防止微生物泄漏，可采用活性炭池中置的运行方式，如嘉兴南郊水厂，该厂原水为劣 V 类，将生物活性炭池置于砂滤池前起到了较好地控制微生物的作用，运行过程中均未出现微生物泄漏现象。另外，在炭层下增设一定厚度的砂滤层对活性炭池进行改良，也能在一定程度上起到防止微生物泄漏的作用，在生物活性炭池后增加超滤处理工艺则可以绝对去除活性炭池泄漏的微生物。同时，在活性炭池池顶增设盖板或屋顶，防止炭池受到阳光的照射，也可以在一定程度上防止藻类等微生物滋生。

骆兴旺等研究了在以臭氧氧化水作为进水，经不同厚度石英砂垫层的生物活性炭双层滤柱的去除效果，结果表明，生物活性炭—石英砂双层滤池比单纯的生物活性炭滤池对细菌总数有更好的去除效果，去除细菌总数的最佳石英砂垫层厚度范围为 100～300mm，若综合对浊度、颗粒数的去除效果则取 200～300mm 最为有利。

（2）上向流活性炭技术

生物活性炭处理工艺目前在工程上多采用构造简单并具有物理截留效果的下向流生物

活性炭工艺，但其污染物和微生物多聚集在活性炭的上部，不能有效利用整个活性炭层。上向流生物活性炭池通过采用上向流的操作方式则可以明显减少水头损失，延长过滤周期，提高活性炭的利用率，优化传质条件。

韩立能等进行了上/下向流生物活性炭池的比较，发现上向流生物活性炭池可以充分利用活性炭的吸附作用，不同高度的炭层微生物分布均匀、活性高，比传统下向流生物活性炭池在有机物处理上更具有优势。

张智翔等进行了升流式生物活性炭池的研究，结果表明，升流式生物活性炭池对高锰酸盐指数，UV_{254} 和氨氮的平均去除率分别高达 43%，46% 和 93%，大部分污染物在炭柱的前 400mm 滤料层中被去除，生物量沿水流方向而减少，总大肠杆菌、耐热大肠杆菌、大肠埃希氏菌、贾第鞭毛虫囊和隐孢子虫卵均未在活性炭池出水检出，出水总菌落总数仅为 4 CFU/mL。

查人光等对嘉兴南郊贯泾港水厂上向流生物活性炭池进行了研究，结果表明，该上向流生物活性炭池进入稳定运行后对高锰酸盐指数的去除率在 15%～35%，与当地其他水厂普遍应用的降流式生物活性炭吸附池相比，对高锰酸盐指数的去除率平均提高了 5%～10%，即使在当地气温最低的 12 月和次年的 1 月、2 月（水温<10℃），上向流生物活性炭吸附池对高锰酸盐指数的去除率仍稳定在 10%～20%，明显高于降流式吸附池低温时 5%～15% 的去除效果，但上向流吸附池处理后出水浊度常有增加，对浊度去除率在 -30%～30% 波动，需通过后续的砂滤池才能对浊度得到较好的控制。

林县平等针对中置升流式活性炭池进行了粒径 4mm、3mm、1.5mm 3 种柱状炭的运行效果对比小试，结果表明，在滤速 16m/h、气水体积比 0.5∶1 工况下，4mm 柱状炭水头损失最小，3mm 柱状炭次之，而 1.5mm 的柱状炭水头损失最大，但对有机物的去除能力以 1.5mm 柱状炭最好，3mm 柱状炭次之，而 4mm 柱状炭最差，中置炭池采用高 1.2m，直径 6～8 mm 轻质陶粒垫层，上层为高 3m，直径 3mm 柱状炭层的复合填料，在 12m/h 滤速，气水体积比 0.3∶1 工况下运行，平均水头损失为 32.5cm，比石英砂垫层的炭滤池平均水头损失减少 10.2cm，而对有机物的平均去除率比石英砂垫层炭滤池高 11.5%。

漆文光等以升流式双层陶粒滤料曝气生物滤池（UBAF）为研究对象，探讨了曝气生物滤池对不同微污染水源水的预处理效果，结果表明，UBAF 可有效应用于珠江下游不同微污染水源水的预处理，其中，UBAF 对原水中的氨氮与亚硝酸盐氮去除效果最好，当不同水源水氨氮质量浓度分别为 2.15～4.76mg/L、0.52～2.33mg/L、0.16～1.04mg/L 时，氨氮平均去除率分别为 89%、64%、26%，出水氨氮均可满足《生活饮用水卫生标准》（GB 5749—2006）的限值要求，对亚硝酸盐氮的平均去除率高达 85.9%，对耗氧量和浊度去除率相对较低，平均去除率分别为 17%～25% 和 26%～36%。

上向流活性炭滤池的运行也存在一些缺点，如在高流速下活性炭流失明显、浊度出现上升等，而低流速的运行则导致膨胀率过低不能达到良好的传质条件，对有机物的处理效果受到影响。

（3）炭砂过滤技术

炭砂过滤技术是采用活性炭石英砂双层滤料组合进行过滤的技术。活性炭石英砂双层滤池的过滤方式，能够发挥活性炭的吸附降解作用和石英砂的物理拦截作用，对水中有机物的去除、降低出水生物可降解有机碳、改善出水水质方面有良好效果。采用炭砂生物滤池的过滤方式，将水厂现有砂滤池中部分石英砂以颗粒活性炭代替，不增加新的净水构筑物，可以较好地节省工艺改造成本。炭砂滤池有着可迅速投产使用、有效提高供水水质的特点，因此在城镇供水安全保障与应急体系建设中有着重要的研究和应用价值。

杨至瑜等研究了炭砂滤池对水中有机物的去除特性，结果表明，炭砂滤池代替普通砂滤池可有效去除水中的有机物，尤其对中低分子质量有机物去除效果较好，高锰酸盐指数平均去除率达 50%，UV_{254} 的去除率在 40%～50%，并且炭砂滤池对于有机物有较强的抗冲击能力，滤速、反冲洗以及水力波动对高锰酸盐指数和 UV_{254} 的去除效果影响不大。

高炜等采用炭砂滤池对长江陈行水库原水进行处理研究，结果表明，炭砂双层滤料具有良好的强化过滤效果，炭砂生物滤池对高锰酸盐指数的平均去除率达 53.9%，对 UV_{254} 的平均去除率达 64.4%，对氨氮的平均去除率为 84.1%，该工艺出水 AOC 为 $45\mu g/L$，生物稳定性较好。

曾植等对炭砂滤池与砂滤池处理微污染地表水进行了对比试验研究，结果表明，采用炭砂滤池比石英砂滤池在浊度、高锰酸盐指数、氨氮、亚硝酸盐氮、UV_{254} 的去除率上分别提高了 0.5%、9.9%、13.3%、30.8%、6.2%，炭砂滤池可以显著提高过滤出水的化学安全性。

王广智等对哈尔滨制水三厂的炭砂滤池进行了研究，发现炭砂滤池能够有效去除水中的硝基苯类污染物、胶体颗粒和各种有机物，能够使出水硝基苯浓度降至检测限附近，同时对高锰酸盐指数、UV_{254}、TOC 的去除率保持在 35%、25% 和 25% 以上，均优于普通无烟煤/石英砂滤池。

吴强等对炭砂滤池处理微污染水原水进行了试验研究，结果表明，对于Ⅱ～Ⅲ类的微污染水源，采用炭砂滤池可取得较好的运行效果，炭砂滤池可以在保证出水浊度的前提下提高对溶解性有机物和氨氮的去除能力，炭砂滤池的处理过程中活性炭既发挥了吸附作用也发挥了生物作用。

2. 膜分离技术

膜分离技术被认为是最有发展潜力的饮用水深度处理技术之一。膜分离技术具有许多其他技术无法比拟的优点，如运行稳定、无需投加化学药剂、不会产生副产物、运行过程易于实现自动控制等。膜分离过程对浊度、细菌、贾第鞭毛虫、隐孢子虫等均有较好的去除。根据膜孔径的不同，膜分离技术又可分为：微滤、超滤、纳滤和反渗透。纳滤和反渗透对有机物和盐类都有较好的去除效果，但操作压力较大，运行成本相对较高。微滤与超滤则操作压力适中，运行成本较低，对微生物安全的保障能力较强，但其对有机物的去除能力有限。

（1）微滤/超滤

微滤和超滤主要是通过物理截留和机械筛分来达到分离的效果，微滤膜的孔径一般在 $0.1\sim10\mu m$，超滤的孔径一般在 $0.001\sim0.1\mu m$，微滤和超滤对水中的大分子有机物、悬浮物质、胶体、微生物等均有很好的去除，通过一定的预处理如混凝、活性炭吸附和臭氧氧化等则可以进一步提高对有机物的去除。

张凤等采用混凝—微滤工艺对滦河水进行了处理研究，结果表明，混凝—微滤工艺对分子质量＞10ku 的 DOC 的去除效果较好，同时对 UV_{254} 也有较好的去除，混凝—微滤工艺对三卤甲烷生成势（THMFP）的去除率约为 40％。

王雪等采用粉末活性炭（PAC）累积逆流吸附与微滤（MF）联用工艺处理某石化厂车间的反渗透（RO）浓水，考察了对 RO 浓水中有机污染物的去除效果，结果表明，该工艺能有效去除 RO 浓水中的有机污染物，对 UV_{254} 的去除率高达 90％以上，对 COD_{Mn}、DOC 的去除率分别为 64.2％、75.7％。采用 PAC 累积逆流吸附可大大减少 PAC 用量，节省处理成本。经化学清洗后，微滤膜的通量可以基本恢复。

陶润先等以滦河水为处理对象，考察了混凝—微滤工艺对原水中营养物的去除效果和对饮用水生物稳定性的影响，结果表明，该工艺对 DOC 的去除率随混凝剂投加量的提高而增加，在 $FeCl_3$ 投加量为 2mg/L 时，DOC 的平均去除率达到 22.4％，该工艺可有效去除可生物降解溶解性有机碳（BDOC）和总磷，并分别达到饮用水生物稳定性的阈值要求（BDOC＜0.25mg/L 和 TP＜5ug/L）；同时，工艺出水的细菌再生长潜力（BRP）比原水降低 1 个数量级，因此采用混凝—微滤工艺可有效提高饮用水的生物稳定性，控制水中细菌再生长趋势。

程宇婕等利用电絮凝—微滤法进行了给水处理的实验研究，探讨了电流密度、电解时间和 pH 等因素对源水中的 TOC、氨氮、油类的去除的影响，结果表明，增大电流密度有利于上述污染物的去除，TOC 和氨氮的去除率随 pH 升高而增加，pH 变化对油类的去除率影响较小。

杨东等采用混凝—微滤工艺研究了膜反洗水的处理，试验结果表明，该工艺能有效地去除反洗水中的浊度、有机物和微生物，在反洗水的浊度、高锰酸盐指数和 UV_{254} 等指标的平均值分别为 6.25 NTU、6.33mg/L 和 $0.050cm^{-1}$ 时，对其平均去除率分别为 98.6％、66.1％和 43.1％，投加适量的 $FeCl_3$ 和 PAC 可使系统出水水质稳定可靠，工艺流程简单，停留时间短，设备紧凑，系统的产水率可达 98.0％。

王晓东等采用混凝—微滤工艺处理混凝—超滤中试装置的膜反洗水（MBW），将试验原水和出水经不同截留分子质量的超滤膜过滤，分析了不同分子质量区间的有机物分布，研究结果表明，MBW 中 DOC 主要分布在分子质量＞30 ku 和分子质量＜1 ku 的区间内，THMFP、UV_{254} 主要集中在分子质量＜1ku 的区间内，混凝过程能有效去除分子质量＞30 ku 的大分子有机物，PAC 能有效去除小分子有机物，随混凝剂投量的增加，处理系统对 DOC、UV_{254}、THMFP 的去除率均有不同程度的提高。

李茨等采用新型超高分子质量聚乙烯管式微滤膜为过滤介质，研究了微滤和曝气氧化

/微滤组合工艺处理铁污染地下水的效果及机理，运行初始，微滤对铁的去除率为 50％左右，曝气氧化/微滤组合工艺对铁的去除率可达 90％以上，出水铁浓度＜0.1mg/L，比单独微滤提高了 40％～60％，运行后期管式膜表面生成铁质活性滤膜，单独微滤对铁的去除率也能达到 90％以上。在前期膜污染以铁等无机物污染为主，后期为铁质活性滤膜和滤饼层污染，大流量水力冲洗和稀 HCl 浸泡可有效去除膜污染，NaClO 碱洗对膜过滤性能的恢复作用较小。

于水利等研究了一体式粉末活性炭—微滤（PAC-MF）组合工艺对有机物、农药和氨氮的去除效果，并量化了粉末活性炭—微滤工艺中 PAC、微生物和 MF 分别对去除污染物的贡献，结果表明，PAC-MF 组合工艺对 TOC、UV_{254} 以及 THMFP 和 HAAFP 的平均去除率分别为 73.56％、96.75％、77.64％、83％，对敌敌畏的平均去除率为 95.1％，对氨氮的平均去除率可达 98％。粉末活性炭—微滤工艺中，活性炭能够使膜的有机负荷降至膜直接过滤工艺的 28.32％，膜表面的炭层对污染物有去除作用，活性炭在一次性高浓度的投加方式下，可以提高活性炭对氨氮的吸附作用，使对氨氮的去除率达 44.5％。

张燕等利用混凝—微滤联用工艺处理微污染原水，并对工艺运行的关键参数及膜污染的控制方法进行了优化分析。试验表明，混凝—微滤组合能有效延缓膜污染，在过滤方式上，直接过滤混凝原液在膜污染的控制上效果优于过滤混凝上清液，氯化铁对微污染原水的净化效果要远远优于聚合氯化铝（PAC），而聚合氯化铝延缓膜污染能力较强，膜污染中 70％～80％由泥饼层引起，有机污染物和微生物的比例约占 20％～25％，无机污染物仅占 5％～8％。

杨帆等采用 300m³/d 中试规模的混凝—微滤膜系统处理饮用水，监测了系统运行期间的处理效果及膜污染特性，考察了抽停比和气水比对于混凝—微滤中试装置处理效果及膜通量特性的影响，结果表明，抽停比试验的两个阶段，分别采用 8∶2、13∶2、18∶2、28∶2 作为不同抽停比的对比试验，对于出水水质未出现显著影响，而膜污染会随抽停比的增加略有加强，曝气量试验的两个阶段，分别采用 14.9∶1、12.8∶1、10.6∶1、8.5∶1 的气水比作为不同曝气量的对比试验，对于出水水质以及膜污染情况均未出现显著影响，化学清洗过程中，采用盐酸、氢氧化钠和次氯酸钠为清洗药剂，选用不同的清洗步骤对清洗效果影响不大，化学清洗后膜池的膜比通量并没有得到完全的恢复。

张凤等采用混凝—微滤工艺处理滦河水，以 DOC、UV_{254}、THMFP 为指标考察了处理前、后水中有机物的分子质量分布，结果表明，原水中的有机物以溶解性小分子有机物为主，该部分有机物是生成 THMs 的主要物质，其中分子质量为 1～3ku 的有机物生成 THMs 的能力最强，混凝—微滤工艺对分子质量＞10ku 的 DOC 的去除效果较好，在各个分子质量区间，对 UV_{254} 的去除率均高于对 DOC 的，系统对 THMFP 的去除率约为 40％。

马聪等采用粉末活性炭—微滤（PAC/MF）组合工艺处理模拟微污染原水，考察了在低温下（10℃）的除污效能及膜污染情况，结果表明，在 10℃时，PAC—MF 系统启动 19d 后开始发生硝化反应，在第 35 天启动完成，系统稳定后，出水平均氨氮、高锰酸盐指数、UV_{254} 和浊度分别为 0.3mg/L、1.7mg/L、$0.033cm^{-1}$ 和 0.2NTU，平均去除率分别为 95%、65%、81.5% 和 98%，周期性的水力反冲洗可在一定程度上减轻膜污染，使膜的运行压力得以恢复。

夏圣骥等采用超滤对哈尔滨附近某水库水进行处理研究，结果表明，超滤直接处理水库水的出水浊度低于 0.2NTU，总大肠菌能够完全去除，铁、铝、锰、色度、耗氧量、总有机碳等均有较好的处理效果，出水水质全分析显示完全可以满足饮用水水质标准。

修海峰等采用混凝－沉淀－超滤组合工艺处理低温低浊期长江原水，结果表明，无论膜前水质如何，超滤出水浊度都在 0.1NTU 以下，工艺对高锰酸盐指数平均去除率为 18.92%，对氨氮去除率在 20% 左右，对铁、锰的去除效果非常显著，在进水波动较大的情况下铁锰含量均可保持在 0.05mg/L 以下。

何文杰等采用混凝－超滤工艺进行了处理滦河水的处理研究，结果表明，混凝－超滤工艺对污染物的去除效果较好，对高锰酸盐指数的去除率为 48.7%，膜出水的高锰酸盐指数<2.0 mg/L，浊度<0.1NTU，高温、高藻期通过预氯化可以进一步提高对有机物的去除效果。

杨忠盛等研究了活性炭结合超滤及纳滤工艺对金门岛内水库的处理效果，该水库的富营养化程度严重，藻类所产生的臭味物质、有机碳及消毒副产物前体物的浓度非常高，结果表明，活性炭结合超滤及纳滤工艺能够将甲基异莰醇-2、土臭素处理至嗅阈值以下，将不可挥发溶解性有机碳（NPDOC）从 6.4mg/L 降至 0.2mg/L；三卤甲烷生成势（THM-FP）和卤乙酸生成势（HAAFP）可分别从 $489\mu g/L$，和 $656\mu g/L$ 去除至 $38\mu g/L$ 及 $17.6\mu g/L$，去除率分别为 92% 及 97%，出水各检测项目均符合台湾地区饮用水标准。

唐凯峰等采用高锰酸钾预氧化—粉末活性炭吸附—混凝气浮—超滤组合工艺处理微污染水源水，考察了微污染程度随时间及温度的变化规律以及组合工艺对浊度、藻类、TON、高锰酸盐指数、UV_{254}、NH_3-N 等指标的去除效果。出水水质能够稳定达到《生活饮用水卫生标准》（GB 5749—2006）的要求，高锰酸钾预氧化以及活性炭吸附单元可明显提高气浮及超滤对高锰酸盐指数的去除效果，即大幅度提高溶解性有机物的去除率。

史慧婷等以某市江水为研究对象，考察混凝－超滤组合工艺处理低温低浊受污染水的效果，比较了不同混凝预处理形式对超滤膜膜通量的影响以及膜滤出水水质的变化，结果表明，混凝预处理可以减缓膜污染，改善膜通量，可将出水的浊度控制在 0.2 NTU 以下，提高了组合工艺对有机物的去除效果。当混凝剂投加量为 30mg/L 时，混凝－超滤组合工艺对 UV_{254} 和 DOC 的总去除率分别达到 56.5% 和 39.0%，混凝后直接膜滤对超滤膜膜通量的影响最小，在 60min 内通量下降了 11.5%，对 UV_{254} 和 DOC 去除率效果最好，平均去除率为 37.5% 和 32.9%，采用在线混凝-UF 组合工艺可以更明显地改善低温低浊水的处理效果。

谢良杰等针对饮用水中藻毒素污染问题，对超滤膜（UF）、粉状活性炭（PAC）及其组合工艺去除藻毒素（MCs）的效果和特性进行了研究，结果表明，单独的超滤膜工艺对水体中溶解性藻毒素的去除率较低，一般低于 5%，单独的粉末活性炭吸附技术在投加量高于 20 mg/L 时对 MCs 的去除效率较高，可达 82.16%；粉末活性炭与超滤联用工艺在 PAC 投加量为 20mg/L 时，产水中未检测出微囊藻毒素，该组合工艺运行稳定，可有效减缓膜污染。

崔俊华等以微污染地表水为原水，采用不同混凝剂投加量的 3 组流程和直接超滤工艺进行对比试验，考察了在线混凝—超滤组合工艺去除污染物的效果和膜污染情况，结果表明，经过 150h 的连续运行，组合工艺出水浊度稳定在 0.1NTU 以下，高锰酸盐指数平均去除率为 33%，水质优于直接超滤工艺，试验中组合工艺较直接超滤工艺跨膜压差增长缓慢，膜污染经化学清洗后可基本去除，表明在线混凝可以延缓膜污染的进行。

林佳琪等采用混凝—超滤组合工艺，通过考察污染物中氨氮不同含量水平的变化，考察氨氮含量对混凝—超滤组合工艺出水水质、通量下降和污染类型这 3 个方面的影响，结果表明，在给定试验条件下，氨氮含量由 0.1mg/L 增大至 0.5mg/L 时，加快了污染物在膜表面的沉积，最终导致出水有机物含量降低，PVDF 和 PVC 膜的 TOC 去除率分别提高 17.31% 和 23.21%，UV_{254} 去除率分别提高 2.78% 和 11.72%，膜组件通量分别下降了 3.51% 和 10.17%；氨氮促进了标准孔堵塞和滤饼层形成，同时削弱完全孔堵塞和中间孔堵塞。

郭爱玲等研究了粉末活性炭与超滤的联用，通过不同的粉末活性炭投加量，比较了 UV_{254}、DOC、SUVA，确定了粉末活性炭的最佳投加量为 2~3mg/L。同时，比较了投加粉末活性炭后水中消毒副产物及其生成势的变化，结果表明粉末活性炭对消毒副产物前驱物有较好的去除作用，粉末活性炭吸附了水中的芳香类有机物，小分子天然有机物，还有腐殖酸等消毒副产物的前驱物，从而减少了消毒副产物的生成。

袁哲等考察了磁性离子交换树脂（MIEX）—超滤膜一体化净水工艺处理长江原水的效果，并通过与超滤膜直接过滤进行比较，探讨了 MIEX 预处理对去除有机物的影响及控制膜污染的效果，结果表明，与原水直接进行超滤处理相比，组合工艺对高锰酸盐指数、DOC、UV_{254} 的去除率分别提高了 40.70%、38.20% 和 43.90%；MIEX/超滤工艺控制消毒副产物的优势更为明显，对 THMFP 和 HAAFP 的去除率分别达 62.54% 和 55.83%。由于 MIEX 预处理去除了原水中 56.72% 的疏水性有机物，降低了超滤膜的负荷，延缓了膜表面致密凝胶层的形成，因而减少了膜孔堵塞，可有效控制运行压力的增长速度，延长过滤时间。

李星等分析了粉末活性炭协同超滤膜运行效果，采用 PAC-UF 组合工艺处理微污染原水，对比了 PAC-UF 组合工艺与单独 UF 工艺对浊度和有机物的去除效果，研究了 PAC 投加量对 PAC-UF 组合工艺的污染物去除效能以及对超滤运行性能的影响，结果表明，通过与 PAC 联用，UF 工艺对有机物的去除率明显提高，对高锰酸盐指数和 UV_{254} 的去除率均在 56% 以上，并随着投炭量的增加呈递增趋势，组合工艺对浊度的去除率很高，但出水浊度略高于单独 UF 工艺，并且随着投炭量的增加略呈上升趋势，但均低于 0.20NTU，投加 PAC 能够有效减缓膜污染，随着投炭量的增加，跨膜压差增长变缓，但过大投炭量反而会加剧膜污染的速率，最佳 PAC 投加量为 2~10g/L。

黄富民等采用聚丙烯腈中空纤维超滤膜进行了直接过滤高浊度水试验，结果表明，超滤膜具有良好的除浊功能和除菌作用，对水中的有机物也有一定的去除作用，滤后水浊度小于 0.1NTU，菌落总数的去除率大于 99%，TOC 的去除率为 10%～18%。原水浊度为 300NTU 左右时，超滤的周期产水量比较稳定，归一化比渗透通量保持在 55% 以上。

陆俊宇等比较了不同预处理工艺对超滤膜运行稳定性和出水水质的影响，考察了以次氯酸钠为化学清洗试剂对膜污染的清洗效果，结果表明，沉淀—超滤组合工艺对浊度及 UV_{254} 的去除效果要优于砂滤—超滤组合工艺，而对 DOC 的去除效果砂滤—超滤组合工艺要略优，沉淀—超滤组合工艺中膜的运行稳定性较好，膜污染清洗效果与化学试剂的浓度及浸泡时间有关，实际运行时要综合考虑这两方面的影响。

窦建军采用臭氧活性炭—超滤组合净水工艺处理以长江水为饮用水源的水厂砂滤池出水，结果表明，经臭氧活性炭—超滤组合工艺深度处理后，出水浊度维持在 0.1NTU，高锰酸盐指数、UV_{254} 吸光度值和溶解性有机碳（DOC）分别平均为 1.68mg/L、0.051cm^{-1}、3.08mg/L，去除率分别为 58%、48%、34%，膜出水颗粒数（＞2μm）平均为 18 个/mL，大于 10μm 颗粒数已完全去除，并未检出细菌，膜出水中 SUVA 值比原水减少了 21%，消毒副产物前体物（THMFP）总去除率为 69%。

马敬环等考察了在线混凝超滤工艺预处理天津渤海湾海水的可行性，采用外压式中空纤维超滤膜，研究膜的最大膜通量，以及通过数据和理论公式分析得到该工艺的最佳化学强化清洗方式，试验分 3 阶段进行，每阶段采用不同膜通量和化学强化清洗方式，经过 3 个月试验，结果表明，在跨膜压差≤75kPa 时能保证系统稳定运行的最大膜通量为 54.2L/（m²·h），试验产水满足反渗透进水要求，产水中未监测到藻类，产水浊度在 0.06～0.1NTU 之间，SDI15＜3，高锰酸盐指数去除率为 26%～45%。

姜薇等以北江水为处理对象，考察了超滤膜处理工艺与混凝沉淀处理工艺、投加二氧化氯及活性炭吸附工艺构建的 6 种超滤膜组合工艺，研究其对水中浊度、高锰酸盐指数、TOC 的去除效果以及超滤膜跨膜压差的变化情况，结果表明，采用混凝沉淀＋二氧化氯＋超滤组合工艺处理北江原水，可提高该流域净水厂供水水质，技术上和经济上是可行的，该组合工艺可在控制膜污染进程前提下，使出水浊度达到 0.02～0.03NTU，TOC＜1mg/L。

唐凯峰等采用高锰酸钾预氧化—粉末活性炭吸附—混凝气浮—超滤组合工艺处理微污染水源水，实验结果显示，超滤前处理工艺对浊度、藻类、高锰酸盐指数和 UV_{254} 的去除率分别为 91.7%、90.6%、45.9% 和 19.2%，超滤系统对上述指标的去除率分别为 98.8%、84.9%、22.4%、3.1%，对 NH₃-N 没有明显的去除效果，组合工艺出水主要水质指标均稳定达到《生活饮用水卫生标准》（GB5749—2006）指标限值。

夏端雪等通过浊度和颗粒数指标来考察混凝—超滤组合工艺对水中颗粒物质的去除效果，试验结果表明，混凝—超滤组合工艺可有效去除颗粒物质，满足饮用水生物安全的要求，膜进水的浊度较高和延长膜过滤时间有利于减少膜出水的颗粒，提高膜通量会在一定程度上增加膜出水的颗粒，试验还表明，浊度越低，其与颗粒数之间的相关性越差。

叶挺进等采用二氧化氯预氧化和超滤组合工艺进行微污染水处理试验研究，结果表明，二氧化氯预氧化和超滤组合工艺能将出水中浊度和细菌总数分别控制在 0.8NTU 和 2CFU/mL 以下，总大肠菌群未检出，投加 0.5mg/L 二氧化氯能使混凝—沉淀预处理和组合工艺的高锰酸盐指数去除率分别提高约 11.6% 和 7.4%，而且二氧化氯产生的亚氯酸盐和氯酸盐浓度均低于国家饮用水卫生标准的限值，二氧化氯预氧化能通过降低膜表面污染物负荷、降低有机污染物相对分子质量以及减少微生物在膜表面滋长等方式缓解膜污染。

李诚等研究了用小试混凝沉淀技术代替中试混凝超滤工艺判断混凝剂最佳投药量的可行性，对比研究了经聚合氯化铝（PAC）、$FeCl_3$、硫酸铝（AS）3 种混凝剂预处理超滤后在除浊、除有机物、膜污染控制等方面的效能，结果表明，浊度的去除效果与混凝剂的种类和投加量无关，有机物的去除效果由高到低为 PAC（45.5%）＞$FeCl_3$（42.4%）＞AS（35.5%），膜污染程度（ΔTMP）由高到低为 AS（42.72kPa）＞$FeCl_3$（39.68kPa）＞PAC（21.01kPa），综合比较采用 PAC 混凝预处理效果最佳。

王琳等的研究表明，活性炭与超滤的组合工艺能有效地去除水中的浊度、高锰酸盐指数、UV_{254} 和大肠杆菌。

黄瑾辉等的研究表明，颗粒活性炭—超滤复合工艺对水中微量污染物的去除效果良好，三氯甲烷、四氯化碳、二氯一溴甲烷的去除率分别达到 46%、43%、89%。

许阳等对预臭氧—混凝沉淀—炭砂双层过滤—微滤组合工艺进行了中试研究，试验结果表明该处理工艺可有效去除浊度，保证出厂水浊度在 0.1NTU 以下及出水的微生物安全性，对氨氮的去除率可达 95% 左右，高锰酸盐指数去除率可达 50% 左右。

张颖等进行了混凝—活性炭吸附—微滤工艺对轻度污染地表水的处理研究，结果表明，混凝—活性炭吸附—微滤工艺能够对水中的浊度、有机物和氨氮均有较好的去除，浊度平均去除率为 94.03%，高锰酸盐指数的平均去除率为 69.44%，UV_{254} 的平均去除率为 60.52%，UV_{410} 的平均去除率为 90.33%，NH_3-N 的平均去除率为 55.57%。

许航等进行了臭氧—生物活性炭工艺与超滤膜工艺的联用试验研究，结果表明，超滤工艺可以充分解决南方河网地区高温、高藻期臭氧—生物活性炭（O_3－BAC）工艺出厂水中细菌超标和活性炭颗粒随水流泄漏等生物安全性问题，超滤出水浊度平均值为 0.06NTU，颗粒数中粒径大于 $2\mu m$ 的平均含量为 11/mL，藻类平均数量从炭出水 9.06×10^4/L 降至 1.83×10^4/L，对炭出水中滋生的细菌可以完全去除。

于宏兵等和靳文礼等对臭氧生物活性炭—超滤组合工艺的研究表明，臭氧可将一些难降解有机物转化为易降解有机物，并通过下游的生物活性炭工艺进行降解去除，这延长了超滤的工作周期，减少了反冲洗频率。

韩力超等介绍了不同时期 O_3 和 H_2O_2/O_3 高级氧化技术对臭氧—生物活性炭—砂滤组合工艺处理效果的影响，同时比较了不同投加量对出水水质的影响，分析了组合工艺的运行效果，结果表明，O_3 和 H_2O_2/O_3 能有效分解水中大分子有机物，臭氧投加量分别为 1.0mg/L、1.5mg/L 和 2.0mg/L 时，组合工艺对有机物的去除率随投加量的增加而增加，随着臭氧投加量的增加，BDOC 总去除率分别为达到 39%、45% 和 73%，投加 H_2O_2/O_3 比单独投加 O_3 去除效果稍好。较高的温度有利于活性炭和石英砂表面微生物的降解作用。

范小江等对混凝—臭氧/陶瓷膜—活性炭滤池新型净水工艺进行中试研究，结果表明，臭氧可以在线控制膜污染，臭氧投加量 2mg/L，间歇提高臭氧投加量至 5mg/L 时，陶瓷膜跨膜压差在通量 100L/（$m^2 \cdot h$）下运行 5d 后增长小于 2kPa，臭氧促进了陶瓷膜对颗粒物的去除，投加臭氧时膜出水中大于 $2\mu m$ 颗粒数低于 10CNT/mL，工艺能有效去除受污染原水中的有机物和氨氮，工艺对 UV_{254} 去除率为 65%～95%，高锰酸盐指数去除率为 71%～98%，出水高锰酸盐指数低于 0.5mg/L，工艺对卤乙酸生成势的去除率高于 85%，大大提高了工艺出水的安全性。

茆永晶等针对水体富营养化问题，进行了混凝—陶瓷膜组合方法的处理试验，结果表明，组合工艺最佳运行条件为：混凝剂 PS-FZn 投加量 25md/L，陶瓷膜操作压力 0.09MPa；在进水流量为 5L/h，水温 30℃，连续运行 40h，混凝—陶瓷膜组合工艺对富营养化水体中浊度、Chl-a、高锰酸盐指数、TP、TN 的去除率分别达到 99.98%、99%、84%、75% 和 58%。

范小江等采用过滤面积 $0.5712m^2$，孔径为 60～70nm 的平板陶瓷膜，对东江原水进行过滤试验，研究在不同渗透通量、原水浊度、原水有机物浓度下陶瓷膜对浊度和有机物的去除效果，以及陶瓷膜跨膜压差的变化，结果表明，渗透通量、原水浊度和有机物浓度的升高都会引起跨膜压差的升高，其中有机物浓度的影响大于浊度的影响；膜出水水质分析表明陶瓷膜出水浊度稳定在 0.1NTU 以下，各项指标除氨氮外都满足新的国家饮用水水质标准；陶瓷膜过滤能将病原微生物有效去除，从而提高水体的微生物安全保障水平；陶瓷膜能显著去除水中分子量大于 2000Da 的有机物，但对小分子有机物和无机离子基本没有去除效果。

张建国等研究了陶瓷膜通量的变化规律，以及陶瓷膜过滤对原水浊度、颗粒数的去除效果，结果表明，膜通量基本随膜孔径增大呈上升趋势，过滤初期膜通量下降很快，运行 10min 后逐渐稳定，当原水浊度为 12NTU 时，4 种孔径的膜通量较大，约为 500～600L/（$m^2 \cdot h$）；当原水浊度升高为 50～500NTU 时，4 种孔径的膜通量会变小，约为 300～400L/（$m^2 \cdot h$），陶瓷膜的出水浊度随膜孔径的增大变化不明显，当原水浊度为 12～500NTU 时，4 种孔径陶瓷膜的出水浊度相近，约为 0.1NTU，出水＞$2\mu m$ 的膜出水颗粒以 2～$5\mu m$ 为主，约占总颗粒数的 80%；当原水浊度为 500NTU 时，5nm、10nm 孔径膜出水颗粒数变化不大，＞$2\mu m$ 颗粒数约为 30～80CNT/mL，50nm、100nm 孔径膜出水＞$2\mu m$ 颗粒数分别为 215、346CNT/mL。

段元堂等研究了氧化铝陶瓷膜处理高浊度水时膜通量衰减变化规律，发现运行初期膜通量衰减很快，后期衰减趋于平缓，总体成线性下降；对 $0.8\mu m$、$0.2\mu m$、50nm 3 种不同孔径的氧化铝陶瓷膜性能进行比较，发现 50nm 氧化铝陶瓷纳滤膜处理高浊度水膜通量明显大于 $0.8\mu m$ 和 $0.2\mu m$ 氧化铝陶瓷超滤膜，而浊度和污染指数也较两者小。

陈丽珠等试验利用无机陶瓷膜的截留作用来处理南方某水厂的待滤水,研究了陶瓷膜净水的主要影响因素及变化规律,结果表明,随着运行时间的增加,陶瓷膜过滤通量有所减小,提高操作压差可以使陶瓷膜的初始通量增大,但是其衰减也较快,反冲洗后膜通量有所提高,但随着反冲次数增多,不可逆污染影响越来越显著,使通量逐渐减小,陶瓷膜对浊度的去除效果很好,经过陶瓷膜过滤后其浊度下降至 0.09NTU 左右,平均浊度去除率为 92.6%。陶瓷膜对水中的高锰酸盐指数有一定去除效果,平均去除率为 10.21% 左右,对 UV_{254} 去除率与高锰酸盐指数的平均去除率有较好的相关性,去除效果稍高于高锰酸盐指数,平均去除率约为 22.19%。

李伟英等采用与隐孢子虫外观尺寸相似的 Crypto-tracer-1 号示踪微粒子对金属膜过滤系统在饮用水中的处理性能进行评价和研究,试验选用三种金属膜:金属薄片筛网膜过滤器(FujiFP-0.3),金属非织网式膜过滤器(FujiFA-3),金属粉末烧结膜过滤器(SIKA-R0.5AS),结果表明,采用金属膜过滤系统可以在高通量下稳定运行,同时可以保证对隐孢子虫的去除率在 99.999% 以上。

(2)纳滤和反渗透

纳滤的分离作用除了机械截留、筛分作用外,还包括静电作用,纳滤能够有效去除水中的重金属、无机盐、天然与合成有机物、微生物等有害物质。纳滤对二价或多价离子及相对分子质量介于 200~1000 的有机物有较高脱除率,同时对水中的无机离子也有很大的截留率。

孙晓丽等研究了纳滤膜对饮用水中内分泌干扰物双酚 A(BPA)的处理效果,结果表明,纳滤对内分泌干扰物双酚 A(BPA)有很好的去除作用,去除率达 94% 以上,在腐殖酸存在的情况下,pH 值越大,BPA 的去除效果越好。

吕建国等对甘肃庆阳的纳滤工艺淡化高氟苦咸水进行了分析和研究,结果表明纳滤工艺可有效去除苦咸水中的氟离子及其他有害离子,该工艺处理后的淡化水中氟离子含量小于 0.11mg/L,符合《生活饮用水卫生标准》(GB 5749—2006)要求。

时强等以 2000mg/L 氯化钠模拟苦咸水,采用二价无机盐作为汲取液,研究了正渗透淡化苦咸水时的水通量,通过软件计算和试验研究了不同组成汲取液的纳滤性能,并且设计了二级纳滤系统用于汲取液的回收,结果表明,相同浓度时硫酸镁汲取液正渗透水通量最低,而氯化镁汲取液水通量最高,相反在纳滤过程中,硫酸镁汲取液性能最佳,氯化镁最差;稀释硫酸钠汲取液浓度为 30g/L 时,二级纳滤过程可以将汲取液浓缩至初始浓度(60g/L),并制得浓度低于 500mg/L 的产水。

何华等研究了 UF—NF 膜技术处理高硬度地下水,在系统长期运行过程中,对系统去除水中的硬度、碱度和硝酸盐进行了研究,结果表明,地下水经过处理后硬度、碱度和硝酸盐的去除率分别达到了 94%、92.7%、57.8%。

刘莉等采用专用 NF 膜,以 3 种典型的苦咸水水质为例,研究利用以太阳能为动力的直流水泵和纳滤法对苦咸水进行淡化,结果表明,在西北地区,对 TDS≤5000 以下的苦咸水,可以选择采用纳滤淡化技术,其产水水质完全可以达到生活饮用水的理化指标,为解决居住分散且无常规电力供应的牧区人畜饮水问题指出了一条新的途径。

于洋等研究了混凝过程产生的絮体对后续膜过滤性能产生的影响，利用激光粒度仪研究了 2 种混凝剂（AlCl₃ 和 PAC）在不同投加量下的絮体性质，混凝出水（不经过沉淀）直接进入纳滤膜（NF270）装置进行过滤试验，研究表明，投加量低（<0.20mmol/L）的情况下，混凝出水反而使纳滤通量衰减发生恶化，随着投加量的增加，纳滤膜通量衰减得到有效的减缓，直接过滤腐殖酸（HA）的膜通量衰减（J/J0）为 0.65，投加量为 0.50mmol/L 时，AlCl₃ 和 PAC 二种混凝剂产生的通量衰减（J/J0）分别为 0.78 和 0.75，滤饼层阻力受到絮体尺寸的影响较大，絮体尺寸越大，形成的滤饼层透水性更好，通过污染模型分析，混凝出水的纳滤膜污染机理主要是滤饼层阻力。

张洁欣等研究了改性聚砜纳滤中空纤维膜对内分泌干扰物双酚 A 溶液的去除效果，通过改变溶液浓度、pH、操作压力以及离子强度等因素，经过长时间截留，观察聚砜纳滤中空纤维膜对双酚 A 溶液的截留率以及通量的变化，分析其作用机理，实验结果表明，聚砜纳滤中空纤维膜对双酚 A 有很强的吸附作用力，这种吸附力为去除双酚 A 的主要机理，且溶液为较高浓度，pH＝6，压力为 0.2MPa，低离子强度时去除率达到 90％ 以上，在近中性条件下，吸附作用力在聚砜纳滤中空纤维膜去除双酚 A 过程中起主导作用，在较高 pH 条件下静电斥力发挥作用，离子强度的大小对吸附作用力影响不大。

郑建军等研究了活性炭和微滤二种不同的预处理工艺对纳滤膜制备直饮水的影响，结果表明，微滤预处理工艺能够有效降低进水浊度，防止纳滤膜的生物污染，但由于其对水中有机物去除能力差，对防止纳滤膜的有机污染效果不大，活性炭预处理工艺可以显著减轻纳滤膜的有机污染，但随着运行时间的延长，炭层内微生物滋生，出水细菌含量增高，会加剧纳滤膜的生物污染，通过二种预处理工艺连续运行对比，微滤后纳滤系统的膜通量在 50d 后衰减为初始通量的 45.3％，活性炭后的纳滤系统膜通量在 50d 后衰减到初始通量的 72.3％，膜片污染物分析进一步证明了活性炭作为预处理工艺时能够更好地控制纳滤污染。

反渗透主要通过高压力驱动从溶液中分离出溶剂，反渗透能够分离水中的各种无机离子、胶体物质和大分子溶质。目前反渗透主要用于去除水中溶解的无机盐，在海水、苦咸水的淡化处理上应用较多。

郑颖韩等考察了不同条件下反渗透—电去离子（RO-EDI）复合处理水中 Ni²⁺ 的效果，实验结果表明，此复合技术具有良好的净化效率，可将 Ni²⁺ 浓度由原先的 200mg/L，降至 0.5mg/L 以下。合适的操作条件为 RO 压力 1.5MPa，RO 浓缩回收液 Ni²⁺ 质量浓度 1600mg/L，EDI 电流密度 7.5A/cm²，EDI 水力停留时间 4min。

孔劲松等研究了反渗透对放射性废水中核素的截留性能，结果表明：反渗透对于镍的截留率受操作压力和回收率的影响甚小，且与反渗透脱盐率之间也没有直接的关系，在实验条件下反渗透对废水中镍的截留率在 95％ 以上，能够满足压水堆放射性废水处理的要求。

吴春华等通过现场试验和电厂调研相结合的手段，对比分析了反渗透（RO）与常规水处理工艺对补给水有机污染物的去除特性，研究结果表明，在常规水处理工艺中活性炭床对有机物的去除率最大，而加入RO后的反渗透过滤单元去除有机物的效果最为明显，RO工艺对有机物的去除能力明显优于常规水处理工艺，在实际运行中RO对有机物的去除率达到90%以上。

钟常明等采用M-RO2521超低压反渗透膜和M-N2521纳滤膜对矿井水中营养组分和重金属离子的分离效果进行了实验研究，实验考察了操作压力、温度和水回收率等因素对分离效果的影响，结果表明，反渗透膜对重金属离子及营养组分的平均截留率分别为98%和97%，纳滤膜对重金属离子及营养组分的平均截留率分别为93%和34%，在一定的操作条件下，组合工艺ULPRO+NF对矿井水营养组分和重金属离子的平均截留率均达97%以上，同时具有更高的水回收率。

毛维东等为优化矿井水反渗透处理的系统设计，采用分析研究与工程实践相结合的方法，以某煤矿水处理工程为例，对设计水温、设计回收率、膜元件数量及排列形式等要素进行了探讨，结果表明，根据水质特点和工艺要求，通过计算比较确定设计水温为25℃，并且满足校核条件，通过对主要结垢组分的分析，确定设计回收率为60%，限值为67%，通过对比不同的膜元件数量与排列形式对系统的影响，确定采用144只膜元件和一级二段的配置形式，工程运行实践表明，据此设计、运行的反渗透系统可以降低膜结垢的风险，有利于系统长期稳定运行，对于煤矿矿井水反渗透处理系统的设计运行有一定指导意义。

潘凌潇等采用叠片过滤—超滤—反渗透处理顾桥矿矿井水，研究结果表明，工艺运行稳定、可靠，抗冲击负荷能力强，水回收率达到65%以上，反渗透脱盐率达到95%以上。利用ROSA7.2反渗透计算软件模拟，最终出水水质浊度<1NTU，TDS为24.94mg/L，可以达到国家《生活饮用水卫生标准》（GB 5749—2006）的要求。

尹晓峰等介绍了反渗透技术在某发电厂蒸汽锅炉给水/补给水处理系统中的应用情况，工程采用多介质过滤器+反渗透+混床的组合工艺对原水进行脱盐处理，整套系统的脱盐率高达99.9%，且能耗低、占地小、运行稳定、自动化成高。

曹国民等采用Na_2CO_3/NaOH软化与反渗透组合工艺进行下水中硝酸盐的去除试验，结果表明，工艺运行稳定，出水pH值、硬度和硝酸盐氮浓度全部符合《生活饮用水卫生标准》（GB 5749—2006），该处理系统具有自动化程度高、运行管理简便的特点，适合于村镇小型供水单位推广应用。

杨明宇等介绍了广东理文造纸有限公司苦咸水淡化四期工程，对其中的工艺设计、系统配置、运行工况及调试运行进行了分析，并对制水成本进行了分析，结果表明，快滤—超滤—反渗透工艺淡化苦咸水系统具有抗冲击负荷能力强、脱盐率高、运行稳定等优点，反渗透系统脱盐率为99%，产水量大于设计值，出水质量符合设计要求，系统运行稳定可靠。

3. 高级氧化技术

高级氧化技术是指通过产生和利用·OH自由基的活性达到快速彻底氧化有机污染物

的处理技术。高级氧化过程即是产生大量的·OH自由基的过程。高级氧化过程具有快速、彻底的特点，能够将污染物降解为二氧化碳、水和无害盐，不会产生二次污染。在水处理领域研究较多的高级氧化技术有臭氧氧化技术和光催化氧化技术。

(1) 臭氧氧化技术

臭氧作为一种强氧化剂，在水处理领域有着广泛的应用。臭氧直接与有机物反应时，有较强的选择性，通常只进攻具有双键的有机物，但臭氧在 UV 或 H_2O_2 的协同作用下可以产生有效浓度的·OH，而·OH 与有机物之间的反应几乎没有选择性，能够高效地将有害物质彻底氧化分解。

H_2O_2/O_3 是饮用水处理中应用最广泛的高级氧化技术。Aieta 等采用 H_2O_2/O_3 对受三氯乙烯（TCE）和四氯乙烯（PCE）污染的地下水进行处理，结果表明，H_2O_2 和 O_3 的联合使用可提高 O_3 进入水中的质量迁移，对 TCE、PCE 去除率为 95% 时所需的 O_3 量仅为单独使用 O_3 处理时的 56%～64%。

周海东等以两种典型内分泌干扰物（ECDs）-壬基酚（NP）和 17α-乙炔基雌二醇（EE2）为目标物，运用 GC/MS 检测方法，对其在臭氧、臭氧/过氧化氢、臭氧/超声三种工艺中的去除特性进行了研究，并研究了臭氧降解的反应动力学，结果表明，联合工艺显著提高了目标物的去除效率，NP 和 EE2 的去除率分别提高 9.6%～17.7% 和 14.6%～23.4%；目标物去除率随臭氧投加量和 pH 值的增大而增大；随 H_2O_2/O_3 摩尔比的增加先增大后减小，摩尔比为 0.6 时，去除率均达到最大；超声强化了臭氧氧化效率，但超声（US）强度（60～240W）的变化对联合工艺去除目标物效果影响不明显；臭氧氧化两种目标物都遵循假一级反应动力学，碱性条件下的反应速率常数要大于酸性及加入叔丁醇条件下的反应速率常数。

杨宏伟等采用 H_2O_2/O_3 高级氧化技术（AOPs），研究臭氧（O_3）、过氧化氢（H_2O_2）质量浓度以及水力停留时间（HRT）对黄河水 BrO_3^- 生成控制的影响。研究结果表明：H_2O_2 的投加能够有效促进 O_3 消耗；当 O_3 质量浓度为 2.9～4.3mg/L 时，单独臭氧化过程中，BrO_3^- 生成量为 13～50μg/L，均超标，投加 H_2O_2 能够有效抑制 BrO_3^- 的产生，其抑制效果与 H_2O_2/O_3 的摩尔比有关，当 H_2O_2/O_3 摩尔比为 1.5 时，控制效果最佳，当 O_3 质量浓度低于 3.72mg/L 时，在此比例时可将 BrO_3^- 浓度控制在 10μg/L 以下，达到现行的饮用水标准；BrO_3^- 生成量与 HRT 成正比；当 O_3 质量浓度较高时，可通过适当减少 HRT 控制出水 BrO_3^- 浓度。H_2O_2/O_3 高级氧化工艺对有机物的去除具有强化作用，出水 UV_{254} 去除率可达 50% 以上。

李绍峰等研究了 O_3/H_2O_2 对环嗪酮的氧化降解效果，并利用 IC、HPLC/MS 和 GC/MS 等技术分析了氧化产物对其降解途径进行了初步研究，结果表明，环嗪酮初始浓度为 3mg/L、温度 25℃、O_3 投量 13mg/L、H_2O_2/O_3 物质的量比为 0.5、pH=8～9 时，环嗪酮降解速率常数达 0.075min^{-1}，自来水中的无机离子和微量有机物对环嗪酮的氧化有一定的促进作用，反应过程中 H_2O_2 的消耗和环嗪酮的降解规律一致，HCO_3^- 对环嗪酮的去除有明显的抑制作用，说明对环嗪酮的降解主要是羟基自由基的贡献，色谱质谱分析表明，环嗪酮的氧化经历脱甲基过程，生成的 NO_3^- 与去除的环嗪酮的物质的量比表明三嗪环已被打开，最终被矿化为 NO_3^-、H_2O 和 CO_2 等无机产物。

刘宇等研究了臭氧（O_3）和过氧化氢（H_2O_2）联用技术对水中邻苯二甲酸二甲酯（DMP）的去除，利用小试试验确定了投加 H_2O_2 的工艺参数和相关因素的影响，在中试系统中模拟 DMP 污染，考察了联用工艺应用于实际水体的除污染效果。小试结果表明，在 H_2O_2/O_3 的最佳摩尔比为 0.6：1 时，可以有效提高水中 DMP 的去除率，同时对影响因素进行考察发现，随反应温度升高去除率升高，pH 在中性范围内对 DMP 有较好的去除效果，叔丁醇对 DMP 的去除表现出抑制作用；中试结果表明，在最优工艺参数条件下，O_3/H_2O_2 有效地提高了有机物的去除效能，对饮用水中微克级 DMP 有很好的控制作用，可以作为一项给水深度处理技术。

UV/O_3 的氧化处理效果也十分显著。有研究表明，采用 UV/O_3 工艺处理含少量乙醇、乙酸、甘氨酸、甘油和棕榈酸的水时，由于紫外辐射的作用，可使氧化速率比 O_3 单独氧化提高 $100 \sim 200$ 倍。目前研究人员采用 UV/O_3 工艺已成功地氧化了水中的多氯联苯、狄氏剂、七氯环氧化物、氯丹、六氯苯、DDT、硫丹、马拉硫磷、三氯甲烷、四氯化碳等长期以来被认为难以处理的有机物。

$UV/H_2O_2/O_3$ 技术是在 H_2O_2/O_3 和 UV/O_3 法基础上发展起来的，它结合了 O_3 氧化、·OH 氧化、光解等作用于一体，对饮用水中的三卤甲烷，苯系物，多氯联苯，甲苯，六氯苯等均有较好的去除效果。目前有关 $UV/H_2O_2/O_3$ 过程的报道仍较少，关于 $UV/H_2O_2/O_3$ 过程产生 OH· 自由基机制、污染物在该过程中的降解速率及机理等尚有待研究。

孙云娜等采用 $O_3/H_2O_2/UV$ 工艺处理 1，2，4－三氯苯（TCB）模拟废水，考察了 TCB 初始浓度、pH、H_2O_2 投加量及 O_3 转化率等因素对 $O_3/H_2O_2/UV$ 降解 TCB 的影响，推断了 TCB 可能的降解途径，结果表明：H_2O_2、O_3、UV、O_3/H_2O_2、$O_3/H_2O_2/UV$ 5 种体系对 TCB 的降解效果为 $H_2O_2<UV<O_3<O_3/H_2O_2<O_3/H_2O_2/UV$；$O_3/H_2O_2/UV$ 对 TCB 降解的单因素实验表明，TCB 初始浓度越小、O_3 转化率越高，TCB 去除率越大；H_2O_2 的投加量存在一个最佳值，低于或高于这个最佳值都会导致 TCB 去除率的下降；在碱性条件下，TCB 的降解效果更佳；$O_3/H_2O_2/UV$ 工艺降解 TCB 的机制主要为 TCB 与·OH 的反应过程，其历程可分为 3 步：反应初期阶段，苯环上的 C—Cl 被·OH 攻击，产生羟基化氯苯化合物；苯环得到活化，·OH 进攻苯环，产生低氯代苯类物质；羟基化合物破坏，生成小分子有机酸。

值得注意的是，采用 H_2O_2 作为氧化剂时，后面应有活性炭等工艺去除 H_2O_2，以保障水质安全。

（2）光催化氧化技术

光催化氧化是指通过使半导体催化剂（如 TiO_2、WO_3、Fe_2O_3 等）在 UV 辐射下发生价带电子激发迁移产生羟基自由基来高效氧化有机物的过程。

韩文亚等采用光催化氧化工艺考察了饮用水中氯仿、二氯甲烷、三氯乙烯、氯苯、2，4－二氯酚等 12 种消毒副产物的光催化降解效果，结果表明，卤代烷烃的光催化降解较单独光降解提高了 3～7 倍，烯烃和芳香类物质则提高了 2～3 倍，随着反应时间的延长，去除效果更明显。

冯小刚等采用光催化氧化对水中的微量藻毒素 MCs 的处理进行了研究，结果表明，光催化氧化能够在很短的时间内将 MCs 完全分解，极大地提高了饮用水的安全性。

童新等进行了纳米 TiO₂ 光催化氧化去除双氯芬酸的活性测试，研究了纳米 TiO₂ 的理化性能与光催化氧化活性之间的关系。结果表明，经 400℃ 煅烧制得的纳米 TiO₂ 样品具有最高的光催化氧化活性，其在紫外光照射 60min 下对双氯芬酸的去除率为 98% 左右，比单独紫外光照射高出 85 个百分点，纳米 TiO₂ 光催化氧化去除双氯芬酸的反应近似一级反应动力学模型，其中经 400℃ 煅烧制得的纳米 TiO₂ 光催化氧化去除双氯芬酸的表观反应速率常数为 $0.05454min^{-1}$，是普通商用 TiO₂ 的 2 倍左右，与德国 DegussaP-25TiO₂ 的光催化氧化活性相近。

刘佳等采用水解—沉淀法制备了 Cu/La 共掺杂纳米 TiO₂ 催化剂，并考察了在紫外灯下共掺杂 TiO₂ 对氨氮的光催化氧化工艺条件，结果表明，该改性光催化剂对氨氮的去除具有较高的催化活性。催化剂投加量为 1g/L，pH 为 9.5，H₂O₂ 浓度为 0.5mol/L，其氨氮的去除可达到 90% 以上。

刘红吾等利用 AgCl 的光催化活性，应用沉淀法将 AgCl 沉积到 TiO₂ 表面，对 TiO₂ 的光催化活性进行改性。试验发现，利用掺有 AgCl 的纳米 TiO₂ 的光催化性能比单独的使用催化剂 TiO₂ 和 AgCl 有一定程度的提高，能提高活性深蓝的脱色速率，在 pH=3 时，加入复合催化剂 TiO₂-AgCl 的浓度在 0.04g/L，紫外照射时其脱色效果最好，光催化氧化降解活性深蓝的反应是一级反应。

张敏健等采用自制流化床光催化氧化装置进行了微污染饮用水净化试验，试验结果表明，流化床光催化氧化反应器对高锰酸盐指数，UV_{254} 和 2，4-二氯苯酚的去除效果明显，高锰酸盐指数去除率受进水浓度影响较大，初始高锰酸盐指数较高时，其去除率相对较高；而高锰酸盐指数较低时，去除率则相对较低，光催化可有效地提升给水处理工艺对污染物的处理效果，未经光催化时，所有常规工艺对 UV_{254} 的去除率仅为 57.3%，但经过后续的光催化氧化单元，UV_{254} 的去除率提高到 92.0%；此外，光催化氧化对有毒有机物二氯苯酚有较好的处理效果，30min 内光催化氧化对 2，4-二氯苯酚去除率约为 97.3%，几乎可以达到完全降解。

光催化氧化在实际运用中也存在一些问题，如催化剂长期使用后的中毒、再生回收以及对饮用水安全的影响等问题，同时光催化氧化所需设备复杂，处理费用也较高，这些都限制了它的大规模应用。日本、美国、加拿大等国家已尝试把纳米 TiO₂ 光催化氧化技术用于水处理中，但大都处于实验室研究阶段。

（3）超声空化技术

超声空化技术是利用超声空化效应来对有机物进行降解的技术。通常将 20kHz 以上频率的超声波辐射溶液所引起的化学变化效应称为超声空化效应。利用超声空化效应降解水体中的有机污染物的研究始于 20 世纪 90 年代初，超声空化降解有机物的途径主要为：

热解、自由基氧化、超临界水氧化和机械剪切作用。超声空化对脂肪烃、卤代烃、酚、芳香族类、醇、天然有机物、农药等均有较好的降解，同时，超声波还有很好的杀菌作用，空化效应产生的剪切力加上自由基的攻击能引起细胞膜的损伤，破坏细胞膜的渗透性，氧化胞内物质达到灭活微生物的作用。超声空化技术是一种较有潜力的深度处理技术，但目前的研究还只是停留在实验室研究阶段，有待进一步的开发和实践。张光明等对超声波在多种污染物共存的复杂状态下去除水中有机微污染物的作用进行了研究，结果表明，20kHz 的探针式超声波能迅速降解溶液中的低浓度三氯乙腈、氯代苦味碱、溴苯。Wei-huaSong 等的研究发现，采用 640kHz 的超声辐射经 40min 后土臭素和 2-甲基异冰片能达到 90% 的去除效果。夏宁等进行了超声波清洗器处理微污染水的试验，结果表明，在 35kHz 超声波处理下细菌去除效果明显，经 2h 后细菌的去除率达 98.7%。

1.2.3　饮用水深度处理工艺的应用

1. 国外应用概况

美国自来水厂通常采用常规处理（混合、絮凝、沉淀、砂滤）和颗粒状活性炭滤池联用工艺，不设臭氧氧化单元。活性炭吸附多采用下向流活性炭滤池形式。美国推荐的活性炭滤池的相关参数如表 1-8。

美国推荐的活性炭滤池相关参数　　　　　　　　　　表 1-8

项目（单位）	参数范围
粒径（mm）	0.5～1.0
密度（g/cm³）	1.35～1.37
不均匀系数	1.5～2.5
滤速（m/h）	7.5～15
滤层深度（m）	1.8～3.6
反冲洗强度（m³/（m²·h））	30～39

1961 年德国 Dusseldorf 的 Amstaad 水厂在世界上首次采用臭氧—活性炭联用处理工艺，目的是在水源受污染的情况下提高出水水质并去除水中臭和味。处理流程如图 1-3 所示。结果表明，臭氧—生物活性炭池联用后，出厂水水质明显提高，活性炭使用周期也显著延长。该案例的成功开启了臭氧—生物活性炭技术在饮用水领域大规模的研究和应用推广。

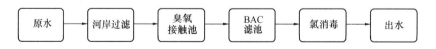

图 1-3　德国 Dusseldorf 的 Amstaad 水厂工艺流程图

西班牙的 SantJoanDespi 水厂从 Llobregat 河取水，由于工业废水和生活污水的污染，该厂分别于 1992 年和 1993 年在原有的活性炭滤池处理的工艺基础上增加砂滤和臭氧，形成图 1-4 所示的工艺流程。该厂最大臭氧投加量为 4mg/L，生物活性炭池炭层高度 1.5m，滤速为 10.8m/h，接触时间 8.3min。通过对不同工况的比较发现，臭氧—生物活性炭对 DOC、难以被生物降解的 DOC（refractoryDOC，rDOC）和 BDOC 的去除率分别为 29.9%～53.6%、26.6%～54% 和 50%～52%。增加砂滤和臭氧后可以有效地提高 DOC 的去除率，增加管网的微生物稳定性。

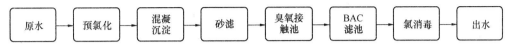

图 1-4　西班牙 Sant Joan Despi 水厂工艺流程图

欧洲普遍采用 O_3—BAC 工艺，并且在预处理时采用多种药剂如高锰酸钾、预臭氧等对水质进行控制，提高整体工艺出水水质。除上述两个水厂以外，具有代表性的水厂还有德国 Mulheim 市 Dohne 水厂、法国的 Rouen La Chapella 水厂和瑞士的 Lengg 水厂。

日本的活性炭滤池分为上向流和下向流两种，上向流生物活性炭池也称为流动床生物活性炭池，炭颗粒推荐粒径为 0.32～0.55mm，在沉淀池后的下向流生物活性炭池推荐粒径为 1.2mm、砂滤池后的下向流生物活性炭池为了保证出水浊度等指标，其炭颗粒推荐粒径较前者小，大约在 0.55～0.8mm。

图 1-5 和图 1-6 分别是村野净水厂、猪明川净水厂的工艺流程图，这两个水厂都取用淀川水，但活性炭滤池分别采用上下向流不同工艺，其与砂滤的位置顺序也不同。村野净水厂日生产能力为 55 万吨，猪明川水厂的日处理量为 8 万吨，运行结果表明，两种工艺对三卤甲烷前体物质、臭味、TOC 和高锰酸盐指数去除效果没有明显差异，说明臭氧—生物活性炭在处理工艺与砂滤池的位置关系不影响整体工艺对有机物和三卤甲烷的去除效果。

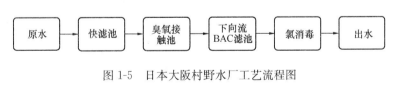

图 1-5　日本大阪村野水厂工艺流程图

图 1-6　日本大阪猪明川水厂工艺流程图

2. 国内应用概况

我国对饮用水深度处理技术的研究与应用开展较晚，1985 年建成了我国第一个采用臭氧活性炭工艺的城市自来水厂——北京田村山水厂。1995 年，建成了大庆石化总厂所属的两个生活水深度处理水厂，采用了原水→混凝→沉淀→砂滤→臭氧接触池→活性炭过滤，水量为 36000m^3/d；随后昆明自来水公司在水厂建设中也采用了臭氧活性炭工艺。此后的几年，由于水源水污染的加剧及《生活饮用水卫生规范》的实施，国内深度水处理技术的研究得到广泛开展，在试验基础上相继新建或改建了上海周家渡水厂、常州自来公司第二水厂、桐乡果园桥水厂、广州南州水厂、嘉兴石臼漾水厂等，这些水厂采用的工艺流程在预处理工艺上有差异，其共同点是均增加了臭氧—生物活性炭工艺。

北京田村山水厂，其工艺流程图如图1-7。该厂处理水量17万 m^3/d，臭氧的设计投加量为2mg/L，接触反应时间10min。生物活性炭池为下向流虹吸滤池形式，炭层厚1.5m，滤速为10m/h，吸附时间9min。经过处理后，出水色度小于5度，无臭味，浊度小于0.2NTU，NO_2-N由0.03降到0.01mg/L，高锰酸盐指数由4mg/L降至3mg/L左右。

图1-7 北京田村山水厂工艺流程图

20世纪90年代，因受到臭氧发生器等原因限制，并没有大规模应用臭氧—生物活性炭工艺。进入21世纪，臭氧—生物活性炭深度处理才在我国逐步推广应用，北京田村山水厂的常规处理后接臭氧—生物活性炭池成为我国应用该工艺的主要模式。目前除北京外，上海、昆山、嘉兴、杭州、深圳、广州等城市已经先后采用该深度处理技术来提高饮用水水质，全国现在大约每天有2500万吨的给水来自于臭氧—生物活性炭处理出水。

2004年，广州市建成国内最大的应用臭氧—生物活性炭工艺的水厂——南洲水厂，设计供水能力100万 m^3/d。由于该厂水源水质较好，因此仅采用预臭氧，投加量为0.5mg/L，其工艺流程如图1-8。活性炭池采用V型滤池，滤料为粒径 $\Phi1.5\pm0.2$mm煤质柱状活性炭，厚2m，下垫0.5m石英砂。设计滤速约为9m/h，运行周期为7d。监测表明，炭滤出水较砂滤出水的高锰酸盐指数去除率为45.5%，氨氮去除率为26.9%，AOC去除率为26.5%。

广州南洲水厂通过对不同季节、不同炭层深度的活性炭滤料取样电镜分析发现，对于2m厚的生物活性炭池，主要的微生物分布在50cm至150cm之间的炭层中。该滤层深度的活性炭表面附着的微生物种类较多，生物量大，杂质少，估计是由于该层生物活性炭的臭氧浓度较低，营养浓度较高，比较适合微生物的生长。除表层外，其他各层炭样中均观察到链状细长杆菌。

图1-8 广州市南洲水厂工艺流程图

2004年，浙江省嘉兴市建成处理流量为17万 m^3/d 的石臼漾水厂，其工艺流程如图1-9，常规处理包含陶粒滤池和生物接触氧化池两条平行工艺。该厂臭氧投加量为2mg/L，采用3点投加，投加比例为4∶3∶3，接触时间顺水流方向依次为2min、4min、4min。生物活性炭池采用V型滤池，空床接触时间11.3min，炭层厚度2.2m。活性炭选择8×

30 目原煤破碎柱状炭。深度处理工艺对氨氮去除率 $70\%\sim100\%$，出水$\leqslant0.05\text{mg/L}$，高锰酸盐指数去除率 $25\%\sim45\%$，平均 32.7%，出水在 2.5mg/ L 左右，水样 Ames 试验呈阴性。

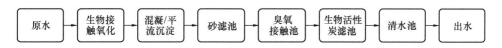

图 1-9　浙江省嘉兴市石臼漾水厂工艺流程图

2006 年石臼漾水厂进行扩建，针对一期臭氧接触池出水余臭氧浓度较高，未能充分利用臭氧的问题，扩建的石臼漾水厂在臭氧接触池中放置了含催化剂的填料，工艺流程见图 1-10。相比之前的工艺，含催化剂的填料将出水余臭氧从原先的 $0.03\sim0.43\text{mg/L}$ 降至 $0.08\sim0.02\text{mg/L}$，溴酸盐降低 57%。催化臭氧—生物活性炭对高锰酸盐指数的去除效果达到 50%，高于未加催化填料时的 32.7%。对 DOC 的去除率达到 76%，比改造前高 14%。

图 1-10　浙江省嘉兴市石臼漾水厂扩容工艺流程图

2006 年，浙江省平湖市供水量 5 万 m^3/天的古横桥水厂建成。针对当地劣五类的水源水质，该厂采用两级臭氧生物活性炭工艺进行深度处理，处理工艺流程如图 1-11。臭氧分三段投加，设计空床接触时间为 12min。一二级活性炭滤池均采用气水反冲洗滤池，设计滤速为 10m/ h。滤料采用 30×80 目破碎炭，厚 2m，空床接触时间 12min。两级臭氧—生物活性炭后出水高锰酸盐指数平均值为 2.88mg/L，去除率为 31%，水中河泥味完全去除，出水色度小于 5 度。

图 1-11　浙江省平湖市古横桥水厂工艺流程图

2007 年，浙江省嘉兴市贯泾港水厂一期建成运行，该厂处理流量 15 万 m^3/d，工艺流程如图 1-12。该厂将常规处理的砂滤池后置，高密度沉淀池出水直接进入臭氧接触池，池内臭氧投加量小于 2mg/L，按 3：1：1 比例分三级投加。生物活性炭池采用上向流形式，内填 2m 高的 30×60 目煤质压块破碎炭，膨胀率 $30\%\sim50\%$，EBCT 在 $11.25\sim15\text{min}$，未设置水反冲洗装置。研究发现，生物活性炭池对高锰酸盐指数去除率 $15\%\sim35\%$，高于当地其他水厂 $5\%\sim15\%$ 的去除率。进出水浊度变化范围在 ±30%，后置砂滤保证出水浊在 $0.02\sim0.09\text{NTU}$。

总的来说，目前我国多采用传统的下向流生物活性炭池的方式，经过 30 年的实践，这种方式存在以下问题。

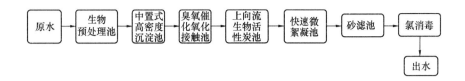

图 1-12 浙江省嘉兴市贯泾港水厂(一期)流程图

第一，炭池内滤料在反冲后，细颗粒主要聚集在滤层上部，活性炭颗粒级配不合理导致截污能力主要集中在炭层上部，容易造成水头损失增长，因此，下向流生物活性炭池水头损失大，反冲频率高。

第二，微生物不能均匀分布在整个滤层，限制了生物降解的效果。同时，炭表面累积的微生物及非生物颗粒会随水流流出，影响出水生物安全性。

第三，常规工艺改造多采用混凝—沉淀—砂滤—臭氧—生物活性炭工艺。砂滤能控制生物活性炭池进水浊度，延长生物活性炭池的过滤周期，但是砂滤进水不能大量投加消毒剂。因为含有消毒剂的砂滤出水进入生物活性炭池时，生物活性炭上的生物膜会被干扰或者破坏，降低对有机物的去除效果。高温季节及藻类暴发的季节，砂滤进水不投加消毒剂将容易导致砂滤内藻类和微生物泛滥，严重性影响砂滤效果。

第四，水厂升级改造新建臭氧—生物活性炭深度处理时，需要增设二次提升泵房，以满足下向流生物活性炭池的水头的要求，不利于占地面积受限的水厂的进行升级改造。

由于上向流生物活性炭存在的问题，根据日本和其他国家的经验，嘉兴市自来水尝试采用上向流生物活性炭工艺。

国外对上向流活性炭工艺也有较多研究。Tan 等采用臭氧—加压上向流生物活性炭池处理地下水，其中臭氧投加量 20mg/L，活性炭滤床高度 1.3m。试验表明，当上向流生物活性炭池的空床接触时间为 9min，滤速 8.8m/h 时对 AOC 的去除率为 58%，当滤速提升一倍时，AOC 的去除率下降至 28%。由于水源水浊度和总溶解固体(Total Dissolved Solid，TDS)分别仅为 0.2NTU 和大约 260mg/L，反冲洗周期为每四周反冲洗一次，滤速为 22m/h，此时滤池膨胀率小于 40%。

Lee 等利用臭氧—上向流生物活性炭池作为反渗透(reverse osmosis，RO)浓缩液处理回收的预处理工艺。试验中臭氧投加量为 6mg/L，接触时间 20min，生物活性炭池的 EBCT 为 60min。该系统对 TOC、高锰酸盐指数、UV_{254} 的去除率分别为 69.8%、88.7% 和 73.8%，减轻了后续电容去离子单元(Capacitive Deionization，CDI)和 RO 膜的污染问题。

Simon 等利用上向流生物活性炭池处理 MTBE，其采用 18×30 目活性炭(0.9~1.1mm)，滤速为 10m/h，膨胀率为 25%~30%。

嘉兴贯泾港水厂的应用发现，上向流生物活性炭池与当地净水厂原使用的下向流生物活性炭池相比，具有较高的活性炭床吸附能力和生物能力，冬季运行效果稳定。同时，该设计减少了二级提升，工艺流程衔接流畅，大大节省了占地和投资及运行费用。

清华大学在研究中发现，上向流生物活性炭在运行初期，吸附作用是活性炭对有机物去除的主要因素，粒径越小的活性炭对 DOC 的去除率越高，表明此阶段炭柱对有机物的去除效果受到传质控制。当活性炭的吸附作用逐渐被生物降解作用取代后，不同粒径的微膨胀上向流的活性炭柱对有机物的去除效果逐渐接近。稳定运行期间，不同粒径的填料对上向流生物活性炭池的去除效果无明显差异，说明炭柱对有机物的去除效果受到生物降解速率控制。由此提出了微膨胀上向流生物活性炭工艺。相比下向流生物活性炭工艺，微膨胀上向流生物活性炭具有较多的悬浮微生物，其出水中的微生物的多样性和均匀度高于下向流生物活性炭的出水，说明微膨胀上向流生物活性炭柱中可能具有更高的微生物的多样性和均匀度。根据上向流生物活性炭池对有机物的去除效果好，水头损失低等特点，提出了采用将微膨胀上向流生物活性炭池前置，并将砂滤后置的新工艺，即"混凝沉淀—臭氧氧化—微膨胀上向流生物活性炭—V 型砂滤池—消毒"工艺。该工艺应用于水专项示范工程（20 万 m³/d）"济南鹊华水厂深度处理工程"。该工艺运行 1 年以来显现四方面优点：(1) 对有机物去除效率高；(2) 省去中间提升泵站；(3) 水头损失小，反冲洗周期长，提高了产水率，降低了活性炭的机械磨损，延长了活性炭的寿命；(4) 能有效保证出水生物安全性。

膜处理在饮用水生产上的应用相对较晚，但发展也较快，目前各地均有采用膜技术生产饮用水。

彭迪水报道了顺德市五沙水厂采用微滤处理高浊度原水的情况，结果表明微滤对浊度、色度、溶解性固体、铁、亚硝酸盐均收到了较好的去除效果，出水浊度均<0.5NTU，远优于处理同样原水的砂滤池的处理效果。

曹井国等介绍了天津市某采用混凝/微滤法处理含氟地下水的工程设计与运行情况，该工程处理能力为 150m³/d，当向原水中投加适宜剂量的硫酸铝时，出水氟化物浓度可降至 1.0mg/L 以下，其他主要指标满足《生活饮用水卫生标准》(GB 5749—2006)；整个工艺流程简单可靠，运行费用约为 1.01 元/m³，可为模块化膜除氟工艺和装置的推广提供设计、运营等参考。

韩宏大等报道了天津市杨柳青水厂超滤膜法饮用水处理的效果，该水厂采用混凝—超滤的处理方式，出水平均浊度<0.1NTU，高锰酸盐指数去除率达到 40%。

笪跃武等报道了无锡中桥水厂的超滤应用情况，中桥水厂超滤膜深度处理出水浊度平均能够保持在 0.05NTU 以下，经超滤处理后几乎能全部去除藻类、细菌和"两虫"，极大地提高了饮用水的生物安全性。

王黎明等报道了山东滨化集团采用超滤系统处理黄河水的情况，该处理工程生产规模 10080t/d，经过 4 年零 10 个月的实践证明，超滤在黄河水的处理中是成功的，对该工程项目而言，超滤膜材料、超滤膜的亲水性、超滤膜和超滤膜组件的机械结构对设备的长期稳定运行均有至关重要的影响，根据运行经验，对黄河水而言，超滤膜的设计通量应以 80～100L/(m²·h) 为宜，此时跨膜压差约为 0.065MPa，反洗周期应以 60min 为宜，维护性化学药洗周期为 180d，该系统运行的吨水成本约 0.24 元。

黄明珠等报道了佛山新城区优质水厂的运行情况，佛山新城区优质水厂原水为自来水，采用活性炭—浸没式超滤水处理工艺，供水设计生产能力 5000m³/d，运行结果表明，该工艺能够有效地保证出水水质，高锰酸盐指数去除率为 36.16%，膜滤后水浊度低于 0.10NTU，细菌少于 2CFU/mL，其余各项指标均达到了佛山市新城区优质供水水质要求。

徐扬等报道了北京市水源九厂浸没式超滤膜应急改造工程，工程设计处理水量为 7 万 m³/d，水源为滤池反冲洗水，在处理过程中需要采取多种措施以降低回流水中富集的大量污染物（前端投加絮凝剂及预处理药剂，增加刮泥设备等），超滤膜过滤周期 60min，产水率达 98.5%。

常海庆等报道了东营市南郊净水厂超滤膜示范工程，该工程是国内首座日供水 10 万 m³ 级的浸没式超滤膜净水厂，就超滤膜系统相关设计和运行经验进行介绍，指出该水厂的成功运行进一步表明超滤膜组合工艺是适合旧水厂改造的一个理想选择。

徐叶琴等报道了肇庆高新区水厂超滤膜法升级提标改造示范工程，该工程采用 PVC 合金超滤膜技术对水厂一期工程的常规饮用水处理工艺进行了升级提标改造，将原有无阀滤池改造为浸没式超滤膜池，最大限度地降低了工程造价，能够保证出厂水浊度稳定在 0.1 NTU 以内，出水颗粒数平均在 20 个/mL 以内，水质满足《生活饮用水卫生标准》（GB 5749—2006）要求。

总之，随着工程应用的发展和研究的深入，生物活性炭和膜深度处理工艺将在解决我国饮用水水质问题方面发挥着越来越重要的作用。

第 2 章 臭氧与活性炭技术

2.1 臭氧对水中污染物的去除性能

2.1.1 臭氧及其高级氧化的性能对比

1840 年，德国化学家 Schonbein 发现一种新的气体物质，因其具有难闻气味，故命名为臭氧；1856 年臭氧被首先应用于手术室消毒；1860 年臭氧因其强氧化的特性被用于城市供水的净化；1886 年开始使用臭氧对污水进行消毒；1903 年开始在欧洲的一些自来水厂用臭氧代替氯处理自来水。第二次世界大战以后，由于臭氧发生器的研制取得了很大的进展，臭氧发生的规模和效率也有了大幅度提高，臭氧的应用又开拓了新的领域。20世纪 60 年代，臭氧开始被应用为废水处理的预处理手段，主要是针对一些酚类化合物、有机农药等污染物。1973 年，人们发现氯气消毒自来水会产生由氯化反应带来的三卤甲烷 （Trihalomethanes） 类致癌副产物，臭氧在水处理中的研究与应用重新引起研究者的兴趣，仅 1990 年一年内，美国就有 40 座水处理厂安装了臭氧化设备，臭氧化技术在美国的水处理业得到了普遍的认可。

臭氧在水处理中的使用已有百年历史，自 20 世纪 60 年代起开始得到广泛的应用，如饮用水、工业废水、冷却水、游泳池和海洋养殖，其目的是或为了杀菌消毒，改善色度、味觉和嗅觉，氧化还原性的锰和铁离子，降解和氧化有机物，加强天然有机物（NOM）等有机物的微生物降解性，或改善随后的絮凝和过滤工艺。臭氧的氧化副产物也是受到关注的问题，不仅是对人体的直接毒性或是产生可疑的二次产物的可能性，而且还包括对随后的处理步骤和自来水管网的有害影响。

对于臭氧在水处理中应用的研究和报道仍然是十分活跃，也不断地有综述性文章发表。主要的国际会议有：World Conference of International Ozone Association，专业性杂志有 Journal of International Ozone Association，Ozone—Science and Engineering，Ozone News，在其他有关水处理和环境技术的杂志中也能看到臭氧的文章，目前 IOA 还专门有一个网址。目前单关于水中臭氧的反应速率数据就有 250 多个。

1. 臭氧性质及应用概述

臭氧又名三氧，它是氧气的同素异形体。常温下较低浓度的臭氧是无色气体，当浓度超过 15％时呈现出淡蓝色。其相对密度为氧的 1.5 倍，气态密度 2.144 g/L（0℃，0.1 MPa），在水中的溶解度比氧气大 13 倍、比空气大 25 倍。臭氧的化学性质极不稳定，在

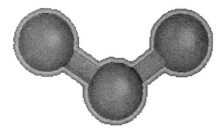

图 2-1　臭氧的分子结构模型

空气和水中都会慢慢分解成氧气。臭氧分子的结构呈三角形，中心氧原子与其他两个氧原子间的距离相等，在分子中有一个离域 π 键，臭氧分子的特殊结构使得它可以作为偶极试剂，亲电试剂及亲核试剂（图 2-1）。由于分子中的氧原子具有强烈的亲电子或亲质子性，故臭氧具有强氧化性，其氧化还原电位与 pH 值有关，在酸性溶液中 E_0 为 2.07V，氧化性仅次于氟，在碱性溶液中 E_0 为 1.24V，氧化能力略低于氯（E_0 为 1.36V），见表 2-1。

氧化还原电位比较　　　　　　　　　　　　　　　表 2-1

名称	分子式	标准电极电位（V）
氟	F_2	2.87
臭氧	O_3	2.01
过氧化氢	H_2O_2	1.78
二氧化锰	MnO_2	1.67
二氧化氯	ClO_2	1.50
氯	Cl_2	1.36
氧	O_2	1.23

在水溶液中，臭氧可以通过直接和间接两种方式与物质反应。不同的反应途径可以生成不同的氧化产物而且受不同类型的动力学机制控制。

臭氧与水中有机污染物间的直接氧化反应主要有两种方式：一种是偶极加成反应；另一种是亲电取代反应。由于臭氧具有偶极结构，因而臭氧分子可与含不饱和键的有机物进行加成反应。而亲电取代反应主要发生在有机污染物分子结构中电子云密度较大的部分，特别是芳香类化合物。

间接氧化是指臭氧在水溶液中发生自降解（Self degradation），通过链式反应产生一系列强氧化性的自由基，其中主要是·OH，所以臭氧间接氧化污染物一般分为 2 个步骤：臭氧自分解生成羟自由基；羟自由基氧化污染物。

臭氧对有机物的直接氧化是一个反应速率常数 K_d 很低的选择性反应，一般 K_d 的范围在 $1.0\sim10^3\,L/(mol\cdot s)$。而自由基与溶质的反应是非选择性的即时反应（$k=10^8\sim10^{10}\,L/(mol\cdot s)$）（Hoigne 和 Bader，1983）。$O_3$ 在水中分解成二次氧化剂羟基自由基的反应受到很多物质的影响。表 2-2 列出了臭氧在水中分解的典型引发剂、促进剂和抑制剂。

臭氧在水中分解的典型引发剂、促进剂和抑制剂　　　　表 2-2

（Staehelin 和 Hoigne，1983，Xiong 和 Graham，1992）

引发剂	促进剂	中止剂
OH^-	腐殖酸	HCO_3^-/CO_3^{2-}
H_2O_2/HO_2^-	芳香族化合物	PO_4^{3-}
Fe^{2+}	伯醇和仲醇类	腐殖酸、芳香族化合物、异丙醇 TBA

通常，在酸性条件下（pH<4），以直接反应途径为主，pH=10以上时，以间接反应为主。对于地下水和地表水（pH=7），直接和间接两种反应途径都很重要。而对于特殊的废水，即使在pH=2时，间接氧化也很重要，这在很大程度上取决于所含污染物的性质。因此在设计处理方法时，两种途径都必须考虑到。

臭氧不但是一种多功能的强氧化剂，而且还具有很强的杀菌能力。其广泛应用于人们日常生活中，水处理是臭氧应用最为广泛的领域之一。

臭氧氧化技术作为高效的水处理手段，主要具有以下作用：

（1）对无机物的去除。废水通过高级氧化反应形成不溶性化合物，可以有效地去除无机物中的金属离子，比如铁、锰等；同时，氨氮（NH_3-N）可以被臭氧氧化成硝酸盐离子（NO_3^-），然后通过生物法得到有效去除。

（2）降低生物耗氧量（BOD）和化学耗氧量（COD）。水体中的有机物被臭氧氧化后，可以大大降低溶液中的COD，臭氧除了将大分子有机化合物氧化为小分子醛类和羧酸以外，还能完全矿化这些化合物，使这些化合物以CO_2的形式离开水体，降低水体的溶解性有机碳（DOC）。

（3）除藻和杀菌消毒。臭氧氧化具有良好的除藻与杀菌作用。臭氧能够与细胞膜上的蛋白质反应，而进入到细胞内部的臭氧还能迅速与细胞质和染色体作用，分解核酸（主要是鸟嘌呤和胸腺嘧啶）。

（4）臭氧去除臭和味。臭氧去除臭和味的效果与臭味的来源及引起臭味的物质结构有关。由S^{2-}、Mn^{2+}、Fe^{2+}等无机物及部分有机物产生的臭味较易被臭氧去除，但若臭味物质是含饱和键的有机物，则臭氧氧化的除臭味作用将十分有限。通常臭氧对有机体的生命活动引起的臭味去除效果较好。

臭氧应用于水处理的优点是：臭氧氧化能力强，使得许多复杂的化合物能被氧化；反应速度快，时间短；臭氧在水中能很快分解，不会造成二次污染，只是使水中的溶解氧增加；臭氧氧化或部分氧化产物的毒性较低。而且臭氧来源方便，用于消毒、杀菌、除臭、脱色等效果都较好。

但臭氧氧化技术也存在这一些缺陷，例如臭氧氧化具有一定的选择性，不能彻底降解有机物，污染物矿化率不高等。在饮用水处理过程中，若水体中含有Br^-，经过臭氧氧化处理后易产生溴酸盐等消毒副产物，造成二次污染。

因此，臭氧技术在水处理方面的研究和应用已由原来的单独使用发展成与其他方法联合使用以及催化臭氧处理。基于臭氧的主要技术有：O_3/H_2O_2；$O_3/H_2O_2/UV$；O_3/UV；O_3/固体催化剂等。

2. O_3 及其高级氧化

Glaze于1987年提出了高级氧化（Advance Oxidation Process）的定义：只要是以产生羟自由基·OH为目的的过程都称作为高级氧化技术。羟自由基·OH是目前已知在水处理中应用的氧化能力极强的自由基，其氧化能力仅次于氟。对各种有机有机物和无机物的氧化效率都很高，反应速度快。高级氧化工艺的机理主要是在反应系统中生成有效浓度的·OH，主要利用羟基自由基·OH来氧化分解水中的有机污染物。羟基自由基·OH有极强的氧化能力，理论上可直接将水中微量的有机物氧化成水、二氧化碳。利用这种氧化过程对饮用水进行深度处理，可以取得优于常规处理的处理效果。常见的·OH的产生及应用类型见图2-2。

图 2-2　·OH 的产生及应用途径

各种高级氧化技术（AOP）的共同点是反应过程中产生活性极高的羟基自由基（·OH），·OH 具有以下特点：

（1）氧化能力强，羟基自由基（·OH）的标准电极电势（2.80V）仅次于 F_2（2.87V），是一种氧化能力极强的氧化剂；

（2）反应速率常数大，羟基自由基（·OH）非常活泼，与大多数有机物反应的速率常数在 $10^6 \sim 10^{10}$ L/(mol·s)，比臭氧单独氧化速率要快得多（表2-3）；

（3）选择性小，与反应物浓度无关；

（4）寿命短，羟基自由基（·OH）寿命极短，在不同的环境介质中，其存在时间有一定的差别，一般小于 10^{-4}s；

（5）处理效率高。

表 2-3 列出了·OH 和 O_3 对常见有机物的氧化反应动力学常数的对比。

O₃ 和·OH 对有机物的氧化动力学常数对比　　　　　　表 2-3

化合物	K_{O_3}[L/(mol·s)]	$t_{1/2}$	$K_{·OH}$[L/(mol·s)]
藻类			
二甲萘烷醇	$<10^a$	$>1h$	8.2×10^9
二甲基异冰片	$<10^a$	$>1h$	3×10^9
微胱氨酸-LR	3.4×10^4	1s	
农药			
莠去津	6	96min	3×10^9
甲草胺	3.8	151min	7×10^9
呋喃丹	620	56s	7×10^9
地乐酚	1.5×10^{5b}	0.23s	4×10^9
异狄试剂	<0.02	$>20d$	1×10^9
甲氧滴滴涕	270	2min	2×10^{10}

化合物	$K_{O_3}[L/(mol \cdot s)]$	$t_{1/2}$	$K_{\cdot OH}[L/(mol \cdot s)]$
溶剂			
一氯乙烯	1.4×10^4	2.5s	1.2×10^{10}
Cis-1，2-二氯乙烯	540	64s	3.8×10^9
三氯乙烯	17	34min	2.9×10^9
四氯乙烯	<0.1	$>4d$	2×10^9
氯苯	0.75	13h	5.6×10^9
p-二氯苯	<3	$\gg 3h$	5.4×10^9
燃料			
苯	2	4.8h	7.9×10^9
甲苯	14	41min	5.1×10^9
邻二甲苯	90	6.4min	6.7×10^9
MTBE	0.14	2.8d	1.9×10^9
叔丁醇	$\sim 3 \times 10^{-3}$	133d	6×10^8
乙醇	0.37	26h	1.9×10^9
配体			
NTA			
NTA^{3-}	9.8×10^5	$0.04s^c$	2.5×10^9
$HNTA^{2-}$			7.5×10^8
H_2NTA^-	83d	$7min^c$	
$Fe(III)NTA$			1.6×10^8
EDTA			
$HEDTA^{3-}$	1.6×10^5	$0.2s^c$	2×10^9
$EDTA^{4-}$	3.2×10^6	$0.01s^c$	4×10^8
$Caedta^{2-}$	$\approx 10^5$	$0.35s^c$	3.5×10^9
$Fe(III)EDTA-$	3.3×10^2	$105s^c$	5×10^8
DTPA			
$CaDTPA^{3-}$	6200	$6s^c$	
$Zn(HDTPA2-/H2DTPA)$	≈ 100	$6min^c$	2.3×10^9
$ZnDTPA^{3-}$	3500	$10s^c$	
$Fe(III)(DTPA^{2-}/HDTPA)$	<10	$60min^c$	1.5×10^9
$Fe(III)OHDTPA^{3-}$	2.4×10^5	$70s^c$	
DBPs			
三氯甲烷	$\leqslant 0.1$	$\geqslant 100h$	5×10^7
三溴甲烷	$\leqslant 0.2$	$\geqslant 50h$	1.3×10^8
三碘甲烷	<2	$>5h$	7×10^9

续表

化合物	$K_{O_3}[L/(mol \cdot s)]$	$t_{1/2}$	$K_{\cdot OH}[L/(mol \cdot s)]$
三氯乙酸	$<3 \times 10^5$	36yr	6×10^7
药物			
二氯苯二磺酰胺	1×10^6	33ms	7.5×10^8
痛痉宁	3×10^5	0.1ms	8.8×10^9
磺胺甲氧吡咯	2.5×10^6	14ms	5.5×10^7
17α-乙炔雌二醇	7×10^9	5μs	9.8×10^9

a　由 Glaze et. al 估算；

b　去质子后的速率常数（$pK_a = 4.5$）；

c　大多数反应形态。

由于臭氧的单独氧化效果有限，一般在臭氧氧化深度处理中会加入一些·OH 引发剂促进高级氧化过程（AOP），从而利用非选择性的、反应迅速的羟基自由基氧化污染物。最常用的过程有 O_3/H_2O_2、O_3/UV、H_2O_2/UV 等。

（1）O_3/H_2O_2

H_2O_2 在常温下以液体状态存在，同时具有氧化性和还原性，在不同条件下 H_2O_2 所起的主要作用不同。H_2O_2 在酸性条件下氧化能力很强，在碱性条件下还原性强。而且，在碱性条件下，H_2O_2 反应速率远远高于酸性条件时。H_2O_2 能够在高纯度和低温条件下较稳定存在，然而当碱性水体中存在金属离子及其氧化物时，H_2O_2 会迅速分解，继续升温至 426K 则 H_2O_2 会发生剧烈分解反应如下：

$$2H_2O_2 \longrightarrow 2H_2O + O_2$$

H_2O_2/O_3 高级氧化工艺主要利用 H_2O_2 和 O_3 相互间催化作用产生大量的自由基，从而达到降解水中难溶解性有机物的目的。其作用过程主要包括自由基诱发过程、传播过程以及终止过程。

自由基诱发过程：

$$O_3 + OH^- \longrightarrow \cdot HO_2^- + O_2$$

$$H_2O_2 \Longleftrightarrow \cdot HO_2^- + H^+$$

$$O_3 + \cdot HO_2^- \longrightarrow \cdot OH + O_2 + O_2^-$$

$$\cdot HO^2 \Longleftrightarrow \cdot O_2^- + H^+$$

传播过程：

$$O_3 + OH \cdot \longrightarrow HO_2 \cdot + O_2$$

$$O_3 + O_2^- \longrightarrow O_3^- + O_2$$

$$O_3^- + H^+ \longrightarrow OH \cdot + O_2$$

$$HO_2^- + OH \cdot \longrightarrow HO_2 \cdot + OH^-$$

$$O^- + H_2O \longrightarrow OH \cdot + OH^-$$

$$H_2O_2 + OH \cdot \longrightarrow HO_2 \cdot + H_2O$$

终止反应:

$$OH \cdot + HO_2 \cdot \longrightarrow H_2O + O_2$$

H_2O_2/O_3 高级氧化技术因为成本低、操作简单且无需建造特殊构筑物的优点,得到了广泛的关注。早在 20 世纪 70 年代末日本就开始研究 H_2O_2/O_3 技术,在 80 年代左右,美国开始将 H_2O_2/O_3 技术应用于城市污水处理中。O_3 与 H_2O_2 联合使用生成的强氧化性的自由基,可以改善臭氧本身无法有效去除水中某些难降解的卤代烃及农药等有机物的情况,大大提高对难降解有机物的氧化效率。例如 O_3 氧化氯苯速率很慢,在 pH=2 时,O_3 与氯苯的反应速率常数为 0.06~3L/(mol·s),加 H_2O_2 与臭氧体系中,会生成氧化性更强的·OH 时,极大提高了氯苯的降解效率。对比单独臭氧氧化,H_2O_2/O_3 对 2,4-D 有很好的去除效果,且在某一范围内,H_2O_2/O_3 对 2,4-D 的去除效果随 H_2O_2 投加量和溶液 pH 的增加而增加。然而对于二苯甲酮,投加 H_2O_2 对其去除效果影响不大,说明针对不同的水质,H_2O_2 所起的作用不同。

1998 年,Aetia 等人将 H_2O_2/O_3 技术应用于给水处理方面,发现 H_2O_2 与 O_3 的联用能够提高臭氧进入水中的迁移速率(提高因子为 1.7),能够在较低的臭氧投加量时取得高的 TCE、PCE 去除效果。H_2O_2/O_3 高级氧化技术对地下水中苯、2-甲基异丁醇、三氯乙烯和四氯乙烯具有很好的去除效果。研究表明,在使用该技术处理微污染水时,随着 H_2O_2 浓度的增加,水中 TOC 的去除率呈现先增加后减少的趋势,而体系中 UV_{254} 的去除率随着 H_2O_2 浓度的增加而减少。

由于 H_2O_2 本身具有两面性,故在含溴水臭氧化过程中加 H_2O_2 具有三重意义,一方面 H_2O_2 的投加降低了分子 O_3 的浓度,抑制 Br^- 由臭氧氧化生成的 HOBr 和 BrO^- 量,从而减少了通过直接路径和直接—间接路径生成的 BrO_3^- 量;第二方面,H_2O_2 的投加促进臭氧分解生成·OH,极大地增加体系中·OH 的浓度,从而促进了通过间接路径和直接-间接路径生成 BrO_3^- 的反应。第三方面,高浓度的 H_2O_2 可以与·OH 反应消耗·OH,同时可以与 HOBr/BrO^- 快速反应,从而减少了通过直接路径和直接—间接路径生成 BrO_3^-。H_2O_2 与 HOBr/BrO^- 的反应如下:

$$H_2O_2 + HOBr \longrightarrow H^+ + Br^- + O_2 + H_2O \quad k = 2 \times 10^4 L/(mol \cdot s)$$

$$H_2O_2 + OBr^- \longrightarrow Br^- + O_2 + H_2O \quad k = 1.3 \times 10^6 L/(mol \cdot s)$$

H_2O_2 对 BrO_3^- 生成既有促进作用,同时又有抑制作用。不同水质条件下,H_2O_2/O_3 高级氧化工艺所起的作用不同。在不含有机物原水中,$O_3 = 2mg/L$,$Br^- = 1mg/L$,pH =8,总碳酸盐为 2.5mmol/L 的条件下,当 H_2O_2 浓度低于 0.7mg/L 时,随 H_2O_2 的浓度增加 BrO_3^- 生成量增加,继续提高 H_2O_2 浓度,则 BrO_3^- 生成量随 H_2O_2 浓度的增加很快减少。李绍峰等对 H_2O_2/O_3 高级氧化工艺处理水中西玛津进行了研究,研究发现,当西玛津浓度为 2mg/L 时,最佳 H_2O_2/O_3 比例时,对西玛津的去除率可达 87.1%。傅金祥等采用 H_2O_2 催化臭氧氧化—活性炭—砂滤联用处理微污染水,结果显示,当 H_2O_2 投加量为 2mg/L,O_3 投加量为 3mg/L 时,UV_{254} 去除率可达 87.23%,COD 去除率可达 69.84%,色度去除率可达 97.49%。

（2）H_2O_2/UV

H_2O_2/UV 也是一种重要的高级氧化技术,H_2O_2 作为氧化剂可与水中的某些有机的、无机的毒性污染物反应,生成无毒或较易被微生物分解的化合物。但一般来说,无机物和 H_2O_2 的反应较有机物快得多,因此 H_2O_2 对有机物的处理效果并不理想,特别对于一些高稳定性的有机物,H_2O_2 根本不能与之反应。紫外光的引入则大大提高了 H_2O_2 的处理效果。一般认为其反应机理是 1mol 的 H_2O_2 在紫外光的照射条件下产生 2mol 的 $\cdot OH$：

$$H_2O_2 \xrightarrow{hv} 2 \cdot OH$$

$$H_2O_2 \longrightarrow HOO + H^+$$

$$\cdot OH + H_2O_2 \longrightarrow HOO \cdot + OH^-$$

$$2HOO^- \longrightarrow H_2O_2 + O_2$$

$$2 \cdot OH \longrightarrow H_2O_2$$

$$HOO \cdot + HO \cdot \longrightarrow H_2O + O_2$$

$$RH + HO \cdot \longrightarrow H_2O + R \cdot$$

影响 UV/H_2O_2 氧化反应的因素有：H_2O_2 浓度、有机物的初始浓度、紫外光强度和频率、溶液的 pH,反应温度和时间等。试验证明：UV/H_2O_2 系统对有机污染物的质量浓度的适用范围很广,但从成本上来看,不适合处理高浓度的有机废水。另外,虽然 UV/H_2O_2 过程能有效地去除水中的污染物,但也可能产生一些有害的光化物对环境造成二次污染。

H_2O_2 比臭氧便宜,它比有毒的臭氧用起来更简单、更安全。尽管它有一定的缺陷,但在很多处理方案中经常使用。光解 1mol 的 H_2O_2 可以产生 2mol 的 $\cdot OH$,如果只考虑氧化剂的理论产量,H_2O_2/UV 系统是比较理想的。但由于较低的消光系数,过氧化氢在 254nm 处的吸收很少,产生的 $\cdot OH$ 的效率也很低,所以必须加入过量的 H_2O_2 或延长辐射时间。然而在饮用水处理中,高浓度的过氧化氢有可能成为一个新的问题,且 Fernando 等人研究发现,在氧化一定浓度的有机物时,最初的氧化速率随着 H_2O_2 投加浓度的升高而升高,但当 H_2O_2 投加浓度高于最优 H_2O_2 投加浓度时,氧化速率逐渐下降。

（3）O_3/UV

O_3/UV 高级氧化过程可以通过 O_3 的光解引发,生成 H_2O_2。一般紫外灯必须在 254nm 处有最大的辐射量,才能使臭氧充分光解,其发生的反应为：

$$O_3 + H_2O_2 \xrightarrow{hv} H_2O_2 + O_2$$

因此，该系统由紫外辐射、O_3 和 H_2O_2 三个部分组成，从而产生 $\cdot OH$ 氧化污染物。在 O_3/UV 的氧化过程中，O_3/H_2O_2 与 UV/H_2O_2 的反应机理的结合非常重要。需要指出的是，254nm 处 O_3 的消光系数 $\varepsilon_{254nm} = 3300 L/(mol \cdot cm)$，比 H_2O_2 的消光系数 $\varepsilon_{254nm} = 18.6 L/(mol \cdot cm)$ 大得多。臭氧的分解速度为 H_2O_2 的 1000 倍。

由于在紫外辐射条件下，臭氧比 H_2O_2 的分解能力强，因此 O_3/UV 的氧化能力强于 H_2O_2/UV。Prengle 等首次预见了 O_3/UV 体系在废水处理中的商业潜力。他们指出这种组合工艺可以增加对含氰络合物、含氯溶剂、杀虫剂，以及综合参数如 COD、BOD 的氧化能力。

其他研究表明，O_3/UV 体系能去除卤代芳烃，氧化速率比单独使用臭氧更快。O_3/UV 的最佳比值取决于水质和水环境，无法给出通用的指导原则。

（4）不同高级氧化的比较

对于以上的几种高级氧化工艺（AOPs），从化学角度来看，如果光解可以忽略，则 O_3/H_2O_2 的效果与 O_3/UV 的效果相当。若单纯根据化学计量式，由 H_2O_2 光解产生的 $\cdot OH$ 是最多的。但是，如前所述，O_3 光解可以产生更多的 $\cdot OH$，这是因为与 H_2O_2 相比，O_3 具有更高的消光系数。

然而，以上只是单纯根据 $\cdot OH$ 的产生量大小所作出的理论上的分析。实际上，$\cdot OH$ 的生成量大可能导致反应速率的降低，这是因为导致自由基淬灭的重新组合对氧化过程毫无作用。而且在面临具体问题时还要考虑不同水体中其他物质的影响。

在实际饮用水处理运用过程中，对于高级氧化（AOPs）的比较结果表明，O_3/H_2O_2 是最有效、最便宜的组合过程，其次是 O_3/UV 组合过程。

O_3/UV 和 O_3/H_2O_2 反应过程机理相似。前者的 H_2O_2 在反应中产生，而后者需要外加 H_2O_2。当某种物质在 UV 区域具有强烈的吸收时，O_3/UV 组合更有效。Peyton 等人的研究表明四氯乙烯的氧化过程就是如此。对于某系光不稳定物质，比如杀虫剂，UV 与之反应速率非常大。而 O_3/H_2O_2 组合的优点在于不需要日常维护，如清洗、置换 UV 灯，而且对于能量的要求也较低。在使用臭氧作为深度处理工艺一环的给水处理厂，投加 H_2O_2 可以使反应速率大大增加。

综上所述，如果运用适当，高级氧化通常比单独的臭氧氧化速率更高，但也有可能产生效率、费用以及副作用等问题，因此需要进行评价。研究表明，高级氧化的优势主要体现在对有机物，尤其是单独臭氧难降解污染物的去除上。而对于去除饮用水中的气味和颜色，只使用臭氧就足够了，不需要再加入 H_2O_2 或 UV。

2.1.2 O_3/H_2O_2 工艺的效能及优化

在 2.1.1 节中已经提到，O_3/H_2O_2 工艺是臭氧高级氧化工艺中最方便、最有效、也是应用最广泛的方法。清华大学吕淼、孙利利等对 O_3/H_2O_2 高级氧化体系对于有机物的去除进行了动态试验的研究，考察了高锰酸盐指数、UV_{254} 等有机物指标，结果表明投加 H_2O_2 比单独的 O_3 氧化对有机物的去除效果更好。

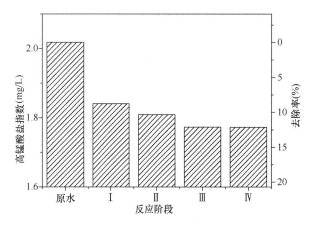

图 2-3　各反应阶段对高锰酸盐指数的去除效果图
（Ⅰ为单独臭氧氧化阶段，Ⅱ、Ⅲ、Ⅳ为 H_2O_2/O_3 高级氧化阶段，$[H_2O_2]_0/[O_3]_0$（摩尔比）分别为 1、1.5、2。反应条件：$T=25℃$，$pH=8.1$，$[Br^-]_0=140\mu g/L$，O_3 投量 2.88mg/L，HRT=20min）

考察各反应阶段出水的高锰酸盐指数浓度，结果如图 2-3 所示。

由图 2-3 不难看出，单独臭氧氧化和 H_2O_2/O_3 高级氧化均对高锰酸盐指数具有一定的去除效果，但去除率不高，且 H_2O_2/O_3 高级氧化对高锰酸盐指数的强化去除作用不明显，这一点可能与反应器结构和黄河水中的有机物种类有关。

UV_{254} 指在波长 254nm 处单位比色皿光程下的紫外吸光度，由于芳香族化合物和具有共轭双键的化合物在该波段有吸收峰，因此该指标对于分析水中天然有机物如腐殖质等具有重要意义。UV_{254} 可作为 TOC、三卤甲烷前体物的代用参数，且测定简单，便于应用。

考察不同臭氧投量时各反应阶段出水的 UV_{254} 情况，结果如图 2-4 所示。不难看出，无论是单独臭氧氧化还是 H_2O_2/O_3 高级氧化，均对 UV_{254} 具有良好的去除效果；H_2O_2 的投加对 UV_{254} 的去除具有强化作用。H_2O_2/O_3 高级氧化的 UV_{254} 去除率可达 50% 以上，这也表明 H_2O_2/O_3 高级氧化对芳香族化合物具有良好的去除作用。

虽然 O_3/H_2O_2 高级氧化工艺相比单独臭氧氧化具有很大的优势，但是 H_2O_2 的投加增加了工艺的成本，以下从费用角度考虑，进行了简单的核算。

在 H_2O_2/O_3 高级氧化工艺中，假设臭氧投量为 3mg/L，按照本实验确定的最佳 $[H_2O_2]_0/[O_3]_0$（摩尔比）=1.5 计算，处理 1m³ 水所需的纯 H_2O_2 质量为：

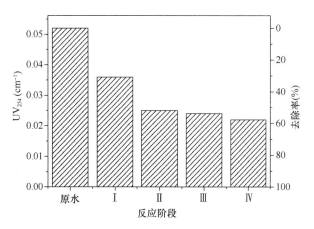

图 2-4　各反应阶段对 UV_{254} 的去除效果图
（Ⅰ为单独臭氧氧化阶段，Ⅱ、Ⅲ、Ⅳ为 H_2O_2/O_3 高级氧化阶段，$[H_2O_2]_0/[O_3]_0$（摩尔比）分别为 1、1.5、2。反应条件：$T=25℃$，$pH=8.1$，$[Br^-]_0=140\mu g/L$，O_3 投量 2.88mg/L，HRT=20min）

$$m_{H_2O_2}=\frac{3mg/L\times1000L/m^3}{48g/mol}\times1.5\times34g/mol=3.19g/m^3$$

假设采用质量分数为 27.5% 的市售工业用 H_2O_2，价格按 1300 元/t H_2O_2 计算，则处理 $1m^3$ 水所需 H_2O_2 的成本为：

$$C = \frac{3.19g/m^3}{27.5\% \times 10^6 g/tH_2O_2} \times 1300 \text{ 元/t}H_2O_2 = 0.015 \text{ 元/}m^3$$

这也就是说，相比单独臭氧氧化，采用 O_3/H_2O_2 高级氧化工艺处理 $1m^3$ 水所增加的直接成本仅为 0.015 元。因此从成本核算而言，O_3/H_2O_2 高级氧化工艺的应用前景十分广阔。

2.2　臭氧接触池优化设计

2.2.1　传统臭氧接触池的优化设计

1. 导流板优化方案

通过调查发现，现在国内外自来水厂中的臭氧接触池绝大多数采用隔板式接触池，即在单个池体中安装板状墙，将整个池体分成几个部分。就水力效率而言，这种池型结构相对以前的单池体臭氧接触池已经有了较大幅度的提高，但是仍然离理想情况相距甚远，池中的回流和短流情况依然十分严重，为了解决这个问题，可在隔板的下方安装一个小的导流板，导流板安装情况见图 2-5。

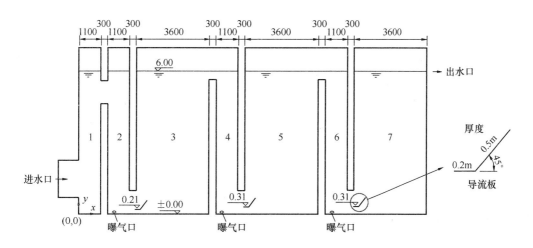

图 2-5　安装导流板之后的臭氧接触池

由图中可以看到，整个臭氧接触池长为 17m，高为 7m，其中水位深 6m。接触池被隔板分为 7 个隔室（区域），隔室 1 为接触池的进水廊道，隔室 2、隔室 4、隔室 6 为接触池的曝气区，隔室 3、隔室 5、隔室 7 为接触池的臭氧反应区，导流板安装于臭氧接触池的曝气区和反应区之间的隔板下方。导流板由 2 块成 45°斜角的直板构成，厚度为 10mm，其中横板长为 0.2m，斜板长为 0.5m。

（1）导流板对接触池臭氧浓度分布的影响

在将臭氧的气液传质和臭氧在水中的衰减通过用户自定义函数的形式加载入臭氧接触池的水力模型后，通过 Fluent 软件的迭代计算达到稳定后即可得到臭氧接触池的水中臭氧浓度分布图，见图 2-6。该模拟中，接触池的臭氧投加量为 2.0mg/L，水力停留时间为 10min。

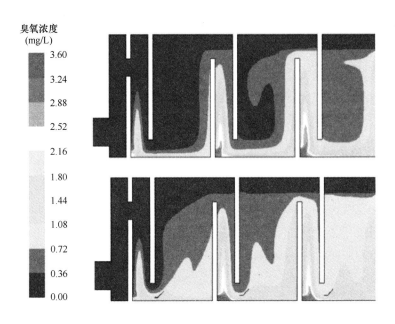

图 2-6 安装导流板前后臭氧接触池的臭氧浓度分布情况

如图 2-6 所示，在安装导流板前后，臭氧接触池中臭氧浓度的分布范围均在 0～3.6mg/L 之间，且臭氧浓度最高的区域均位于臭氧的曝气口附近。在安装导流板之前，臭氧接触池的反应区（隔室 3、隔室 5、隔室 7）中臭氧浓度分布很不均匀。隔室 3 中，除了靠近右侧导流板以及臭氧接触池底部附近区域臭氧浓度分布比较明显外，该隔室的绝大部分区域的臭氧浓度非常低，不超过 0.36mg/L，隔室 5 和隔室 7 也有类似情况出现。而安装导流板之后，臭氧接触池的反应区的臭氧浓度分布有了十分明显的改善，大部分区域的臭氧浓度都有了较大幅度的提高。这是因为安装导流板之前，臭氧接触池内的水流主要沿着池底部和隔板的迎水面运动，而其他区域的水流运动极其缓慢，相互之间以及与主要水流之间缺乏必要的物质和能量传递，水流在曝气区与曝入气体中的臭氧混合之后就沿着池底部和隔板的迎水面溜走了，几乎没有与反应区其他区域的水流进行混合，反应区的大部分区域成了"死区"，所以其臭氧浓度值也很低。

图 2-7 显示了臭氧接触池中各臭氧浓度范围所占的体积比。图中虚线代表安装导流板前的情况，实线代表安装导流板之后的情况。在安装导流板之前，臭氧接触池的臭氧浓度范围主要集中在 0～0.75mg/L 之间，其中 0.2～0.5mg/L 范围内的区域所占比例最大，达到了 28.2%。而安装导流板之后，接触池的整体臭氧浓度分布有了较大幅度的提高，臭氧浓度分布的最主要区域为 0.50～0.75mg/L，其所占比例达到了 33.6%。同时，从图

中还可以看出，安装导流板之后，臭氧浓度为 0～0.50mg/L 的范围下降最大，从 47.2%降低至 20.0%，而臭氧浓度为 0.50～1.25mg/L 的范围则有了较大幅度的提高，从 47.5%提高至 67.9%。臭氧浓度为 1.5～3.5mg/L 范围所占的区域在导流板安装前后没有明显区别。所以，总体而言，安装导流板主要提高了之前的低浓度臭氧（0～0.50mg/L）分布区域的臭氧浓度值。

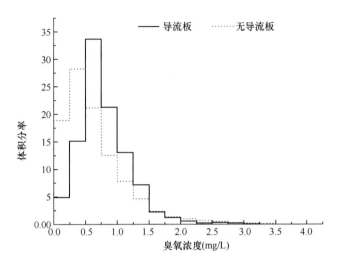

图 2-7　臭氧接触池中各臭氧浓度范围所占体积与臭氧分布的总体积的比值

　　为了精确分析臭氧接触池中臭氧浓度分布的均匀性，特地选取池高为 2.50m 水平线上的水中臭氧浓度分布（见图 2-8）用于分析。虚线代表未安装导流板的情况，实线代表安装导流板的情况，中间的间断区是臭氧接触池的挡板所在的位置，我们对该区域的臭氧浓度的平均值以及该区域的臭氧浓度值与平均值之间的标准方差进行了分析。从图中可以清楚地看出，在隔室 2、隔室 4 以及隔室 6 中，臭氧浓度的数值相差很小，并且标准方差也比较接近；而在隔室 3、隔室 5 以及隔室 7 中池高 2.5m 处，安装导流板之后的臭氧浓度值明显要大于为安装导流板时的臭氧浓度值，其相对提高率为 41%～125%。相反，安装导流板之后臭氧浓度值的标准方差则降低了 23.8%～35.5%。这个现象说明，安装导

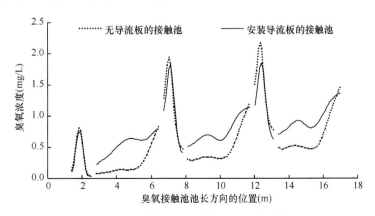

图 2-8　池高为 2.5m 处的臭氧浓度分布

流板之后，臭氧接触池反应区的臭氧浓度值有了较大幅度的提高，并且浓度值更加稳定。因此，以上数据也证明了安装导流板之后，臭氧接触池中的水力流态得到了优化，短流和回流的状况也得到了一定程度的改善，从而使接触池内水中臭氧浓度分布更加均匀，反应区中大部分区域的臭氧浓度值也得到了提高。

（2）导流板对臭氧接触池 CT 值分布的影响

CT 值的分布是应用粒子追踪的方法得到的，在利用水力模型、臭氧的气液传质模型以及臭氧的液相衰减模型得到一个稳定臭氧浓度分布场后，从接触池进水口断面瞬时投入2000 个示踪粒子，然后在接触池出水口断面收集示踪粒子，通过用户自定义函数（UDF）求解每个示踪粒子在其运动轨迹上臭氧浓度相对于接触时间的积分，即可得到每个示踪粒子的 CT 值。

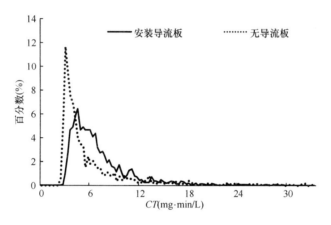

图 2-9　臭氧接触池 CT 值的分布图

图 2-9 显示了安装导流板前后，臭氧接触池 CT 值的分布。其中，实线代表安装导流板的情况，虚线表示没有安装导流板时的情况。由图可知，安装导流板之后，接触池的 CT 值相对没有安装导流板时普遍分布在 CT 值更大的范围内，而且安装导流板之后，接触池的 CT 在较大范围内（3.0～8.0mg·min/L）分布是比较均匀的，而没有安装导流板时的接触池，其 CT 值则分布比较集中。安装导流板前后，臭氧接触池的最小 CT 值分别为 2.29mg·min/L、2.69mg·min/L，即安装导流板后，接触池的最小 CT 值提高了17.5%。对于没有安装导流板的接触池，其 CT 值分布最多的范围为 3.0～3.3 mg·min/L，而安装导流板之后，接触池的 CT 值分布最多的范围为 4.2～4.5mg·min/L。

（3）消毒效率和溴酸盐生成

无论是求解臭氧接触池的臭氧浓度分布，还是其 CT 值分布，最终是为了得到消毒效率和溴酸盐生成情况。消毒模型和溴酸盐生成模型的建立都是基于 CT 值，分别利用了 CT 值与消毒 lg 值之间的线性关系以及 CT 值与溴酸盐生成浓度之间的线性关系。前面已经提到，CT 值是通过粒子追踪法求解出来的。在粒子追踪法中，从接触池进水口断面投加的示踪粒子实际上相当于致病菌团，每个致病菌团中含有成千上万个致病菌，我们通过

每个粒子的 CT 值可以计算出每个粒子所代表的致病菌团中致病菌被灭活的情况，然后对所有粒子的情况进行统计，可以求出整个接触池中所有致病菌团的致病菌灭活情况。而本研究中，我们选取难以被氯消毒灭活的"两虫"中隐孢子虫作为研究对象，即前面所提到的致病菌团在此是指隐孢子虫团。

相同臭氧投加量时的两种臭氧接触池消毒效率　　　　　　　　　　　　　　表 2-4

	消毒 lg 值	致病菌存活率
无导流板臭氧接触池	1.07	8.51%
加导流板臭氧接触池	1.36	4.37%

表 2-4 是在臭氧投加量为 2mg/L 的条件下，接触池的消毒 log 值和隐孢子虫的存活率。在没有安装导流板时，臭氧接触池的消毒 lg 值为 1.07，隐孢子虫的存活率为 8.51%；与之相比，在安装导流板之后，臭氧接触池的消毒 lg 值达到了 1.36，比前者提高了 0.29，存活率则变成了 4.37%，下降了 48.7%。显然，在安装了导流板之后，在臭氧投加量不变的条件下，臭氧接触池的消毒效率有了较大幅度的提高。因为，对于臭氧接触池的消毒情况而言，其低 CT 值粒子的数量决定了这个接触池的消毒效率，低 CT 值的粒子越多，则臭氧接触池的消毒效率就越低，反之则越高。本模拟的结果显示，在安装导流板前后，CT 值最低的那 10% 的粒子中，存活的隐孢子虫个数分别占整个接触池中存活的隐孢子虫个数的 32.0%、25.3%。从前面对安装导流板前后 CT 值分布情况的分析可以看出，安装导流板之后，CT 值的最低值分别为 2.29mg·min/L、2.69mg·min/L，在没有安装导流板的接触池中，CT 值处于 2.29~2.69mg·min/L 之间的粒子占总粒子数的 6.65%，而该部分粒子中存活的隐孢子虫的个数则占到整个接触池存活隐孢子虫个数的 16.4%。因此，接触池在安装导流板之后，池中的水力流态得到改善，尤其是短流现象减少，使得低 CT 值的粒子数量大大减少，因此其消毒效率会有较大幅度的提高。而相比而言，回流对接触池消毒的影响则要小得多，因为回流是水流在池中某些区域进行局部循环，难以流出池体，所以其在池中与臭氧接触消毒的时间也更长，该部分的隐孢子虫几乎被完全灭活，尽管如此，由于回流会使接触池的有效体积减小，所以仍然要尽量减少接触池中的回流区域。

相同消毒效率时的臭氧投加量和溴酸盐生成量　　　　　　　　　　　　　　表 2-5

	臭氧投加量（mg/L）	溴酸盐生成量（μg/L）
无导流板	2.00	7.5
加导流板	1.49	6.0
提高率	-25.1%	-19.9%

在相同臭氧投加量的条件下，安装导流板之后的接触池消毒效率比安装导流板之前的接触池消毒效率高，于是我们通过降低臭氧投加量的方法使安装导流板之后的消毒效率与安装之前的消毒效率相同，见表 2-5。当两种臭氧接触池的消毒 lg 值均为 1.07 时，安装导流板后，接触池的投加量由安装导流板前的 2.00mg/L 减少至

1.49mg/L，减少了 25.1%，并且溴酸盐生成量也从 7.5μg/L 降低至 6.0μg/L，降幅达到19.9%。

2. 出水方式优化方案

目前，国内外自来水厂中臭氧接触池几乎都采用单侧管式出水或者溢流堰出水。在这种臭氧接触池中，水流的主体部分不仅有垂直向上的速度，而且还有水平方向朝出水口一侧的速度，这样很容易在接触池中远离出水口一侧的上方形成回流甚至死区，从而造成接触池的有效体积减小，以及水力效率和消毒效率降低。因此，提出将臭氧接触池的出水方式改成平行三角堰出水，使接触池水流的主体部分仅有垂直向上的速度，减少了水流在水平方向的扰动，充分利用了接触池池体，提高了臭氧消毒效率。

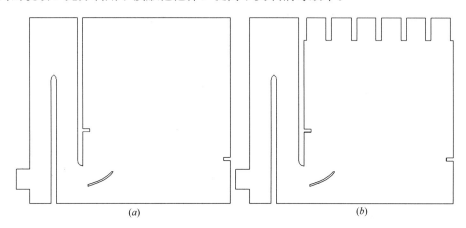

图 2-10　不同出水方式的臭氧接触池轮廓图

如图 2-10 所示，2-10(*a*) 图为采用单侧出水的接触池，2-10(*b*) 图为采用平行三角堰出水的接触池。两种臭氧接触池的进水区的结构和尺寸均相同。对于平行出水堰的接触池，各平行出水堰堰宽为 0.3m，两个出水堰之间相距 0.6m。

（1）出水方式对接触池水力效率的影响

臭氧接触池出水方式的改变最直接的影响就是接触池中水力流态的变化。图 2-11 分别描述了两种臭氧接触池中水流的速度矢量变化。从图中可以看出，在接触池左边的进水廊道和曝气廊道部分，两种接触池的水流速度分布基本一致，都是迎水流一侧的速度比较大。接触池的右半部分是反应区，该区中水流速度矢量分布则相差比较明显。对于采用溢流堰式出水方式的臭氧接触池，其反应区中远离出水口处那部分水体的水流速度很小，并且存在缓慢的回流，即该区域的水体形成了死区，与水流主体之间的物质和能量交换很少，所以大大减少了接触池池体的有效体积。而对于采用平行三角堰出水方式的臭氧接触池，尽管其反应区中远离出水口处的那部分水体也形成了一个比较大的涡流，但是因为三角出水堰均匀地分布在反应区上方，可以使远离出水口处的部分水体就近流出，从而相对于溢流堰式出水的接触池而言，减少了参与回流的水流量，提高了水力效率。

为了更加清楚的考察两种臭氧接触池中回流情况，我们特地对两种接触池的 Y 方向

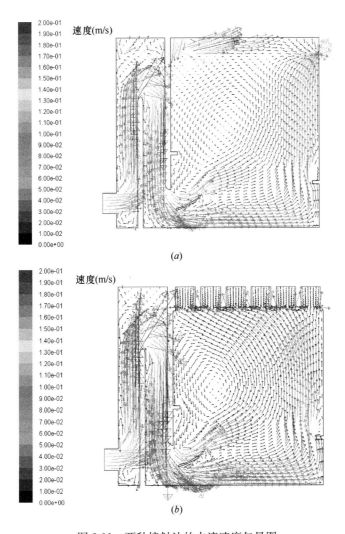

图 2-11　两种接触池的水流速度矢量图

（a）溢流堰出水的接触池；（b）平行三角堰出水的接触池

的水流速度方向进行了分析，见图 2-12。理想水流状况时，接触池反应区的水流在 Y 方向的速度应该是朝正 Y 方向，即 VY 是大于 0 的。如果出现 VY 小于 0 的情况，则说明接触池中存在回流现象。从图 2-12 可以看出，采用溢流堰出水的接触池的 VY 小于 0 的区域比采用平行三角堰出水的接触池要大，而且主要差别在远离出水口侧的上方区域，说明前者的回流情况比后者要更严重。造成这一现象的原因是均匀分布在接触池反应区上方的平行三角堰将部分该区域的回流流量截留，从而减少了回流的流量和区域，提高了水力效率。

此外，我们选取靠近出水口断面的高度对其 Y 方向速度分布进行分析，见图 2-13。图中红色点线段表示溢流堰式出水的接触池的情况，黑色点线段表示平行三角堰出水的接触池情况。因为该高度已经非常接近接触池的出水口的高度，所以能够更加清楚的体现出两种出水口方式对接触池水力流态的影响。从图中可以发现，在该高度，以平行三角堰出

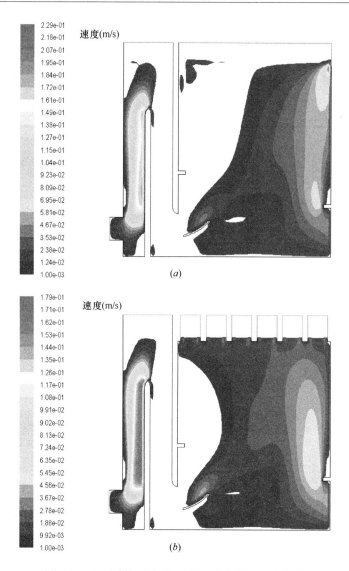

图 2-12 两种臭氧接触池 Y 方向的水流速度分布图

(a) 溢流堰出水的接触池；(b) 平行三角堰出水的接触池

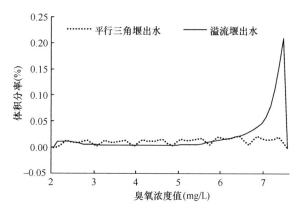

图 2-13 接触池中高度为 5.5m 处的 Y 方向的水流速度

水的接触池的 Y 方向速度分布比以溢流堰出水的接触池更加均匀，说明后者的短流情况比前者更加严重，和回流一样，短流也会对接触池的水力效率造成负面影响。

在描述接触池的水力效率时，以前的许多研究者通常采用 T_{10}/HRT 这个参数表征。T_{10} 是指从接触池的进水口处投加若干示踪粒子，其中累计 10% 的示踪粒子从出水口处流出的时间，HRT 是指接触池的理论水力停留时间。为了考察接触池的长度对其水力效率的影响，我们对不同长度的接触池的 T_{10}/HRT 进行了模拟比较，其结果见表 2-6 和图 2-14。

反应区不同长度时两种接触池的水力效率的比较　　　　　　表 2-6

反应区宽度（m）	2.80	3.70	4.60	5.50	6.40	7.40	8.30
平行三角堰出水 T_{10}/HRT	0.588	0.543	0.507	0.479	0.455	0.436	0.419
溢流堰出水 T_{10}/HRT	0.641	0.623	0.595	0.571	0.559	0.537	0.520
提高率（%）	9.1	14.9	17.2	19.3	22.9	23.1	24.0

从表 2-6 和图 2-14 中可知，随着臭氧接触池反应区池长的增加，两种出水口形式的臭氧接触池的 T_{10}/HRT 均会随之减小；但是与以溢流堰出水的臭氧接触池相比，采用平行三角堰出水的臭氧接触池 T_{10}/HRT 下降速度更慢，即在反应区池长比较大的情况下，采用平行三角堰出水的臭氧接触池比采用溢流堰出水的臭氧接触池在水力效率上更具有优势。

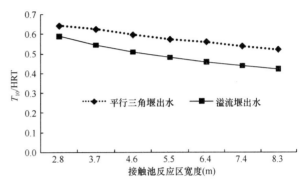

图 2-14　两种接触池在不同长度范围时的水力效率

（2）出水方式对接触池臭氧浓度分布以及 CT 值的影响

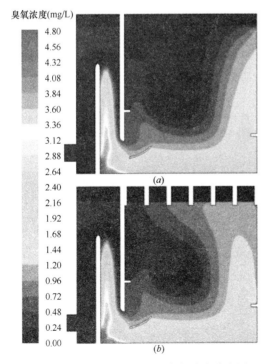

图 2-15　两种臭氧接触池的臭氧浓度分布图

1）出水方式对接触池臭氧浓度分布的影响

在对两种出水方式的臭氧接触池的水力效率进行模拟比较之后，对反应区长度为 5.50m 的臭氧接触池进行进一步的臭氧化过程的模拟。如图 2-15 所示，图 2-15（a）上部分是以溢流堰出水的臭氧接触池的水中臭氧浓度分布图，图 2-15（b）是以平行三角堰出水的臭氧接触池的水中臭氧浓度分布图。

从图中可以看出，两种臭氧接触池在进水廊道、曝气廊道以及反应区底部区域的水中臭氧浓度分布相同，其臭氧浓度均分布在 0～4.83mg/L 的范围内。其中，越接近曝气口的区域，其水中臭氧浓度值越大。两种臭氧接触池臭氧浓度分布的最大差别在于接触池反应区的上部，特别是远离臭氧接触池出水口一侧的区域。在该区域，以平行三角堰出水的臭氧接触池的水中臭氧浓度值更大，而采用溢流堰出水的臭氧接触池的臭氧浓度值几乎为 0。两种臭氧接触池的水中臭氧浓度分布情况与其水流速度分布情况相似。因为，以溢流堰出水的臭氧接触池在该区域的水力流态存在严重的回流，与连续运行中的水流主体部分缺乏必要的物质和能量传递，所以经过曝气廊道的水流主体部分所吸收的臭氧难以扩散至该区域，所以其水中臭氧浓度值很小，甚至接近 0。而采用平行三角堰出水的臭氧接触池则因为反应区上方均匀分布的三角出水堰将该区域的部分回流的水流截留，使水流主体部分的水流必须对该区域被截留的水流进行补充，从而促进了该区域水体与水流主体的物质和能量传递，故其在该区域的水中臭氧浓度值相对更大。

2）出水方式对臭氧接触池 CT 值分布的影响

如图 2-16 所示，图中描述两种不同出水口形式臭氧接触池的 CT 值分布情况。其中，实线代表溢流堰出水的臭氧接触池，虚线代表平行三角堰出水的臭氧接触池。

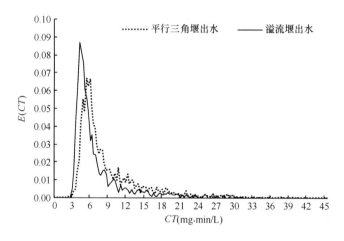

图 2-16　两种臭氧接触池的 CT 值分布图

从图中可以看出，两种出水口形式的臭氧接触池的 CT 值分布范围大致相同，均介于 $2\sim45\text{mg}\cdot\text{min/L}$ 之间。但是，以溢流堰出水臭氧接触池的 CT 值相对以平行三角堰出水臭氧接触池的 CT 值更加集中分布于数值较小的区域，即从整体效果看，前者的 CT 值比后者的 CT 值更小。其中，溢流堰出水的臭氧接触池的 CT 值分布最大的区域为 $4.2\sim4.8\text{mg}\cdot\text{min/L}$，分布频率达到 24.5%。而平行三角堰出水的臭氧接触池的 CT 值分布最大的区域为 $5.4\sim6.0\text{mg}\cdot\text{min/L}$，分布频率达到 19.6%。在 $2.4\sim5.1\text{mg}\cdot\text{min/L}$ 范围内，以溢流堰出水的臭氧接触池的 CT 值分布比以平行三角堰出水的臭氧接触池的 CT 值分布大了 24.3 个百分点；而在 $5.1\sim13.8\text{mg}\cdot\text{min/L}$ 范围内，采用平行三角堰出水接触池的 CT 值分布则比采用溢流堰出水接触池的 CT 值分布大了 24.9 个百分点。

由此可以看出，将出水口由溢流堰改成平行三角堰后，臭氧接触池整体的 CT 值提高了，分布于低 CT 值的示踪粒子数目也得到了较大幅度的减少。其可能原因是在出水口优化后，臭氧接触池的有效体积增加，在相同进水流量的条件下，其实际的水力停留时间也随之增加，即示踪粒子的 T 值增大，从而使得其 CT 值也会有一定程度的增加。

（3）消毒效率和溴酸盐生成

上一节考察了出水口方式的改变对臭氧接触池 CT 值的影响，得到了在出水口优化后，CT 值会有所增长的结论。由于无论消毒效率还是溴酸盐生成浓度都与 CT 值有着直接的关系，因此一旦臭氧接触池的 CT 值发生了变化，其消毒效率和溴酸盐生成浓度也会随之发生变化，本节就此问题展开分析。

相同臭氧投加量时两种臭氧接触池的消毒效率　　　　　　　　表 2-7

	消毒 lg 值	致病菌存活率
溢流堰出水接触池	1.33	4.69%
平行三角堰出水接触池	1.57	2.68%

如表 2-7 所示，在臭氧投加量均为 2.00mg/L 时，溢流堰出水臭氧接触池与平行三角堰出水臭氧接触池的消毒 lg 值分别为 1.33 和 1.57，后者相对前者提高了 0.24。致病细菌的存活率则由溢流堰出水臭氧接触池的 4.69% 降低至平行三角堰出水臭氧接触池的 2.68%，同比降低幅度为 42.9%。

因为消毒 lg 值与 CT 值成线性正比关系，所以各示踪粒子中 CT 值较小的示踪粒子对臭氧接触池整体的消毒 lg 值影响巨大。从上一节的分析可以知道，在低 CT 值范围内，以溢流堰出水臭氧接触池的 CT 值分布比以平行三角堰出水臭氧接触池的 CT 值分布大了 24.3 个百分点；而在较高 CT 值范围内，采用平行三角堰出水臭氧接触池的 CT 值分布则比采用溢流堰出水臭氧接触池的 CT 值分布大了 24.9 个百分点。因为在较低 CT 值范围内的分布频率比较高，所以以溢流堰出水的臭氧接触池的消毒 lg 值相对较低。

相同消毒 lg 值时的两种臭氧接触池的溴酸盐生成浓度　　　　　　表 2-8

	溴酸盐生成浓度（μg/L）	臭氧投加量（mg/L）
溢流堰出水臭氧接触池	7.9	2.00
平行三角堰出水臭氧接触池	7.2	1.64

如表 2-8 所示，在消毒 lg 值均达到 1.33 时，溢流堰出水臭氧接触池与平行三角堰出水臭氧接触池的溴酸盐生成浓度分别为 7.9μg/L 和 7.2μg/L，后者相对前者减少了 8.9%；臭氧投加量则由溢流堰出水臭氧接触池的 2.00mg/L 降低至平行三角堰出水臭氧接触池的 1.64mg/L，同比降低幅度为 18.0%。

溴酸盐的生成浓度与接触池的平均 CT 值成线性正比关系，由前一节已经知道，在臭氧投加量相同的情况下，优化出水口后，臭氧接触池的 CT 值会增大，其平均值也会有所增加。因此其溴酸盐生成浓度也随之增加。但是，如果在消毒效果相同的条件下，优化出水口后的接触池在消毒过程中所生成的溴酸盐更少，所需的臭氧投加量也更少，不仅降低了溴酸盐的生成风险，而且减少了臭氧消毒的成本。因为 CT 值的增加会导致消毒 lg 值和溴酸盐生成量都增加，只是增加程度不一样，所以该优化方式是通过降低臭氧投加量的方法减少了溴酸盐的生成浓度，但因为接触池池型的改变，尽管臭氧投加量减少了，消毒效果依然能够得到保证。

2.2.2　新型接触池的优化设计——准推流式臭氧接触池

1. 准推流式臭氧接触池模拟

传统的臭氧接触池以隔板式为主，尽管通过了前述的两种优化方式后，接触池的水力效率、消毒效率以及溴酸盐的控制均有了明显改善。但是，从结果来看，其仍然还有较大的提升空间。因此，在前述两种优化方案的基础上，本节提出了一种准推流式的臭氧接触池，其与传统的隔板式臭氧接触池相比主要做了两大改进：一是在接触池的反应区设置了一个多孔介质区，二是吸收了第二种优化方案，将溢流堰出水口改为平行穿孔管出水，见图2-17。

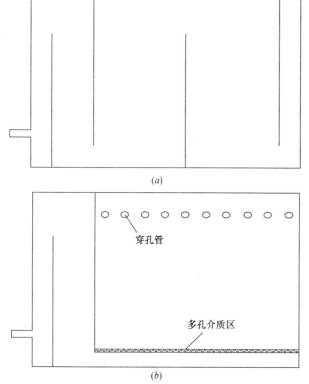

（a）

（b）

图 2-17　两种臭氧接触池的轮廓图

（a）隔板式臭氧接触池轮廓图；（b）准推流式臭氧接触池轮廓图

（1）水力效率

首先对两种臭氧接触池的水力流态进行了模拟，其中多相流模型采用VOF（volumn of fluid）模型，湍流模型采用标准 k-ε 两方程模型。边界条件中，进水口均采用速度进口。最后，通过计算得到了两种臭氧接触池的水流速度矢量图，见图2-18。

从图2-18可以看出，就整体而言，准推流式臭氧接触池的水力流态比传统隔板式臭氧接触池的更加均匀。在接触池的左侧区域，即进水廊道区域，两种接触池的水力流态因结构轮廓相同而基本一致。水流从进水口进入接触池的进水廊道，由于进水廊道比较狭窄，所以此时两种接触池的水流速度相对较大，其中沿着挡板的迎水面那侧的水流速度最大，达到了 0.07m/s。进入第二个过水廊道后，因为廊道的宽度有所增加，其速度也相对降低，大约处于 0.02~0.04m/s 的范围内。

在水流进入接触池右侧的反应区后，由于两种接触池的结构差异较大，两者的水力流态也随之有了较大的不同。隔板式臭氧接触池的反应区被挡板分成了三个隔室，除了第三个隔室因为宽度狭窄而只是在其底部区域出现了少量回流外，在其前两个隔室中均出现了严重的回流和短流，水流主体沿着挡板的迎水面迅速流出，而剩余部分水流则这两个隔室中间区域形成了一个大涡流。而准推流式臭氧接触池的反应区没有挡板，只是在距离池底 0.1m 处设置一个多孔介质区，该区是起一个降低流速和整流的作用。在模型中，本文将

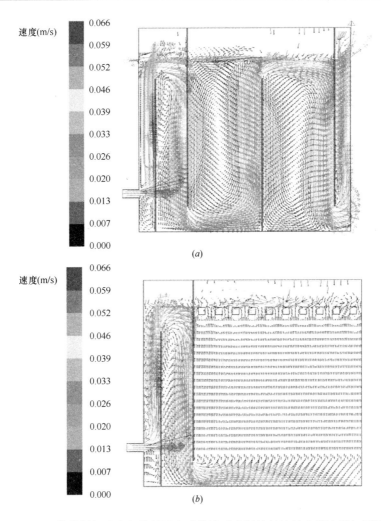

图 2-18　传统隔板式臭氧接触池和准推流式臭氧接触池的水流速度矢量图

（a）隔板式接触池的水流速度矢量图；（b）准推流式接触池的水流速度矢量图

其设置为 Porous Jump，其是通过在所设区域增加一个指定方向的压降来模拟多孔介质区的情况。从图中可以看出，经过该区后，各处的水流速度大幅度降低，并且同一水平高度的水流速度大小基本一致，方向均垂直向上，没有出现回流和短流。其水力流态已经接近理想的推流。

为了更加精确地比较两种臭氧接触池的水力效率，本文给出了两种臭氧接触池的液龄曲线和 T_{10}/HRT，见图 2-19 和表 2-9。

从液龄曲线可以看出，准推流式臭氧接触池的液龄曲线比隔板式接触池的坡度更陡，斜率更大，更接近理

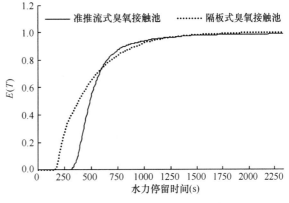

图 2-19　两种臭氧接触池的液龄曲线

想推流。并且前者的 T_{10}/HRT 为 0.80，后者的 T_{10}/HRT 为 0.41，前者比后者提高了将近 100%。这些均说明，与隔板式臭氧接触池相比，准推流式臭氧接触池的水力流态有了明显改善，水力效率得到大幅提高。

两种臭氧接触池的 T_{10}/HRT 表 2-9

	隔板式臭氧接触池	准推流式臭氧接触池
T_{10}/HRT	0.41	0.80

（2）臭氧浓度分布以及 CT 值的比较

1）臭氧浓度分布

在模拟准推流式接触池和传统接触池时，采用管道预混合曝气，即在原水进入接触池之前，其已经在管道中与气相臭氧完成了传质混合过程，并认为其在进入接触池时是以均匀浓度进入的。故在模型中设置进水口的边界条件时，将臭氧设置为进水的组分之一，因此在进入接触池后，臭氧不再存在气液传质，而只有扩散和衰减过程。将进水的臭氧浓度设定为 $2.00\mathrm{mg/L}$，接触池中臭氧浓度分布如图 2-20。

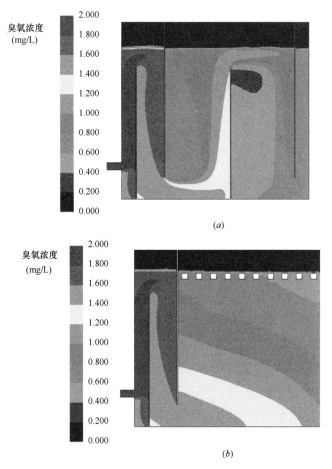

图 2-20　两种臭氧接触池的臭氧浓度分布图

（a）隔板式臭氧接触池的臭氧浓度分布图；（b）准推流式臭氧接触池的臭氧浓度分布图

从图 2-20 中可以看到，接触池的最大臭氧浓度为 2mg/L，并且其分布区域位于进水口附近。由于两种接触池的左侧的进水廊道的结构是一样的，其臭氧浓度分布也相同。在传统的臭氧接触池中，沿挡板迎水面附近的区域臭氧浓度值较大，然后往左侧逐渐减少，挡板的背水面附近的区域臭氧浓度值最小。这是因为在传统臭氧接触池中，水流主体沿着挡板的迎水面迅速流过，由于其停留时间短，臭氧衰减和扩散的程度低，其臭氧浓度值自然也比较高。而在接触池背水面附近区域形成了一个很大的涡旋，臭氧浓度较高的水流主体很难流入该区域，同时由于其不断的循环回流使该区域的臭氧浓度衰减较快，从而造成该区域的臭氧浓度值较低。而在准推流式臭氧接触池中，由于多孔介质区的整流作用，其反应区中水流的速度比较均匀，故其臭氧衰减速率也基本一致，所以可以看到在其反应区中的臭氧浓度是呈带状分布的。但是，同时也可以看到，在准推流式臭氧接触池中，相同水平高度时，其反应区左侧的臭氧浓度值相对较高。这是因为水流在通过多孔介质区后都是均匀垂直向上运动的，该区域的水流速度是大致相等的，但是在通过多孔介质区之前由于位置不同的缘故，水流更早到达多孔介质区的左侧，然后再流入其右侧，所以流经反应区左侧的水流的整体停留时间比流经右侧水流的停留时间更短，其中臭氧衰减的程度也更低，因此其臭氧浓度值也相对较高。

2）CT 值分布

CT 值主要由两个因素决定，一是接触池的水力效率，二是接触池的臭氧浓度分布。因为接触池的水力效率越高，示踪粒子在其中的运动更加接近推流，短流和回流的情况比较少，因此其 T 值会相对比较大而且均匀。同时，接触池的臭氧浓度分布就决定了示踪粒子通过区域的臭氧浓度值，即 C 值。所以，两者共同决定了其乘积 CT 值。

如图 2-21 所示，图中实线代表了准推流式臭氧接触池的 CT 值分布情况，虚线则代表了传统臭氧接触池的 CT 值分布情况。传统臭氧接触池的 CT 值分布范围为 $3.3 \sim 24.9$mg·min/L，其中分布频率最高的区域为 $3.6 \sim 4.2$mg·min/L，达到 20.95%，而准推流式臭氧接触池的 CT 值分布范围为 $5.4 \sim 21.9$mg·min/L，其中分布频率最高的

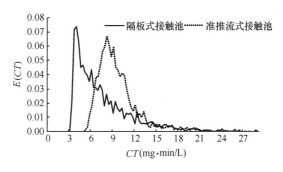

图 2-21 两种臭氧接触池的 CT 分布图

区域为 $7.8 \sim 8.4$mg·min/L，达到 18.76%。传统臭氧接触池和准推流式臭氧接触池中的最小 CT 值分别为 3.31mg·min/L 和 5.14mg·min/L。并且，传统接触池中小于 5.14mg·min/L（准推流式臭氧接触池中最小 CT 值）的 CT 值所占比例达到 32.31%。这说明，相对传统臭氧接触池中的 CT 值，准推流式臭氧接触池中的 CT 值普遍有了较大幅度的提高。而从前面的分析中可知，数值较小的那部分 CT 值对臭氧接触池的整体消毒 lg 值具有决定性作用，其所占比例越大，臭氧接触池的整体消毒 lg 值越小。

为了更进一步量化分析两种臭氧接触池的 CT 值分布的影响因素，分析了两种臭氧接

触池的 CT/HRT 的分布图，见图 2-22。
参数 CT/HRT 反映了示踪粒子运动轨迹上的平均臭氧浓度值，从侧面反映了整个臭氧接触池臭氧浓度分布的均匀性。从图 2-22 可以看出，传统臭氧接触池的 CT/HRT 值在其极小（0.58～0.97mg/L）或者极大（1.21～1.54mg/L）时分布频率均比准推流式臭氧接触池高，分别达到了 31.40％ 和 40.76％。而在中间

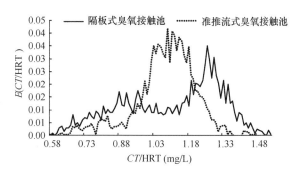

图 2-22　两种臭氧接触池的 CT/HRT 分布图

区域（0.97～1.21mg/L），情况正好相反，准推流式臭氧接触池的分布频率更高，达到了 72.08％。这表明，准推流式臭氧接触池中的示踪粒子所经过的轨迹上臭氧浓度分布更加均匀，主要集中在 0.98～1.21mg/L 的范围内。而传统臭氧接触池中示踪粒子所经过区域的臭氧浓度分布差异较大，呈现两极化趋势。这是传统臭氧接触池中存在较为严重的短流和回流现象且臭氧浓度分布极不均匀造成的。

（3）消毒效率和溴酸盐生成

无论水力效率、臭氧浓度分布，还是 CT 值分布，准推流式臭氧接触池和传统臭氧接触池均有较大差异，这在两者的消毒效率和溴酸盐生成浓度上也会体现出来。

如表 2-10 所示，在臭氧投加量均为 2mg/L 时，传统臭氧接触池的消毒 lg 值和致病菌存活率分别为 1.43％ 和 3.70％，而准推流式臭氧接触池的消毒 lg 值和致病菌存活率则分别为 2.17％ 和 0.68％。所以，与传统臭氧接触池相比，准推流式臭氧接触池的消毒 lg 值提高了 0.64，而致病菌存活率则降低了 81.62％。这说明在相同臭氧投加量时，准推流式臭氧接触池的消毒效果相对传统臭氧接触池有了大幅提高。

相同臭氧投加量时的两种臭氧接触池的消毒效率　　　　表 2-10

	消毒 lg 值	致病菌存活率
传统隔板式臭氧接触池	1.43	3.70％
准推流式臭氧接触池	2.17	0.68％

因为接触池的消毒 lg 值与其 CT 值成线性关系，即致病菌存活率的负对数与 CT 值成线性关系。CT 值越低，其消毒 lg 值越小，致病菌存活率越高。所以，要提高接触池的消毒 lg 值，关键要设法减少 CT 值比较小的那部分示踪粒子的数量。而由上一节可知，传统接触池中小于 5.14mg·min/L 的 CT 值，即准推流式接触池中最小 CT 值，所占比例达到 32.31％。这部分示踪粒子直接导致了传统臭氧接触池的消毒 lg 值大幅低于准推流式臭氧接触池。

相同消毒 lg 值时的两种臭氧接触池的溴酸盐生成浓度　　　　表 2-11

	溴酸盐生成浓度（μg/L）	臭氧投加量（mg/L）
传统隔板式臭氧接触池	8.8	2.00
准推流式臭氧接触池	7.0	1.32

如表 2-11 所示，当消毒 lg 值均为 1.43 时，传统臭氧接触池的溴酸盐生成浓度和臭氧投加量分别为 $8.8\mu g/L$ 和 $2.00mg/L$，而准推流式臭氧接触池的溴酸盐生成浓度以及臭氧投加量则分别为 $7.0\mu g/L$ 和 $1.32mg/L$。即在相同的消毒 lg 值时，与传统臭氧接触池相比，准推流式臭氧接触池的溴酸盐生成量降低了 19.8%，臭氧投加量也减少了 34.0%。因此，在不影响消毒效率的基础上，相对传统臭氧接触池，准推流式臭氧接触池的溴酸盐生成风险降低了，并且臭氧投加的成本也有明显减少。

2. 臭氧接触池实验模型的建立及其研究结果与分析

通过对 3 个接触池池型优化方案模拟结果的比较，可以清楚地看出，第三个方案，即准推流式臭氧接触池的方案最佳。无论是从水力效率、消毒效率，还是溴酸盐的控制，准推流式臭氧接触池的方案均达到了 3 个优化方案中的最优效果。本节根据模拟中的最佳优化方案建立了实验模型，展开了验证试验。

（1）水力效率

水力试验是在臭氧接触池的水力流态和出水电导率达到稳定的条件下，从臭氧接触池的进水口处用注射器瞬时加入饱和氯化钠溶液，然后用在线电导率仪实时监测出水的电导率的变化，直到出水的电导率值与未加入饱和氯化钠溶液时的电导率相等时停止试验。在处理数据时，通过出水电导率与加入饱和氯化钠溶液之前的原始电导率的差值可以得到各时刻出水中的氯化钠浓度，并以此做出两个臭氧接触池的液龄曲线，最后从液龄曲线上找到 10% 的氯化钠从臭氧接触池出水口处流出的时间，即可求出两个臭氧接触池的 T_{10}/HRT。

如图 2-23 所示，试验中，准推流式臭氧接触池和传统隔板式臭氧接触池的 T_{10}/HRT 分别为 0.85 和 0.54，而模拟中两者的 T_{10}/HRT 分别为 0.80 和 0.41。其中准推流式臭氧接触池的模拟和试验结果非常接近，而传统隔板式臭氧接触池的模拟和试验结果差距稍大，可能由于传统隔板式臭氧接触池中的湍流强度较大，水力流态分布不均匀，所以部分示踪剂氯化钠在其中的扩散速率较快，从而导致了模拟和试验结果的差距。

（2）消毒效率和溴酸盐生成浓度

消毒试验所采用的菌种为枯草芽孢杆菌，溴酸盐试验所需的溴离子则通过投加入溴化钾溶液实现。

试验前，先后往配水中投入 $500mL$ 浓度为 $109CFU/L$ 的枯草芽孢杆菌菌液和一定浓度的溴化钾溶液，利用泵和回流循环管路对配水循环搅拌 $1.5h$，使配水中的菌种浓度和溴离子浓度混合均匀。

如图 2-24 所示，在臭氧投加量相同的条件下，试验中，准推流式臭氧接触池和传统臭氧接触池的消毒 lg 值分别为 1.96 和 1.37，而之前模拟中，两个接触池的消毒 lg 值则分别为 2.17 和 1.43，模拟和试验比较相符。

如图 2-25、图 2-26 所示，在消毒效率相同的条件下，试验中，准推流式臭氧接触池和传统臭氧接触池的溴酸盐生成量分别为 $7.2\mu g/L$ 和 $9.0\mu g/L$，臭氧投加量分别为 $1.32mg/L$ 和 $2.0mg/L$，而在之前的模拟中，两个接触池溴酸盐生成浓度分别为 $7.0\mu g/L$ 和 $8.8\mu g/L$，臭氧投加量分别为 $1.32mg/L$ 和 $2.0mg/L$。

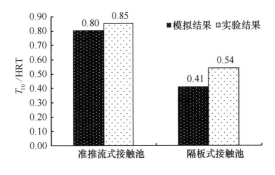

图 2-23　准推流式和传统臭氧接触池
T_{10}/HRT 模拟和试验结果的比较

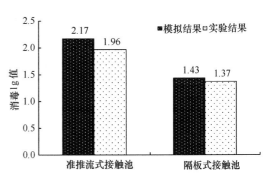

图 2-24　两个臭氧接触池消毒 lg 值模拟和
试验结果的比较

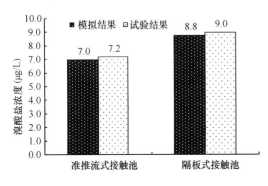

图 2-25　相同消毒效率时两个接触池
溴酸盐浓度模拟和试验结果的比较

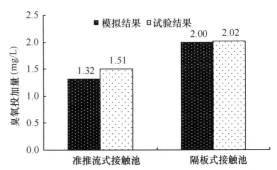

图 2-26　相同消毒效率时两个臭氧接触池
臭氧投加量的模拟和试验结果的比较

2.3　生物活性炭工艺的运行效果与参数优化

2.3.1　生物活性炭工艺的运行效果

1. 臭味的去除效果

臭味是消费者评价饮用水水质的最重要和直接的指标之一，也是国内外饮用水处理中最常见的问题之一。过去人们认为臭味只是限于感官性不好，可能对人体健康无影响，2007 年太湖臭水事件给饮用水的气味问题敲响了警钟，而最新研究已将臭味与健康问题联系起来。随着生活水平的提高，人们对饮用水质量的要求越来越高，对臭味问题日益重视。

水中臭味往往来源广泛，种类繁多，并且许多臭味物质的臭阈浓度都很低，在水中的含量一般在"μg/L"级，有的化合物浓度低至"ng/L"级仍能造成严重的臭味问题。地表水源中，产生异臭的原因主要是放线菌和藻类的生长。放线菌在其新陈代谢过程中释放的极少量的分泌物，从而产生异臭异味。由放线菌引发的臭味事件，已在世界各地不断发生。如美国 Iowa 地区、加拿大 Saskatchewan 河及日本多摩川、琵琶湖、江户等水源都曾发生过由放线菌所导致的土霉味问题。藻类的代谢产物和分解产物是导致水源中臭味发生的常见原因，几乎水中所有的浮游藻类都会产生异臭物质，包括蓝藻、绿藻、硅藻以及鞭毛藻等。美国 Potomac 河的异味、密西根湖在春秋两季的鱼腥味以及日本琵琶湖的霉味，都是由于硅藻的异常繁殖所引起的，而加拿大 Manitobaa 湖因为蓝绿藻等的大量繁殖引起了严重的水臭。目前已检测出引起饮用水中臭味物质主要有：土臭素（geosmin）、2-甲基异莰醇（2-methylisoborneol，简称 2-MIB）、2-异丙基-3-甲氧基吡嗪（2-isopropyl-3-methoxy-pyrazine，简称 IPMP）、2-异丁基-3-甲氧基吡嗪（2-isobutyl-3-methoxy-pyrazine，IBMP）和 2，4，6-三氯茴苯醚（2，4，6-trichloroanisole，简写为 TCA）等。其中 2-MIB 和 geosmin 是水源中最为常见的两种土霉味类物质。

通常 2-MIB 和土臭素等常见的臭味物质在水源水中的浓度很小，为每升几十到几百纳克，有时为几纳克，因此臭氧对其氧化降解的反应速率很低。检测到黄河水中土臭素含量较低（不足 2ng/L），试验只以 2-MIB 为检测对象。图 2-27 和图 2-28 是水温为 18℃，在不同臭氧投加量以及臭氧投加方式时，臭氧氧化 2-MIB 的去除效果。

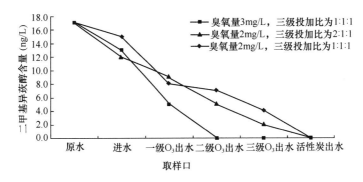

图 2-27 臭氧对二甲基异莰醇去除的影响

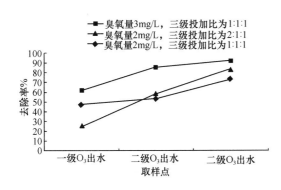

图 2-28 二甲基异莰醇的去除率变化

从图 2-27、图 2-28 可以看出，常规工艺处理对二甲基异莰醇的去除很微弱。而经臭氧氧化后，出水中 2-MIB 基本被去除。而且试验发现，臭氧投加量对臭氧氧化 2-MIB 有很大影响，2-MIB 的氧化降解率随臭氧浓度的增加而升高。臭氧投量为 2mg/L，臭氧单元对 2MIB 的去除率达到 82%，而臭氧质量浓度增加到 3mg/L 时，臭氧对 2-MIB 的去除效果最佳，去除率可达 92%，出水中检测值低于 2ng/L。在不同臭氧投加比下，可以发现，当投加量比为 2∶1∶1 时，一级臭氧柱对 2-MIB 的去除效果较差，而后续的二、三级臭氧柱对 2-MIB 的去除效果反超投加比为 1∶1∶1 时的去除率。说明臭氧氧化降解 2-MIB 的反应速率较低，随着反应时间的延长，去除效率升高。可见，臭氧氧化工艺是一种可以有效控制水中痕量致臭物质的方法。

2. TOC 的去除效果

高锰酸盐指数、UV$_{254}$、TOC 作为有机物总量的综合衡量指标，不仅反映了水中污染物总体污染程度，而且也与水的安全性密切相关。沉淀后水经臭氧-生物活性炭工艺处理后，TOC 的变化如图 2-29 所示。试验臭氧量为 3mg/L，三级臭氧投加比为 1∶1∶1。

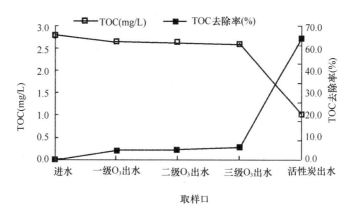

图 2-29　生物活性炭对 TOC 的去除效果

试验发现，臭氧对 TOC 的去除作用很弱，平均去除率仅 8% 左右，在相同条件下，其对高锰酸盐指数去除率为 30% 左右，远远高于 TOC，高锰酸盐指数与 TOC 在去除率上的差异可能归因于还原性无机质的存在，如水中的亚硝酸盐、亚铁盐、硫化物等，它们与臭氧发生反应，消耗了部分臭氧，从而导致臭氧氧化对高锰酸盐指数的去除率高于 TOC 的去除率。综合前述臭氧对 UV$_{254}$ 和 TOC 的去除效果分析，可知臭氧并不能将有机物矿化去除，只能改变有机物的分子结构或把大分子变成小分子，故而经臭氧氧化后 TOC 的变化较小。生物活性炭对 TOC 的去除率达 64%，充分表明了臭氧氧化具有改善有机物可吸附特性与可生化的强大能力。

3. BDOC 的去除效果

BDOC 表征了水中有机物可被微生物降解的程度，对 BDOC 的有效去除可以提高供水水质的生物稳定性。试验中，臭氧投加量为 3mg/L，三级臭氧投加比为 1∶1∶1，分析沉淀后水经臭氧—生物活性炭工艺处理后 BDOC 的变化。

图 2-30 可以看出，臭氧化可以使 BDOC 浓度升高，三级臭氧出水 BDOC 提高率可达

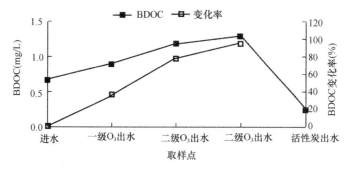

图 2-30　臭氧-生物活性炭工艺出水 BDOC 的变化

95%，说明臭氧氧化可以大大提高水中有机物的可生物降解性，降低了水质的生物稳定性。而后继生物活性炭对 BDOC 有良好的去除效果，去除率可达 85%，最终出水 BDOC 浓度在 0.24mg/L 左右，O_3-BAC 出水为生物稳定性水质。说明 BDOC 在炭滤柱内依靠生物降解和物理吸附两种机理被活性炭去除，而被炭表面吸附的 BDOC 又可以逐渐被生物降解消除。与此同时，由于臭氧化后水中溶解氧增加，促进了微生物的生长和生物降解作用，且进水中总的小分子有机质含量增加。所以 O_3-BAC 组合工艺的协同作用使 BDOC 去除较彻底，有效改善了水体的生物稳定性，提高了管网的供水安全。

4. 不同分子量有机物的去除效果

水样通过 $0.45\mu m$ 微滤膜过滤后测得的 TOC 一般被认为是 DOC。砂滤出水经臭氧生物活性炭处理后，有机物分子量的变化情况如图 2-31，试验中臭氧投加量为 2mg/L。

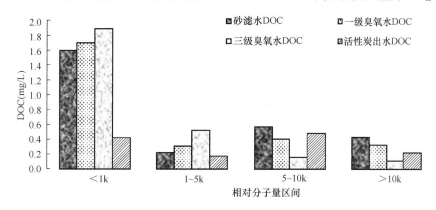

图 2-31　臭氧氧化对分子量分布的影响

图 2-31 可以看出，经臭氧氧化后，水中小于 5k 的有机物有所增加，1～5k 有机物增加量大约在 136%，小于 1k 的有机物增加量为 20% 左右，而大分子量的有机物比例相对降低。说明臭氧氧化使有机物的分子量分布发生改变，大分子量的有机物断链开环形成小分子量有机物，增加了水中小分子有机物的比例，但有机物总体的数量（TOC）并没有太大变化。经生物活性炭处理后，小于 5k 的有机物去除效果较好，但大于 5k 的有机物有所增长，可以看出生物活性炭对小分子有机物有较好的去除效果，而臭氧氧化对后续生物活性炭的微孔吸附和生物降解作用影响较大。这几种作用的相互配合，使水中不同分子质量的有机物得到了有效去除。活性炭出水大分子量有机物有所增长，主要是由于生物活性炭难以吸附利用大分子有机物，微生物的代谢产物也可能对其有影响。

5. 氨氮的去除效果

氨氮污染是水体的又一大污染类型。氨以游离状态和铵盐形式存在于水中，臭氧与氨的反应极慢，主要以臭氧分子直接反应为主。试验中臭氧投加量为 2mg/L，不同的投加方式对去除氨氮的影响见图 2-32。

由图中可以看出，臭氧氧化出水 NH_3-N 含量有所升高，尤其是集中投加臭氧时，氨氮含量剧增。单级投加 2mg/L 臭氧时，出水中氨氮能达到 0.4mg/L。逐级间歇投加臭氧

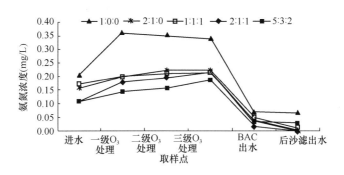

图 2-32　不同臭氧投加比对氨氮的影响

时，氨氮含量增加较缓。这是由于臭氧化可以迅速氧化分解部分含氮有机物，从而产生新 $NH_3\text{-}N$，而氨氮与分子臭氧和羟基自由基·OH 的反应速率常数很低，反应速度慢所致。逐级间歇投加时，氨氮与臭氧发生缓慢反应，消耗了部分氨氮。活性炭工艺中由于炭柱上生长了微生物，所以具有去除氨氮的能力，经生物活性炭和后砂滤出水的氨氮基本在 0.1mg/L 以下，总去除率分别为 83% 和 98% 左右。

2.3.2　生物活性炭工艺运行参数优化

1. 挂膜

O_3/BAC 联用工艺是集臭氧氧化、臭氧消毒、活性炭吸附与微生物降解于一体的工艺，在生物活性炭池运行的初期，活性炭的吸附作用相对于微生物降解作用来说处于优势地位，这一阶段活性炭柱对水中有机物的去除也主要依靠活性炭的吸附作用。在炭池的运行阶段，由于活性炭具有巨大的比表面积和丰富的孔径结构，这样在活性炭的表面和内部就会聚集大量的有机物，为微生物的生长繁殖提供了大量的营养基质。因此，在生物炭柱最初的吸附阶段，也是生物炭池挂膜运行阶段，当活性炭的吸附作用达到饱和时，生物炭柱的运行就进入到了活性炭吸附与微生物降解协同发挥作用的阶段。

微生物的挂膜方式分为自然挂膜和接种挂膜两种。自然挂膜是指在一定的温度范围内，在不需要外加营养物质和接种菌种的条件下，原水中自然生长微生物的一种方式。在自然挂膜的开始阶段，必须严格控制进水流量，采取小流量进水，这样微生物才能够逐渐在颗粒填料上生长繁殖，避免流量过大冲刷掉附着的微生物，之后缓慢增大进水流量，直到生物膜成熟为止。自然挂膜耗时较长，但是操作比较简单，挂膜成功后反应器能够稳定运行。接种挂膜相对来说比较复杂，它必须从外引进菌种进行接种，在这一过程中还需向原水中投加营养物质以满足微生物生长繁殖的需要。

试验采用自然接种的方式进行挂膜。具体的试验过程如下：选用黄河原水，挂膜试验在 5 月份开始，在挂膜的开始阶段，活性炭采用小流量进水，进水流量为 25L/h，臭氧投加量为 2mg/L，运行一周左右，开始加大水力负荷，挂膜期间，每天都对活性炭柱的进出水进行水质检测。在运行的初始阶段，活性炭柱的滤层以及承托层上没有生物附着，但随着炭柱的运行，在炭柱底部的承托层上出现了一层黄色的絮状物，说明活性炭柱上开始生长生物膜。挂膜运行初期，有机物的去除率较高，UV_{254} 的去除率甚至可以达到 100%，这主要是因为活性炭超强的吸附能力所导致的，随着生物炭柱的运行，有机物去除率逐渐降低，说明活性炭自身的吸附功能已经渐渐达到饱和，当高锰酸盐指数和 UV_{254} 的去除率趋于稳定后，说明生物炭柱挂膜成功。试验期间，有机物的去除规律如图 2-33 和图 2-34 所示。

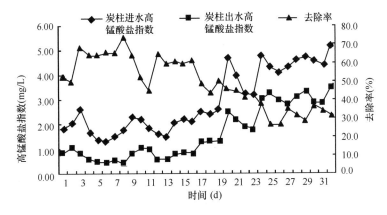

图 2-33　挂膜运行阶段高锰酸盐指数变化曲线

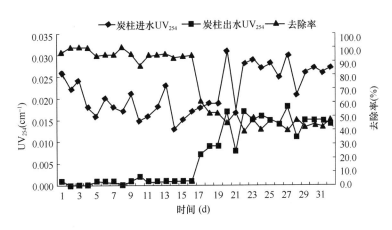

图 2-34　挂膜运行阶段 UV_{254} 变化曲线

从图 2-33 可以看出，生物活性炭滤池在挂膜启动的初期，高锰酸盐指数的去除率很高，基本维持在 50% 以上，最高时甚至可以达到 74.6%，在最初的 16d 内，虽然有时候去除率会略有波动，但是基本保持稳定。当连续运行到第 17 天时，高锰酸盐指数的去除率降低到 48.6%，并且在随后的连续运行过程中，去除率始终保持在 $30\%\sim40\%$ 之间。在运行初期，高锰酸盐指数之所以保持了较高的去除率，是由于这个时期的活性炭是新炭，吸附能力非常强，由于活性炭具有非常发达的孔隙结构，便会对水中的有机物进行强有力的吸附。随着炭柱的运行，活性炭的吸附能力渐渐趋于饱和，在第 17 天时，已经能够明显地看出活性炭吸附能力的下降，同时在活性炭底部的承托层周围开始出现黄色的絮体，说明此时在炭柱内已经开始生长生物膜，只是此时的生物膜还不够成熟。活性炭具有巨大的比表面积和丰富的微孔结构，具有较高的耐冲能力，有机物在活性炭表面得以附着，就为微生物的生长繁殖提供了大量的营养物质，在连续运行的过程中，生物膜不断生长，微生物的降解作用也开始发生。

从图 2-34 可以看出，在挂膜初期，生物炭柱对 UV_{254} 的去除率非常高，几乎为 100%，这样的去除率一直持续到第 16 天，说明此阶段生物炭柱对 UV_{254} 的去除主要依靠活性炭自身的吸附作用，随着炭柱的运行，去除率开始下降，在第 17 天降至 61.1%，在第 24 天降至 40.7%。说明随着炭柱的运行，生物炭柱对有机物的去除已经由最初单纯的活性炭吸附向微生物降解转变，这个阶段又可以划分为这样三个阶段：第 1 天～第 16 天，活性炭吸附阶段，这一阶段主要靠活性炭自身的吸附功能；第 17 天～第 24 天，活性炭吸附与生物降解协同作用阶段，由于这个时期生物膜还不成熟，活性炭的吸附作用还是占一定的优势；第 25 天～第 32 天，微生物降解阶段，这个时期活性炭的吸附已经接近饱和，所以主要依靠微生物的降解作用。综合分析图 2-33 和图 2-34，可以看出，活性炭滤池对高锰酸盐指数和 UV_{254} 的去除规律是类似的，由于活性炭滤池中残留臭氧的存在，会为微生物的繁殖提供一定的氧气，这样可以加速微生物的繁殖过程，但是由于是自然挂膜，所以相较接种挂膜来说，挂膜的时间可能会长一些。

2. 水力负荷

试验条件：试验用水采用黄河原水，进水高锰酸盐指数浓度为 2.62～4.84mg/L，UV_{254} 为 0.030～0.057，温度为 20～30℃，臭氧投加浓度为 2mg/L，水力负荷在 7.6～20.4m³/(m²·h) 范围内变化，选取 6 个水力负荷工况，每个工况运行 5d，取其平均值进行分析。试验结果如图 2-35、图 2-36 所示。

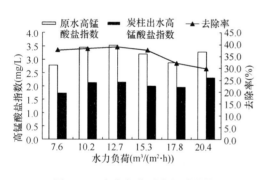

图 2-35 水力负荷对高锰酸盐指数去除效果的影响

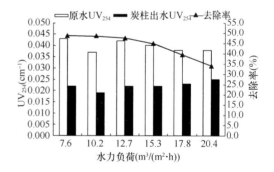

图 2-36 水力负荷对 UV_{254} 去除效果的影响

由图 2-35 可知，当水力负荷发生变化时，高锰酸盐指数去除率也会相应的改变。当水力负荷从 7.6m³/(m²·h) 增加到 12.7m³/(m²·h) 时，高锰酸盐指数去除率有小幅的上升，但是变化不是很明显。当水力负荷超过 12.7m³/(m²·h) 后，随着水力负荷的增加，高锰酸盐指数去除率开始降低，但是降幅很小，当水力负荷达到 17.8m³/(m²·h) 时，去除率大幅下降，由最高时的 39.1% 降至 29.8%，但是还有一定的有去除率。试验研究表明，水力负荷对高锰酸盐指数去除率有很大的影响，保证足够大的水力负荷会提高活性炭对高锰酸盐指数的去除效果,但是当超过一定的水力负荷之后,去除率反而会降低。这是因为,活性炭由于具有丰富的孔径结构,具有一定的抗冲击能力,随着水力负荷的增加,水中的有机物为活性炭表面微生物的生长繁殖提供了丰富的营养物质,使微生物能够得以快速生长,加速了水中有机物的去除。但是,随着水力负荷的增加,水流对活性炭的冲击力越来越大,一些附着在活性炭表面的微生物被水流冲走,这就使得微生物的吸附降解作用大大降低,同时水与活性炭的接触时间过短,从而影响了生物炭柱对有机物的去除效果。

从图2-36可以看出,随着水力负荷的增加,活性炭对UV_{254}的去除率不断降低,由最初的48.8%降至34.2%,还是维持了一个比较高的去除率,这与高锰酸盐指数去除规律不太一样。可以看出,水力负荷的改变对UV_{254}的去除率的影响不是太大,主要是因为在臭氧的作用下,一些饱和的大分子物质被氧化为不饱和的小分子物质,虽然生物膜在水流剪切作用的影响下有所流失,但是生物炭还是会对UV_{254}有一定的去除作用。臭氧/生物活性炭联用工艺是依靠臭氧的氧化作用与生物活性炭的吸附降解作用,水力负荷的增大会对活性炭柱本身产生一定的影响,降低活性炭柱自身的吸附降解功能,但由于臭氧依然会对有机物保持一定的去除效果,这就使得在较高的水力负荷条件下,联用工艺依然会对有机物有较高的去除效率。

3. 炭层深度

试验条件:臭氧投加量为2mg/L,炭柱进水方式采用上向流,进水流量为100L/h,滤速为12.7m/h,水力停留时间为12.3min,炭柱以承托层为起点,每隔60cm设一个取样口,分析不同炭层深度对有机物去除效果的影响。试验结果如图2-37、图2-38所示。

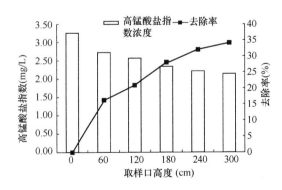 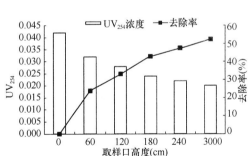

图2-37 炭层深度对高锰酸盐指数去除效果的影响　　图2-38 炭层深度对UV_{254}去除效果的影响

从图2-37可以看出,以承托层为基点,随着炭层高度的增加,高锰酸盐指数的去除率不断升高。当炭层高度为60cm时,去除率达到了16.3%,之后去除率持续升高,但是增幅渐渐放缓,当炭层高度>180cm时,去除率的增幅最小,在0~60cm之间时,去除率的增幅最大,炭层高度在120~180cm之间时去除率次之。从图2-38可知,UV_{254}的去除率随着炭层高度的增加而变大,但是在炭柱高度的各个区间内,去除率的增幅并不是一样的,可以看出,在0~60cm之间增幅最大,60~180cm区间次之,当炭层高度超过

180cm 时增幅最小。这说明，活性炭滤柱对有机物的去除主要集中在中下部，这是由于活性炭的进水方式为上向流，水流在运动的过程中，其中的有机物不断地被活性炭截留，或者被微生物降解，从而导致出水浓度的减小。

4. 温度

本试验主要研究在生物活性炭柱运行的过程中，温度对有机物去除效果的影响。试验分为两个阶段：（1）第一阶段：从 2010 年 7 月 1 日至 2010 年 8 月 1 日，该阶段主要研究在高温期，活性炭柱的运行效果。试验期间，进水高锰酸盐指数浓度为 2.89～3.65mg/L，UV_{254} 为 0.032～0.042，臭氧投加量为 3mg/L，炭柱进水流量 100L/h，滤速为 12.7m/h，水温在 20～25℃ 范围内波动；（2）第二阶段：从 2010 年 11 月 20 日至 2011 年 12 月 20 日，该阶段主要研究在低温期，活性炭柱的运行效果。试验期间，进水高锰酸盐指数浓度 2.36～2.89mg/L，UV_{254} 为 0.037～0.049，臭氧投加量为 2mg/L，炭柱进水流量为 100L/h，滤速为 12.7m/h，水温为 4～10℃。试验结果如图 2-39、图 2-40 所示。

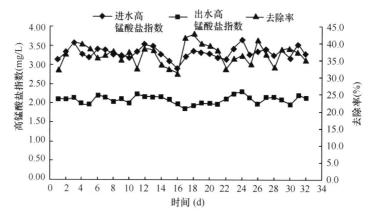

图 2-39　20～25℃ 范围内高锰酸盐指数变化曲线

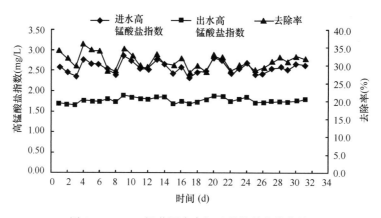

图 2-40　4～10℃ 范围内高锰酸盐指数变化曲线

（1）对高锰酸盐指数的影响

从图 2-39 可知，夏季高温期，黄河原水的高锰酸盐指数浓度波动范围变化不大，平均进水浓度为 3.31mg/L，活性炭柱出水的高锰酸盐指数基本稳定，最低时能够达到

1.87mg/L，平均值为2.09mg/L，高锰酸盐指数的去除率在32.3%～42.7%之间，平均去除率为36.9%。从图2-40可以看出，在冬季低温期，进水的高锰酸盐指数比较低，平均进水浓度为2.58mg/L，但是活性炭柱出水的浓度却保持稳定，基本维持在1.70～1.80mg/L，平均去除率为31.1%。可以看出，在冬季，生物活性炭对高锰酸盐指数的去除率明显低于夏季时的去除率。生物活性炭柱对有机物的去除过程是一个协同作用，包括活性炭的吸附作用、胶体的凝聚以及微生物的吸收降解作用，这三种作用从一定程度上都会受到温度的影响。吸附是一个放热的过程，随着温度的升高，活性炭的吸附容量便会随之降低，这就影响到了活性炭对水中有机物的吸收。另外，温度的降低会大大影响细菌和微生物胞内酶对有机物的氧化分解，导致微生物"失活"，从而影响到了微生物的吸收降解作用。

（2）对UV_{254}的影响

从图2-41可以看出，夏季UV_{254}的进水平均浓度为0.036，出水UV_{254}的平均浓度为0.020，去除率在39.0%～51.5%之间，平均值为45.1%。从图2-42可以看出，在冬季，UV_{254}的去除规律与夏季类似，但是去除率却有所降低，平均去除率为42.3%。与图2-39、图2-40所不同的是，UV_{254}的去除率波动范围一直很小，即使在反冲前后，其变化幅度也不明显，说明反冲对于生物炭去除UV_{254}的影响不明显。这主要是因为，在臭氧的作用下，一些难以降解的、饱和的芳香族化合物被氧化为易降解的、小分子物质，即使反冲作用会冲走部分的生物膜，生物活性炭滤池对UV_{254}也会保持一定的去除效果。

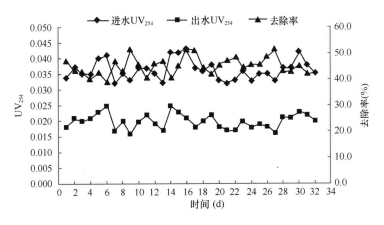

图2-41　20～25℃范围内UV_{254}变化曲线

5. 活性炭类型

试验条件：试验用水为黄河原水，臭氧接触塔进水高锰酸盐指数为2.12～2.49mg/L，UV_{254}为0.024～0.032，活性炭选用泰兴破碎炭，粒径分为10～20目、20～30目、30～50目三种，分别填装到1号柱、2号柱和3号柱，生物炭滤柱进水流量为100L/h，滤速为12.7m/h，臭氧投加浓度为2mg/L，考察不同活性炭类型对有机物去除效果的影响，试验结果如图2-43、图2-44和表2-12所示。

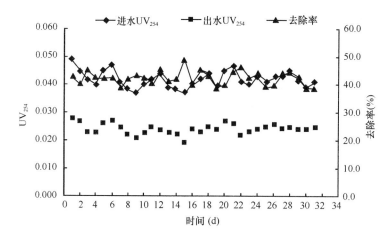

图 2-42　4～10℃范围内 UV_254 变化曲线

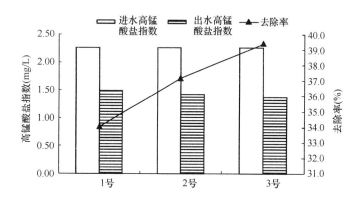

图 2-43　不同炭型对高锰酸盐指数去除效果的影响

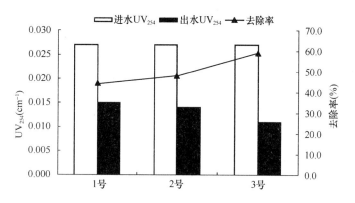

图 2-44　不同炭型对 UV_254 去除效果的影响

不同活性炭滤柱对有机物的去除效果比较　　　　　　　　　　表 2-12

项目	1 号炭		2 号炭		3 号炭	
	范围	均值	范围	均值	范围	均值
高锰酸盐指数 （mg/L）	1.23～2.12	1.49	1.23～2.12	1.42	1.23～2.12	1.37
UV_254	0.010～0.022	0.015	0.010～0.022	0.014	0.010～0.022	0.011

从图中可以看出，不同粒径的活性炭对高锰酸盐指数的去除率有所不同。在生物活性运行稳定之后，1 号炭、2 号炭、3 号炭对于高锰酸盐指数的去除率分别为 34.1%、37.2%和 39.1%。可以看出，随着粒径的减小，高锰酸盐指数的去除率逐渐变大。对 UV_{254} 的去除情况与此相似，1 号炭、2 号炭、3 号炭对 UV_{254} 的去除率分别为 44.4%、48.1%、59.3%，活性炭的粒径减小，去除率也相应增加。三种炭对有机物的去除效果从强到弱依次为 3 号炭＞2 号炭＞1 号炭，随着粒径的减小，有机物的去除效果增强。这是因为颗粒破碎炭具有丰富的比表面积，水中的有机物通过活性炭的吸附作用和微活性炭的降解作用得到去除。随着粒径减小，颗粒活性炭之间的间距明显变小，这就使得水中的有机物增大了接触面积，促进了生物炭对有机物的去除。

6. 反冲洗参数优化

（1）反冲洗理论概述

生物活性炭滤池在运行一段时间后，活性炭的表面和微孔中会逐渐被悬浮物堵塞，导致滤层通水能力下降，水头损失不断增加，当水头损失增加到一定程度后便会超过生物活性炭滤池的作用水头，此时滤池的出水浊度便会达到穿透值，发生"穿透"现象，导致滤池出水水质的恶化，进而会影响到生物活性炭滤池的稳定运行。为了避免"穿透"现象的出现，必须定期对生物活性炭滤池进行反冲洗，将非活性生物和悬浮物清洗出活性炭滤池，保证生物活性炭滤池的去除效果。

对生物活性炭池进行反冲洗，一般情况均采用滤后水。如果滤层冲洗效果比较好，活性炭滤池在运行初期的水头损失会比较小，这样会延长它的反冲周期，提高滤池的处理效率；如果冲洗效果不好，那么大量的微生物将会随反冲水流出，导致活性炭滤池对有机物去除效率降低。滤池反冲洗的最优工况是，用最少的水，获得最佳的反冲洗效果。关于滤池反冲洗最优条件的选择，目前存在着两种理论：颗粒碰撞理论和水流剪切理论。颗粒碰撞理论认为，在反冲洗的过程中，悬浮滤层中的污染物质与颗粒滤料之间的相互碰撞摩擦是导致污染物质由滤料表面脱落的主要原因，因此与滤层最大碰撞速率相对应的运行工况为最优反冲洗条件；水流剪切理论认为，悬浮滤层中的水流剪切力是导致污染物质脱落的主要原因，因此与最大剪切力所对应的运行工况应该为最优的反冲条件。可以看出，两种理论本身都是不完善的，事实上，在生物炭滤池的反冲过程中，颗粒碰撞与水流剪切都在起作用，反冲洗应该是二者协同作用的结果。

在生物活性炭滤池的反冲过程中，反冲方式、反冲周期以及反冲强度是决定反冲效果的三个关键因素。生物活性炭滤池所采用的反冲方式一般有气—水联合反冲洗和高速水流反冲洗两种方式。气—水联合反冲可以利用空气气泡的振动，将附着在活性炭颗粒表面的悬浮物质冲刷下来，利用水流的作用将其冲出滤池。在进行联合反冲时，活性炭滤层的膨胀度很小，水冲的强度也很小，但是由于空气气泡的存在导致活性炭颗粒缝隙间的相对流速很大，这样便会产生一个很大的水流剪切力，颗粒之间相互碰撞，冲洗的效果比较好。高速水流反冲是利用强大的反向水流冲洗滤层，使个滤层在水流的作用下处于流化状态。在这种方式下，活性炭滤层具有一定的膨胀度，在水流剪切力和颗粒碰撞摩擦的协同作用下，截留在滤层上的污染物质随反冲水流出。相对于气—水联合反冲方式，水反冲方式操作比较简单，但是反冲水流的速度却不易控制。水流速度过小，水流剪切力小，污染物质不易被冲出；水流速度过大，会导致滤层的膨胀度过大和滤层的流失，另外，冲洗强度过大，会将大量的微生物冲出，影响下一轮的挂膜。因此，相对来说，一般采用气—水联合反冲的方式对生物活性炭滤池进行处理，在这个过程中，气泡上升过程中所产生的"泡振"作用和气泡尾迹的混掺作用是影响气水联合反冲效果的重要因素。

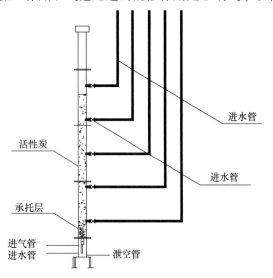

图 2-45　生物炭滤池水头损失测量示意图

（2）活性炭滤池水头损失测定方法

试验采用测压管来测量滤池水头损失的变化，以承托层为基点，每隔 60cm 设置一个取样口，共设置 5 个，取样口高度分别为 0、60cm、120cm、180cm、240cm，各取样口分别连接测压管，通过测压管中水柱高度的变化来表征滤池水头损失的变化。试验装置示意图如图 2-45 所示。

试验运行工况：试验选用 2 号生物炭柱，黄河原水的高锰酸盐指数浓度为 2.62～4.84mg/L，UV_{254} 浓度为 0.030～0.057，生物炭柱进水流量为 100L/h，滤速为 12.7m/h，活性炭滤层膨胀度为 4.1%，膨胀后高度为 2.6m，臭氧投加浓度为 2mg/L，浊度为 3.30～7.11NTU，考察炭柱运行过程中滤层水头损失的变化。

（3）总水头损失随时间的变化

从图 2-46 可以看出，总水头损失随着运行时间的增加不断增大。在第 1 天时，总水头损失为 30.2cm 水柱，从第 1 天到第 5 天，总水头损失

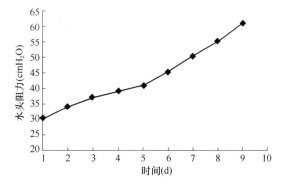

图 2-46　总水头损失随时间的变化

缓慢增加，增加的幅度比较小。这可能是由于生物炭滤池刚刚经过反冲，在活性炭表面和孔径中附着的污染物质以及水中的悬浮物质比较少。在滤池运行到第 6 天时，水头损失的上升幅度变大，总水头损失也增加到了 45.3cm 水柱，这是由于随着生物炭滤池的运行，微生物的生长繁殖比较快，生物膜不断脱落，它们和水中的污染物质逐渐被活性炭截留，导致水的紊动效果减弱，水头损失增加。水头损失的增加和水流的剪切作用以及颗粒间的碰撞作用密切相关，一般的当生物活性炭滤层处于微流化状态时，水头损失比较小。从图中可知，当滤池运行到第 8 天时，总水头损失已经达到了 55.3cm 水柱，因此可以据此将

生物活性炭滤池的反冲周期定为 8d。

（4）滤层水头损失随时间的变化

从图 2-47 可以看出，以承托层为基点，随着生物炭滤层高度的增加，水头损失也不断增加。在反冲后第 1 天，当滤层深度为 60cm 时，水头损失为 15cm 水柱，随着滤层深度的增加，水头损失也在以比较大的幅度增加，当滤层深度增加到 180cm 时，水头损失增加到了 24.5cm 水柱，之后水头损失的增加幅度渐渐放缓。另外，从图中还可以看出，随着生物炭滤

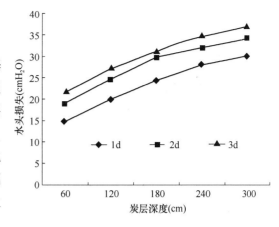

图 2-47　滤层水头损失随时间的变化

池的运行，在反冲第 2 天后，各取样口的水头损失也在增加，在反冲后的 3 天内，60cm 高的取样点水头损失分别为 15.0cm 水柱、18.9cm 水柱和 21.7cm 水柱。不同滤层深度间的水头损失增加幅度不同，这主要是因为在水流剪切力的作用下，活性炭颗粒之间出现了分层，从滤层的底部到顶部，颗粒的级配依次减小，从图中可以看出，60～180cm 的滤层水头损失增加比较大。生物炭滤池也恰恰是在这个滤层之间对有机物的去除效率最高。微生物在滤池中下部快速地生长繁殖，导致生物膜的大量脱落。另外，水流在上升过程中大量的污染物质和悬浮物被活性炭截留，留在了滤池的中下部，这就导致了该区段的滤层水头损失增加比较快。

（5）反冲洗系统优化设计

反冲方式、反冲强度和反冲周期是影响滤池反冲洗效果的重要因素。对于生物活性炭滤池，由于颗粒破碎炭的粒径比较小，为了避免活性炭的流失，反冲方式一般采用气—水反冲或者单独的水冲方式。反冲配气装置采用长柄滤头，承托层高度为 300mm，选用的是粒径为 5～8mm 和 15～25mm 的鹅卵石，颗粒级配从上往下依次增大。试验针对反冲方式、反冲时间以及反冲强度进行了研究，优化生物活性炭滤池反冲的最佳运行参数。

试验运行工况：①工况 1：气冲强度为 10L/（m² · s），水冲强度为 10L/（m² · s），气冲时间为 5min，水冲时间为 10min，活性炭膨胀度为 30%；②工况 2：气冲强度为 15L/（m² · s），水冲强度为 15L/（m² · s），气冲时间 3min，水冲时间为 12min，活性炭膨胀度为 40%；③工况 3：采用高速水流反冲洗方式，水冲强度为 10L/（m² · s），水冲时间为 15min；④工况 4：采用高速水流反冲洗方式，水冲强度为 15L/（m² · s），水冲时间为 15min。分别以水头损失和出水浊度为评价指标，试验结果如图 2-48、图 2-49 所示。

1）以水头损失表征

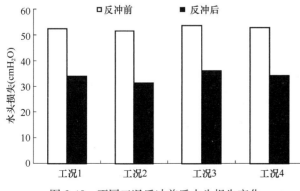

图 2-48　不同工况反冲前后水头损失变化

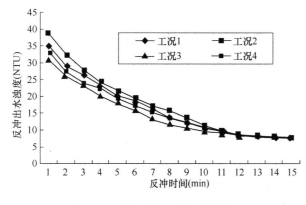

图 2-49　冲方式对出水浊度的影响

从图 2-48 可以看出，在反冲前，生物炭滤池的总水头损失基本一致，保持在 50cm 水柱左右，经过反冲，各种不同工况条件下滤池的总水头损失发生了改变。其中，工况 1：反冲后的总水头损失为 33.9cm 水柱，反冲前后水头损失差值为 18.6cm 水柱；工况 2：反冲后的总水头损失为 31.2cm 水柱，反冲前后水头损失差值为 20.3cm 水柱；

工况 3：反冲后的总水头损失为 36.2cm 水柱，反冲前后水头损失差值为 17.4cm 水柱；工况 4：反冲后的总水头损失为 34.3cm 水柱，反冲前后水头损失差值为 18.5cm 水柱。经过比较，反冲前后水头损失的差值从大到小依次为：工况 2＞工况 1＞工况 4＞工况 3。可以发现，气—水联合反冲的水头损失差值高于单独的水反冲。在工况 2 的条件下，活性炭滤层的膨胀度为 40%，膨胀后滤层的高度为 3.5m，尚未达到滤池的顶部，活性炭颗粒没有随水流出。在该工况下，承托层的高度没有发生变化，活性炭填料处于流化状态，在承托层与活性炭填料的接触面出现了"混掺"的现象，这可能是由于反冲的强度过大，气流和水流出现了偏流导致的。气冲结束后，在开始进行水反冲的时候，有一部分填料会以块状的形式被冲起，这可能是由于气冲的时候填料层没有混合均匀导致的，在水流的冲击作用下，滤层中的气泡会被冲出，滤层逐渐混合均匀，并且填料的级配从上往下依次增大。

2）以出水浊度表征

由图 2-49 可以看出，在气—水联合反冲条件下，对于工况 1 和工况 2，在反冲的开始阶段，工况 2 的反冲出水浊度明显高于工况 1，这可能是由于工况 2 的反冲强度高于工况 1，在强大的气流和水流作用下，附着在活性炭颗粒表面和孔径中的微生物被冲出，生物膜大量脱落，同时截留在活性炭上的污染物质也会被冲刷掉，出水浊度随之升高。Ahmad R 和 Amirtharajah A 在研究生物活性炭滤池的反冲过程时认为，微生物对光的折射率很接近，所以出水浊度并不能够反映水中微生物的多少。当反冲进行到第 12 分钟时，出水浊度基本保持稳定，因此气—水联合反冲历时取 12min 即可。在高速水反冲条件下，对于工况 3 和工况 4，在前 10min 之内，反冲强度为 10L/（m^2·s）时的反冲出水浊度低于反冲强度为 15L/（m^2·s）时的反冲出水浊度，当反冲进行到 11min 之后，前者出水浊度又高于后者的出水浊度。当反冲进行到第 15min 以后，工况 3 和工况 4 的出水浊度分别达到了 7.41NTU 和 7.35NTU，可以看出不同反冲强度对最终出水浊度的影响不大。

当反冲强度较大时，水流和活性炭颗粒之间的摩擦碰撞作用比较强烈，水流剪切力和颗粒碰撞相互作用，导致活性炭表面和孔隙中的污染物质被冲刷下来，出水浊度变大。但是，反冲强度不能够无限制的增大，由于活性炭的膨胀度比较好，在较大的反冲强度下，会导致上层粒径较小的活性炭颗粒随反冲水流出。在本试验中，当反冲强度为 10L/（m^2·s）时，

活性炭的膨胀度为 30%，炭层高度达到了 3.25m；当反冲强度为 15L/（$m^2 \cdot s$）时，活性炭膨胀度为 40%，炭层高度为 3.5m，已经接近活性炭滤池的顶端。综上所述，气—水联合反冲方式比单独的水反冲方式处理效果好，其中工况 2 是最佳的运行工况。

2.4 上/下向流生物活性炭滤池运行效果比较

我国目前采用的 O_3—BAC 深度净水工艺除极少数水厂外，生物活性炭滤池都是借用常规水厂的砂滤池形式，无论是采用 V 型滤池还是翻板滤池，均为下向流炭滤池。实际应用表明：下向流炭滤池没有去浊作用，下部砂层也未能有效地阻截微生物穿透，反而增加了水头损失，不利于提高滤速。发挥炭滤池吸附作用和生物降解作用更适合采用上向流，选择上向流给水曝气生物滤池的池型，既可以减少水头损失，有利于与常规工艺衔接，又能够借助上向流 BAC 吸附后 O_3 接触池出水的余 O_3，改善炭滤池的操作环境。

针对此问题，采用"预臭氧—混凝沉淀—主臭氧/曝气—生物活性炭滤池—氯消毒—砂滤池—清水池"的中置炭滤池 O_3—BAC 工艺，与后置炭滤池 O_3—BAC 工艺相比，可以高效消除泄漏微型生物的风险。在我国南方地区，活性炭滤池以生物作用为主，研究表明两种 O_3—BAC 工艺去除有机物水平相当。而传统后置炭滤池的 O_3—BAC 工艺对氨氮的硝化率受臭氧投加量制约，去除率一般不超过 1.5mg/L。中置炭滤池 O_3—BAC 工艺的炭滤池出水悬浮物不会影响出厂水水质，有条件使用曝气生物活性炭滤池，不加主臭氧时，通过曝气强化了供氧与传质能力，则可大幅提高对氨氮的硝化率。

2.4.1 上向流生物活性炭滤床膨胀率及影响因素

目前，国内外已经有部分饮用水处理工艺采用了上向流生物活性炭工艺，其目的在于减少水头损失。但因为总体上工程案例较少，对其应用特点缺乏研究，工程设计和运行管理缺少理论和经验指导，例如对于粒径的选择、膨胀率的确定、反冲洗条件、有机物的去除特性等在行业内都尚未形成一致性认识。本节研究了上向流生物活性炭工艺中生物活性炭颗粒粒径与膨胀率的关系、反冲洗和运行时间等因素对膨胀率的影响，并通过研究不同粒径活性炭在吸附和生物降解阶段对有机物的去除规律，提出了上向流生物活性炭工艺中微膨胀的概念。

1. 活性炭膨胀率变化规律

膨胀率是上向流生物活性炭工艺的关键设计参数，有必要对其变化规律进行研究。试验选用工程应用中常见的 4 种粒径范围的活性炭颗粒进行测试，其筛分曲线见图 2-50，4 种活性炭颗粒最大粒径都小于 2mm。

（1）不同粒径活性炭膨胀率变化规律

试验在水温 5℃条件下（3 号炭在水温 17℃条件下），使用新炭进行膨胀率测试，结果如图 2-51。当滤速相同时，活性炭膨胀率与活性炭粒径成负相关，即膨胀率随着活性炭粒径的增加而降低。最小流态化速度是指颗粒刚好被上升流体推起，颗粒间脱离接触时流体的速度。当上升流体的速度大于最小流态化速度时，其颗粒间的空隙度将增加，即发生膨胀。由于 4 种活性炭的有效粒径和不均匀系数并不相同，因此最小流态化速度也不相同。图 2-51 中膨胀率出现了过渡段和完全膨胀阶段两个部分，这是因为不均匀系数较大导致了粒径较大部分和粒径较小部分最小流化速度有所差异。在过渡段内，其滤速只大于部分活性炭的最小流态化速度，因此从微观上看，只有部分活性炭颗粒发生膨胀，剩下部分没有膨胀。但整体观察炭床是处于膨胀状态，此时膨胀率与滤速的关系跟完全膨胀阶段是不同的。在完全膨胀阶段，滤速大于活性炭最大颗粒的最小流态化速度，整个炭床发生膨胀，因此膨胀率与滤速呈线性增长关系。

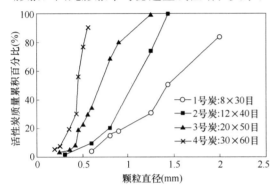

图 2-50　四种活性炭的筛分曲线

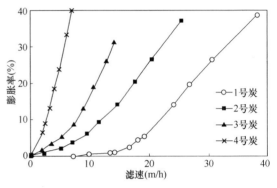

图 2-51　不同粒径的活性炭新炭膨胀率

由于自来水厂的砂滤池一般在 8～10m/h 滤速运行，为求平面布置的一致性，通常活性炭池也需采用相同的滤速。但 4 号活性炭在 10m/h 的滤速下膨胀率大于 50%，膨胀率过高，实际工程应用时将显著增加建设成本和运行成本，也容易发生炭的流失，因此在后续生物活性炭对有机物去除规律的研究中，舍弃了该炭。

（2）反冲洗前后活性炭膨胀率变化规律

为了研究反冲洗对上向流生物活性炭膨胀率的影响。在 1 号、2 号和 4 号炭柱运行 4 个月后（水温 17℃），以及 3 号炭柱运行 9 个月后（水温为 5℃）对反冲洗前后的活性炭膨胀率进行测定。反冲洗采用先气洗后水冲方式。其中，气冲强度为 10L/(s·m²)，气冲 5min 后静置 1min，再用水冲 15min。测试结果如图 2-52 所示。

由图 2-52 可知，反冲洗后生物活性炭的膨胀率变低，主要原因是运行期间被截留的悬浮固体和活性炭一起形成了表观膨胀率，同时沉积在活性炭表面的密度较低的絮体颗粒可能使活性炭的表观密度下降，而反冲洗可以去除沉积在活性炭表面的絮体颗粒以及炭层内的悬浮固体，使活性炭层的表观膨胀率下降。1 号炭在运行滤速（11.5m/h）下几乎不膨胀，炭床内能截留更多的污染物，所以粒径较大的 1 号炭在反冲洗前后的膨胀率变化最大，而粒径较小的 3 号和 4 号炭柱对悬浮固体的截留作用较弱，所以反冲洗前后的膨胀率变化并不明显。

（3）水温对活性炭膨胀率的影响

由于水温的变化会影响水的黏滞系数，因此上向流生物活性炭床的膨胀率需要考虑水

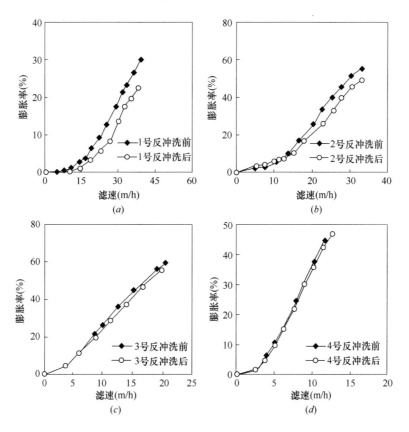

图 2-52　不同粒径的活性炭反冲洗前后的膨胀率

(*a*) 8 目×30 目；(*b*) 12 目×40 目；(*c*) 20 目×50 目；(*d*) 30 目×60 目

温的影响。试验考察了 1 号～4 号炭柱在水温为 5℃、17℃和 25℃时膨胀率的变化情况。结果显示（图 2-53），当水温上升时活性炭的膨胀率下降。因为水的动力黏度随着水温的上升而下降，导致活性炭颗粒受到的剪切力变小，使膨胀率下降。

（4）运行时间对活性炭膨胀率的影响

为了研究上向流活性炭柱运行时间对膨胀率的影响，在 1 号和 2 号炭柱运行 12 个月后，以及 3 号炭柱运行 9 个月后进行膨胀率测定，水温均为 5℃，并与新炭膨胀率的进行比较，结果如图 2-54 所示。

结果表明，经过 9～12 个月的过滤，活性炭床的膨胀率均有一定程度的上升，这主要有以下两个原因：首先，运行过程中活性炭颗粒之间的磨损会使颗粒粒径变小导致膨胀率上升。其次，不易被反冲洗去除的沉积在炭表面的低密度絮体使活性炭的表观密度下降导致活性炭床的膨胀率上升。

图 2-54 显示，运行时间对膨胀率影响最大的是颗粒粒径处于中间段的 2 号炭。分析原因为：1 号炭在运行期间几乎没有膨胀，降低了运行时颗粒间的碰撞磨损。而 3 号炭一方面运行时间较短，另一方面，由于其颗粒比较细小，膨胀率较大，不利于悬浮固体附着在活性炭表面，因而反冲频率比 2 号炭柱低，降低了反冲洗对活性炭的磨损。

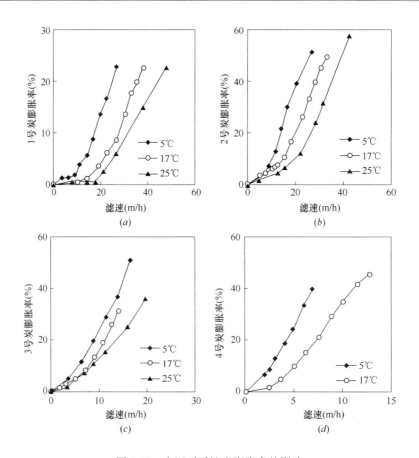

图 2-53　水温对活性炭膨胀率的影响

(a) 8 目×30 目；(b) 12 目×40 目；(c) 20 目×50 目；(d) 30 目×60 目

2. 活性炭膨胀率数学模型研究

通过上述试验可知，活性炭粒径是影响膨胀规律的主要因素。一般活性炭生物滤池内装填 1.5~2.5m 活性炭，由于滤池本身高度有限，因此需要对不同种类的活性炭的膨胀率进行模拟预测，减少活性炭随水流流出的情况（俗称"跑炭"现象）。

（1）悬浮活性炭颗粒受力分析

首先对单个活性炭颗粒在向上流水中进行受力分析。

假设试验中的活性炭颗粒为均匀球体，在上向流的水中可视为自由落体运动，仅受到垂直方向三个力的作用，即重力、浮力和阻力，可用式（2-1）表示：

$$\Sigma F = F_{\mathrm{g}} - F_{\mathrm{b}} - F_{\mathrm{d}} \tag{2-1}$$

$$F_{\mathrm{g}} = \rho_{\mathrm{p}} V_{\mathrm{p}} g \tag{2-2}$$

$$F_{\mathrm{b}} = \rho_{\mathrm{W}} V_{\mathrm{p}} g \tag{2-3}$$

$$F_{\mathrm{d}} = C_{\mathrm{d}} \rho_{\mathrm{W}} A_{\mathrm{p}} \frac{\upsilon_{\mathrm{s}}^2}{2} \tag{2-4}$$

式中　ΣF——总受力，单位 N；

　　　F_{g}——活性炭的重力，单位 N；

F_b——活性炭受到水的浮力，单位 N；

F_d——活性炭受到的阻力，单位 N；

ρ_p——活性炭颗粒的密度（$\mathrm{kg/m^3}$）；

V_p——颗粒的体积（$\mathrm{m^3}$）；

g——重力加速度 $9.81\mathrm{m/s^2}$；

ρ_w——水的密度；

C_d——阻力系数，无量纲；

A_p——活性炭颗粒在水流方向的投影面积（$\mathrm{m^2}$）；

v_s——活性炭颗粒的沉降速度（$\mathrm{m/s}$）。

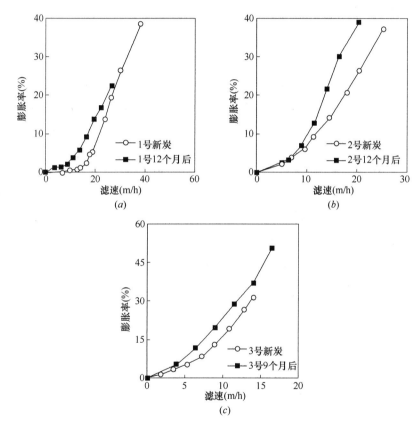

图 2-54 运行时间对活性炭膨胀率的影响

（a）8 目×30 目；（b）12 目×40 目；（c）20 目×50 目

当重力大于浮力与阻力之和（$\sum F > 0$），则颗粒处于静止状态，当颗粒受力平衡时（$\sum F = 0$），则颗粒处于悬浮的状态。当重力小于浮力与阻力之和（$\sum F < 0$），则颗粒将随水流方向流动。

阻力系数 C_d 根据雷诺数 Re 进行计算，当处于层流区（$Re < 2$）时，阻力系数通过式（2-5）进行计算。当处于过渡区（$2 < Re < 500$）时，阻力系数通过式（2-6）进行计算。

$$C_{d} = \frac{24}{Re} \tag{2-5}$$

$$C_{d} = \frac{18.5}{Re^{0.6}} \tag{2-6}$$

已知活性炭真密度 1700kg/cm^3，水容量在 50～115gH$_2$O/kgAC，假设水温为 10℃，水密度 $\rho_{w}=1000$kg/m^3，水的动力黏度 $\eta=1.005\times10^{-3}$Pa·s，假设活性炭颗粒直径为 0.2mm 的均匀球体，水容量为 80gH$_2$O/kgAC，则吸水后活性炭密度 ρ_{p} 约为 1600kg/m^3。

正常运行时，滤速假设为 10m/h，则式（2-7）计算得到 $Re=0.55<2$。

$$Re = \frac{\rho_{w} v_{s} d}{\eta} = \frac{1.0\times10^{3}\text{kg/m}^{3}\times10\text{m/h}\times0.2\times10^{-3}\text{m}}{1.005\times10^{-3}\text{Pa·s}\times3600\text{s/h}} = 0.55 \tag{2-7}$$

进行反冲洗时，滤速假设为 50m/h（≈14L/（s·m^2）），则 $Re=2.76>2$。说明该粒径下运行和反冲洗时，活性炭颗粒处于不同的运动状态。通过计算可知，当水温为 20℃，粒径大于 0.75mm，在滤速 10～50m/h 条件下，活性炭颗粒均处于过渡区。如果水温降低至 10℃，则颗粒粒径需要大于 0.95mm 才能满足在滤速 10m/h 条件下，活性炭颗粒处于过渡区的要求。图 2-55 显示了不同粒径的活性炭颗粒在不同的水温和流速下的阻力系数的变化。在相同水温和流速下，粒径越大，阻力系数越小。水温对阻力系数的影响在低流速时比高流速时大。相比粒径较大的颗粒，粒径较小的颗粒的阻力系数受水温和流速的影响更大。

通过式（2-1）～式（2-6）计算得出不同粒径密度的活性炭颗粒在不同水温和流速下的受力情况。当颗粒粒径和密度确定时，其重力和浮力为常数，水温由于改变了水的动力黏滞系数成为影响阻力的主要因素。流速确定时，水温 10℃条件下阻力最大，此时 ΣF 最小。图 2-56 显示了水温 10℃，流速 50m/h 条件下，不同密度和粒径的活性炭颗粒在水中的受力情况。数据显示，三种密度下粒径 0.2mm 的活性炭颗粒 ΣF 均小于 0，在颗粒密度 1200kg/m^3 时，粒径 0.4mm 的活性炭颗粒 $\Sigma F<0$，说明这些颗粒在反冲洗的条件下会随水流流出。

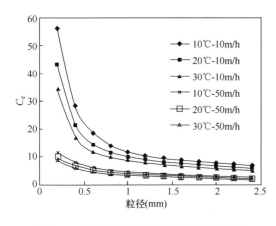

图 2-55　不同粒径活性炭颗粒的阻力系数

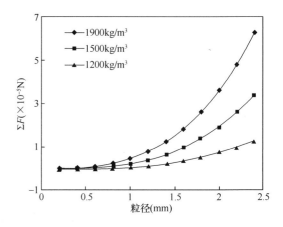

图 2-56　不同粒径活性炭颗粒受力情况
（水温 10℃，流速 50m/h）

根据计算，大部分的颗粒能够保持受力稳定，但在过滤过程中，由于水的实际流速和填料的空隙率有关，当空隙率为 50％时，水的实际流速将会是表观流速的 2 倍，这使颗粒更容易随水流流出。因此，在上向流生物活性炭滤料选择中，应该选择颗粒粒径大于 0.4mm（密度以 1500kg/m³计）以保证在反冲洗时活性炭颗粒不出现"跑炭"现象。

（2）活性炭床膨胀率模拟

在膨胀床的反应器中，上向的水以足够大的速度穿过滤层使滤料悬浮。这是一个动态平衡的过程，当活性炭颗粒之间无膨胀时，颗粒之间的空隙较小，颗粒表面的实际流速较大，可能使颗粒随着水流方向运动，随着颗粒的移动，滤层的空隙率的增加，颗粒表面的实际流速逐渐下降，使颗粒受到的重力、浮力和阻力达到新的平衡，使其不至于随水流流出。

目前最广泛使用的计算滤池水头损失的公式是 1952 年 Ergun 提出的公式（2-8），可以适用于雷诺数 1～2000 的范围内的流态，其中的参数包括水头损失 h_L，滤床空隙率 ε，滤速 v，滤床高度 L，动力黏度 μ，黏性阻力系数 κ_V 和惯性阻力系数 κ_I。κ_I 和 κ_V 是两个无量纲的系数，其数值与颗粒的球形度和表面粗糙度等特性有关。

$$\frac{h_L}{L} = \kappa_V \frac{(1-\varepsilon)^2}{\varepsilon^3} \frac{\mu v}{\rho_w g d^2} + \kappa_I \frac{1-\varepsilon}{\varepsilon^3} \frac{v^2}{gd} \tag{2-8}$$

当均质滤床膨胀时，滤床的水头损失与整个悬浮滤料的质量相等，则可得到式（2-9）。

$$h_L = \frac{(\rho_p - \rho_w)(1-\varepsilon)L}{\rho_w} = \kappa_V \frac{(1-\varepsilon)^2}{\varepsilon^3} \frac{\mu v L}{\rho_w g d^2} + \kappa_I \frac{1-\varepsilon}{\varepsilon^3} \frac{v^2 L}{gd} \tag{2-9}$$

将式（2-9）写成填料空隙率为未知数的一元三次方程，如式（2-10）

$$\frac{(\rho_p - \rho_w)gd^2}{\mu v}\varepsilon^3 + \kappa_V \varepsilon - \frac{\kappa_I \rho_w v d}{\mu} - \kappa_V = 0 \tag{2-10}$$

根据卡当公式，只取其中的实根作为解，其解的简化形式如式（2-11）表示。

$$\varepsilon = \sqrt[3]{A + \sqrt{A^2 + B^3}} + \sqrt[3]{A - \sqrt{A^2 + B^3}} \tag{2-11}$$

其中 A 和 B 分别表示如式（2-12）和式（2-13）。

$$A = \frac{\mu v}{2(\rho_p - \rho_w)gd^2}\left(\frac{\kappa_I \rho_w v d}{\mu} + \kappa_V\right) \tag{2-12}$$

$$B = \frac{\kappa_V \mu v}{3(\rho_p - \rho_w)gd^2} \tag{2-13}$$

根据式（2-11）至式（2-13）即可求得在特定的流速下滤料的空隙率，从而通过公式（2-14）求得该滤速下的膨胀率 e。

$$e = \frac{\varepsilon - \varepsilon_f}{1 - \varepsilon} \tag{2-14}$$

式（2-14）中的 ε_f 为滤料初始的空隙率。

上述公式是基于砂滤池反冲洗得出来的，砂滤池中砂粒的球形系数比活性炭大，不均匀系数小，因此更接近 Ergun 公式的假定条件。而活性炭颗粒形状由于比砂粒更不规则，不均匀系数较大，为了使膨胀率的计算更为准确，将活性炭颗粒根据筛分曲线进行分段计算。颗粒直径根据费祥俊的方法进行优化，假设在 5℃的水温条件下，取 $\kappa_1 = 4$，$\kappa_V = 220$，$\mu = 1.5188 \times 10^{-3} Pa \cdot s$，活性炭初始空隙率 $\varepsilon_f = 0.44$，$\rho_p = 1600 kg/m^3$。通过对悬浮活性炭颗粒的受力分析可知，活性炭粒径的差异造成其最小流态化速度不同，因而在相同的滤速下，各部分颗粒的膨胀状态不同。

以 2 号炭为例，通过模拟不同筛分区间膨胀后的炭层高度得到表 2-13，将发生膨胀的活性炭颗粒区间用加粗体标注。结果显示，当滤速大于 25m/h 时才能使该活性炭的所有颗粒都发生膨胀。滤速越小，发生膨胀的部分越少。例如当滤速为 2m/h 时，除了 0.42mm 的活性炭发生膨胀以外，其余部分的活性炭颗粒均没有发生膨胀，此时炭层的膨胀率应为粒径 0.42mm 以下的活性炭造成的表观膨胀率。

2 号炭的膨胀后炭床高度模拟值（粗体为发生膨胀的部分）　　　表 2-13

活性炭粒径	炭床实际高度	滤速（m/h）						
(mm)	(m)	2	5	10	15	20	25	30
1.79	0.0020	0.0014	0.0016	0.0017	0.0018	0.0019	**0.0021**	**0.0022**
1.34	0.5128	0.3772	0.4191	0.4685	0.5099	**0.5484**	**0.5860**	**0.6238**
1.00	1.0795	0.8438	0.9606	**1.1013**	**1.2215**	**1.3349**	**1.4472**	**1.5618**
0.69	0.2053	0.1770	**0.2096**	**0.2505**	**0.2866**	**0.3216**	**0.3571**	**0.3943**
0.42	0.1659	**0.1712**	**0.2183**	**0.2819**	**0.3414**	**0.4020**	**0.4665**	**0.5374**

由于 1.79mm 的活性炭数量很少，可以忽略，因此可视作当滤速上升至 20m/h 时，整个的炭层即发生膨胀，表观膨胀率 32%。而在 25℃水温下，需要滤速达到 25m/h 时才能使整个炭层发生膨胀，此时其表观膨胀率约为 25%。因此，20m/h 和 25m/h 为 5℃和 25℃时的 2 号炭的最小流态化速度。表 2-14 显示了 4 种炭在不同水温下的最小流态化速度和最小流态化速度下的炭层表观膨胀率。结果显示，最小流态化速度和粒径大小呈正相关性，当表观膨胀率在 25%～38% 时 4 种炭的整个炭层发生膨胀，根据水头损失计算可知，当滤速达到整个炭床的最小流态化速度后，炭床的水头损失不再随滤速的增加而改变。

不同水温下最小流态化速度和膨胀率模拟值　　　表 2-14

最小流态化速度（m/h） （表观膨胀率（%））	8×30 目	12×40 目	20×50 目	30×60 目
5℃	40（38）	20（32）	12（33）	5（31）
25℃	50（37）	25（25）	18（31）	8（28）

将发生膨胀的活性炭层进行叠加后得到该滤速下膨胀率模拟值，得到图 2-57。对比实测值和模拟值可以发现，该种模拟方法得到了较好的拟合度。

模拟结果中，3 号和 4 号炭的实测数与模拟值最为接近，而 1 号和 2 号炭的模拟值误差相对较大，分析原因可能是受到活性炭粒径分布均匀性的影响。3 号炭和 4 号炭的不均匀系数最小，粒径分布最均匀，因此模拟时输入公式的活性炭直径与实际直径最为接近，

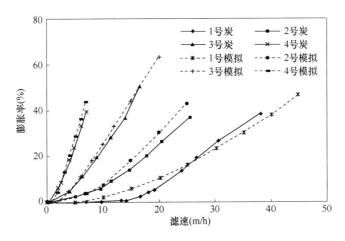

图 2-57　不同粒径的活性炭模拟膨胀率与实测值的比较

从而获得了较好的拟合度。反之 1 号炭的不均匀度系数最大，粒径分布最不均匀，模拟时输入公式的活性炭颗粒直径与实际直径差异较大，所以模拟值拟合度较差。由于活性炭颗粒粒径是影响膨胀率的关键因素，因此要得到更准确的模拟数据，必须更精确的测量活性炭的粒径。同时，不同粒径活性炭初始孔隙率和形状系数的差异以及单纯地将膨胀的部分进行加和并没有考虑到流动中实际活性炭之间相互的作用，这也可能会使真实值和模拟值之间造成一定的误差。

由于动力黏度受水温的影响，因此水温越低，炭床膨胀率越高。故设计应用中可取低水温时的膨胀率模拟值，以便于实际控制膨胀率，避免跑炭现象的出现。

2.4.2　挂膜期间上向流/下向流生物活性炭的处理效果比较

生物活性炭池在常温下挂膜时间约为 3～5 周，但氨氮的自养硝化菌的成熟大约需 7 周左右，水温越低时所需的时间相对越长。

试验工艺流程如图 2-58 所示，炭滤器的池型和滤料结构相同。下层装填 0.8m 厚 $\phi4$ ～6mm 的陶粒，上层装填 3m 厚 $\phi3mm$ 的柱状炭，运行滤速均为 12m/h。

生物活性炭法与普通生物膜法去除污染物的机理不同，其原因是生物活性炭法去除有机物除了依靠微生物作用之外还有活性炭的吸附作用。挂膜阶段，初始时主要是依靠活性炭的吸附作用去除有机物，随着时间延长，异养菌逐渐富集于炭表面，与活性炭发挥了协同作用，其对有机物的去除率随着时间延长变化相对较小。而对于氨氮的去除，则主要是依靠滤料表面硝化细菌的生物作用，因此以达到稳定高效的氨氮硝化率，作为炭滤池挂膜成熟的依据。

生物活性炭池初始运行 10d 内，出水含有较多活性炭碎末，对水质指标检测结果有较大影响。针对炭滤池挂膜期间的出水水质情况，自第 11 天起，期间上、下向流生物活性炭对水质的净化效果见图 2-59～图 2-61。

上向流炭池与下向流炭池对氨氮去除情况如图 2-59 所示。试验期间进水氨氮小于 0.120mg/L，平均值为 0.053mg/L。上向流炭滤池出水氨氮小于 0.082mg/L，平均值为

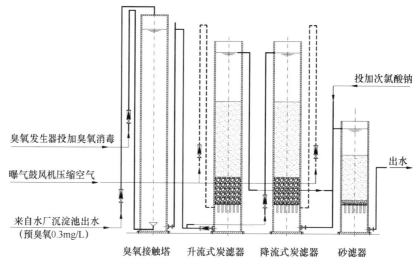

图 2-58　中试工艺流程

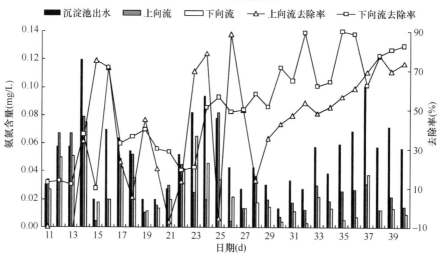

图 2-59　炭滤池出水的氨氮情况

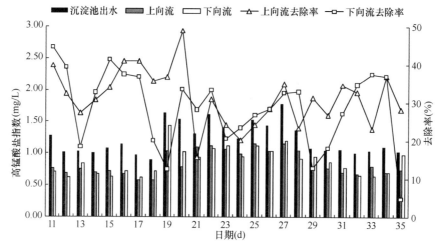

图 2-60　炭滤池出水的高锰酸盐指数情况

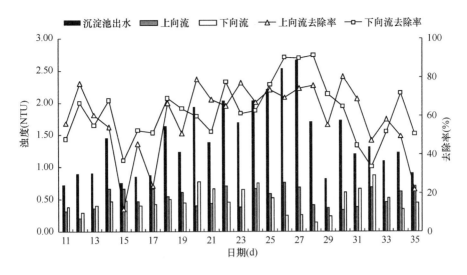

图 2-61 炭滤池出水的浊度情况

0.030mg/L，平均去率为 34.8%。下向流炭滤池出水氨氮小于 0.075mg/L，平均值为 0.025mg/L，平均去除率为 44.9%。随着运行时间延长，硝化细菌在炭颗粒表面生长繁殖，活性炭滤池对氨氮的去除率均逐渐升高，至第 35 天起，二个活性炭滤池中氨氮的硝化率均稳定在 60% 以上，故认为生物活性炭滤池完成挂膜。

上向流炭池水流先经过底部陶粒层，陶粒层对浊度有初次过滤的作用，因而可降低活性炭层所处环境的浊度，更有利于发挥活性炭的吸附效应，而生物活性炭池初始时对有机物的去除主要靠活性炭本身的吸附作用。另外，上向流炭池内部，气流与水流同向，在气流的作用下，可更有效地提高炭池内部的传质效率，充分发挥炭池的纳污能力，结果也显示挂膜期间上向流生物活性炭池对高锰酸盐指数的去除效果优于下向流滤池。上向流、下向流对高锰酸盐指数平均去除率分别为 31.26% 和 28.56%。

对于浊度，上向流生物活性炭池由于气水同向，滤料层膨胀程度较高，滤料间孔隙更大，减弱了滤料层对水中悬浮颗粒物的截留作用，因而上向流炭滤池的出水浊度略高于下向流炭滤池。进水平均浊度为 1.44NTU，而上向流、下向流出水的平均浊度分别为 0.53NTU 和 0.48NTU。

2.4.3 相同滤速时上/下向流生物活性炭的处理效果比较

挂膜成熟后，考察不同水流方式的生物活性炭池对水质的净化效果。对象为炭池与砂滤池的组合工艺，以排除随出水流出的活性炭细小颗粒的干扰。

1. 浊度与水头损失情况

从图 2-62 可见，如考查最终出水浊度，两者平均浊度均约为 0.50NTU，但从浊度分布情况，上向流集中于陶粒层，而下向流集中于活性炭层。下向流炭池活性炭层直接面对待滤水，浊度首先在炭层中过滤，活性炭层平均截留了 0.4NTU 的浊度，陶粒层仅截留 0.22NTU，炭层截滤了 2/3 的浊度。两种池型炭池活性炭层所处浊度环境分别为：上向

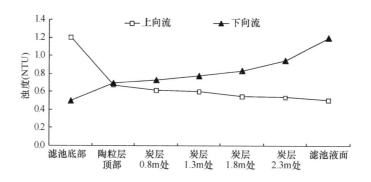

图 2-62　炭滤池不同高度浊度变化对比

流为 0.5~0.7NTU，下向流则为 0.8~1.2NTU。下向流使整个活性炭层处于相对较高的浊度环境，悬浮颗粒物附着于炭层表面，不利于活性炭吸附作用的发挥。

上向流炭滤池水头损失为 27~42.5cm，而下向流炭滤池水头损失则为 24~49cm，上向流炭滤池水头损失较低，且更为稳定。

2. 对有机物的去除

活性炭池采用上向流方式，可使之成为膨胀床，加大炭层厚度，延长水与活性炭接触时间，增加活性炭对污染物质的吸附量。在水中炭粒处于悬浮状态，炭粒表面水流的更新速度得以加快，整个炭层的微生物载持量可达到下向流表面炭层的状态，炭粒对污染物的处理能力更强，能充分发挥吸附效率。而下向流存在的普遍现象则为，表层炭颗粒微生物载持量较多，随着炭层深度的增加，微生物量减少。

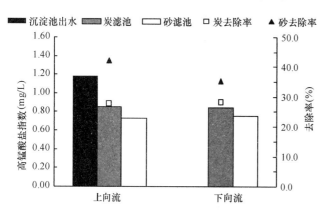

图 2-63　炭滤池对高锰酸盐指数的去除比较

试验期间，炭滤池进水高锰酸盐指数均为 0.74~1.78mg/L，平均值为 1.18mg/L。上向流炭滤池出水高锰酸盐指数平均值为 0.86mg/L，炭滤池平均去除率为 27.5%。与砂滤池串联运行后，相对待滤水平均去除率 42.0%。下向流炭滤池出水高锰酸盐指数平均值为 0.85mg/L，炭滤池平均去除率为 28.0%。与砂滤池串联运行后，相对待滤水平均去除率 35.3%（图 2-63）。可见由于上向流炭滤池中炭层处于较低的浊度环境中，更利于其发挥吸附效应，因而表现出对有机物的去除方面优于下向流炭池，由于有机物的去除在炭滤池初始运行阶段主要依靠活性炭的吸附作用，因而上向流的去除优势在初始时较为明显。

UV_{254} 表示一类芳香环结构或共轭双键结构的有机物，在臭氧活性炭工艺深度处理过程中，对其去除大部分是由臭氧氧化作用实现，生物活性炭池对其去除效果一般。进水 UV_{254} 为 0.012~0.033，平均值为 0.020，上向流炭滤池出水 0.005~0.029，平均值为

0.011；下向流炭滤池出水 UV_{254} 为 0.002～0.033，平均值为 0.011。下向流比上向流炭滤池对 UV_{254} 去除情况基本处于同一水平。

3. 对氨氮的去除

炭滤池氨氮去除效果如图 2-64 所示。

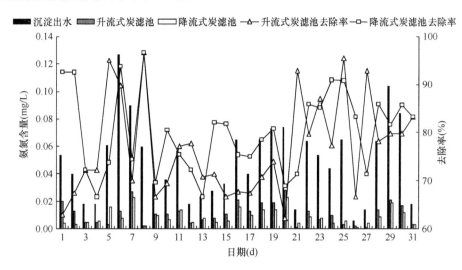

图 2-64　炭滤池对氨氮的去除比较

从图可见，试验期间炭滤池进水氨氮含量较低，均小于 0.15mg/L，在此情况下，二者的氨氮硝化率相当，均在 80% 左右。不同水流方式的炭滤池出水情况随进水氨氮浓度变化均存在一定的波动，但仍稳定在 60% 以上。

而对于高氨氮含量的进水而言，由于上向流炭滤池微生物载持量在整个炭床可更均匀分布，且水流与炭表面微生物膜之间氨氮的传质效率更高，因而对氨氮的硝化效果更佳。

4. 出水微型水生动物对比

炭滤池出水微型生物情况见表 2-15。两种滤池出水浮游动物均较多，这是因为相比于底栖动物，浮游生物的活动范围更广，更容易随水流流出。从总体上分析，上向流炭滤池出水微型生物比下向流炭滤池要少，原因是在运行过程中，由于曝气促使生物膜更新，脱落的生物膜不易集积在炭层，能及时随水流排出，从食物源上对微型生物的繁殖起一定的抑制作用。

上向流与下向流炭滤池出水微型生物（个/m³）　　　　　　　　表 2-15

微型生物种类		上向流炭滤池		下向流炭滤池	
		密度范围	均值	密度范围	均值
浮游生物	剑水蚤	0～22.95	5.86	0.49～43.66	10.11
	轮虫	0～10.40	1.25	0～0.58	0.10
	弯尾蚤	0～0.96	0.42	0～14.00	2.33
	变形虫	0～0.36	0.02	0～1.00	0.08
	颗体虫	0	0	0～0.50	0.03
	水熊	0	0	0	0
	盲吻虫	0	0	0	0

微型生物种类		上向流炭滤池		下向流炭滤池	
		密度范围	均值	密度范围	均值
底栖动物	摇蚊幼虫	0～9.43	0.81	0～3.70	1.01
	线虫	0～3.33	0.72	0～3.53	0.86
	猛水蚤	0～1.49	0.13	0～2.46	0.27
	水螨	0～1.30	0.27	0～12.15	2.19
	蠕虫	0	0	0	0
	水丝蚓	0	0	0	0

2.4.4　相同接触时间上/下向流生物活性炭的处理效果比较

1. 吸附阶段两个工艺处理效果比较

该试验采用小试装置（图 2-65）来完成，其运行参数详见表 2-16。微膨胀上向流生物活性炭柱（下文简称为"上向流炭柱"）选用 3 号活性炭，粒径为 20×50 目。下向流生物活性炭柱（下文简称为"下向流炭柱"）选用 1 号活性炭，粒径为 8×30 目，该炭为目前水厂下向流生物活性炭工艺常用规格。每天过滤的体积为 168BV。

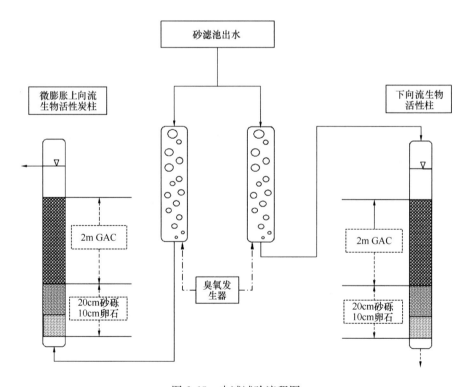

图 2-65　小试试验流程图

项　目	微膨胀上向流 BAC 柱	下向流 BAC 柱
炭床高度（m）	2	2
水力停留时间（min）	10.7	8.6
滤速（m/h）	14	14
膨胀率（%）	15.9～24.0	N/A
活性炭有效粒径（d_{10}，mm）	0.4	0.7
均匀系数	1.9	1.6
比表面积（m^2/g）	960	923

小试装置 2 运行参数　　　　　　　　表 2-16

在试验前期为了使生物膜更好地生长，使用直接过滤未投加臭氧的砂滤出水，效果如图 2-66 所示。试验发现耗氧量去除率在处理水量 6000BV（约 36d）前骤减，由 70%～80% 的去除率下降至 10%～20%。经过 6000BV～10000BV（约 60d）的过滤，两个工艺出水高锰酸盐指数去除率稳定在 15%～20%。这说明在此期间，颗粒活性炭吸附效果逐渐下降并转变成生物活性炭，使两个工艺对耗氧量的去除效果趋于稳定。

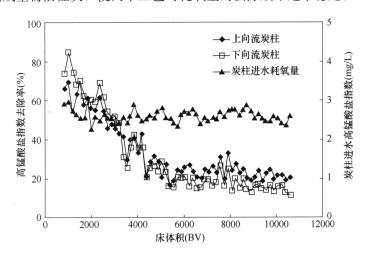

图 2-66　吸附阶段上/下向流炭柱对耗氧量去除率的变化

下向流活性炭柱出水的高锰酸盐指数去除率在前 3500BV（约 21d）内高于上向流活性炭柱出水，而之后则逐渐低于上向流活性炭柱出水。经分析可能有两个原因：

（1）上向流活性炭柱对耗氧量的去除受到出水浊度的影响。从吸附阶段两根活性炭柱对浊度的去除情况（图 2-67）可以看出，在前 350BV 内上向流活性炭柱的出水浊度明显高于下向流活性炭柱出水。由于部分有机物可以随浊度的去除而去除，而下向流活性炭柱由于有过滤截留作用，对浊度去除率

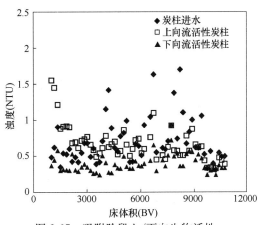

图 2-67　吸附阶段上/下向生物活性炭柱出水浊度变化

高，因此相应对有机物去除率也较高。

（2）在前 3500BV 内，活性炭上生物膜尚未形成，有机物去除主要依靠活性炭吸附作用，有机物去除率受到活性炭粒径的影响。由于水力筛分作用，大颗粒的活性炭往往停留在炭柱底部。因此，上向流炭柱中，进水先接触到较大颗粒的活性炭，而在下向流炭柱中，进水先接触到较小颗粒的活性炭，此时粒径造成的吸附作用的差异性使下向流活性炭柱对耗氧量的去除效果好于上向流活性炭柱。

2. 生物降解阶段两个工艺处理效果比较

（1）两个工艺对有机物去除效果的比较

当生物膜形成后，两个工艺进入生物降解阶段，两个工艺的进水便切换为经过臭氧氧化后的砂滤出水。两根活性炭柱在 10000BV（约 60d）至 21000BV（约 125d）内的出水水质如表 2-17 所示。

生物降解阶段各单元出水水质参数　　　　　　　　　　　表 2-17

	砂滤	臭氧	上向流 BAC	下向流 BAC
高锰酸盐指数（mg/L）	2.66±0.18	2.34±0.17	1.66±0.16	1.93±0.16
SUVA（m^{-1}（mg/L））	2.64±0.07	1.96±0.07	2.14±0.08	2.07±0.04
DOC（mg/L）	2.35±0.26	2.09±0.31	1.20±0.21	1.35±0.16
UV$_{254}$（cm^{-1}）	0.062±0.006	0.041±0.005	0.026±0.002	0.028±0.003

砂滤出水的高锰酸盐指数约为 2.7mg/L，臭氧氧化大约去除 12% 的高锰酸盐指数。微膨胀上向流生物活性炭柱对高锰酸盐指数的平均去除率为 29.1%，下向流生物活性炭柱对高锰酸盐指数平均去除率为 17.5%。微膨胀上向流生物活性炭柱对高锰酸盐指数的去除效率比下向流生物活性炭柱高约 12%。另外，微膨胀上向流生物活性炭柱对 DOC 和 UV$_{254}$ 的去除率分别为 42.6% 和 37.4%，好于同时间的下向流生物活性炭对 DOC 和 UV$_{254}$ 的去除率约 7% 和 6%。

砂滤出水的 SUVA 约为 2.64m^{-1}（mg/L），经过臭氧氧化去除 25.8% 的 SUVA。而生物活性炭出水的 SUVA 相较于臭氧出水均有一定程度的上升。微膨胀上向流活性炭柱和下向流活性炭柱出水的 SUVA 分别从臭氧出水的 1.96m^{-1}（mg/L）上升至 2.14m^{-1}（mg/L）和 2.07m^{-1}（mg/L）。其中，微膨胀上向流活性炭柱出水的 SUVA 上升更明显。根据文献对 SUVA 值的分类，当 SUVA 值小于 2m^{-1}（mg/L）时，水中的有机物多为非腐殖质和非疏水性的有机物，属于容易被生物降解的组分。当 SUVA 值介于 2m^{-1}（mg/L）至 4m^{-1}（mg/L）之间时，水中的有机物多为水生腐殖酸和其他中等分子量的物质的混合物。经过臭氧出水的 SUVA 值小于 2m^{-1}（mg/L），因此反映出其具有较好的可生化性。

（2）温度对两个工艺运行的影响

生物降解阶段水温在 22.6～32.1℃范围，温度对两个工艺去除耗氧量的效率影响并不明显（图 2-68），因为在该水温范围内适宜微生物的生长，且稳定的生物群落能够保证稳定的有机物的去除能力。

（3）两个工艺对不同分子量有机物的去除比较

两个工艺出水的分子量分布如图 2-69 所示。经过臭氧氧化后，小于 1K Dalton 的物

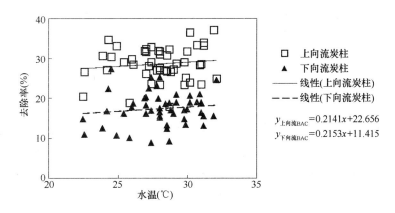

图 2-68 稳定运行期间耗氧量的去除效果

质有明显的增加，大于 10K Dalton 的部分有明显的减少。经过微膨胀上向流活性炭柱的过滤，其出水中小于 10K Dalton 的 DOC 从 1.4mg/L 下降至 0.6mg/L。在下向流生物活性炭出水中，小于 10K Dalton 的 DOC 约为 0.8mg/L。虽然分子量小于 1K Dalton 的有机物是容易被生物降解的部分，但研究表明，小于 1K Dalton 的物质也代表了生长在生物活性炭柱内的微生物的代谢产物。而微膨胀上向流活性炭柱出水中小于 1K Dalton 的物质的浓度略高于下向流活性炭柱出水，说明微膨胀上向流生物活性炭具有更好有机物的去除效果可能是因为其具有更好的生物降解功能。

对大于 10K Dalton 的物质，两个工艺对其去除效果不明显，说明生物活性炭对于高分子量的有机物难以去除。由于大于 10K Dalton 的物质常表现为 UV_{254}，而生物活性炭工艺更容易去除非 UV_{254} 的物质，因此导致出水 SUVA 值有所上升。

（4）两个工艺水头损失和出水浊度的比较

生物降解阶段，微膨胀上向流生物活性炭和下向流生物活性炭柱对浊度的去除效果如图 2-70 所示。炭柱进水是臭氧氧化后的出水，其浊度约为 1.4NTU。微膨胀上向流生物活性炭和下向流生物活性炭出水的浊度分别为 0.6NTU 和 0.3NTU，说明下向流生物活性炭对浊度的去除效果好于上向流生物活性炭。

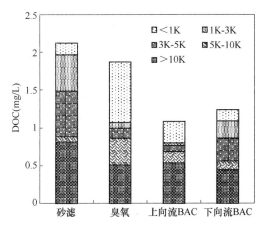

图 2-69 各单元出水分子量分布变化

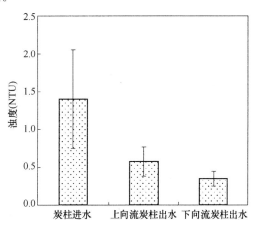

图 2-70 各单元出水浊度变化

水头损失的变化是影响反冲洗周期和运行费用的重要参数。在试验期间对于微膨胀上向流生物活性炭和下向流生物活性炭的水头损失进行监测发现：30d内微膨胀上向流生物活性炭的水头损失始终保持在40cm左右，而下向流生物活性炭在2天内水头损失从61cm上升至108cm。

由此可以看出，微膨胀上向流生物活性炭相比下向流生物活性炭具有较小的水头损失，而且水头损失维持稳定，这使微膨胀上向流生物活性炭工艺比下向流生物活性炭工艺具有以下几点优势：首先，水头损失稳定可以减少生物活性炭池的冲洗频率，促进其中的微生物的生长，提高上向流生物活性炭池对有机物的去除效果。其次，减少反冲洗频率能增加活性炭池的使用效率，提高产水率。第三，在升级改造中不需要二次提升，节省了提升泵房的建设费用、占地面积和运行费用。

据前面的分析讨论可知，微膨胀上向流生物活性炭工艺与下向流生物活性炭工艺相比在有机物去除和水头损失方面具有一定的优势，但是，微膨胀上向流生物活性炭工艺出水也存在浊度和微生物数量比较高的问题，因此建议采取下列的措施应对：

1）采用微膨胀上向流生物活性炭池前置，砂滤池后置的模式，形成"原水—混凝沉淀—臭氧氧化—微膨胀上向流生物活性炭—砂滤池—消毒"的处理工艺，通过后置的砂滤池保证出厂水的浊度和微生物数量达到饮用水水质标准要求。

2）虽然微膨胀上向流生物活性炭池的水头损失小，但是如果进水浊度和颗粒较多则易造成进水端堵塞，特别是布水系统如果堵塞，极不易清洗，影响生产运行。一般建议微膨胀上向流生物活性炭进水的浊度小于1NTU。

2.4.5 上/下向流生物活性炭对异养菌的影响

由于微生物特性是影响生物降解作用的主要因素，本部分主要研究两个工艺出水和活性炭颗粒上的微生物的特性。

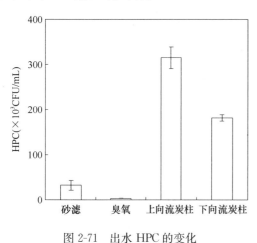

图2-71 出水HPC的变化

各单元出水的微生物的数量如图2-71。结果显示，臭氧氧化能显著灭活水中微生物的数量，但生物活性炭出水中微生物的数量有显著上升。其中，微膨胀上向流生物活性炭出水中的微生物相对于臭氧出水上升约70～100倍，下向流生物活性炭出水则上升了45～65倍，微膨胀上向流生物活性炭出水中细菌数比下向流生物活性炭出水要高出近1倍。主要因为下向流生物活性炭工艺具有过滤截留作用，而上向流活性炭则处于微膨胀状态，过滤截留作用大为减弱。为保证整个工艺出水浊度和微生物达标，需要将砂滤池置于微膨胀上向流生物活性炭之后。

图2-72显示了活性炭沿程颗粒上的微生物的数量。研究表明，下向流生物活性炭柱

内微生物的分布呈现随水流方向逐渐递减的趋势，这主要是因为下向流生物活性炭柱出水段活性炭上的微生物受到了营养物质浓度的限制。而微膨胀上向流生物活性炭柱内的微生物分布呈现先升高后降低的趋势。其进水段处的微生物由于受到残留臭氧的影响，因此数量相对较少。水中残留臭氧对下向流生物活性炭柱进水段中活性炭上的微生物影响较小，主要是因为下向流生物活性炭柱进水段为敞口设计，同时上端有约为 2m 高的缓冲段，因此水中的余臭氧能够在接触到活性

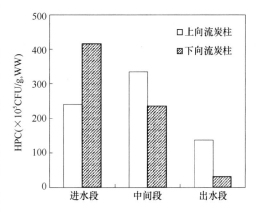

图 2-72 微生物量在不同炭层高度的分布

炭之前被分解。而上向流进水段属于封闭设计且缓冲段较短，因此水中的余臭氧需要依靠活性炭的催化作用进行分解。总体上来说，上向流生物活性炭颗粒上具有更多的微生物，而且沿程分布比较均匀。

根据两个工艺中活性炭颗粒上的 HPC 计数范围在 10^7 CFU/gAC 可知，其活性炭颗粒上的生物膜很薄，不足以影响生物膜内部传质和液膜传质对于可生物降解有机物的去除效果，此时，生物降解速率为主要的影响因素。在微膨胀上向流生物活性炭柱中，因为水力冲刷能够带走更多的微生物代谢产物，提高微生物的活性，所以提高了微膨胀上向流活性炭柱对有机物的去除效果。

采用高通量测序对两个工艺出水的微生物多样性进行分析。OTU 是种系分类的一个节点，DNA 序列高度一致的部分微生物，可视为一种微生物。试验中测定的 4 个样品共得到 18545 条序列，以 DNA 序列相似度 97% 及以上为基准，分为 911 个 OTU。根据每个样本测序的 OTU 丰度信息（表 2-18），以 Good's 覆盖率来评估所构建的文库对环境微生物多样性的体现。4 个样品测序的覆盖率均能够达到 95% 以上，说明测序能够很好的覆盖其中的微生物种类。通过计算 Simpson 等指数来表征出水微生物的多样性和均匀性。数据表明，经过生物活性炭处理，其出水的微生物多样性均有一定程度的提升，而微膨胀上向流生物活性炭出水中的微生物的多样性高于下向流生物活性炭出水，同时其出水中的微生物群落的均匀性也高于下向流生物活性炭出水。由于均匀度高的微生物群落将能够更有效的利用各类微生物群落的有机物代谢途径，因此微生物群落均匀度高的水将具有更高的生物稳定性，提高微生物对有机物的降解效果。这也再次说明微膨胀上向流生物活性炭工艺对有机物去除效率高的原因是生物降解效率较高。

对测序结果进行聚类分析，结果如图 2-73 所示。臭氧进水和臭氧出水的微生物群落结构相对接近，而两根生物活性炭柱出水的微生物群落结构相对接近。说明在该臭氧投加量下并不能改变微生物群落组成，只能改变微生物群落的相对丰度。相比于下向流生物活性炭出水，微膨胀上向流生物活性炭出水的微生物的群落构成更接近于砂滤和臭氧出水，这可能是因为微膨胀上向流生物活性炭出水中具有较多的悬浮微生物所致。

测序分析的覆盖范围和多样性指数的比较 表 2-18

项目	Read	OTUs	Good's（％）	Simpson	Shannon	Equitability
砂滤	5210	304	96.9	0.656	3.40	0.413
臭氧	3856	307	96.0	0.732	4.02	0.487
上向流炭柱	3855	303	97.0	0.963	6.08	0.738
下向流炭柱	5624	409	97.2	0.844	5.09	0.587

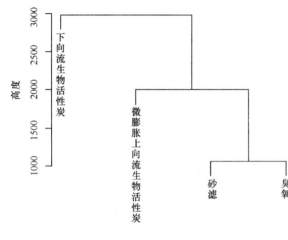

图 2-73 出水微生物聚类分析

将 4 个水样微生物群落按纲分类，结果如图 2-74。砂滤出水中最主要的 4 个群落分别为 α-变形菌纲（62.8％）、放线菌亚纲（9.9％）、全噬菌纲（6.3％）、β-变形菌纲（5.2％）。臭氧出水主要的 4 个群落和砂滤出水中一致，但其丰度改变为 55.5％、9.6％、6.4％ 和 6.5％。上向流活性炭柱出水中的主要群落为 α-变形菌纲（28.5％）、β-变形菌纲（17.4％）和蓝藻纲（15.9％）。下向流活性炭柱出水中的主要群落为 β-变形菌纲（46.8％）、α-变形菌纲（19.5％）和 γ-变形菌纲（11.2％）。根据文献报道，在饮用水系统中，α-变形菌纲、β-变形菌纲和 γ-变形菌纲为主要的微生物群落。4 个水样中微生物的相对丰度有明显差异，可能是由于进水水质和炭柱运行工况的差别所造成的。

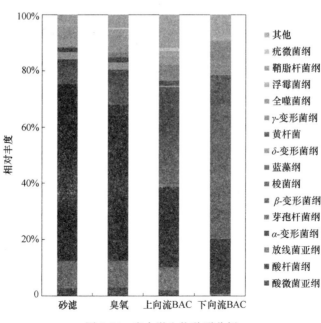

图 2-74 出水微生物种群分析

从属一级进行分析，α-变形菌纲中的土微菌属为主要的属类别，在砂滤出水、臭氧出水和上向流活性炭柱出水中，土微菌属占相 α-变形菌纲的比例分别为 57.8％、50.8％和 14.7％。而噬氢菌属是 β-变形菌纲中的主要属类别，其占到下向流生物活性炭出水中 β-变形菌纲的 38.8％。

根据相关文献，伯克氏菌、不动杆菌和假单胞菌均为条件致病微生物，可能影响人类身体健康。在研究中，这三种菌属均在下向流生物活性炭出水中被发现，其总的相对丰度为 2.8％。微膨胀上向流生物活性炭出水中发现了伯克氏菌，其相对丰度为 0.6％。另外，微膨胀上向流生物活性炭出水和下向流活性炭柱出水分别发现了 10.5％和 15.9％的蓝藻属的微生物，由于藻类会产生藻毒素，因此也需要引起注意。

2.5 炭砂滤池工艺

对于水源受到有机物和氨氮污染的水厂，传统的解决思路是加长净水处理工艺流程，即在常规净水工艺前后增加预处理和深度处理。但是，对于只有轻度污染或季节性污染的水源，或是受到经济条件或场地条件所限的原有水厂，如果采用传统的常规处理加深度处理的长流程处理工艺的方法，则存在基建费和运行费用高、占地面积大、运行管理复杂的困难，在很多水厂难以实现。因此，开发可以有效去除有机物和氨氮污染的以炭砂滤池为核心的短流程深度处理技术具有重要的实用意义。

炭砂滤池短流程深度处理技术是把水厂原有的砂滤池改造成活性炭石英砂双层滤料滤池，在滤池原有的对颗粒物去除截留的基础上，通过增加颗粒活性炭对有机物的吸附作用和强化滤层中微生物对污染物的生物降解作用，显著提高对有机物和氨氮的去除效果。即在不增加常规处理工艺水厂净水构筑物的条件下，实现炭砂滤池短流程深度处理，特别适合于只有轻度污染或季节性污染的水源，或是受到经济条件或场地条件所限的原有水厂的升级改造。

2.5.1 炭砂滤池构建及运行方式

1. 炭砂滤池滤料选择

炭砂滤池是双层滤料滤池，滤料选型对其正常稳定运行起到关键的作用，要保证滤池滤料不混层且反冲洗时不跑炭。

（1）活性炭

1）活性炭选择

①材质

自来水厂对于活性炭的需求量大，煤质活性炭相对于木质活性炭价格低廉，因此有较广的应用前景。

②纳污能力

炭砂滤池作为快滤池，首先需要保证对浊度的去除作用。常用的活性炭有柱状活性炭和破碎活性炭，由于破碎活性炭相对而言纳污能力强，对浊度的去除效果好，因此破碎炭更适用于炭砂滤池。

③粒径

滤料粒径选择对于滤池稳定运行的意义重大。工程上常用的颗粒破碎活性炭粒径大小主要是8×16目、8×30目和12×40目。中试对比试验发现：

a. 采用8×16目的活性炭时，在滤池进行水反冲洗时活性炭与石英砂有明显的混层现象；在滤池进行气水反冲洗时，气冲洗过程导致活性炭和石英砂严重混层，而后续高速水冲洗对滤料水力分级的效果不理想。混层的现象不利于双层滤料滤池的长期稳定运行，因此不建议使用。8×16目活性炭的生产成本高于8×30目活性炭，从经济角度考虑也不具备优势。

b. 采用8×30目的活性炭时，在滤池进行水反冲洗时，活性炭与石英砂没有混层现象；在滤池进行气水反冲洗时，气冲洗过程导致活性炭和石英砂混层，后续高速水冲洗5～7min可以使活性炭和石英砂滤层完成水力分级，即炭砂滤池在运行过程中始终可以保持炭层和砂层的分离，可以稳定运行。

c. 采用12×40目的活性炭，在滤池进行水反冲洗时，在石英砂层基本没有膨胀的情况下，活性炭层的膨胀率已经过高，运行过程中容易出现跑炭的情况，而石英砂层却不能得到有效的冲洗，不利于滤池的长期运行，因此不适用于炭砂滤池。

综上，8×30目颗粒活性炭更适用于炭砂滤池。

④强度

炭砂滤池作为快滤池，需要经历频繁的反冲洗，为保证滤池长期稳定运行，炭砂滤池对活性炭强度的要求较高。

⑤反冲洗膨胀率

为保证滤池稳定运行，炭砂滤池反冲洗时需要活性炭和石英砂都能得到有效膨胀。在常用的滤料粒径范围内，在相同的冲洗强度下，活性炭的膨胀率明显大于石英砂的膨胀率，因此如果滤料选择不合适，有可能出现石英砂层尚未膨胀而活性炭层已经由于膨胀率过大而流失的情况。即便都是8×30目活性炭，由于加工工艺不同，活性炭粒径分布和密度会有差异，需要根据活性炭的反冲洗膨胀率进行滤料优选，应该选择膨胀率较低的活性炭作为炭砂滤池用炭。

综上，炭砂滤池内活性炭的选择需要综合考虑成本、纳污能力、粒径、强度和反冲洗膨胀率等因素。

2）活性炭层厚度

活性炭厚度的确定需要综合考虑水质情况和水厂快滤池的深度，在条件允许的情况下，增加活性炭层的厚度可以改善滤池出水水质。研究中受到快滤池深度4.4m的限制，并且需要一定厚度的石英砂滤层，活性炭层的厚度采用1.0m。

综上，炭砂滤池的活性炭选用8目×30目破碎活性炭，厚度为1.0m。

（2）石英砂

1) 石英砂粒径

石英砂粒径过小时，在运行过程中，滤床水头损失增长过快，石英砂容易穿透垫层流失，并且反冲洗时容易与活性炭混层；石英砂粒径过大时，反冲洗过程中，活性炭层膨胀率合适时石英砂层无法膨胀，截留的污物无法冲走，而反冲洗强度满足石英砂需求时，容易出现活性炭的流失，不利于滤池长期运行；粒径 0.5～1.0mm 的石英砂大小适中，在普通快滤池中有非常广泛的应用，因此研究中也采用该粒径范围的石英砂。

2) 石英砂层厚度

炭砂滤池中各种污染物主要在滤池的炭层被去除，以浊度为例，炭砂滤池的炭层出水浊度很低，砂层在滤池里的主要作用是进一步去除水中的颗粒物，在运行过程中主要起保障作用。图 2-75 为石英砂层对浊度的去除效果，上部 0.2m 石英砂层对浊度略有去除，在过滤末期对浊度去除的作用相对明显，下部 0.2m 石英砂层对浊度的去除较为有限。

在浊度较低的情况下采用颗粒数更能表征石英砂层对颗粒物的去除效果，如图 2-76 所示。颗粒物主要在上层的 0.2m 石英砂层被去除，再增加滤层厚度对颗粒物的去除效果略有改善。

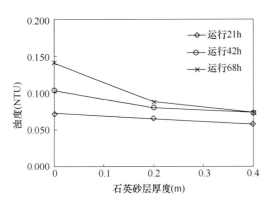

图 2-75 石英砂层内浊度的去除

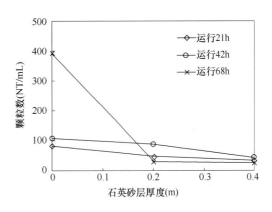

图 2-76 石英砂层内颗粒数的去除

受到原有滤池深度的限制，且考虑到浊度和颗粒数在石英砂层的去除，厚度选用 0.4m 较为合适。

综上，炭砂滤池的石英砂层粒径为 0.5～1.0mm，厚度为 0.4m。

2. 炭砂滤池运行方式

炭砂滤池对滤池结构没有特殊要求，运行方式也基本遵循快滤池的运行方式，不会对水厂日常的运行管理造成较大的影响。

（1）滤速

水厂快滤池常采用的滤速为 8～10m/h，研究中采用 8m/h 的滤速运行，下向流。被处理水与活性炭层的空床接触时间是 7.5min，与石英砂层的空床接触时间是 3min。

图 2-77 为炭砂滤池在 8m/h 条件下运行时水头损失的增长情况，大约每小时增加 0.01m，夏季的水头损失增长速度略快于冬季。以夏季运行的水头损失为例，初始水头为

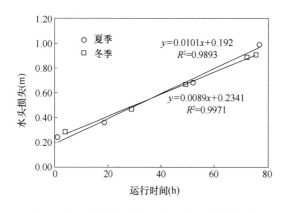

图 2-77 炭砂滤池运行过程中水头损失变化

0.24m，其中系统水头损失为 0.10m，石英砂层和活性炭层的水头损失均为 0.07m；运行过程中浊度主要在活性炭层去除，因此水头损失的增长也基本是在活性炭层，石英砂层的水头损失基本没有变化；运行到末期，活性炭层的水头损失是 0.80m，石英砂层的水头损失为 0.10m，滤池的总水头是 1m。炭砂滤池的水头损失增长缓慢，因此不会成为确定运行周期的关键因素。

（2）运行周期

滤池反冲洗的依据是出水水质变差、水头损失过大或者运行时间过长。在本系统运行过程中，出水的浊度和颗粒物在一个周期内不会有大的变动，水头损失增长较慢，因此出水水质和水头损失的增长均未作为反冲洗的依据。一个周期的运行时间过长时（4d 及以上），滤池的滤料容易出现板结，反冲洗的难度大，并且需要的反冲洗水量也大，对于采用高位水箱冲洗滤池的水厂而言较难满足该需求，因此运行周期控制在 2～3d 较为合适。

（3）反冲洗方式

炭砂滤池在正常运行条件下采用水冲洗，定期采用气水冲洗打散滤料结块。

1）水冲洗

滤池采用水冲洗时，一般采用 30% 的膨胀率，所需冲洗强度随水温变化，试验结果如表 2-19 所示。

不同水温炭砂滤池滤层膨胀率为 30% 的水冲洗强度　　　　　表 2-19

水温（℃）	31	22	18	14
水冲洗强度(L/(s·m²))	14.7	14.2	13.9	12.7

冲洗时间对于滤池稳定运行的意义重大。冲洗时间不足的情况下，滤料表面的污物无法清洗干净，长期如此会导致滤料结块，滤层表面形成泥膜，影响滤池的过滤；冲洗时间过长则会造成反冲洗水的浪费。实际操作中一般根据反冲洗排水浊度确定冲洗时间。本研究中反冲洗排水浊度一般控制在 10NTU 左右，冲洗时间约 10min。

2）气水冲洗

滤池在运行过程中会出现结块，单独的水冲洗无法打散，故每 2 周采用一次气水冲洗打散结块。滤池由于各种原因停产之后，在恢复运行前也应该采用气水冲洗。炭砂滤池的气水冲洗与普通快滤池的气水冲洗方式有三点区别：

①气冲洗强度较低，时间较短。石英砂滤池为了保证对滤料的清洗较为彻底，一般采用的气冲洗强度大且持续的时间长，而炭砂滤池在冲洗过程中，为减少活性炭的磨损，气冲洗的强度一般采用 10L/(s·m²)，时间为 2min。

②先气冲，后水冲，不采用气水同时冲洗的过程。石英砂滤池在冲洗过程中，有时会在气冲洗结束之后再采用气水同时冲洗的过程强化对滤料的清洗，而炭砂滤池如果采用气水同时冲洗，密度较小的活性炭会在气泡的裹挟下随水流向上运动，容易出现滤料流失的情况。

③水冲洗强度高。石英砂滤池的水冲洗过程采用的水冲洗强度较小，滤层膨胀率低，而炭砂滤池气冲洗后活性炭和石英砂在交界处严重混合，为了使滤料分层，而活性炭和石英砂的水力分级过程需要高强度的水冲洗，本研究中水冲洗时的膨胀率控制在 30%，冲洗时间为 10min，在冲走截留污物的同时完成活性炭和石英砂的分层。

2.5.2　对浊度和颗粒物的去除效果

破碎活性炭表面粗糙，且试验中炭砂滤池的滤层厚，因此有较强的纳污能力，可有效去除水中的浊度和颗粒物。

1. 对浊度的去除

试验阶段水温在 11~32℃，待滤水浊度是 0.440~2.845NTU，均值为 1.575NTU，水温低时由于混凝沉淀效果较差，待滤水浊度较高。炭砂滤池的运行效果见图 2-78。

炭砂滤池出水浊度的变化范围是 0.050~0.119NTU，在进水浊度低于 3NTU 时出水浊度低于 0.100NTU，均值为 0.087NTU，基本不会因为进水浊度的变化而产生明显波动，即炭砂滤池可稳定有效去除浊度。生活饮用水卫生标准对浊度的要求是 1NTU，炭砂滤池出水完全可以达到浊度的标准。平行运行的水厂砂滤池，出水浊度为 0.065~0.287NTU，均值为 0.101NTU，因此炭砂滤池对浊度的去除效果优于砂滤池。

浊度主要在炭砂滤池上部的 0.4~0.6m 炭层被去除，石英砂层主要起保障作用。图 2-79 为炭砂滤池在 2011 年 1 月 20 日到 2011 年 1 月 23 日一个运行周期内浊度沿程去除特性。

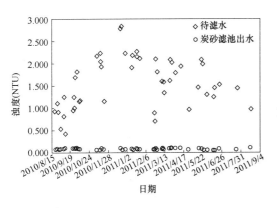

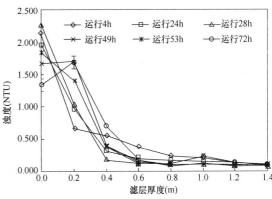

图 2-78　炭砂滤池对浊度的去除效果　　　　图 2-79　炭砂滤池对浊度的沿程去除

2. 对颗粒数的去除

试验阶段待滤水中大于 $2\mu m$ 的颗粒数范围在 899~9071CNT/mL，均值为 4613CNT/mL，水温低时由于混凝沉淀效果较差，待滤水颗粒数较高。试验阶段炭砂滤池出水大于 $2\mu m$ 的颗粒数范围在 23~158CNT/mL，均值为 51CNT/mL，基本不会因为进水颗粒数的变化产生较大波动，即炭砂滤池可稳定有效去除颗粒物，具体见图 2-80。水厂砂滤池出水颗粒数为 38～369CNT/mL，均值为 126CNT/mL，因此炭砂滤池对颗粒数的去除效果优于砂滤池。

一般情况下炭砂滤池出水颗粒数少于 50CNT/mL，但是夏季水温高时出水颗粒数偏高，个别情况下会多于 100CNT/mL，推测可能是一些粒径大于 $2\mu m$ 的藻类被颗粒仪检测到导致的。水温高时水源水中藻类数量增加，而炭砂滤池不能保证对藻类的完全去除，以一次试验数据为例，滤池进水中藻的数量为 3471698 个/mL，出水中藻的数量为 452830 个/mL，去除率为 83%，因此即便很少量的藻类被颗粒仪检测到，就会导致出水大于 $2\mu m$ 的颗粒数明显增加。

颗粒物主要在炭砂滤池上部的 0.6～0.8m 炭层被去除，石英砂层主要起保障作用。图 2-81 为一个运行周期内颗粒物的沿程去除特性。

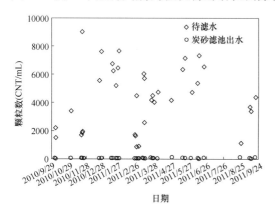

图 2-80　炭砂滤池对颗粒数的去除　　　　　图 2-81　炭砂滤池对颗粒物的沿程去除特性

炭砂滤池出水的颗粒物粒径基本在 $2～20\mu m$ 之间，一般不存在大于 $20\mu m$ 的颗粒物，图 2-82 为随机选取的 12 个出水样品的颗粒物粒径分布情况，明显可以看出滤池出水颗粒

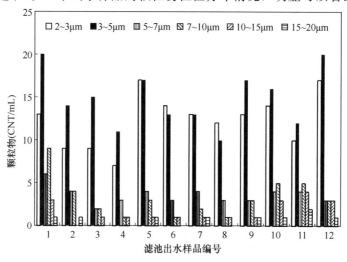

图 2-82　滤池出水颗粒物的粒径分布

物粒径主要介于 2～5μm 之间，平均占到 75％，其他粒径范围的颗粒物一般少于 5CNT/mL，因此炭砂滤池可有效去除较大的颗粒物，对小粒径的颗粒物去除效果略差。

滤池的过滤特性主要由其构建及运行方式决定，基本不会改变，因此为了改善滤池对颗粒物的去除，应该考虑改善混凝效果，使水中的颗粒物形成较大的絮体，从而提高滤池的过滤效果。

2.5.3　对有机物的去除效果

1. 炭砂滤池对高锰酸盐指数的去除

从滤池启动开始考察炭砂滤池对高锰酸盐指数的去除效果，如图 2-83 所示。试验期间滤池进水高锰酸盐指数的范围是 0.65～3.94mg/L，均值为 1.57mg/L，出水浓度范围是 0.28～2.35mg/L，均值为 0.81mg/L，滤池对高锰酸盐指数的平均去除量为 0.76mg/L。滤池出水浓度随进水浓度发生波动，对高锰酸盐指数的去除率在试验阶段逐渐下降。

生活饮用水卫生标准要求的高锰酸盐指数浓度不能大于 3mg/L，试验阶段滤池进水浓度多数情况下已经能够满足该要求，且炭砂滤池能够去除部分有机物，因此出水完全可以满足该标准。虽然砂滤池出水也基本可以满足标准要求，但是将砂滤池改造为炭砂滤池，增加对有机物的去除，一定程度上可以减少后续消毒过程中有机物的耗氯量，减少消毒副产物的生成，提高出水水质。

炭砂滤池对高锰酸盐指数的去除率在运行的一年时间里整体呈逐渐下降的趋势，如图 2-84 所示：运行第一个月，平均去除率为 64％；运行第二个月到第七个月，平均去除率基本在 50％左右；运行第八个月到一年，平均去除率从 50％逐渐降到 30％。水厂砂滤池对高锰酸盐指数的平均去除率为 9.2％，炭砂滤池对高锰酸盐指数的去除效果优于水厂的砂滤池。

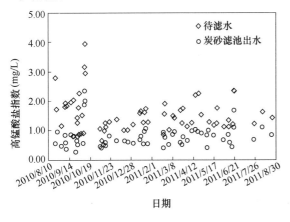

图 2-83　炭砂滤池对高锰酸盐指数的去除效果

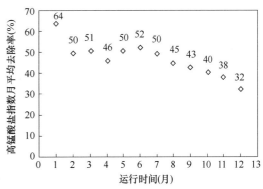

图 2-84　炭砂滤池对高锰酸盐指数去除率的变化

注：滤池于 2011 年 1 月 26 日至 2 月 21 日停止运行约　1 个月，在数据处理过程中将这段时间扣除。

炭砂滤池依靠活性炭吸附作用和微生物的生化作用去除水中的有机物，其中活性炭的吸附作用随运行时间的增长会不断下降，微生物的生物降解作用在完成挂膜之后相对较为稳定。

滤池对高锰酸盐指数的去除主要在上部的 0.4m 完成，水温对高锰酸盐指数沿程去除基本没有影响，如图 2-85 所示。滤池运行到后期，虽然上层活性炭吸附能力有所下降，但是有机物依旧主要在上层被去除。

2. 炭砂滤池对 UV₂₅₄ 的去除

UV_{254} 是指待测水样过膜之后在波长 254nm 处，单位比色皿光程下的紫外吸光度。该指标经常作为一个有机物综合指标用于水处理效果评价中，日本 1978 年将 UV_{254} 列为水质正式指标，欧洲也将该指标作为评价水厂去除有机物效果的指标之一。其测定方法简易，只需将水样通过一次性使用的 $0.45\mu m$ 滤膜后，在 254nm 波长下测定吸光度即可，比色皿为石英比色皿，采用纯水过膜作为参比。该方法的检出限为 $0.001cm^{-1}$。

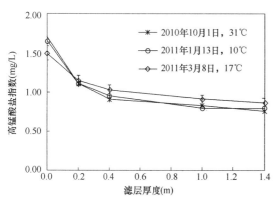

图 2-85　炭砂滤池对高锰酸盐指数的沿程去除

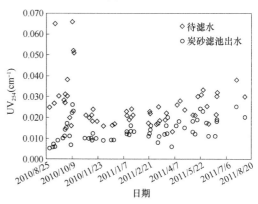

图 2-86　炭砂滤池对 UV_{254} 的去除效果

试验考察了炭砂滤池对 UV_{254} 的去除效果，如图 2-86 所示。试验期间滤池进水 UV_{254} 的范围是 $0.013\sim0.066cm^{-1}$，均值为 $0.026cm^{-1}$，出水浓度范围是 $0.005\sim0.026cm^{-1}$，均值为 $0.013cm^{-1}$。滤池出水浓度随进水浓度发生波动，对 UV_{254} 平均去除量为

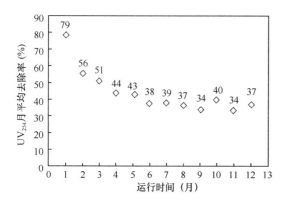

图 2-87　炭砂滤池对 UV_{254} 去除率的变化

$0.013cm^{-1}$。滤池运行初期对 UV_{254} 的去除能力强，即便进水水质明显恶化，出水浓度仍然较低，对 UV_{254} 的去除量可高达 $0.059cm^{-1}$。

随着活性炭吸附能力的不断下降，滤池对 UV_{254} 的去除率整体呈下降趋势，如图 2-87 所示：运行第一个月，平均去除率为 79%；运行第二个月、第三个月，平均去除率基本在 50% 以上；运行四个月到一年，平均去除率介于 30%～50%

之间，缓慢下降并趋于平稳。活性炭为新炭时，吸附能力很强，因此在滤池运行初期，即便进水 UV_{254} 浓度很高，滤池出水的 UV_{254} 能够保持在较低的浓度水平。

水厂石英砂滤池一年的运行数据表明，滤池进出水 UV_{254} 始终一致，即石英砂滤池对 UV_{254} 基本没有去除能力。如前文所述，石英砂滤池内存在一定的微生物量和生物活性，可以去除一部分有机物，而滤池却对 UV_{254} 没有去除，因此推断当地水源水中 UV_{254} 所表征的有机物无法通过生物降解作用去除。炭砂滤池能够去除 UV_{254}，因此判断 UV_{254} 在滤池内基本依靠活性炭的吸附作用去除。

UV_{254} 与三卤甲烷生成势（THMFP）关系密切。有研究认为，UV_{254} 作为 THMFP 的替代参数是简便可行的。将石英砂滤池改为炭砂滤池，可有效降低滤池出水的 UV_{254}，从而有利于减少消毒副产物的生成，提高出水的安全性。

炭砂滤池对 UV_{254} 的去除是在炭层完成的，石英砂层没有去除作用，结果如图2-88 所示。相比于高锰酸盐指数主要在滤池上部 0.4m 去除，滤池下部的活性炭对 UV_{254} 也有较为明显的去除作用。

从 2010 年 9 月 17 日（运行第一个月）到 2011 年 1 月 12 日（运行第四个月）再到 2011 年 3 月 26 日（运行第六个月），活性炭层上部 0.4m 对 UV_{254} 的去除量从 $0.011cm^{-1}$ 降 到 $0.005cm^{-1}$ 再降到

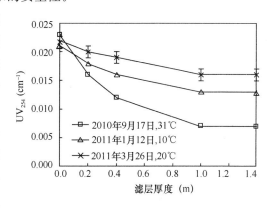

图 2-88 炭砂滤池对 UV_{254} 的沿程去除

$0.003cm^{-1}$，其去除比例占整个滤池对 UV_{254} 的去除比例从 69% 降到 62% 再降到 50%。相同的时间变化，从 0.4m 到 1m 的活性炭层对 UV_{254} 的去除量分别是 $0.005cm^{-1}$、$0.003cm^{-1}$ 和 $0.003cm^{-1}$，变化较小，其去除比例占整个滤池对 UV_{254} 的去除比例从 31% 升至 38% 再升至 50%。通过数据分析可发现随着滤池的运行，表层活性炭的吸附性能明显下降，而下层的活性炭吸附性能减少不明显，可见表层活性炭在有机物吸附过程中发挥了重要作用。

滤池运行初期，表层活性炭对有机物的去除效果好于下层的活性炭，原因可能有二：一方面进水中容易吸附的有机物先被表层的活性炭去除，而与下层活性炭接触的有机物可能需要较长的接触时间才能被吸附，而实际运行条件不能满足需求，故吸附效果不好；另一方面可能与活性炭的粒径有关，在滤池冲洗时水力分级的作用下，表层活性炭粒径较小，下层活性炭粒径较大，有研究表明活性炭粒径越小越有利于对有机物的去除，故下层活性炭吸附效果没有上层的活性炭好。

2.5.4 对氨氮和亚硝酸盐氮的去除效果

饮用水处理一般为好氧的环境，因此氨氮的去除途径一般认为是氨氮被氨氧化菌（Ammonia Oxidizing Bacteria，AOB）氧化为亚硝酸盐氮，亚硝酸盐氮再被亚硝酸盐氧化

菌（Nitrite Oxidizing Bacteria，NOB）氧化为硝酸盐氮，反应式如下：

AOB 氧化氨氮：$NH_4^+ + 1.5O_2 \longrightarrow NO_2^- + H_2O + 2H^+$

NOB 氧化亚硝酸盐氮：$NO_2^- + 0.5O_2 \longrightarrow NO_3^-$

1. 对氨氮的去除

试验期间水温的变化范围是 $10 \sim 32℃$。滤池进水为水厂沉淀池出水，由于水源水氨氮浓度高于 2mg/L 时水厂会停产，设备进水为水厂停产前平流沉淀池残余的水，因此试验中炭砂滤池进水氨氮浓度一般不会高于 2mg/L，试验期间实测的炭砂滤池进水氨氮浓度范围是 $0.02 \sim 2.00mg/L$，均值为 0.66mg/L。

炭砂滤池在一年内对氨氮的去除效果见图 2-89。炭砂滤池可以稳定有效去除氨氮，在不受溶解氧限制的条件下（出水溶解氧大于 2mg/L），出水氨氮浓度一般低于 0.10mg/L。整个试验阶段滤池出水氨氮浓度在 $0.01 \sim 0.55mg/L$，均值为 0.10mg/L。平行运行的水厂砂滤池出水氨氮为 $0.01 \sim 1.31mg/L$，均值为 0.18mg/L，炭砂滤池的运行效果优于砂滤池。

滤池在运行过程中有 3 次进水氨氮浓度接近 2.00mg/L，出水氨氮浓度在 0.50mg/L 左右，滤池对氨氮的去除量约为 1.50mg/L，推测是由于进水溶解氧不足造成的，因为三个出水水样的溶解氧已经低于 2mg/L，不足以继续供 AOB 氧化更多的氨氮。

生活饮用水卫生标准的非常规指标部分对于氨氮的要求是不得高于 0.5mg/L，炭砂滤池的出水基本符合要求，即便出水略高于 0.5mg/L，在后续自由氯的消毒过程中，部分氨氮会被氧化成氯胺，消毒后出水的氨氮低于标准的限值。

炭砂滤池内 AOB 活性强，对氨氮的去除主要在上部 0.4m 滤层完成，进水浓度低时在上部 0.2m 即可被去除，如图 2-90 所示。9 月 19 日和 10 月 1 日的水温是 31℃，1 月 17 日水温是 12℃，从图中可以看出水温对滤池去除氨氮的影响不大，即试验条件下水温对滤池中 AOB 的影响不大。

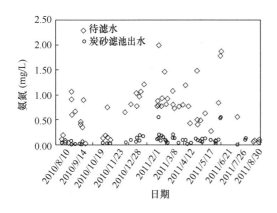

图 2-89　炭砂滤池对氨氮的去除效果

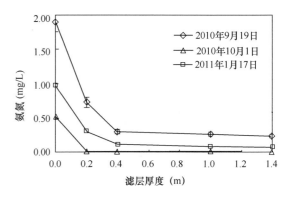

图 2-90　炭砂滤池对氨氮的沿程去除

2. 对亚硝酸盐氮的去除

炭砂滤池内 NOB 活性强，在不受溶解氧限制的条件下能够将进水中原本存在的亚硝酸盐氮和氨氮转化成的亚硝酸盐氮转化为硝酸盐氮，出水亚硝酸盐氮一般情况下低于检出限，具体见图 2-91。亚硝酸盐氮进水浓度在 $0.006\sim0.689\text{mg/L}$，均值为 0.170mg/L。炭砂滤池出水在试验期间实测的亚硝酸盐氮浓度范围在 $0\sim0.035\text{mg/L}$，均值为 0.002mg/L，个别情况下由于水中溶解氧的限制导致出水亚硝酸盐氮积累，如图 2-91 所示。平行运行的水厂砂滤池出水亚硝酸盐氮为 $0\sim0.930\text{mg/L}$，均值为 0.173mg/L，运行过程中容易出现出水亚硝酸盐氮浓度高于进水的情况。炭砂滤池对亚硝酸盐氮的去除效果明显优于砂滤池。

在生活饮用水卫生标准的水质参考指标里对于亚硝酸盐的要求是不高于 1mg/L，炭砂滤池出水完全可以达到要求。滤池出水中少量的亚硝酸盐氮可以在清水池中被自由氯氧化为硝酸盐氮。

炭砂滤池内 NOB 活性强，对亚硝酸盐氮的去除主要在上部 0.4m 滤层完成，如图 2-92 所示。9 月 19 日和 10 月 1 日的水温是 31℃，1 月 17 日的水温是 12℃，从图 2-92 中可以看出水温对滤池去除亚硝酸盐氮的影响不大，即试验条件下水温对滤池微生物活性的影响不大。

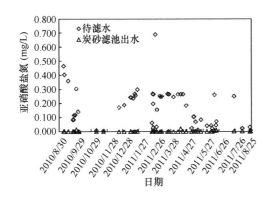

图 2-91　炭砂滤池对亚硝酸盐氮的去除效果

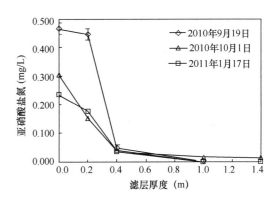

图 2-92　炭砂滤池对亚硝酸盐氮的沿程去除特性

3. 氯对氨氮去除的影响

（1）预氯化

考察水厂预氯化对炭砂滤池去除氨氮的影响，结果如图 2-93 所示，炭砂滤池对氨氮的去除基本没有受到进水氯浓度的影响，不同进水氯浓度条件下氨氮去除都基本在 0.4m 炭层就得到了去除，亚硝酸盐氮的沿程去除也显示了相似规律。这说明进水氯浓度对炭砂滤池上的微生物杀伤性不大，不会造成滤池对氨氮的去除能力明显减低。

图 2-94 为余氯浓度在炭砂滤池滤层中的沿程变化，可以看到各浓度的氯在经过 0.4m 的炭层后基本完全分解，氯与活性炭的反应对微生物起到了保护作用，因此对氨氮去除的影响不大。

（2）含氯水反冲洗

反冲洗采用单独水冲，冲洗时间为 10min，冲洗强度为 $15\text{L/(m}^2\cdot\text{s)}$，考察的反冲洗

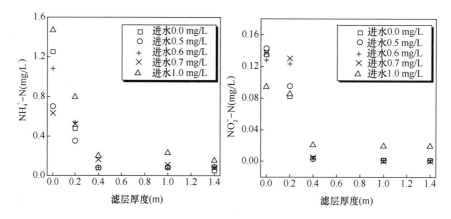

图 2-93　余氯对炭砂滤池去除氨氮及亚硝酸盐氮的影响（水温 29～30℃）

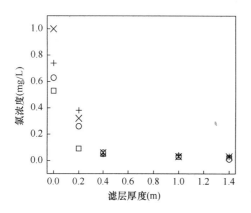

图 2-94　余氯在炭砂滤池的沿程变化
情况（水温 29～30℃）

水含氯浓度分别为 0、0.7mg/L 和 1.3mg/L。试验结果表明，对用不含氯的水反冲洗的滤池，在反冲洗后 3h 取样测定滤池对氨氮的去除量为 1.08mg/L，氯浓度为 0.7mg/L 反洗后的滤池此时对氨氮的去除量为 0.83mg/L，比不含氯水反冲洗氨氮去除减少了 23％；而 1.3mg/L 含氯水反冲洗后氨氮的去除量仅为 0.45mg/L，比不含氯水反冲洗氨氮去除减少了 59％。在运行一天后再次测定，不含氯水反冲洗滤池对氨氮的去除为 1.02mg/L，0.7mg/L 含氯水反冲洗滤池对氨氮的去除为 1.01mg/L，而 1.3mg/L 含氯水反冲洗的滤池对氨氮的去除量为 0.85mg/L，比前两者去除少 16％。因此不含氯的水反冲洗较有利于炭砂滤池的稳定运行，0.7mg/L 含氯水反冲在开始运行时会造成一定的影响，一天后得到恢复，更高浓度的含氯水对氨氮去除的影响较大，不利于滤池的稳定运行，故建议采用不含氯的水对炭砂滤池进行反冲洗。

预氯化对滤池去除氨氮的影响不大，而含氯水反冲洗则会对滤池运行产生一定的影响，造成这种情况的原因主要在于预氯化条件下滤速仅为 8m/h，此时滤池中的活性炭与氯接触的时间较长，能够有效的分解水中的氯，因此不会对滤池内微生物产生较大的影响，而反冲洗时滤速可高达 50m/h，滤池中的活性炭与氯的接触时间尚不足以完成氧化还原反应，因此氯会对滤池内的微生物有一定的杀伤，从而导致后续运行过程中氨氮去除量的下降。

4. 抗氨氮冲击负荷

对于水源水季节性污染的水厂，炭砂滤池抗氨氮冲击负荷是水厂生产中较为关心的问题。炭砂滤池作为生物活性滤池，对氨氮的去除主要是依靠生物作用，水中溶解氧及滤池内生物量是限制氨氮去除的两个重要因素。考察了炭砂滤池在冬季和夏季两个季节条件下进水浓度分别由 1.00mg/L 和 0.5mg/L 忽然提高到 3mg/L 左右，炭砂滤池对氨氮的去除情况，结果如图 2-95 和图 2-96 所示。

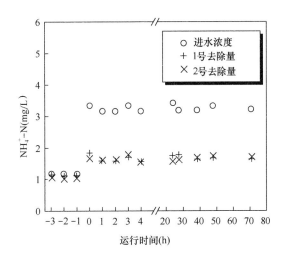

图 2-95 冬季炭砂滤池应对氨氮突变情况（2011 年 3 月 14 日）

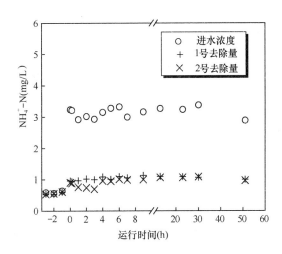

图 2-96 夏季炭砂滤池应对氨氮突变情况（2011 年 9 月 26 日）

冬季氨氮浓度突变之前滤池进水氨氮浓度在 1mg/L 左右，这时候水温较低，进水溶解氧较为充足，滤池对氨氮基本能够完全去除。而在进水氨氮突变为 3mg/L 左右后，滤池对氨氮的去除量从一开始就能达到 1.7mg/L（理论需氧量为 8mg/L），之后一直保持稳定在 1.5～1.7mg/L 左右，运行 3d 后也没有发生明显变化。滤池在氨氮浓度突变后没有出现去除量逐渐增加的情况，说明炭砂滤池内生物量较为充足，对氨氮的去除主要受到进水溶解氧的影响。

夏季氨氮浓度突变之前滤池进水氨氮浓度在 0.5mg/L 左右，进水溶解氧为 6mg/L 左右，滤池基本能够完全去除氨氮。浓度突变为 3mg/L 后，滤池对氨氮的去除量为 0.95mg/L，且之后一段时间都稳定在 1mg/L 左右。虽然夏季滤池中生物活性较冬季大，但是受到溶解氧的限制，对氨氮的去除量尚不及冬季。

研究表明，炭砂滤池具有一定的抗冲击负荷能力且在试验条件下响应时间很短，溶解氧是限制氨氮去除的主要因素。

2.5.5 提高氨氮去除能力的曝气炭砂滤池工艺

1. 曝气炭砂滤池概念的提出

南方地区长期水温较高，微生物活性强，溶解氧是影响炭砂滤池去除氨氮的最关键影响因素。以 30℃ 为例，该条件下水中的饱和溶解氧为 7.56mg/L，而理论上将 1mg/L 氨氮氧化为硝酸盐氮需要消耗 4.57mg/L 的溶解氧，即便水中的溶解氧达到饱和且所有溶解氧都用于氨氮的去除，仅可以去除 1.65mg/L 的氨氮。试验所在地高氨氮污染主要发生在夏季，污染时氨氮浓度一般高于 2mg/L，并且由于水源污染，水中溶解氧达不到饱和浓度，炭砂滤池对氨氮的去除非常有限，滤池的硝化能力没能得到发挥。以图 2-97 为例，在受溶解氧限制的炭砂滤池内，氨氮的去除和溶解氧的消耗基本集中于滤池上层的 0.2～0.4m，滤池下层的硝化菌的活性没有得到发挥。为增加滤池对氨氮的去除，应该通过曝气的方式增加水中的溶解氧。

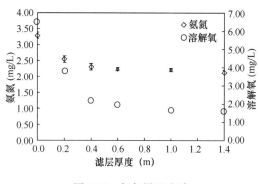

图 2-97 氨氮沿程去除

如果在滤池进水之前曝气，如之前分析，高温条件下即便进水溶解氧达到饱和，对氨氮去除负荷的增加作用有限，并且在水处理流程中找不到合适的构筑物或者管段对水进行充分的曝气，因此工程上基本不可行；如果在滤池的承托层曝气，则滤层内滤料之间会形成大量的孔隙，导致滤池对浊度的去除效果变差，而饮用水处理中快滤池的最基本作用是对浊度的去除，因此不可行；如果在滤层中间曝气，曝气头上方滤层中可利用的溶解氧增加，溶入水中的溶解氧可以马上被滤池内的微生物利用，较大的浓度差可以促使空气中的氧气不断溶入水中用于硝化反应，因此可以明显提高滤池的氨氮去除负荷，同时曝气头下方仍有一定厚度的滤层，可保证快滤池对浊度的去除作用，因此从理论上分析该工艺具有可行性。以下将该工艺称之为曝气炭砂滤池工艺，考察其对氨氮的去除特性、确定较为理想的工艺参数、研究该工艺在工程上的可行性，并提供具体的工程实施方案。

2. 曝气炭砂滤池工艺参数的确定

为保证水厂正常的供水量，采用曝气炭砂滤池工艺时滤池依旧保持 8m/h 的滤速，因此试验中该工艺需要确定的工艺参数主要是曝气深度和气水比。

（1）曝气深度对氨氮去除的影响

如前文所述，炭砂滤池的活性炭层有丰富的 AOB，为了使滤池的硝化能力得到充分的发挥，尽量提高滤池可以应对的氨氮浓度，曝气头应该尽量布置在活性炭层靠下的位置。为保证滤池对浊度的去除，曝气头下方的滤层厚度至少应满足传统快滤池对滤层厚度的要求，即至少 0.7m。综合考虑滤池对氨氮和浊度的去除，本试验中考察了曝气头在滤层表面下方 0.4m 处和 0.6m 处时滤池对氨氮的去除效果，气水比采用 0.17，水温 30℃，对比结果如图 2-98 所示。

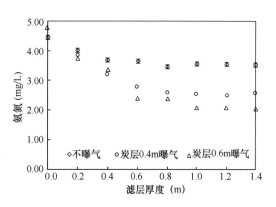

图 2-98　不同方式运行对氨氮去除的效果对比

不曝气、在炭层表面下 0.4m 处曝气和在炭层表面下 0.6m 处曝气三种运行方式，对氨氮的去除量分别为 0.92mg/L、1.88mg/L 和 2.75mg/L，对应的出水浊度分别为 0.080NTU、0.142NTU 和 0.149NTU。两个曝气深度下出水浊度差别不大，但是在炭层下 0.6m 处曝气对氨氮的去除负荷可以明显增加，更能保证在水源污染时出水氨氮的达标率，因此曝气深度选择炭层表面下方 0.6m 处较为合适。

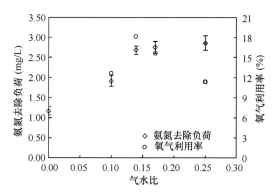

图 2-99　气水比对氨氮去除负荷的影响

（2）气水比对氨氮去除负荷的影响

试验过程中滤速保持不变，通过调整曝气量改变气水比，研究气水比对氨氮去除负荷的影响，水温为 30℃，试验结果如图 2-99 所示，在气水比为 0、0.10、0.14、0.17 和 0.25 时，对氨氮的去除负荷的均值分别为 1.17mg/L、1.93mg/L、2.68mg/L、2.75mg/L 和 2.86mg/L，氧气利用率为计算所得。随着气水比的增加，氨氮去除负荷的均值不断提高，但是气水比大于 0.14 之后，去除负荷的增加较为缓慢，氧气利用率降低，原因可能主要有二：一方面是生物量的限制，在非排洪期，滤池进水氨氮的平均浓度约 0.6mg/L，且滤池每 3 天反冲洗一次，与之相适应的滤池内的生物量和活性可能无法应对过高浓度的氨氮，因此过多提高供气量也无法被微生物利用，因此氧气利用率降低；另一方面是由于水力条件，曝气量较小时，滤层相对稳定，滤层内存在大量的气泡，其中的氧气可被微生物充分利用，而当曝气量增加时，曝气头上方滤层的扰动变大，滤层内截留的气泡变少，滤层上方的待滤水中的气泡明显增多，即曝入的空气没有被充分利用就已经逸出水面，因此氧气利用率降低。

在气水比为 0、0.10、0.14、0.17 和 0.25 时，滤池出水浊度分别为 0.073NTU、0.096NTU、0.149NTU、0.149NTU 和 0.157NTU。曝气条件下出水浊度会变差，但是得益于曝气头下方依旧有 0.8m 的滤层可以去除颗粒物，因此滤池出水浊度完全可以满足生活饮用水卫生标准的要求。

气水比的增加意味着运行成本的增加，并且在曝气的过程中活性炭会有一定程度的磨损，因此在出水水质能够满足要求的情况下，运行过程中应该尽量减少气水比。当水源水中氨氮的浓度在 3mg/L 左右时，建议采用 0.14 左右的气水比，如果滤池出水中有残余的氨氮，即便其中只有一部分氨氮在后续消毒过程中与自由氯生成消毒剂—氯胺，出厂水中的氨氮浓度依旧可以达到生活饮用水卫生标准对氨氮浓度不得大于 0.5mg/L 的要求。

综上，曝气炭砂滤池的曝气深度在滤层表面下 0.6m 较为合适，气水比需要根据实际需求确定，比如当水源水中氨氮的浓度在 3mg/L 左右时，气水比采用 0.14 左右较为合适。

上海惠南水厂采用生物预处理的工艺应对高氨氮的水源水，生物接触氧化池的水力停留时间为 1.45h，气水比为（0.8~1.5）：1，运行结果为源水氨氮浓度＜3mg/L 时，生化池的氨氮去除率达 85% 以上，即去除量可以达到 2.55mg/L；当源水氨氮浓度在 3~5mg/L 时，整个工艺流程氨氮去除率也可达 80% 以上。上海周家渡水厂采用"预臭氧—混凝沉淀—过滤—活性炭滤池"的深度处理工艺可以应对 3mg/L 的氨氮浓度。通过曝气炭砂滤池的运行效果可知，在水源水浓度低于 3mg/L 时，曝气炭砂滤池对于氨氮的去除能力与生物预处理和深度处理的去除能力相似，不足之处在于曝气炭砂滤池在运行过程中对于活性炭的磨损较为明显，不适合长期运行，适用于处理短期内氨氮浓度忽然升高的水源水。

工程上采用曝气炭砂滤池，其优点在于：

（1）通过曝气充氧，解决了仅靠进水中的溶解氧不能满足高氨氮硝化耗氧需求的难题，可以应对氨氮浓度大于 2mg/L 的滤池进水；

（2）采用常规工艺的水厂无需增加新的构筑物，只需要对原有快滤池改造即可；

（3）在提高氨氮去除能力的同时，出水浊度略受影响，但完全满足生活饮用水卫生标准对于浊度的要求；

（4）曝气的氧利用率高，所需气水比低，曝气电耗少；

（5）降低快滤池出水氨氮浓度，且运行稳定，减少后续消毒过程中氨氮对消毒剂的消耗，有利于消毒效果的提高且减少消毒剂药耗。

3. 曝气炭砂滤池的运行效果

以 30℃ 条件下，曝气深度为炭层表面下方 0.6m 处，气水比 0.14 的工艺参数为例，讨论曝气炭砂滤池的运行效果。

（1）对氨氮的沿程去除

曝气炭砂滤池对氨氮的沿程去除效果和滤池内溶解氧的沿程变化情况如图 2-100 所示。

滤池对氨氮的去除量为 2.75mg/L，其中有 2.41mg/L 的氨氮是在曝气头上方

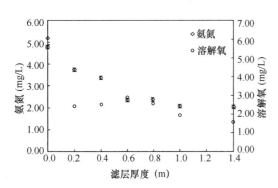

图 2-100　氨氮沿程去除及溶解氧沿程变化

被去除，曝气头下方的滤层受到溶解氧和生物量的限制，对氨氮的去除量仅为0.34mg/L。

空气曝气在滤层内增加的溶解氧会马上被滤料上附着的 AOB 和 NOB 消耗，因此表现出曝气头上方滤层内的溶解氧并没有增加。

（2）对亚硝酸盐氮的沿程去除

炭砂滤池内 NOB 的生物量丰富，可以将进水中的亚硝酸盐氮以及氨氮转化成的亚硝酸盐氮及时转化为硝酸盐氮。

在受溶解氧限制的条件下，滤池出水会测出亚硝酸盐氮的存在，而曝气条件下出水检不出，亚硝酸盐氮可以在炭层内被去除，如图 2-101 所示。因此采用曝气炭砂滤池可以解决高氨氮进水条件下出水亚硝酸盐氮积累的问题，可以减少后续消毒过程中亚硝酸盐氮对消毒剂的消耗。

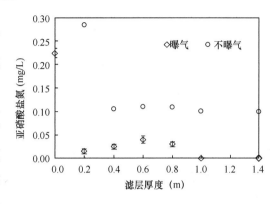

图 2-101　亚硝酸盐氮沿程去除

（3）曝气对过滤的影响

曝气可以有效增加滤池对氨氮和亚硝酸盐氮的去除效果，而炭砂滤池最重要的作用是保证对浊度的去除，因此需要考察曝气对滤池去除浊度的影响和水头损失的变化情况，评价曝气炭砂滤池工艺的可行性。

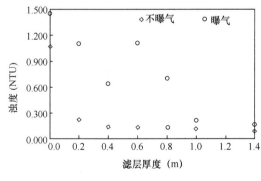

图 2-102　浊度沿程去除

1）浊度

炭砂滤池作为快滤池，首先应该保证对浊度的去除。正常运行条件下，浊度主要在滤池的上层被去除，试验中炭砂滤池出水浊度均值为 0.087NTU。在曝气条件下，曝气头上方的滤层略有扰动，活性炭受到一定程度的磨损，待滤水浊度大于不曝气条件下待滤水浊度，尤其是在滤层曝气处浊度会升高，浊度的去除主要在曝气头下方 0.4m 的活性炭层完成，出水浊度为 0.157NTU，比不曝气条件下的出水浊度差，但是完全可以满足生活饮用水卫生标准对于浊度低于 1NTU 的要求（图 2-102）。

2）水头损失

炭砂滤池在运行过程中水头损失随时间呈线性增长，而曝气条件下运行的水头损失变化很小，如图 2-103 所示，原因主要有二：一方面是曝气炭砂滤池对于浊度的去除主要在曝气头下方 0.4m 的活性炭层完成，由于反冲洗时的水力分级作用，炭砂滤池下层的活性炭颗粒粒径较大且滤料间孔隙较大，因此颗粒物在该滤层被截留之后并不会导致水头损失

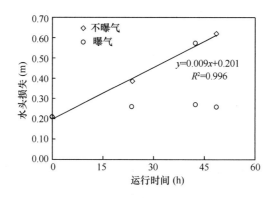

图 2-103　水头损失增长特性

明显增加；另一方面曝气炭砂滤池对浊度的去除效果略差，截留的颗粒物较少。

曝气对滤池的过滤特性影响不大，并且可以有效提高滤池对氨氮和亚硝酸盐氮的去除效果，因此该工艺可行。

第3章 深度处理组合工艺

臭氧及其高级氧化工艺在饮用水深度处理中有很广泛的应用前景。关于臭氧及其高级氧化的原理及应用在2.1中已经进行了阐述。

生物处理常常是去除有机污染物的最便宜也是最有效的方法。许多污染物能通过微生物处理完全降解（矿化），而许多物理过程只是将污染物浓缩，或者将它们从一种介质转移到另一种介质中，它们在环境中的最终归属是不清楚的。很遗憾的是，不是所有的化合物都能生物降解。生物难降解的氧化产物则很容易化学降解，因此处理过程常常是化学法与生物法相结合。在必须使用化学氧化工艺时，化学法与生物法联合使用的目的是将氧化剂的投加量降到最低，降低运行成本。

组合使用化学和生物两种工艺是为了利用他们各自的优势，生物难降解但容易臭氧氧化的物质经部分臭氧氧化后，产生的副产物比原来的化合物更容易生物降解，例如难臭氧氧化的低分子酸。

在饮用水处理过程中，组合工艺一般是以臭氧氧化和随后的活性炭吸附池固定生物膜为基础的，即臭氧－活性炭组合工艺。在这种方法中，生物降解有助于吸附，使活性炭再生周期延长，有助于增加这一工艺的经济可行性。

3.1 H_2O_2/O_3/生物活性炭工艺

3.1.1 O_3/H_2O_2 联用去除污染物的机理

O_3/H_2O_2 是一种常用的水处理高级氧化方法，臭氧和过氧化氢协同作用可以产生具有极强氧化作用的羟基自由基 OH·，可直接将污染物氧化为二氧化碳和水，从而有效去除水中的有机污染物。臭氧水溶液中加入 H_2O_2，臭氧分解产生的速度会显著加快，污染物在 O_3/H_2O_2 氧化过程中的降解速率比单一的氧化过程快 $2\sim200$ 倍。

在臭氧催化氧化工艺中，O_3/H_2O_2 催化氧化是一种相对比较成熟的工艺，它的基本原理已经得到了详尽的研究和证实，所以在此首先以 O_3/H_2O_2 催化氧化工艺为例介绍臭氧催化氧化工艺的基本原理。在 O_3/H_2O_2 催化氧化工艺中，O_3 分解生成 OH· 的反应是由 H_2O_2 引发的。过氧化氢是一种弱酸，在水中它会部分发生离解生成过氧化氢离子。

$$H_2O_2 + H_2O \longleftrightarrow HO_2^- + H_3O^+ \qquad K_a = 10^{-11.8}$$

随着溶液 pH 值的升高，HO_2^- 的浓度可以表示为 K_a 和离解系数的函数

$$K_a = \frac{[HO_2^-][H_3O^+]}{[H_2O_2]}$$

当 pH≪pK_a 时

$$[H_2O_2] = [H_2O_2] + [HO_2^-] \approx [H_2O_2]$$
$$K_a = \alpha[H_3O^+]$$

OH·的生成过程如下化学反应所示。

在 H_2O_2 的引发作用下，OH·生成途径分为链引发、链增长和链终止 3 个阶段：

（1）OH·链引发：

$$OH^- + O_3 \longrightarrow O_2^- + HO_2 \quad k = 70 L/(mol \cdot s)$$
$$HO_2^- + O_3 \longrightarrow O_3^- + HO_2 \quad k = 2.8 \times 10^6 L/(mol \cdot s)$$
$$HO_2 \longleftrightarrow H^+ + O_2^- \quad pK_a = 4.8$$

（2）OH·链增长：

$$O_2^- + O_3 \longrightarrow O_3^- + O_2 \quad k = 1.6 \times 10^9 L/(mol \cdot s)$$
$$H^+ + O_3^- \longrightarrow HO_3 \quad k = 5.2 \times 10^{10} L/(mol \cdot s)$$
$$HO_3 \longrightarrow OH \cdot + O_2 \quad pK_a = 1.1 \times 10^5 L/(mol \cdot s)$$

（3）OH·生成净反应

由 OH^- 引发生成 OH·的反应：

$$3O_3^- + OH^- \longrightarrow 2OH \cdot + 4O_2$$

由 HO_2^- 引发生成 OH·的反应：

$$2O_3 + H_2O_2 \longrightarrow 2OH \cdot + 3O_2$$

（4）OH·清除反应

$$OH \cdot + 有机物 \longrightarrow 产物 \quad K = 10^6 \sim 10^9 L/(mol \cdot s)$$
$$OH \cdot + H_2O_2 \longrightarrow H_2O + H^+ + O_2^- \quad K = 2.7 \times 10^7 L/(mol \cdot s)$$

$$OH \cdot + HCO_3^- \longrightarrow H_2O + CO_3^- \quad K = 1.5 \times 10^7 L/(mol \cdot s)$$

$$OH \cdot + CO_3^{2-} \longrightarrow OH^- + CO_3^- \quad K = 4.2 \times 10^8 L/(mol \cdot s)$$

$$OH \cdot + O_3 \longrightarrow OH^- + CO_3^- \quad K = 2.0 \times 10^8 L/(mol \cdot s)$$

从上面的化学反应式可以看出，在 O_3/H_2O_2 系统中臭氧分解可以由 OH^- 和 H_2O_2 引发。但通过化学方程显示的反应速度常数可知，当 H_2O_2 在水中的浓度达到 "$\mu mol/L$" 级时，由 H_2O_2 离解生成的 HO_2^- 引发臭氧分解的速度要远远高于 OH^-。因此通常情况下，O_3/H_2O_2 系统中生成 OH·的链反应主要是由 HO_2^- 引发完成的。

3.1.2　臭氧传质及过氧化氢浓度变化的影响因素

水厂一般采用不锈钢微孔或陶瓷多孔材料将臭氧均匀地分布在水中。试验中所采用的反应器是鼓泡式接触柱，臭氧气体通过反应柱底部的微孔玻璃砂板布气引入反应器中与水样接触反应，没有消耗掉也没有溶解在水中的臭氧气体通过反应柱上端口排出，因此反应效率的高低很大程度上取决于臭氧气体向水中转移量的高低。研究影响臭氧向水中的转移效率的因素对于提高反应效率，进一步探明反应机理是很有意义的。

一般而言，影响臭氧向水中的转移效率的最主要因素除了反应器具体类型以外，温度、过氧化氢投量、溶液 pH 值、溶液中金属离子等都可能会对臭氧向水中的转移效率存在一定的影响，由于在本实验中反应器类型和具体反应温度都是确定的，因此将主要从其他几个方面来考察臭氧向水中的转移效率。

溶液中过氧化氢浓度的变化规律一定程度上揭示了反应机理，下面就具体以 2,4-二氯苯氧乙酸为例对可能影响臭氧向水中转移效率以及过氧化氢浓度变化的因素逐一展开讨论。

1. 过氧化氢投加量的影响

从表 3-1 中可以看出，向臭氧化体系中加入过氧化氢对臭氧向水中的转移效率的影响很小，当过氧化氢投量增大到 4mg/L 的时候，臭氧向水中的转移效率也只是从空白的 41.1% 增加到了 44.7%。

从溶液中剩余过氧化氢的浓度看来，事实上反应中消耗的过氧化氢只是其中比较少的一部分，大部分过氧化氢都留在了溶液中，例如过氧化氢投量为 2mg/L 的时候，仅有 28% 的过氧化氢消耗掉。近年来，随着人们对水质要求的提高，O_3/H_2O_2 高级氧化工艺中过氧化氢的剩余问题也逐渐越来越得到重视，因为残留的过氧化氢在水体中分解较慢，因而对水质产生一定程度的影响，在某种程度上限制了 O_3/H_2O_2 工艺的进一步应用。另外，还在实验中发现了，在没有投加过氧化氢的单独臭氧化反应中，也检测到了一定浓度过氧化氢的存在，浓度很低，只有 0.08mg/L。

溶液中臭氧及过氧化氢浓度 表 3-1

H_2O_2/O_3 摩尔比	0.00	0.30	0.60	1.20
O_3 向水中的转移效率（%）	41.12	41.05	43.18	44.73
水中溶解的 O_3 量（mg/L）	1.89	1.89	1.99	2.06
水中剩余的 O_3 量（mg/L）	1.37	1.24	1.26	1.18
H_2O_2 投加量（mg/L）	0.00	1.00	2.00	4.00
H_2O_2 剩余量（mg/L）	0.08	0.68	1.44	3.06
H_2O_2 消耗量（mg/L）	—	0.32	0.56	0.94
H_2O_2 消耗百分比（%）	—	32.00	28.10	23.50

注：$[O_3]_0 = 4.62mg/L$；H_2O_2 投量：0，1mg/L，2mg/L，4mg/L；反应时间：480s；水温：25±1℃

2. 投加方式的影响

在实际水处理中，H_2O_2 可能有两种投加方式：一种为在处理流程入口处随臭氧全部投入反应器中；另一种为在处理流程中，分多点将其投入反应器中。本节中，以一次性投加和间歇投加模拟实际水处理中两种不同投加方式，通过对比试验考察不同催化剂 H_2O_2 投加方式对 O_3/H_2O_2 催化氧化去除水中难降解有机物的影响。

图 3-1 是一次性投加和间歇投加两种方式下硝基苯的去除情况。可以看到，当臭氧与催化剂 H_2O_2 一次性投入反应器后，水中硝基苯的浓度迅速下降，在第一个 5min 内硝基苯就降解了 64%。然而随着反应时间延长，水中剩余硝基苯的浓度没有明显继续下降的趋势，在第二个 5min 内其浓度仅降解了 7%。在随后的处理时间内，水中剩余硝基苯浓度基本保持不变。采用间歇投加方式时，在第一个 5min 内硝基苯仅降解了 17%。但是随着臭氧与催化剂 H_2O_2 持续加入，水中剩余硝基苯的浓度不断下降，在处理时间为 10min、

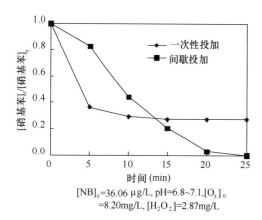

图 3-1　不同投加方式对硝基苯
去除效果的影响

$[NB]_0 = 36.06 \mu g/L$, $pH = 6.8 \sim 7.1$, $[O_3]_0$
$= 8.20 mg/L$, $[H_2O_2] = 2.87 mg/L$

15min、20min 时，水中剩余硝基苯的浓度分别降解到原浓度的 44％、21％和 3％。经过 25min 氧化处理后，水中的硝基苯被完全去除。以上试验现象说明，在臭氧和催化剂 H_2O_2 总投量相同的条件下，间歇投加对水中硝基苯的去除效果要明显优于一次性投加。据推测，这种试验现象与 OH· 的生成途径和氧化特性有关。

在一次性投加时，由于全部臭氧与催化剂 H_2O_2 一次性投入反应器中，所以在初始阶段迅速生成浓度较高量的 OH·。由于 OH· 的化学性质十分活泼，在生成的 OH· 中除一部分氧化水中硝基苯，使其迅速降解外，同时另一部分过量的 OH· 既可与水中的未离解的 H_2O_2 快速反应，又可以通过 OH· 之间的互相反应而淬灭，这样导致在后续反应中，OH· 的浓度急剧下降，不能对硝基苯进一步有效降解。在间歇投加时，随着臭氧与催化剂 H_2O_2 分阶段连续投入反应器中，OH· 在前一个阶段被消耗后又可以在下一个阶段重新生成，因而其浓度可以一直保持在有效范围内，有利于对硝基苯持续氧化直至将其最终完全去除。

由于水中剩余臭氧浓度的变化可以间接地反映系统中 OH· 的生成情况和反应情况，为了进一步证实上述推测，对硝基苯降解过程中水中剩余臭氧浓度的变化进行了动态检测，图 3-2 为检测结果。可以看出，当以不同方式投加 H_2O_2 时，水中剩余臭氧的变化差别较大。对于一次性投加 H_2O_2，当将预定剂量的臭氧和催化剂 H_2O_2 一次性同步投入反应器中后，初始反应阶段（0～5min）水中剩余臭氧浓度急剧增加，在 5min 内即达到最大值（1.60mg/L）。这种现

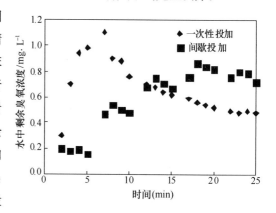

图 3-2　不同投加方式下水中
剩余臭氧浓度的变化

象一方面是大量臭氧投入反应系统的结果，另一方面则与 H_2O_2 催化臭氧分解产生 OH· 的机理有关。由 O_3/H_2O_2 催化氧化工艺的基本原理可知，H_2O_2 需要首先离解生成其共轭碱 HO_2^- 才能有效引发臭氧分解生成 OH·，因而造成系统中剩余臭氧在初始阶段短时间内积累。在随后反应时段（5～10min），由于 H_2O_2 离解生成的 HO_2^- 开始引发臭氧在水中分解，OH· 在系统中开始迅速生成，进而氧化硝基苯、与 H_2O_2 反应以及 OH· 之间的反应。由于 OH· 十分活泼，这一系列反应在很短的时间内即结束。随着自由基链反应随之终止，水中剩余臭氧衰减也停止，OH· 在系统中不再生成。臭氧在线检测仪显示，从 10min 到整个反应结束，水中剩余臭氧的浓度基本维持在 0.9～0.8mg/L 范围内，这也证

实了自由基链反应的终结。对于间歇投加，随着预定剂量的臭氧和催化剂 H_2O_2 分批同步投入反应器中，水中剩余臭氧浓度总的趋势是随时间缓慢增加，但在每个 5min 的反应阶段（试验中分批投加臭氧和催化剂 H_2O_2 的时间间隙），水中剩余臭氧浓度的变化趋势是先缓慢增加，接着又缓慢下降。这种现象间接说明，每个反应阶段随臭氧同步投加的 H_2O_2 都可引发臭氧分解产生 $OH\cdot$。需要指出的是，由于剩余臭氧检测仪在具体测定时有一定的滞后性，即在监测的某一时间水中剩余臭氧的浓度应为稍前时间的数值，所以以上述水中剩余臭氧的变化时段与硝基苯降解过程是相吻合的，即 $OH\cdot$ 大量生成的过程中硝基苯的浓度大幅度下降，这进一步验证了上面对不同 H_2O_2 投加方式下硝基苯氧化过程的推断。

以上试验结果和分析表明，在实际水处理中采用间歇投加方式投加臭氧和催化剂H_2O_2，以在系统中持续生成稳定高浓度的 $OH\cdot$，有利于提高难降解有机污染物的去除效果。

3.1.3　反应前后 pH 值的变化

研究中提高了臭氧和过氧化氢的投加量，使得 3-氯苯酚、硝基苯及 2，4-二氯苯氧乙酸的去除率基本上都达到了 100%，并且反应的初始 pH 值没有太大差别，但是反应进行到一段时间的时候，溶液的 pH 值却有了比较明显的区别，从图 3-3 中可明显看出，3-氯苯酚和 2，4-二氯苯氧乙酸的溶液 pH 值下降的程度比硝基苯大得多，当反应到 15min 的时候，3-氯苯酚溶液的 pH 值下降到了 2.88，2，4-二氯苯氧乙酸溶液的 pH 值下降到了 3.25，而硝基苯溶液的 pH 值为 4.29，明显高于 3-氯苯酚及 2，4-二氯苯氧乙酸溶液。

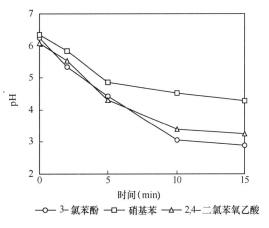

图 3-3　臭氧/过氧化氢工艺氧化有机物前后溶液 pH 值的变化

一般而言，羟基自由基可以把有机物氧化为小分子的羧酸类物质入乙酸、草酸等，可以使反应液的 pH 值有所降低，不过这些有机羧酸的酸性相对于大多数无机酸而言一般都比较弱，对溶液 pH 值降低所作的贡献有限。3-氯苯酚和 2，4-二氯苯氧乙酸的反应液 pH 值能够下降到比较低的 3 左右，不仅仅是生成的小分子有机羧酸的原因。一个合理的推测是：反应过程中生成了酸性很强的无机酸盐酸而导致反应液的 pH 值大幅度下降。

推测羟基自由基可以取代苯环上的不同位置，从而生成相应的氢自由基或者氯自由

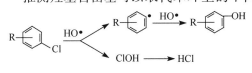

图 3-4　HO·氧化 3-氯苯酚
HCl 的生成机理

基，然后氢自由基可以和氯自由基碰撞结合生成氯化氢。有文献报道，在 2，4，6-三氯苯酚的臭氧化反应中也发现了类似的试验现象。这里应该解释为羟基自由基机理。具体过程如图 3-4 所示。

3.1.4 对有机物的去除效果

1. 氧化降解硝基苯的产物及其生成途径分析

通过色质联机发现了六种硝基苯的降解中间体存在，分别是：邻硝基苯酚、间硝基苯酚、对硝基苯酚、4-硝基-1，3-苯二酚、4-硝基-1，2-苯二酚和 5-硝基-1，2，3-苯三酚，它们的具体化学结构式及其生成途径都在表 3-2 中列出。

与 3-氯苯酚类似，这些反应中间体都是羟基化苯类化合物，苯环上发生羟基化氧化主要生成对硝基苯酚和间硝基苯酚和邻硝基苯酚，随着反应进行，对硝基苯酚、间硝基苯酚进一步氧化成 4-硝基-1，3-苯二酚、4-硝基-1，2-苯二酚和 5-硝基-1，2，3-苯三酚反应中间体，这些酚类化合物的苯环上可继续发生羟基化反应，生成更多羟基取代的化合物，这些化合物非常不稳定，在反应过程中很容易被氧化开环生成小分子酸，硝基被氧化则生成硝酸根。

同时在硝基苯氧化降解的最终产物中，也发现了丙二酸、草酸和乙酸，由此看来，苯环上不同的取代基并不影响苯环的断裂方式，最后都是遵循同样的反应机理发生的。

硝基苯的降解产物及其生成途径　　　　　　　　　　　　　　表 3-2

化合物	结构式	通过羟基自由基氧化反应的生成路径
1　邻硝基苯酚		
2　间硝基苯酚		
3　对硝基苯酚		
4　4-硝基-1，3-苯二酚		
5　4-硝基-1，2-苯二酚		
6　5-硝基-1，2，3-苯三酚		

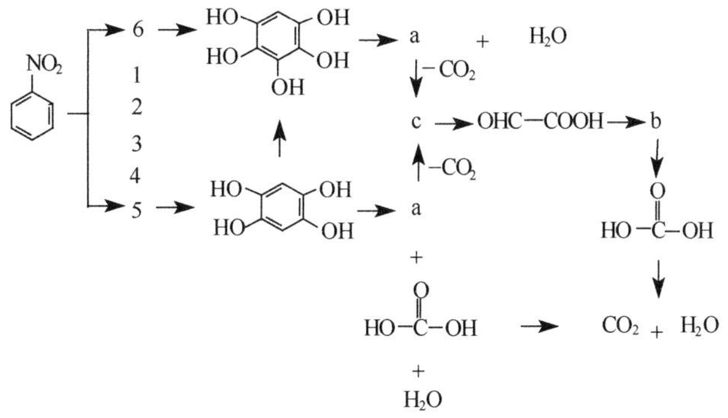

图 3-5 硝基苯的羟基自由基降解机理

2. 天然水中有机物的去除

饮用水水源中一般都含有天然有机物（NOM），一般来说，传统的给水工艺，包括混凝、沉淀、砂滤、消毒等过程，对有机物的去除效果有限。加入臭氧后会对 NOM 产生氧化作用，臭氧氧化 NOM 的目的主要在于以下四个方面：

（1）去除色度和浊度；

（2）生物处理前增加可生物降解有机碳；

（3）降低潜在消毒副产物的生成；

（4）通过矿化作用直接去除 DOC 或 TOC。

前三项任务在饮用水处理中一般很容易达到，而第四项作用在实际应用中运用较少。这是因为直接化学矿化作用需要更多的臭氧。对一般水体后来说，要达到 20% 或更高的去除率，每克 DOC 通常需要 3g 或更多的臭氧，这将大大增加工艺的运行成本。从目前来看，臭氧氧化仍然不是一种低廉的工艺，除了臭氧本身的制备成本，臭氧氧化系统需要采用相当严密的安全防范措施，这就提高了投资费用，明显延长了回报周期。

因此，一般在实际工艺运行中，利用臭氧对 NOM 的氧化作用并不是直接使有机物矿化，而是对有机物进行改性，在生物处理前增加可生物降解的有机碳，以提高后续的生物活性炭的处理效果。

有机碳去除的一个关键性运行指标仍然是臭氧单位消耗量。为了达到最佳生物可降解 DOC（也称 AOC）的处理过程，建议臭氧投加量 $1\sim2$g/gDOC。在更高的 O_3/DOC 比例下，可以将中间产物强化氧化成二氧化碳（直接矿化）。氧化后 AOC/DOC 比值可能在 $0.1\sim0.6$ 之间，通常在 $0.3\sim0.5$ 之间。但是，由于形成 AOC，经臭氧氧化后的水会产生严重的细菌再生现象，因此有必要增加一个生物处理工艺来降解 AOC。这其中，生物活性炭（BAC）运用最为广泛。

以济南某水厂的工艺改造为例。老工艺为传统的混凝—沉淀—砂滤—消毒工艺，新工艺在砂滤之前增加了臭氧-活性炭深度处理工艺。从浊度、高锰酸盐指数、DOC、UV_{254}、氨氮五种常规指标方面进行对比分析，结果如表 3-3 所示。

新老工况常规指标去除效果对比 表 3-3

指标	原水	新工艺		老工艺	
		效能	去除率	效能	去除率
浊度（NTU）	6.91	0.20	97.02%	0.65	90.27%
高锰酸盐指数（mg/L）	3.08	1.12	63.65%	2.13	30.63%
DOC（mg/L）	2.76	1.41	48.90%	2.33	15.40%
UV_{254}（cm^{-1}）	0.04	0.01	70.56%	0.04	16.32%
NH_3-N（mg/L）	0.15	0.02	87.16%	0.04	3.08%

由表 3-3 可知，对于浊度、高锰酸盐指数、DOC、UV_{254}、氨氮五种指标，新工艺的去除效率普遍较老工艺有了较大的提高。新老工艺对浊度的去除率都能达到 90% 以上，新工艺的效果更好，去除率达到了 97%。在高锰酸盐指数、DOC、UV_{254} 三种有机物指标方面，老工艺的去除效果不理想，新工艺有了较大的改善。在氨氮的去除方面，老工艺的效果很小，而新工艺对于氨氮的去除率近 90%。因此，采用臭氧活性炭工艺能大幅度提升对有机物的去除效果。

采用与臭氧相关的高级氧化工艺比单独臭氧的对于有机物的分解速率更快，降解效果也更好。通过中试实验分析和比较了臭氧-活性炭工艺对于有机物的去除效果。工艺的考察运行工况如表 3-4 所示，臭氧的投加采用三级分段投加的方式，通过改变臭氧的投加量和 H_2O_2 的投加，对比各工况对有机物的去除效果。分别从高锰酸盐指数、UV_{254}、DOC 几项指标考察臭氧活性炭工艺对有机物去除的强化效果，其中 DOC 通过 TOC 和 NPOC 分别进行测定。

中试运行工况 表 3-4

工况编号	臭氧投加量（mg/L）	H_2O_2 投加比例（摩尔比）
工况一	2	未投加
工况二	2	H_2O_2：一级臭氧=1.7∶1
工况三	2	H_2O_2：一级臭氧=1∶1
工况四	2	H_2O_2：一级臭氧=0.5∶1
工况五	2	H_2O_2：三段臭氧=1∶1
工况六	2.5	未投加
工况七	2.5	H_2O_2：一级臭氧=1∶1
工况八	2.5	H_2O_2：一级臭氧=0.5∶1
工况九	2.5	H_2O_2：三段臭氧=1∶1

考察各反应阶段出水中高锰酸盐指数的值，如图 3-6 所示。从图不难看出，臭氧对高锰酸盐指数有明显的去除效果，在 O_3＝2mg/L 时，单独臭氧化过程能去除 35% 左右的高锰酸盐指数，随着臭氧投加量的增加，高锰酸盐指数的去除效果有一定的增加；而在 H_2O_2/O_3 高级氧化工艺中，对比工况 2、3 和 4 可知，随着 H_2O_2 的投加量的增加，高锰酸盐指数的去除效果呈现先增加后减少的现象，在 H_2O_2/O_3＝1 时高锰酸盐指数的去除效果达到最佳，高锰酸盐指数的去除率增加约 10%，对比工况二和工况五可以发现，多点投加 H_2O_2 对高锰酸盐指数的去除效果明显优于单点投加。

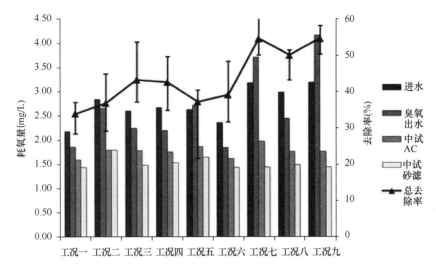

图 3-6 O_3 投加量和 H_2O_2 投加量对高锰酸盐指数去除效果图

观察各反应阶段出水中 UV_{254} 的值，如图 3-7 所示：

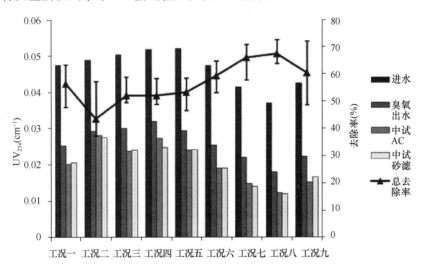

图 3-7 O_3 投加量和 H_2O_2 投加量对 UV_{254} 去除效果图

从图 3-7 可知，单独臭氧化对 UV_{254} 的去除效果非常明显，UV_{254} 去除率可达 60% 左右，随着臭氧投加量的增加，UV_{254} 的去除效果没有显著的变化，分析其原因可能是由于原水中 UV_{254} 含量较低，其中存在一定量的臭氧难降解物质，臭氧对 UV_{254} 的去除存在极限值，故而臭氧投加量的增加没有强化 UV_{254} 的去除效果；从工况 2、3、4 和 5 可知，在 H_2O_2/O_3 高级氧化工艺中，随着 H_2O_2 的投加量的增加，高锰酸盐指数的去除率呈现减少的现象，虽然相较于单独臭氧化，三阶段投加没有明显的优势，但是对比工况二和五可知，单点投加 H_2O_2 对 UV_{254} 的去除效果明显不如多点投加。观察各反应阶段出水中 DOC 的值，如图 3-8 所示。根据图 3-8 可知，单独臭氧化对 TOC 和 NPOC 的去除率相近，均为 25%，H_2O_2/O_3 高级氧化工艺对 TOC 和 NPOC 的去除规律都与高锰酸盐指数去除规律

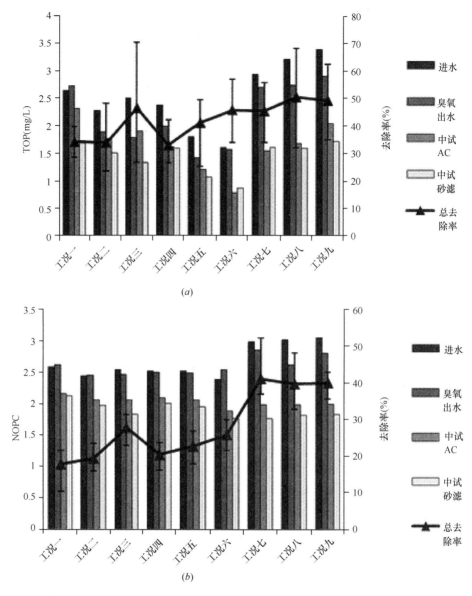

图 3-8　O_3 投加量和 H_2O_2 投加量对有机碳去除效果图

（*a*）各工况对 TOC 去除交果图；（*b*）各工况对 NPOC 去除交果图

一致，随着 H_2O_2 的投加量的增加，TOC 和 NPOC 的去除效果呈现先增加后减少的现象，在 $H_2O_2/O_3=1$ 时 TOC 和 NPOC 的去除效果达到最佳，TOC 和 NPOC 的去除率增加约 10%，对比工况二和工况五可以发现，多点投加 H_2O_2 对 TOC 和 NPOC 的去除效果明显优于单点投加。

综合分析各工况对有机物的去除效果可得，单独臭氧化能够有效地去除有机物，H_2O_2 的投加，对有机物的去除效果呈两面性的，在单点投加时，随着 H_2O_2 投加量的增加，各有机物指标的去除效果呈现先增强后减弱的规律，在 $H_2O_2/O_3=1$ 时，去除效果达到最佳；当 H_2O_2 的投加总量一定时，多点投加 H_2O_2 对有机物的去除效果明显优于单点投加。

3.1.5 对消毒副产物前体物的去除效果

在 3.1.4 中提到，除了对与有机物的去除外，臭氧化的另外一个目的是降低潜在消毒副产物的生成。臭氧处理对于消毒副产物生成势的降低主要体现在以下两个方面：

（1）臭氧预处理可以降低消毒时的需氯量，从而减少氯耗；

（2）臭氧对有机物前体物的改性作用可能降低消毒副产物的生成。

在现实条件下，消毒副产物生成势的降低是这两反面的协同作用。

活性炭和臭氧的作用机理不同，活性炭对于消毒副产物生成势的去除主要依赖物理吸附和生物降解作用直接降低水中的 TOC，去除水中的 NOM。由于不同消毒副产物的前体物性质不同，活性炭对于它们的去除效果也会有所差异。

考察在臭氧投加量情况下两种重要消毒副产物，三卤甲烷（THMs）和卤乙酸（HAAs）的生成势变化情况。分别如图 3-9 和图 3-10 所示。

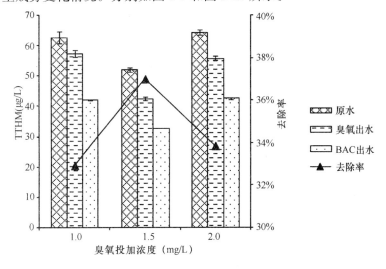

图 3-9　臭氧—活性炭处理条件下三卤甲烷的生成变化情况

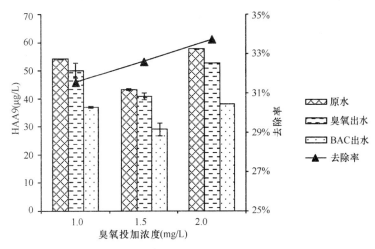

图 3-10　臭氧—活性炭处理条件下卤乙酸的生成变化情况

图 3-9 为总三卤甲烷（TTHM）生成势的变化规律。原水中 TTHM 生成势浓度为 $55\sim65\mu g/L$，结果表明总三卤甲烷（TTHM）生成势浓度在经过 O_3 处理后有所降低。在臭氧投加量为 1.0mg/L、1.5mg/L、2.0mg/L 时，出水中 TTHM 生成势浓度相对与原水分别降低了大约 $5.0\mu g/L$、$9.6\mu g/L$、$8.5\mu g/L$。这表明臭氧对于三卤甲烷生成势有一定的去除能力，而且在一定程度上加大臭氧投加量对其去除效率提高作用不明显。这个结果和国外的一些研究是十分吻合的，即在臭氧化后 TTHM 生成势会有所降低。由于经过臭氧化后 TOC 浓度几乎未发生变化，因此 TTHM 生成势的降低主要是由于水中天然有机物（NOM）的结构发生了改变，导致三卤甲烷生成前体物的降低。此外，在经过活性炭后，TTHM 生成势与臭氧化处理后有了进一步的降低，约 $15\mu g/L$ 左右，这主要是由于活性炭颗粒对三卤甲烷前体物的吸附和降解作用。整个臭氧－活性炭系统对于总三卤甲烷生成势去除率在 35% 左右，而在一定范围内 O_3 投加浓度对去除率的影响并不明显。

总 9 种卤乙酸（HAA9）的生成变化规律和总三卤甲烷（TTHM）类似。如图 3-10 所示，原水中 HAA9 的生成浓度为 $50\mu g/L$ 左右，经过臭氧－活性炭系统处理后的降解率在 30%～35%。经过单独臭氧处理后，HAA9 的生成浓度降低了 $3\sim5\mu g/L$，再经过活性炭处理后又降低了 $15\mu g/L$ 左右，在一定范围内提高臭氧投加量对 HAA9 生成浓度的抑制效果影响不大。

臭氧－活性炭工艺对于三卤甲烷、卤乙酸等消毒副产物的影响不单是体现在对总生成势的抑制方面，还会对不同消毒副产物的分配情况产生影响。这种影响主要体现在当处理水源水中含有一定浓度的溴离子时，经过臭氧氧化和活性炭处理后，氯代消毒副产物和溴代消毒副产物的分配比例就会发生一定程度的变化。

以 EPA 规定的 5 种卤乙酸（一氯乙酸、二氯乙酸、三氯乙酸、一溴乙酸和二溴乙酸）为例，有研究表明经过臭氧氧化会促进溴代乙酸比例的升高，如图 3-11 所示。

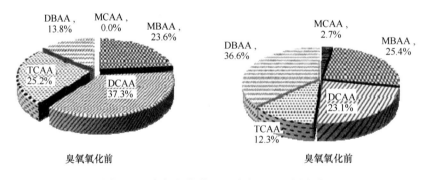

图 3-11　臭氧氧化前后五种卤乙酸比例变化

为更加清晰明确地表述在经过臭氧－活性炭系统处理后氯代（Cl-DBPs）和溴代消毒副产物（Br-DBPs）的分配情况，本文引入溴结合因子（NBr）对 THMs 和 HAAs 中的溴取代程度进行评价，如式（3-1）、式（3-2）所示。

$$N_{Br}(THMs)=\frac{[CHBrCl_2]+2[CHBr_2Cl]+3[CHBr_2]}{TTHM} \tag{3-1}$$

$$N_{Br}(HAAs)=\frac{[MBAA]+2[DBAA]+[BCAA]+[BDCAA]+2[CDBAA]+3[TBAA]}{HAA9}$$

$$(3-2)$$

上式中所有浓度单位均采用 mol/L，N 的取值范围为 $[0,3]$，N 的值越大，说明消毒副产物中的溴代程度越高。

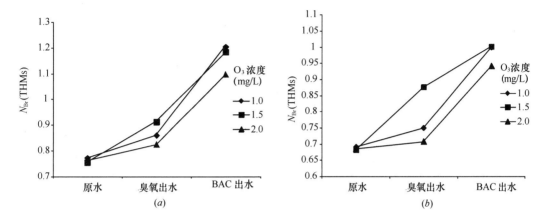

图 3-12　溴结合因子（N_{Br}）随流程变化

（a）N_{Br}（THMs）；（b）N_{Br}（HAA9）

图 3-12 反映了三卤甲烷和卤乙酸中溴代程度随工艺流程的变化情况。可以看出，溴结合因子在经臭氧化和活性炭处理后都有一定程度的提高，这反映了水中生成消毒副产物溴代程度的增大。以三卤甲烷为例（图 3-7（a）），原水中三卤甲烷溴结合因子（N_{Br}（THMs））为 0.75～0.77，流经臭氧接触池后增加至 0.8～0.9，流出活性炭池后能达到 1.1～1.2。同样，卤乙酸溴结合因子的变化也呈现出逐步升高的趋势（图 3-7（b））。

由此可以说明臭氧化会提高消毒副产物中三卤甲烷和卤乙酸的溴代程度。这一方面是由于经臭氧氧化和活性炭处理后氯代副产物（Cl-DBPs）前体物的减少；另一方面，O_3 改性的有机物性质更加有利于溴代消毒副产物的生成。O_3 将大分子疏水性的有机物分解转化为小分子亲水性的有机物，而小分子亲水性物质更有利于发生溴代反应，因此提高了溴代消毒副产物的比例。

3.2　臭氧催化氧化生物活性炭工艺

3.2.1　臭氧催化氧化机理与特点

臭氧主要通过以下两种途径与水中的有机物发生反应：一是直接反应途径，即 O_3 分子与有机物直接发生反应；二是间接反应途径，即 O_3 在水中通过一系列的反应（图 3-13）分解产生强氧化性的自由基（主要是·OH），然后自由基再与有机物发生反应，该反应没有选择性且进行得非常迅速。

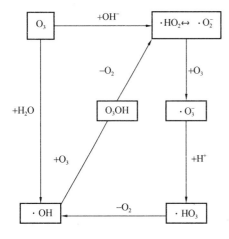

图 3-13　臭氧在水溶液中的链式分解反应

在实际的水处理中，臭氧氧化有机污染物主要通过直接反应途径，该过程存在以下四个缺点：（1）O_3 与有机物的直接反应具有较强的选择性，较易进攻具有双键的有机物，其反应的速率常数通常在 $10^0 \sim 10^3 \mathrm{L}/(\mathrm{mol \cdot s})$；（2）$O_3$ 与某些小分子有机酸（如草酸、乙酸等）的反应速率常数非常低，使得臭氧氧化有机物的最终产物多为小分子有机酸，这些小分子酸是后续消毒工艺中消毒副产物的前体物；（3）O_3 的利用效率通常比较低；（4）当水源水中存在一定浓度的溴离子时，臭氧氧化过程中易生成强致癌物溴酸盐，导致出水中的溴酸盐浓度超标。

由于·OH 具有强氧化性，与有机物反应无选择性且反应十分迅速，因此在臭氧氧化的基础上，产生了一系列以促进 O_3 分解产生·OH 为目的的高级氧化技术，即为臭氧催化氧化技术。臭氧催化氧化大体可以分为均相催化氧化和非均相催化氧化两类。均相催化氧化主要有金属离子/O_3、H_2O_2/O_3、UV/O_3、UV/H_2O_2/O_3、超声波/O_3、γ-射线/O_3 等。

在均相催化臭氧氧化反应中，研究较多的为过渡金属离子，例如 Fe^{2+}、Mn^{2+}、Ni^{2+}、Co^{2+}、Cd^{2+}、Cu^{2+}、Ag^+、Cr^{3+}、Zn^{2+} 等，这主要与过渡金属所特有的 d 轨道特性有关。臭氧均相催化氧化反应的机理可能有两种：过渡金属离子促进臭氧分解产生氧化性极强的·OH，溶液中的金属离子引发 O_3 分解产生·O_2^-，·O_2^- 传递一个电子给 O_3 分子生成·O_3^-，最终生成·OH；或者是金属离子与有机物分子形成更易参于臭氧反应的中间络合物从而被臭氧氧化。均相催化反应具有催化活性高、反应速度快和催化剂投加量少等优点，缺点是反应后催化剂仍以金属离子或原位生成的金属氧化物絮体的形式存在于处理水中，为避免催化剂因流失而造成的处理成本升高及金属离子的环境污染问题，需要对处理后水中存在的金属离子催化剂进行回收利用或去除，这会导致催化臭氧化工艺的复杂化，且提高了水处理的成本。

与均相金属离子催化剂相比，非均相催化剂以固体形式存在，易于分离，既避免了催化剂的流失，也简化了工艺流程从而降低了水的处理成本。近十几年来，非均相催化剂得到了国内外研究者们的广泛关注和快速发展，并在我国的一些新建水厂和老水厂升级改造中得到应用。非均相催化氧化的催化剂主要是金属氧化物（MnO_2，TiO_2，Al_2O_3 等）及负载于载体上的金属或金属氧化物（MnO_2/活性炭、Cu/Al_2O_3，Fe_2O_3/Al_2O_3 等），其中负载或非负载的金属氧化物催化剂较为常见。用于水处理催化剂载体主要有 Al_2O_3、TiO_2、分子筛、沸石、活性炭、陶瓷、硅藻土和石墨等，在部分臭氧催化氧化技术的研究中也可直接使用这些载体自身作为催化剂。

金属氧化物催化臭氧氧化水中难降解的有机污染物的机理主要有 3 种：（1）金属氧化物表面的活性位引发臭氧的分解生成羟基自由基，羟基自由基吸附在催化剂表面、催化剂表面溶液层或者扩散至溶液中与有机物反应；（2）催化剂表面作为反应的场所，有机物吸附于催化剂表面活性基团，络合后降低反应的活化能，被臭氧分子氧化；（3）臭氧吸附在催化剂解离为含氧活性中间产物，与同样吸附于催化剂表面的有机污染物发生反应。

与单独臭氧氧化相比，臭氧催化氧化具有以下四个优点：

（1）高效氧化分解水中单独 O_3 难以氧化的有机污染物

在臭氧催化氧化体系中，除了少数几种催化剂是通过络合作用来提高有机物去除效果以外，绝大部分的催化剂是以促进液相中 O_3 分解产生更多的·OH 为目的。如图 3-14 所示，在同样反应条件下，蜂窝陶瓷的加入能有效地提高水中·OH 的生成量，而在蜂窝陶瓷上进行合适的金属氧化物负载改性能更进一步地促进溶液中的 O_3 有效地分解转化生成·OH。

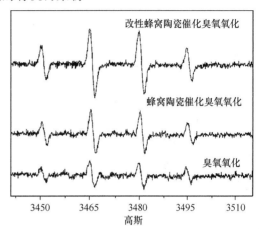

图 3-14 电子顺磁共振 ESR 检测的不同反应体系中羟基自由基的信号强度

表 3-5 列出了《生活饮用水卫生标准》（GB 5749—2006）对出水浓度有限制的部分有机物和消毒副产物与 O_3 和·OH 反应的速率常数。不难看出除了五氯酚以外，其余的 19 种有机物与 O_3 的反应速率常数均不超过 $10^3 L/(mol \cdot s)$，而它们与·OH 的反应速率常数至少也能达到 $10^7 L/(mol \cdot s)$，每一种有机物与·OH 的反应都比其与 O_3 的反应速率快 10^5 倍以上。

O_3 和·OH 与生活饮用水卫生标准限制出水浓度的一些有机物的氧化反应速率常数　　表 3-5

有机物	与 O_3 反应速率（L/(mol·s)）	与·OH 反应速率（L/(mol·s)）
莠去津	6	3×10^9
2,4-滴	0.92 ± 0.06	5×10^9
呋喃丹	620	7×10^9
林丹	<0.04	5.8×10^8
草甘膦	820	1.8×10^8
苯	2	7.9×10^9
甲苯	14	5.1×10^9
二甲苯	90	6.7×10^9
三氯甲烷	≤0.1	5×10^7
三溴甲烷	≤0.2	1.3×10^8
三氯乙酸	$< 1.3 \times 10^{-5}$	6×10^7
1,1-二氯乙烯	110	7×10^9
三氯乙烯	17	2.9×10^9
四氯乙烯	<0.1	2×10^9

续表

有机物	与 O_3 反应速率（L/（mol·s））	与·OH 反应速率（L/（mol·s））
氯苯	0.75	5.6×10^9
1，4-二氯苯	$\leqslant 3$	5.4×10^9
1，2-二氯苯	3.5	4×10^9
1，2，3-三氯苯	$\leqslant 0.06$	4×10^9
1，3，5-三氯苯	2.3	4×10^9
五氯酚	2.76×10^5	4×10^9

（2）高效氧化去除反应中间产物，减少消毒副产物前体物的生成量

由于臭氧与小分子有机酸的反应速率通常比较慢（表 3-6），所以臭氧氧化经常会导致小分子有机酸的积累。而很多研究都表明催化剂的加入不仅能显著提高难降解有机污染物的去除，而且能有效氧化反应过程中生成的小分子中间产物，减少消毒副产物前体物的生成量。

O_3 和·OH 与几种小分子有机酸的氧化反应速率常数　　　　　表 3-6

有机物	与 O_3 的反应速率（L/（mol·s））	与·OH 的反应速率（L/（mol·s））
草酸	<0.04	1.4×10^6
乙酸	$<3 \times 10^{-5}$	1.6×10^7
甲酸	5 ± 5	1.3×10^8

（3）提高臭氧的利用效率

一些研究结果表明，不论是氧化去除难降解有机污染物，还是降解小分子有机酸，催化剂的存在都能显著提高 O_3 的利用率。即使在实际生产中，催化剂的加入也可以提高 O_3 的利用效率。

（4）有效控制臭氧氧化过程中溴酸盐的生成

在《生活饮用水卫生标准》（GB 5749—2006）中，溴酸盐的浓度被要求控制在 $10\mu g/$ L 以内。一些研究者曾对美国和欧洲的 150 多个给水厂的出水溴酸盐浓度进行了调查，结果表明，大约 94% 的水厂出水的溴酸盐浓度低于 $10\mu g/L$。而在我国，由于一些地方的水源水污染非常严重，不像欧洲和美国的给水厂那样主要用 O_3 作消毒（臭氧投加量比较低），而是用于水中有机微污染物的氧化去除，因而通常需要较高的 O_3 投加量或两阶段臭氧氧化（臭氧预氧化和中间臭氧氧化），从而更容易导致被处理水中产生高浓度的溴酸盐。当污染严重的水源水中存在一定浓度的溴离子时，就面临着有机微污染物的高效去除和减少臭氧氧化过程中溴酸盐生成的两难抉择。

尽管国内外研究人员对臭氧氧化过程中减少溴酸根生成的方法进行了较多的研究，也先后提出了降低待处理水 pH、加过氧化氢、加氨水或加氯氨等方法，这些方法可以在一定程度上减少溴酸盐的生成量，但是也存在着效率不高、处理成本过高、引入新污染物和产生含氮消毒副产物等问题。我们发现一些催化剂的存在会降低臭氧氧化过程中溴酸盐的

生成量，尤其是CeO_2催化剂。这种不向水中引入化学药剂就能减少臭氧氧化过程中溴酸盐的生成的方法，对于饮用水的深度处理具有重要的意义。

总的来说，从理论上，臭氧催化氧化能有效地氧化水中的难降解有机污染物并实现有机物的高效矿化，但是在实际生产应用中，由于受臭氧投加量的限制和处理成本的考虑，臭氧催化氧化通常与生物活性炭组合使用，臭氧催化氧化主要用来分解水中难降解有机污染物和提高处理水的可生化性，氧化过程中产生的中间产物主要依靠后续的生物活性炭去除，既经济又有效。

3.2.2 对有机物的去除效果

从总量上看，高锰酸盐指数能直观地表征水中综合有机物污染程度。高锰酸盐指数与水中致病、有害有机物及消毒副产物前质有一定的联系。因而，高锰酸盐指数成为监测与控制有机物污染的重要指标。

在某水厂以某河水为水源进行的中试试验（60t/d）中，首先考察了臭氧投加量和接触时间对臭氧氧化和催化臭氧氧化去除高锰酸盐指数的影响，随后又通过长期的中试运行试验，系统考察了水温对臭氧氧化-BAC和臭氧催化氧化-BAC去除高锰酸盐指数的影响。

在实际水处理过程中，臭氧氧化接触时间较短，通常为10.0～20.0min，催化剂的加入又能进一步促进臭氧的分解。因此，在考察臭氧投量对臭氧催化氧化去除有机物

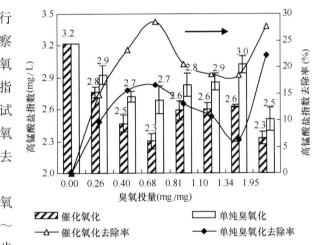

图 3-15 臭氧投量对臭氧催化氧化去除高锰酸盐指数的
影响（中试试验，水温25～29℃）

效果的影响时，把臭氧氧化接触时间确定在10.4min（图3-15）。

由图3-15可知，从高锰酸盐指数去除效果变化趋势上看，臭氧催化氧化对有机物的去除规律与单纯臭氧氧化基本一致。臭氧氧化反应初期，水中易被去除的有机物与臭氧快速反应而被去除；随着臭氧投量的增加，臭氧氧化中间产物出现并逐渐积累，臭氧对有机物的去除效率逐渐降低；在高臭氧投量时，臭氧的氧化能力得到加强，有机物被进一步降解。

从图3-15可以看出，催化剂的加入促进了·OH的生成，使得臭氧催化氧化对高锰酸盐指数的去除率显著提高。臭氧投量为0.26～0.68mg/mg（mgO$_3$/mgTOC）时，单纯臭氧氧化对高锰酸盐指数的去除率仅为10.0%～17.0%，而臭氧催化氧化对高锰酸盐指数的去除能力（16.0%～30.0%）较单纯臭氧氧化提高了近1倍，其出水高锰酸盐指数含量为2.3～2.8mg/L^{-1}。此后，随着臭氧投量的增加，催化氧化对高锰酸盐指数的去除优势降低。

　　研究表明，较低臭氧投量时（0.40～0.70mg/mg），臭氧催化氧化较单纯臭氧氧化去除有机物的优势最大，此时研究臭氧催化氧化去除有机物的规律具有重要意义。图 3-16 显示接触时间对高锰酸盐指数降解过程的影响。在去除高锰酸盐指数反应的初始阶段（4.3min 时），臭氧催化氧化对有机物的去除效果（25.0%）明显优于单纯臭氧氧化（16.6%）。此外，对低温水质（6.5～8.5℃）的研究也表明，臭氧投量为 0.59mg/mg，接触时间为 4.1～6.8min 时，应用催化剂能使臭氧氧化去除高锰酸盐指数的效率提高 1.9%～9.0%。从理论上讲，·OH 的生存时间小于 1μs，与有机物的反应速率为 10^7～10^{10}L/（mol·s），远大于与臭氧分子的反应速率（10^0～10^3L/（mol·s）），因此，要达到相同的有机物去除率，臭氧催化氧化必然比单纯臭氧氧化节省时间。在臭氧投量与接触时间相同时，臭氧催化氧化去除有机物的反应比单纯臭氧氧化进行的更深入，催化剂的加入可以缩短臭氧氧化接触时间。

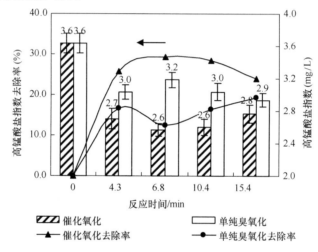

图 3-16　接触氧化时间对臭氧催化氧化去除高锰酸盐指数的
影响（中试试验，臭氧投量 0.60mg/mg，水温 27～29℃）

　　因此，无论臭氧催化氧化还是单纯臭氧氧化控制综合有机物污染均存在最佳臭氧投量与接触时间，可适当提高臭氧投量、延长反应时间或依靠强活性自由基与有机物反应达到有效分解有机物的目的。研究表明，获得相同出水水质时，臭氧催化氧化能够明显地减少臭氧投量与接触时间。

　　我国《生活饮用水卫生标准》（GB 5749—2006）明确要求水中高锰酸盐指数含量低于 3.0mg/L，国内也有新建水厂将臭氧氧化—生物活性炭出水的高锰酸盐指数含量控制在 2.0mg/L 以下，为此，采用高锰酸盐指数含量分别低于 3.0mg/L 与低于 2.0mg/L 作为臭氧催化氧化深度处理工艺出水高锰酸盐指数的控制标准。

　　如图 3-17，在低温水质中，要控制深度处理工艺出水的高锰酸盐指数含量低于 3.0mg/L，则高锰酸盐指数的平均去除率应为 27.0% 左右。此时，单独生物活性炭作用的去除率低于 20.0%。单纯臭氧氧化—生物活性炭工艺与臭氧催化氧化—生物活性炭工艺需分别投加 0.50mg/mg 与 0.30mg/mg 的臭氧可满足要求，此时催化剂的加入使臭氧

的平均投量降低 40.0%。如果控制出水
的高锰酸盐指数含量低于 2.0mg/L（平
均去除率为 51.0%），则单纯臭氧氧化-
生物活性炭的臭氧投量应高于 2.00mg/
mg，催化剂的加入使臭氧投量降低至
1.50mg/mg 即可满足要求，后者较前者
至少节省了 25.0% 的臭氧投量。

在高温水质中，要控制深度处理工艺
出水的高锰酸盐指数含量低于 3.0mg/L，
则高锰酸盐指数的平均去除率应为
33.0% 左右。高温期，微生物活性较高，
单独生物活性炭作用对高锰酸盐指数的
平均去除率高于 30.0%，但为保证水中

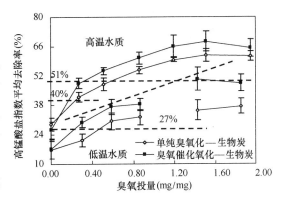

图 3-17 各联用工艺控制不同出水高锰酸盐指数含量
的臭氧投量情况（中试试验，运行条件：低温水温
2.0～9.5℃，高锰酸盐指数 2.2～5.8mg/L；高温水
温 27～29℃，高锰酸盐指数 2.3～4.6mg/L）

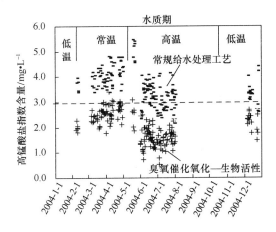

图 3-18　长期运行中臭氧催化氧化-生物活性炭工艺
出水高锰酸盐指数的变化（中试试验，运行条件：臭
氧投量 0.20～0.30mg/mg，水温 2.0～30℃）

有害有机物的有效去除、延长活性炭的
工作周期以及改善其他净水指标，应该
投加臭氧。如果要满足深度处理工艺出
水的高锰酸盐指数含量低于 2.0mg/L，
则高锰酸盐指数的平均去除率应为
41.0%，单纯臭氧氧化-生物活性炭与臭
氧催化氧化-生物活性炭工艺只需分别投
加 0.30mg/mg 与 0.20mg/mg 的臭氧即
可满足要求，后者使臭氧投量降低
了 30.0%。

从全年的运行效果看，当臭氧投量
为 0.20～0.30mg/mg 左右时，臭氧催化
氧化-生物活性炭工艺能完全保证出水水

质达标（图 3-18），催化剂的加入使臭氧氧化-生物活性炭工艺的臭氧投量降低 25.0%～
40.0%。

对于我国的南方地区来说，低温期持续时间一般在 2 个月左右，而且低温期水温也不
像北方地区那么低。从臭氧催化氧化工艺在某市的 A 水厂 23 个月的运行结果来看（图 3-
19），臭氧催化氧化对高锰酸盐指数的去除率一直维持在 10%～15% 之间，高锰酸盐指数
的去除率与水温的变化没有明显的相关性。此外，尽管进水高锰酸盐指数的浓度在 3.7～
6.0mg/L 之间变化时，臭氧催化氧化对高锰酸盐指数的去除率基本也一直保持不变，与
进水高锰酸盐指数的浓度变化没有明显的相关性。

如 3.2.1 节所述，在水厂的实际生产运营中，基于处理成本的考虑，臭氧投加量不能
太高，因而不论是臭氧氧化还是臭氧催化氧化工艺对高锰酸盐指数的去除率都不会太高。

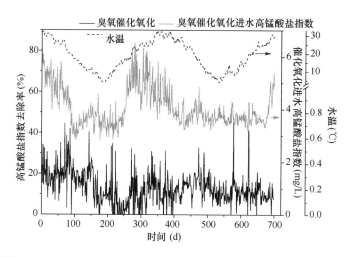

图3-19　实际生产中臭氧催化氧化去除高锰酸盐指数的效果与水温和
进水浓度的关系（某市 A 水厂）

某市 B 水厂原来采用了臭氧氧化-BAC 的深度处理工艺，而为了进一步提高出水水质，B
水厂在其扩容工程中又采用了臭氧催化氧化-BAC 的深度处理工艺。臭氧-BAC 与臭氧催

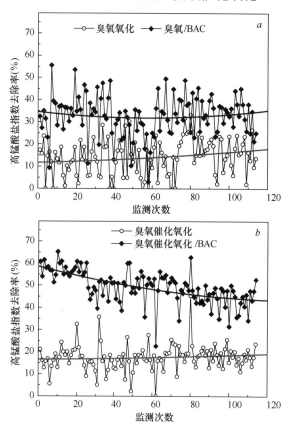

图3-20　实际生产中臭氧-BAC 与臭氧催化氧化-BAC
工艺去除高锰酸盐指数效果比较（某市 B 水厂）

化氧化-BAC工艺去除高锰酸盐指数效果比较如图 3-20 所示。由图 3-20（a）和（b）的对比可知，尽管受臭氧投加量的限制，臭氧催化氧化对高锰酸盐指数的去除率仅比臭氧氧化高 5％左右，但是臭氧催化氧化-BAC 联用工艺对高锰酸盐指数的去除率比臭氧氧化-BAC 高 10％～15％。这充分说明了催化剂的加入不仅能提高臭氧氧化过程对高锰酸盐指数的去除率，而且可以进一步提高臭氧氧化出水的可生化性，从而有利于后续的生物活性炭工艺对高锰酸盐指数的去除。

3.2.3　对氯消毒副产物前体物的去除效果

饮用水的氯化消毒过程中会生成卤代副产物（DBPs）。迄今，氯化消毒的饮用水中已检出超过 500 种有机卤化物。在各类消毒副产物中，

THMs（三卤甲烷）以及 HAAs（卤乙酸）所占的比例最高。为了保证饮用水的安全性，各国都对饮用水中 DBPs 的最高浓度加以界定。我国的《生活饮用水卫生标准》（GB 5749—2006）中规定各类三卤甲烷各实测浓度与各自比值之和不超过 1；二氯乙酸与三氯乙酸之浓度分别为 $50\mu g/L$ 和 $100\mu g/L$。由于消毒副产物被高度卤化，其对 O_3 与 $\cdot OH$ 均有较强的反应惰性。因而，臭氧氧化一般是通过降低这些副产物前体物含量来减少消毒后副产物的生成。

图 3-21 显示了臭氧催化氧化对 THMFP 的影响。当进水 THMFP 为 $183.6\sim229.4\mu g/L$ 时，臭氧催化氧化对 THMFP 平均消减能力为 23.8%，而不加催化剂时仅为 7.8%；其中，加入催化剂后臭氧氧化对氯仿生成势（占 THMFP 的 $70.9\%\sim78.5\%$）的消减能力也由 17.4% 提高到 28.7%。

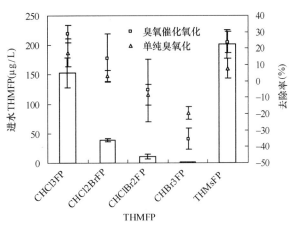

图 3-21 不同臭氧氧化对 THMFP 的消减效果
（中试试验，臭氧投量 $0.51\sim0.69mg/mg$）

对某城市水厂的中试系统中水体 UV_{254} 与 THMFP 间的相关性进行了研究，结果表明两者之间具有良好的相关性。这意味着 UV_{254} 表征的有机物的分布变化能明显表达 THMs 前质的变化，为此用 UV 检测器对单纯生物活性炭、臭氧（催化）氧化-生物活性炭等工艺进出水作 HPLC 分析。

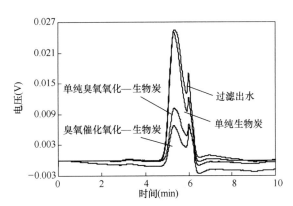

图 3-22 不同深度处理工艺出水有机物的 HPLC 图谱
（中试试验，试验条件：pH＝7.3，水温 28℃，臭氧投量 $0.70mg/mg$，扫描波长 254nm）

由图 3-22 可见，常规给水处理后串联单独活性炭对有紫外吸收有机物的峰面积改变甚微，这验证了单纯生物活性炭对 THMFP 消减能力较低的现象。臭氧的加入强化了不饱和有机物的去除。由 HPLC 保留时间与有机物分子量的对应关系得出，各深度处理工艺对

1000～3000Da 区间的有机物的去除效果最好，考虑到各深度处理工艺对不同分子量的有机物的去除情况，与其对 UV_{254} 及 THMFP 控制的差别，判断常规给水处理工艺出水中氯消毒副产物前质的分子量应小于 3000Da，主要为 2000Da 左右。

臭氧催化氧化与单纯臭氧氧化均能不同程度地去除了疏水性有机物，明显地提高了有机物可生化性。从理论上讲，二者与生物活性炭联用后对 THMs 前质会有更好的消减效能。实际上，臭氧投量由 0.44mg/mg 增加至 0.83mg/mg，臭氧催化氧化-生物活性炭对 THMFP 的消减率逐渐增加（表 3-7）。

臭氧催化氧化与单纯臭氧氧化强化生物活性炭对 THMFP 消减效果　　　表 3-7

（中试试验，臭氧投量 0.44～0.83mg/mg）

考察项目	THMFP	臭氧投量（mg/mg）		
		0.44	0.71	0.83
催化氧化/生物活性炭消减率（%）	$CHCl_3FP$	42.0	46.0	58.0
	$CHCl_2BrFP$	12.0	14.0	19.0
	THMFP	33.0	37.0	48.0
催化氧化强化生物活性炭提高的消减率（%）	$CHCl_3FP$	9.0	13.5	24.7
	THMFP	7.4	11.0	22.0
单纯臭氧氧化强化生物活性炭提高的消减率（%）	$CHCl_3FP$	2.1	−3.3	22.0
	THMFP	1.4	−3.8	20.0
催化氧化相对单纯臭氧氧化的强化优势（%）	$CHCl_3FP$	7.0	17.0	3.0
	THMFP	6.0	15.0	2.0

在各臭氧投量时催化氧化强化生物活性炭对 $CHCl_3FP$ 及 THMFP 的消减能力均高于单纯臭氧氧化强化活性炭。在 0.44mg/mg 的低臭氧投量时，臭氧催化氧化—生物活性炭工艺对 $CHCl_3FP$、$CHCl_2BrFP$ 与 THMFP 的消减率分别达到 42.0%、12.0% 与 33.0% 左右，其处理效果明显高于比单纯臭氧氧化—生物活性炭工艺。

臭氧催化氧化较单纯臭氧氧化强化活性炭消减 THMFP 具有优势。相对于单纯臭氧氧化，催化氧化对 $CHCl_3FP$、THMFP 的消减率分别提高了 18.0%、15.0%，同时，催化氧化使生物活性炭增强了对 $CHCl_3FP$、THMFP 的消减率，也分别较单纯臭氧氧化强化生物活性炭增强情况高出 17.0%、15.0%，说明臭氧催化氧化是整个深度处理工艺控制 THMFP 的关键环节。

3.2.4　对臭氧化有机副产物生成的抑制效果

臭氧氧化会生成一些有害的有机副产物。臭氧与有机物的反应主要是经 "有机物→臭氧氧化物→醛→酸（有机）" 的过程，与臭氧较易反应的有机物，如：蛋白质、氨基酸、有机胺、链型不饱和化合物、芳香族、木质素、腐殖质等。臭氧氧化除可以使部分有机物无机化外，其生成的有机氧化物主要有醛类、酸类、酮类、醇类等，其中醛类化合物在水的臭氧氧化条件下有毒理学方面的危害。而且，臭氧氧化也能使水中的生物可同化有机碳

(Assimible Organic Carbon，AOC）和可生物降解的溶解性有机碳（Biodegradable Organic Carbon，BDOC）浓度增加，AOC 增幅可达 2～4 倍。臭氧氧化在提高了有机物可生化性的同时，显著增加了后续生物炭工艺的污染负荷，对水质的生物稳定性带来了不利影响。饮用水的生物稳定性是指饮用水中有机营养基质能支持异养细菌生长的潜力，即细菌生长的最大可能性。AOC 是目前判断饮用水生物稳定性的一项重要指标。在不加氯的情况下 AOC＜10～20μg 乙酸碳/L 或加氯的情况下 AOC＜50～100μg 乙酸碳/L 的水均被称为生物稳定性饮用水。

饮用水的生物不稳定会造成配水管网中异养细菌等微生物的再生长，对水质带来安全风险。由于出厂水中往往含有较高浓度的 AOC，使水中未被消毒剂杀死的细菌重新在管网中生长，部分细菌随机附着在管壁上，利用营养基质生长而形成的生物膜可能成为细菌生长的基地，管壁腐蚀和结垢的诱因。同时生物的不稳定也对管网与输水过程带来一系列的不利影响。生物膜的老化脱落会造成用户水质恶化，色度和浊度上升，管壁结垢和腐蚀会降低管网的输水能力，二级泵站动力消耗增加以及爆管等。

AOC 包括 AOC_{NOX} 与 AOC_{p17}，P_{17} 菌株可以利用较广泛的营养源，如碳水化合物、氨基酸、芳香环酸以及脂肪酸等，但 P_{17} 菌株不能利用臭氧氧化副产物草酸等，而 NOX 菌株可以利用草酸，这是两者最大的差别。表 3-8 显示臭氧催化氧化与单纯臭氧氧化对 AOC 生成量的影响。

臭氧催化氧化对 AOC 的影响（中试试验，单位：μg 乙酸碳/L）　　　　表 3-8

处理工艺	过滤	单纯臭氧氧化	臭氧催化氧化
AOC_{NOX}	—	144～308	61～96
AOC_{p17}	—	4～8	28～32
AOC_T	55～161	152～312	60～124
AOC_T 增加量	—	80～228	5～52

注："—"表示未做统计。O_3 投量 2.3mg/L，水温 6.0～30℃。

可见，常规处理工艺出水经过两种臭氧氧化工艺后，有机物的可生化性均有不同程度的提高，AOC_{NOX} 含量的增加量明显高于 AOC_{p17}，说明臭氧氧化产物多是螺旋菌 NOX 可利用的物质。但是，催化剂的加入使这两种氧化工艺对 AOC_T 的影响完全不同。臭氧催化氧化对 AOC_T 的增加量较单纯臭氧氧化平均低 143μg 乙酸碳/L 左右（加权平均值）。其中，前者对 AOC_{NOX} 与 AOC_{p17} 的增加量，比后者分别低 148μg 乙酸碳·L^{-1} 与 24μg 乙酸碳·L^{-1}。AOC 是臭氧氧化的有机副产物，以上数据表明，经过单纯臭氧氧化后 AOC_T 较进水平均增加 131.4%，经过臭氧催化氧化后 AOC_T 较单纯臭氧氧化平均降低 58.9%，臭氧催化氧化抑制了 AOC_{NOX} 含量的增加。

臭氧氧化技术能提高有机物的可生化性，以便于后续生物工艺的处理，但最终目的均是最大量的去除有机物。试验证明，水经过臭氧氧化后 AOC 值能够增加，即臭氧氧化可

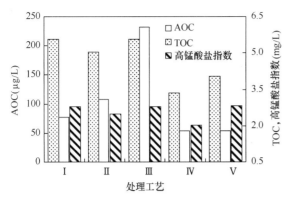

图 3-23　AOC、TOC 与高锰酸盐指数间的转化关系（中试试验，试验条件：pH 值为 7.3，水温为 23～25℃，臭氧投量为 0.27mg/mg）

Ⅰ——过滤；Ⅱ——臭氧催化氧化；Ⅲ——臭氧氧化；Ⅳ——臭氧催化氧化—生物炭；Ⅴ——臭氧氧化—生物炭

以实现 TOC（或高锰酸盐指数）到 AOC 的转化。所以，提高有机物的可生化性与对可以转化为 AOC 的 TOC（或高锰酸盐指数）的同时，控制才是臭氧氧化工艺环节提高出水生物稳定性、保障水质安全的重要措施。图 3-23 给出了 TOC，高锰酸盐指数与 AOC 三者间转化的关系。由图 3-23 可知，臭氧催化氧化与单纯臭氧氧化均可以使 AOC 含量提高，但这两种工艺出水的 SUVA 值却几乎相同（均为 1.1L/（mg·m）左右），SUVA 值接近表示二者出水有机物的可生化性很接近。结合这两种氧化工艺对 TOC、高锰酸盐指数的去除不难看出，在提高出水有机物可生化性的同时，臭氧催化氧化却明显提高了 TOC 和高锰酸盐指数的去除效果，进一步促使有机物无机化。

对某市 B 水厂的相关水样进行色质联机分析发现：单纯臭氧氧化产物中，酮、醇、羧酸等物质明显增加，而臭氧催化氧化产物中醛、醇等小分子物质含量较多，酮、羧酸却很少（表 3-9），这些物质都是 P_{17} 和 NOX 菌的营养物，是 AOC 表征的主要物质。而且，臭氧催化氧化出水中检测到的甲醛含量基本为 $50\mu g/L$，最高不超过 $150\mu g/L$，因而不存在超标的问题。

臭氧催化氧化与单纯臭氧氧化对部分可生物同化有机物分布的影响　　　　表 3-9

（生产运行结果，臭氧投量为 2.0mg/L，水温为 7～13℃，pH 值为 7.5～7.8）

项目	单纯臭氧氧化		臭氧催化氧化	
	数量（种）	含量（mg/L）	数量（种）	含量（mg/L）
羧酸	1	0.010	0	0
醛	3	0.036	2	0.037
酮	3	0.068	2	0.044
醇	2	0.056	1	0.054
总计	9	0.170	5	0.135

总的来说，臭氧催化氧化在提高有机物可生化性的同时，较单纯臭氧氧化进一步消除了部分 AOC 的前质，较单纯臭氧氧化明显降低了臭氧氧化副产物（AOC）的生成量，缓解了生物活性炭保证饮用水生物稳定性所面临的压力。因此，催化剂的加入使臭氧氧化为生物活性炭稳定运行、保障水质安全创造了更多的有利条件。

3.2.5 对臭氧利用效率的提高作用

如 3.2.1 所述，催化剂的加入能够促进臭氧的分解，从而降低出水中的剩余臭氧浓度。某市的水厂水源水水质介于Ⅰ类到Ⅱ类之间，由于水源水的水质比较好，剩余臭氧浓度相对比较高。与臭氧氧化过程相比，催化剂加入后，剩余臭氧浓度减少了 30%～52%（图 3-24）。

在某城市水厂中试研究中，系统地考察了有机物含量、水温等水质因素及臭氧投量对剩余臭氧含量影响。由图 3-25 可知，当臭氧投量与接触时间一定，进水 UV_{254} 由 $0.046cm^{-1}$ 降至 $0.016cm^{-1}$ 时，单纯臭氧氧化的剩余臭氧量相应由 $0.02mg/L$ 升至 $0.12mg/L$。这是因为水中的有机物越多，臭氧与有机物反应需要消耗的也越多，剩余的臭氧浓度就越低。

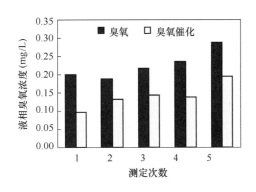

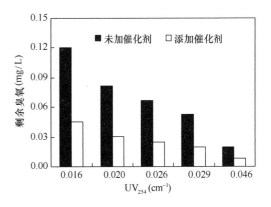

图 3-24　臭氧氧化与臭氧催化氧化工艺中剩余臭氧浓度对比（生产运行，臭氧投量为 0.5mg/L）

图 3-25　进水 UV_{254} 含量对剩余臭氧含量的影响（中试试验，臭氧投量 $2.3mg \cdot L^{-1}$，催化剂投量 $100.0mg/L$，接触时间 $0～5.5min$）

由图 3-26 可知（臭氧接触时间为 $0～5.5min$），降低臭氧投量可以消减出水中的剩余臭氧浓度。升高水温，臭氧溶解度降低，剩余臭氧也会减少。随着臭氧投量由 0 增加到 $5.4mg/L$ 的过程中，水温为 2℃时的剩余臭氧量相应比水温为 27℃的高出 $0～0.2mg/L$。投加催化剂对消减剩余臭氧发挥积极作用。在其他水质条件相同时，加入催化剂能使水中的剩余臭氧减少 $0.01～0.08mg/L$，降低了 60.0%～63.0%。图 3-26 也清晰地表明，随着臭氧投量由 0 增加至 $5.4mg/L$，催化氧化在有机物去除效果达到稳定时进一步消减了 $0～0.12mg/L$ 的剩余臭氧。

在水源水质比较差的某市 B 水厂中，催化剂的催化作用使得出水中的剩余臭氧浓度较单纯臭氧氧化的平均降低 $0.2mg/L$，降低了 77.4%（图 3-27）。从两个水厂的实际运行结果和中试试验的结果来看，无论水源水的水质好坏，催化剂的加入均能有效促进液相中臭氧的分解，从而降低了出水的剩余臭氧浓度。

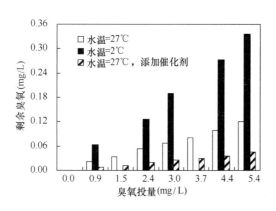

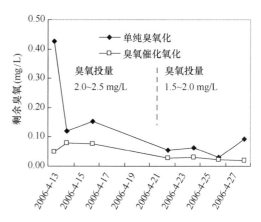

图 3-26 臭氧投量、温度和催化作用对剩余臭氧含量的影响（中试试验，反应条件：接触时间 4.3～5.5min，催化剂投量为 100mg/L）

图 3-27 使用催化剂对臭氧氧化出水剩余臭氧含量的变化（生产运行，试验条件：臭氧投量 1.5～2.5mg/L，水温 7～13℃）

3.2.6 对溴酸盐生成的抑制作用

相关试验研究表明，并非所有的催化剂都能抑制臭氧氧化过程中溴酸盐的生成，而且不同催化剂的抑制效果也存在着显著差异，目前发现含 CeO_2 的催化剂大多具有良好的抑制溴酸盐生成的能力。目前的研究认为，臭氧催化氧化抑制溴酸盐的机理可能与催化剂促进活性中间物种 H_2O_2 的分解、吸附/还原溴的氧化中间产物以及臭氧催化氧化过程中液相臭氧浓度较低有关，但目前尚未形成统一的认识。

然而，某些催化剂的存在能降低溴酸盐的生成，这个现象已经在实验室和生产实践中多次得到了证实。表 3-10 是某市 B 水厂的老水厂和扩容工程分别应用臭氧氧化-BAC 和臭氧催化氧化-BAC 过程中监测的 BrO_3^- 生成的统计数据。加入催化剂使臭氧氧化对 BrO_3^- 的生成能力平均降低 51.7%，生物活性炭出水中的 BrO_3^- 超标率也由 30.0% 降低到 0，可见臭氧催化氧化能显著抑制氧化过程中 BrO_3^- 生成。

臭氧催化氧化抑制 BrO_3^- 生成的效果　　　　表 3-10

（生产运行，反应条件：UV_{254} 0.19～0.21cm^{-1}，TOC 6.2～8.0mg/L，初始 Br^- 浓度 210μg/L，预臭氧投量 1.0mg/L，中间臭氧投量 2.0mg/L）

运行工艺	臭氧催化氧化	臭氧催化氧化—生物炭	臭氧氧化	臭氧氧化—生物炭
最大值	10	9	22	11
最小值	1	0	9	4
加权平均值	8	4	16	9
标准偏差	4.7	4.7	7.3	3.3
检出率（%）	50	100	100	100
超标率（%）	—	0	—	30

注：表中数据为 5 次采样统计结果，"—"表示不做统计。

3.2.7 对遗传毒性的消减效果

如前述说，与臭氧氧化过程相比，臭氧催化氧化工艺能更加有效地降低三卤甲烷的生成势、减少臭氧氧化的有机副产物生成，并能抑制无机副产物溴酸盐的生成。因而，经过臭氧催化氧化工艺处理的出水水质应该具有更低的遗传毒性。

为了比较不同工艺处理出水的遗传毒性，在某城市的水厂中试试验中考察了常规处理工艺出水分别经过"单纯臭氧氧化—生物活性炭—消毒"工艺以及"臭氧催化氧化—生物活性炭—消毒"工艺后水质遗传毒性的变化情况。由表3-11可知，常规处理工艺出水的遗传毒性呈现阳性的概率为75.0%（遗传毒性强度加权平均值为810units/L）。经单纯臭氧氧化后，水质的遗传毒性强度呈现阳性的概率降为50.0%，经生物活性炭处理后，水质遗传毒性全部呈现阴性，但经过氯化消毒后又有25.0%的呈现阳性结果，此时研究发现消毒后水中的溴代三卤甲烷总量为16.9μg/L，比使用臭氧催化氧化技术后的消毒出水的含量高出3.2倍。单纯臭氧氧化—生物活性炭出水不具有致突变活性，而经过氯化消毒后仍然有致突变活性的现象，在其他人的研究中也有类似的发现。因此，臭氧氧化—生物活性炭—消毒深度处理工艺出水仍存在安全隐患。

在相同条件下，臭氧催化氧化出水中遗传毒性强度呈阳性概率降为25.0%，比单纯臭氧氧化条件低25.0%。经过生物活性炭进一步处理后，水质全部呈现阴性，加氯消毒后仍全部呈阴性。所以，臭氧催化氧化在深度处理工艺降低水质遗传毒性呈阳性概率方面发挥关键作用。

臭氧催化氧化出水毒性安全性 表3-11

（中试试验水温2~30℃，pH值7.2~8.0，臭氧投量0.40~0.79mg/L）

监测次数	常规工艺	臭氧化	生物活性炭	消毒
1	—	臭氧氧化	—	—
		臭氧催化氧化	—	—
2	+	臭氧氧化	—	+
		臭氧催化氧化	—	—
3	+	臭氧氧化	+	—
		臭氧催化氧化	—	—
4	+	臭氧氧化	+	—
		臭氧催化氧化	+	—
水质毒性为"+"的概率/%	75.0	臭氧氧化	50.0	0	25.0
		臭氧催化氧化	25.0	0	0

注："+"表示毒性为阳性；"—"表示毒性为阴性，4次取样加权平均统计。

3.2.8 应对突发性污染事件的效果

近年来，我国经济快速发展，但整个社会的环境保护意识还比较淡薄，导致水源水污染事件频发。2004 年沱江突发高浓度氨氮污染、2005 年松花江突发硝基苯污染和北江镉污染、2006 年牡丹江突发水栉霉污染、2007 年夏天太湖突发蓝藻污染、2009 年江苏盐城突发酚类物质污染、2010 年汀江突发紫金矿业污染、2011 年南盘江突发铬渣污染和涪江突发尾矿渣污染、2012 年广西龙江河突发镉污染和 2013 年广西贺江突发铊污染等一系列突发水体污染事件接踵而来、猝不及防，严重干扰了经济、社会的正常秩序，也给整个社会敲响了警钟，饮用水水质安全重于泰山。

对给水深度处理而言，突发性水质污染来源于两个方面：水源突发污染与常规给水处理工艺出水的突发污染。突发水质污染，大多存在时间不长，现场很难找到及时有效的解决方法。臭氧催化氧化技术提高了水处理工艺的净水效能，因而当面临突发性的有机污染事故时，是可以保障饮用水的水质安全的有效技术之一。

以某污染事件为例：2006 年 8 月 15 日上午，某市的 B 水厂取水口的溶解氧（DO）含量突然降低，高锰酸盐指数含量异常升高，水的色度明显增加。取水口上游约 4km 的水面检测不到 DO，水的色、臭和味均异常。虽然该水厂迅速采取措施将高浓度的污染带隔离在取水口之外，但突发污染前锋已经进入了水厂，该污染前锋中部分指标的异常变化情况见表 3-12，监测数据表明这属于水源突发有机物污染。

从表 3-12 可知，与该年度前 7 个月的同类水质指标相比较，污染前锋水质的色度、细菌总数、有机物含量等均异常升高。此前，原水的有机物污染程度为Ⅳ类或好于Ⅳ类地表水标准，突发污染中，有机物污染程度为Ⅴ类、溶解氧含量劣于Ⅴ类标准。从指标数值上看，突发污染前锋的色度是污染前的 1.6～2.5 倍，高锰酸盐指数、COD_{Cr}、BOD_5、TOC 含量分别是污染前的 1.5～1.7 倍、1.4～3.3 倍、1.7～3.5 倍、1.7～2.6 倍，溶解氧含量仅是污染前的 3.7%～7.3%，有机物污染明显。

某市 B 水厂突发污染期间原水水质的变化情况　　　　表 3-12

检测项目	污染发生之前 7 个月的原水各指标				污染前锋部分水质指标	
	最大值	最小值	平均	水质类别	测定值	水质类别
色（度）	26	17	22	—	42	异常升高
浑浊度（NTU）	47	22	38	—	12	降低
总硬度（mg/L⁻¹）	172.2	156.1	162.1	—	123.9	降低
硫酸盐（mg/L⁻¹）	153.2	108.2	128.8	—	63.7	降低
NO_3-N（mg/L⁻¹）	4.42	1.76	3.06	—	<0.04	异常降低
细菌总数（CFU/mL⁻¹）	16000	260	3946	—	68000	异常升高
总 α 放射性/（Bq/L）	0.1	0.051	0.077	—	<0.016	—
高锰酸盐指数（mg/L）	7.53	6.37	6.95	Ⅳ类	10.9	Ⅴ类
COD_{Cr}（mg/L）	24	10	17.83	Ⅰ类～Ⅳ类	33	Ⅴ类
BOD_5（mg/L）	5.76	2.75	4.21	Ⅰ类～Ⅳ类	9.70	Ⅴ类
溶解氧（mg/L）	5.45	2.75	4.45	Ⅳ类	0.2	劣于Ⅴ类
TOC（mg/L）	6.21	4.06	5.25	—	10.69	异常升高

注：原水水质类别以《地表水环境质量标准》（GB 3838—2002）判定。

常规给水处理工艺、臭氧（催化）氧化、生物活性炭等工艺对该突发污染的处理情况见图 3-28（臭氧投量 2.5mg/L 左右）。污染前原水中高锰酸盐指数平均含量为 6.8mg/L，污染期间平均含量为 9.5mg/L。对于"臭氧氧化—生物活性炭"工艺的处理系统而言，由于常规给水处理工艺中投加了粉末活性炭，使常规给水处理工艺对高锰酸盐指数的平均去除率由未污染时的 41.8％提高到 49.9％。单纯臭氧氧化及单纯臭氧氧化—与生物活性炭在污染前对高锰酸盐指数的平均去除率分别为 15.2％与 31.2％，污染期间分别为 13.0％与 35.4％，深度处理工艺对高锰酸盐指数的去除率仅提高了 4.0％左右。因而导致污染期间活性炭出水的高锰酸盐指数平均含量为 3.1mg/L。可见，臭氧氧化技术应对突发污染的效能有限。

应用"臭氧催化氧化—生物活性炭"工艺的处理系统，未污染时与污染期间，常规给水处理工艺对高锰酸盐指数的平均去除率为 52.1％～52.6％。臭氧催化氧化及其与生物活性炭联用在污染前对高锰酸盐指数的平均去除率分别为 18.1％与 43.3％，污染期间分别为 17.9％与 58.3％，此时生物活性炭出水的高锰酸盐指数平均含量为 1.9mg/L。可见，污染期间臭氧催化氧化对有机物的去除效果几乎没有改变，其与生物活性炭联用对高锰酸盐指数的去除能力也较高，出厂水水质良好。由此可见，在本次突发性污染事件中，臭氧催化氧化—生物活性炭工艺对有机物突发污染的应变能力强于单纯臭氧氧化与生物活性炭联用工艺。

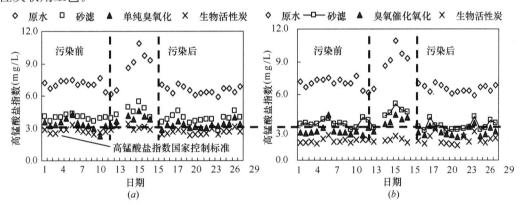

图 3-28　突发性污染前后各工艺出水中高锰酸盐指数含量的变化（生产运行）

(a) 应用臭氧氧化；(b) 应用臭氧催化氧化

3.3　粉末活性炭—超滤组合工艺

3.3.1　粉末活性炭—超滤组合工艺的特点

超滤（UF）由于所需驱动力小，而且能有效地去除天然水中的悬浮固体和细菌，成为膜技术替代传统处理工艺的最佳选择。超滤膜由于孔径较大，无法去除水中大部分的溶解性有机物，因此对于受污染的天然水，采用超滤膜处理的饮用水水质难以令人满意。而且许多研究表明，溶解性的有机物是造成膜污染的主要因素。因此，超滤膜常与粉末活性炭（powdered activated carbon，PAC）组合，形成深度处理膜工艺。粉末活性炭具有特殊的多孔隙结构，比表面积大，因而具有较强的吸附作用，弥补了超滤去除有机物效果差的不足，且粉末活性炭对膜污染也有一定的延缓作用，同时超滤膜对常规颗粒物质的强大截留作用也避免了 PAC 对常规工艺出水水质的影响。该工艺的优点是把 PAC 对低分子有机物的吸附作用和 UF 对大分子有机物及细菌等病原微生物的筛分作用很好地结合在一起，大大提高了有机物的去除率，能有效减缓膜污。因此，粉末活性炭—超滤复合工艺越来越受到人们的关注。

3.3.2　工艺流程

中试试验流程见图 3-29。即超滤膜代替传统工艺的砂滤。水厂的工艺流程采用常规处理，即混凝＋沉淀＋砂滤＋消毒。而本工艺流程为沉淀池出水＋粉末活性炭—超滤复合工艺。整个超滤膜装置 24h 不间断运行。

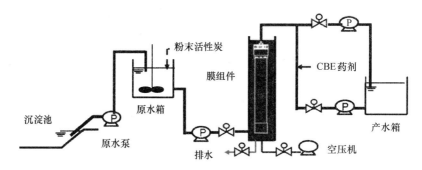

图 3-29　中试试验工艺流程图

3.3.3　处理效果分析

1. 对浊度的去除效果

在常规工艺中对水体浑浊度去除效果是主要考虑的因素之一。降低水的浑浊度，对于减少某些有害物质、细菌和病毒及提高消毒效果都有重要作用。在本次研究中，超滤膜系统对水体浑浊度的去除效果相当稳定且有效，见图 3-30。从图中可以看出，砂滤水的浑浊度随着过滤周期的变化也呈现周期性的波动，当反冲洗时砂滤出水的浑浊度明显增大，但超滤膜出水的浑浊度一直比较稳定，正常保持在 10mNTU 左右，其明显低于同期常规工艺出水的浑浊度。

2. 对有机物的去除效果

（1）高锰酸盐指数的去除效果

1）不投加粉末活性炭

中试系统在不投加粉末活性炭的条件下，各流程对高锰酸盐指数的去除效果见图 3-31。试验期间原水高锰酸盐指数的范围为 6.00～7.88mg/L，超滤膜过水流量保持在 80L/

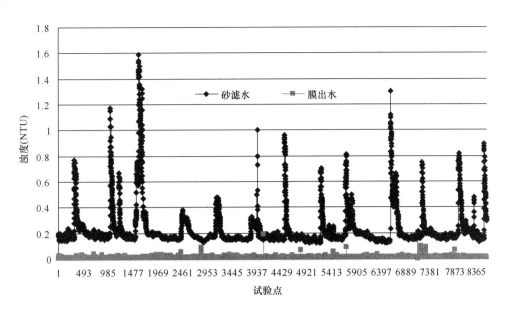

图 3-30 浑浊度的去除效果

（h·m²）（20℃），过滤方式为终端过滤，过滤周期为45min。从图中可以看出，对于高锰酸盐指数的去除主要集中在沉淀工艺，其对高锰酸盐指数的去除率为38.27%，砂滤对高锰酸盐指数也有一定的去除能力，去除率为4.56%。常规工艺对高锰酸盐指数的去除率为42.93%。UF膜对高锰酸盐指数的去除率为6.33%。从试验结果可见，超滤膜对常规工艺处理后水体高锰酸盐指数有一定的去除能力，与砂滤相当，其主要是通过截留从砂滤池中穿透的胶体和悬浮固体而使水体的高锰酸盐指数值降低。

2）投加粉末活性炭

由于在沉淀、砂滤后直接用超滤膜过滤，对高锰酸盐指数的去除效果提高不明显，因此在超滤膜前投加粉末活性炭，粉末活性炭与砂滤出水的接触时间为45min。在超滤膜的过水通量保持在80L/（h·m²）（20℃），过滤周期45min，过滤方式为错流过滤，循环比为3:1，投加不同粉末活性炭的条件，各流程对高锰酸盐指数的去除效果见图3-32。从图中可以看出，随着粉末活性炭投加量的增加，PAC和UF对高锰酸盐指数的去除率也相应的增加。从前面的分析可知，特定微污染原水中分子量小于3K的溶解性有机物所占的比例较大，这部分有机物通过混凝、沉淀工艺很难将其去除。而粉末活性炭对分子量较小的溶解性有机物能有较为快速地吸附，随着吸附时间的延长，投加粉末活性炭也能够去除分子量较大的溶解性有机物，且去除的效果随PAC投加量的增加而提高。由于粉末活性炭投加量的进一步增加，会导致要保持一定膜通量所需要的压力变大，因此在本次试验中，粉末活性炭的最大投加量为22.18mg/L。在粉末活性炭投加量为0、5mg/L、10.8mg/L、14.5mg/L、22.18mg/L的条件下，整个工艺对高锰酸盐指数的总去除率分别为44.74%、49.43%、56.52%、56.52%、64.91%。

在投加粉末活性炭的同时，在超滤膜前投加少量的混凝剂 $Al_2(SO_4)_3$，对高锰酸盐指数去除效果有一定的提高，见表3-13。

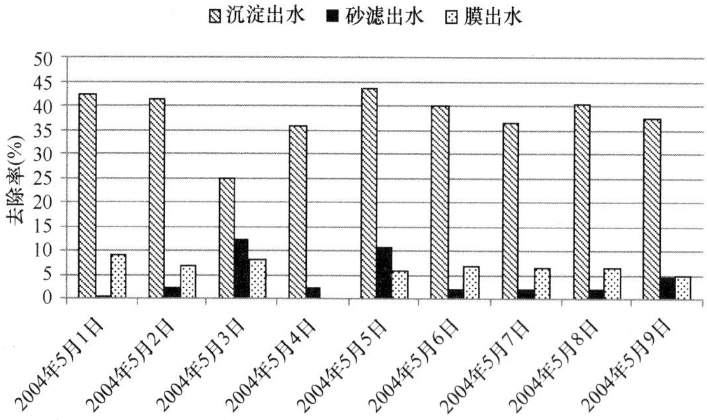

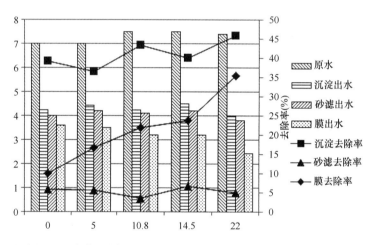

图 3-31 在不投加粉末活性炭的条件下流程对高锰酸盐指数的去除效果

图 3-32 投加不同 PAC 工艺各流程对高锰酸盐指数的去除效果

混凝剂投加量不同条件下对高锰酸盐指数的去除效果　　　　　　　表 3-13

PAC 投加量 （mg/L）	Al₂（SO4）₃ （mg/L）	过滤周期 （min）	通量 （L/（h·m²））（20℃）	过滤方式	膜去除率 （％）
5.18	0	30	60	错流过滤	17.7
5.18	1	30	60	错流过滤	17.9
5.18	5	30	60	错流过滤	20.2

（2）UV₂₅₄ 的去除

1）不投加粉末活性炭

在不投加粉末活性炭的条件下，各处理单元对 UV₂₅₄ 的去除率见图 3-33。试验期间，原水 UV₂₅₄ 值在 13.5～14.3cm⁻¹。从图中可以看出，混凝、沉淀对 UV₂₅₄ 值降低程度较为明显，其对特定微污染原水的 UV₂₅₄ 值可以去除 23％ 左右。试验期间特定微污染原水的水质变化不明显，UV₂₅₄ 分子量分布中，表观分子量＞10000Da 的有机物约为 24.71％，混凝、沉淀对此部分有机物能够有效地去除。从图中也可以看出，砂滤过程对提高 UV₂₅₄ 去除效果的作用不明显，仅在1.5%左右。超滤膜对UV_{254}去除效果要稍微高于砂滤的去除效果，主要是由于超滤膜的截留作用比砂滤池明显，随着过滤时间的延长，在超滤膜的表面会形成滤饼层，超滤膜对表观分子量在3000～10000Da的有机物有一定的去除效果，UF对UV_{254}去除效果在4.1%左右。

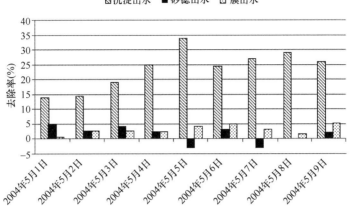

图3-33 不投加PAC的条件下处理单元对UV_{254}的去除效果

2）投加粉末活性炭

为了进一步提高对水体中有机物的去除效率，在砂滤后投加不同浓度的PAC，试验期间原水UV_{254}的范围为13.4～14.1m^{-1}，超滤膜过水流量保持在80L/（h·m^2）（20℃），过滤方式为错流过滤，过滤周期为45min，各处理单元对UV_{254}的去除率见图3-34。从图中可以看出，常规工艺对UV_{254}的去除率在20%左右，其中砂滤对UV_{254}的去除效果不明显。随着粉末活性炭投加量增加，膜系统对UV_{254}的去除率也相应地增加。在PAC投加量为0、5mg/L、10.8mg/L、14.5mg/L、16.2mg/L、22mg/L，整个工艺对UV_{254}的总去除率分别为19.15%、32.61%、33.09%、37.31%、41.79%、49.27%。

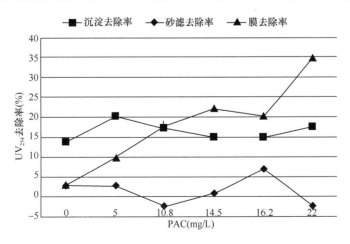

图3-34 投加不同PAC时各单元对UV_{254}的去除效果

投加粉末活性炭后，膜系统对高锰酸盐指数去除效率和UV_{254}的去除率见图3-35。从图中可以看出，随着粉末活性炭投加量的增加，UV_{254} 去除率逐渐高于高锰酸盐指数的去除率。

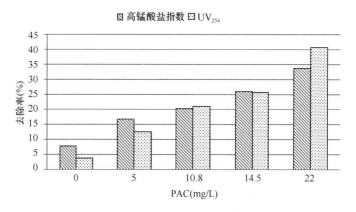

图 3-35　膜系统对高锰酸盐指数和 UV_{254} 去除率的比较

图 3-36 给出了不同粉末活性炭投加量的条件下，SUVA（UV_{254}/高锰酸盐指数）值的变化。原水经过混凝沉淀工艺后，水体的 SUVA 值却明显变大，说明混凝沉淀工艺处理后，水体中含饱和键的有机物比例减少。砂滤工艺处理后，SUVA 值也没有明显地减小。从图中可以看出，随着 PAC 投加量的增加，水体 SUVA 相应地减小，说明 PAC 的投加有助于去除水体中不饱和键的芳香结构有机物。

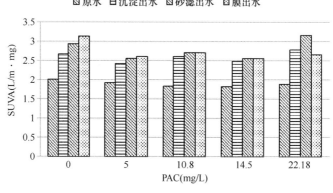

图 3-36　SUVA 值的变化

3）膜系统内各活性炭吸附柱及膜对 UV_{254} 的去除效果

在投加不同 PAC 条件下，粉末活性炭接触柱与膜出水 UV_{254} 的变化见图 3-37。各柱对 UV_{254} 去除率的贡献见图 3-38。

从图 3-37 和图 3-38 中可以看出，在投加粉末活性炭的条件下，UV_{254} 值经过各柱后不断地降低，随着粉末活性炭投加量的增加，降低的幅度也相应地增加。每个炭柱的接触时间大约为 8.0min，从图 3-38 可以看出，粉末活性炭在前 8min 对 UV_{254} 去除率的贡献量最大，占其总去除率 50% 左右。

4）在投加 PAC 的条件下，各处理单元分子量分布变化

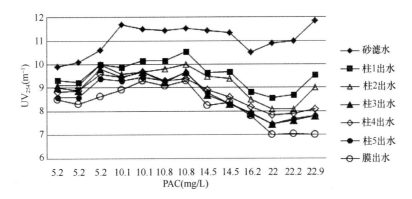

图 3-37 不同 PAC 投加量条件下 UV_{254} 的变化

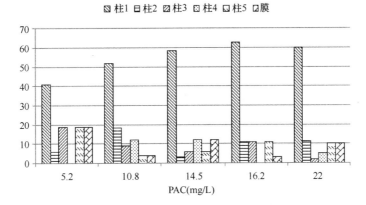

图 3-38 各柱对 UV_{254} 的去除效果

在膜通量为 80L/（h·m²）（20℃），过滤周期为 45min，过滤方式为错流过滤的条件下，投加 14.5mg/L 的 PAC，取样分析各处理单元水样的分子量分布，见图 3-39。从图中可以看出，投加粉末活性炭后对水体中分子量＜3000Da 的溶解性有机物有较强的去除能力。

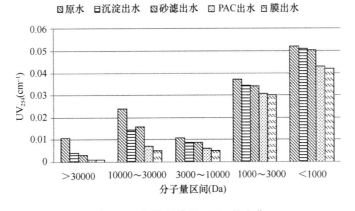

图 3-39 各处理单元 UV_{254} 的变化

各处理单元对 UV_{254} 各分子量分布区间内的去除率见图 3-40，投加粉末活性炭后，对不同分子量区间内的有机物都有一定的去除效果,其中对于分子量小于1000Da的去除率较高。

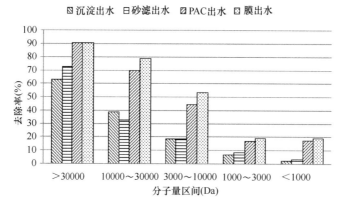

图3-40 各处理单元UV$_{254}$去除率的变化

(3)对TOC的去除

TOC值是表征水体中总有机炭浓度的指标,是水体中有机物的良好替代参数。在不投加粉末活性炭的条件下,常规工艺和超滤膜对TOC的去除效果见图3-41。从图中可以看出,混凝、沉淀对水体中TOC有良好的去除效果,而砂滤对TOC的去除效果不明显。超滤膜对水体TOC有一定的去除效果,去除率在8%左右。

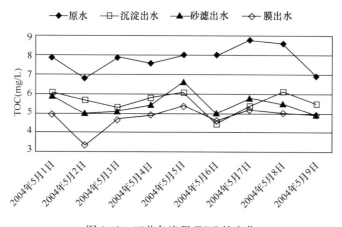

图3-41 工艺各流程TOC的变化

由于在沉淀、砂滤后直接用超滤膜过滤,对TOC的去除效果提高不明显,因此在超滤膜前投加粉末活性炭,粉末活性炭与砂滤出水的接触时间为45min。在超滤膜的过水通量保持在80L/(h·m²)(20℃),过滤周期为45min,过滤方式为错流过滤,循环比为3:1,投加不同粉末活性炭的条件,各流程对TOC的去除效果见图3-42。从图中可以看出,随着粉末活性炭投加量的增加,膜系统对TOC的去除效果相应地增加,在PAC投加量为22mg/L时,膜系统对TOC的去除率为25%。由于特定微污染原水TOC的浓度比较高,尽管粉末活性炭的投加量比较大,但TOC的值也难以降低到3.0mg/L以下。而PAC投加量的进一步增大,会造成膜污染的加重。

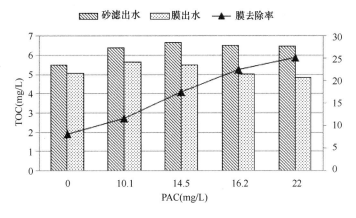

图 3-42 不同 PAC 投加量对 TOC 的去除效果

3. 对细菌的去除效果

在试验期间，每次测试时，均对原水、膜前水和膜后水的细菌总数进行了测定，其结果见图 3-43。对于原水，其细菌总数约在 1000cfu/mL 左右，膜前水细菌总数约在 50cfu/mL 左右，膜后水细菌总数均未检出，我国现行《生活饮用水卫生标准》（GB 5749—2006）规定了细菌总数为 100cfu/mL。建设部最近颁发的直饮水水质标准的细菌总数为 50cfu/mL。因此，超滤膜出水的细菌总数完全可以达到直饮水的细菌学要求。

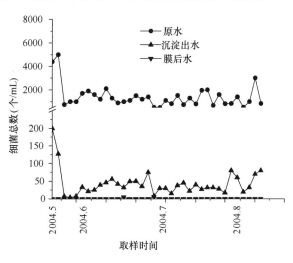

图 3-43 粉末活性炭—超滤膜工艺对细菌的去除

超滤膜对微生物的去除机理在于两个方面：（1）机械筛分，即膜能够截留比自身孔径大或与其孔径相当的微生物颗粒，绝大多数细菌和原生动物的尺寸均大于 $0.5\mu m$，因此这些微生物主要通过机械筛分作用去除。（2）吸附截留，即当微生物体穿过膜表面进入膜内部时，由于膜自身物理化学性质和静电引力的影响使它们沉积在膜孔侧壁或膜内部基质上，特别在许多尺寸较小的病毒的截留过程中。这两种作用使得超滤膜对微生物的去除效果要优于砂滤工艺。

3.4 炭砂滤池组合工艺

3.4.1 炭砂滤池组合工艺的提出

水源水质污染和饮用水水质标准的提高给城镇供水提出了双重挑战。但是，目前国内仍有 95% 的水厂采用传统水处理工艺，已不能完全保证出水水质。炭砂滤池，也即颗粒活性炭—石英砂双层滤料滤池，利用活性炭吸附和生物降解的协同作用，有效提高出水水质。且对于传统水处理工艺，可直接将普通砂滤池改造成炭砂滤池。

强化混凝通过调节 pH、改变混凝剂种类和投加量、改善水力条件等，强化混凝阶段对有机物，特别是大分子有机物的去除效果，而大分子有机物往往不易被炭砂滤池去除。预氧化是利用高锰酸钾、氯、臭氧等氧化剂的强氧化性，改变水中胶体和有机物的结构和特性，提升混凝效果，从而提高对有机物的去除效果。粉末活性炭可以有效吸附去除有机污染物，但其运行成本略高，通过将沉淀池含粉末活性炭的污泥回流至混凝阶段，可以充分利用粉末活性炭的吸附容量，减少粉末活性炭的投加量，同时回流污泥也可能有一定的助凝作用。

一般情况下，饮用水源水中有机物的可生化性能不佳，活性炭对有机物的吸附也具有选择性，所以炭砂滤池对有机物的去除能力存在限值。而将强化混凝、预氧化和粉末活性炭回流与炭砂滤池工艺组合，不仅可以提升工艺的整理除污染性能，同时由于强化混凝、预氧化和粉末活性炭操作控制较为灵活，可根据原水水质改变操作条件，从而有效提高了工艺应对季节性污染和突发性污染的能力。

3.4.2 强化混凝与炭砂滤池组合

由于很多水厂调节 pH 较为麻烦，因此这里强化混凝只考虑混凝剂的种类和投加量。试验中以有机物和臭味物质的去除效果为衡量指标，通过烧杯试验，对 $FeSO_4$（硫酸亚铁）、$FeCl_3$（氯化铁）、$Al_2(SO_4)_3$（硫酸铝）、PACl（聚合氯化铝，Al_2O_3 质量百分数约为 30%）4 种混凝剂进行优选，得出 PACl 对有机物和臭味的去除效果较好，因此试验选用 PACl 作为优选混凝剂。常规混凝下，PACl 投加量为 6 mg/L（PACl 计，后同）；强化混凝下，混凝剂投加量为 10mg/L、15mg/L、20mg/L。

1. 对浊度的去除效果

图 3-44 为不同 PACl 投加量下，强化混凝与炭砂滤池组合工艺对浊度的去除效果。从图中可以看出，当 PACl 投加量增加到 10 mg/L 以上时，沉淀池出水浊度显著改善，随之炭砂滤池出水浊度也明显降低。

当原水中有机物浓度较高时，吸附在胶体表面的有机物可使胶体稳定性增加，所以要使胶体失稳，必定要投加更多的混凝剂。因此增加 PACl 投加量，可以提高混凝效果，降低出水浊度。

2. 对有机物的去除效果

图 3-45 为不同 PACl 投加量下，强化混凝与炭砂滤池组合工艺对有机物的去除效果。可以看到，在强化混凝条件下，混凝沉淀单元和炭砂滤池单元对有机物的去除效果均有所提升。

增加 PACl 投加量，可以强化胶体状天然有机物的电中和作用，腐殖酸和富里酸聚合体的沉淀作用以及金属氢氧化物的吸附共沉作用，因此混凝沉淀阶段有机物去除效果有所

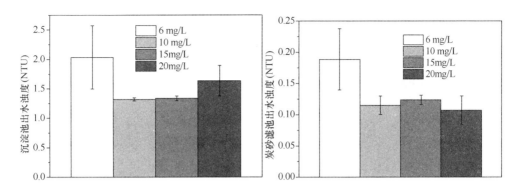

图 3-44 强化混凝与炭砂滤池组合工艺对浊度的去除效果（原水浊度：12.70～17.70NTU）

提高。而由于炭砂滤池进水中大分子有机物量变少，所以炭砂滤池对有机物的去除效果也有所增加。

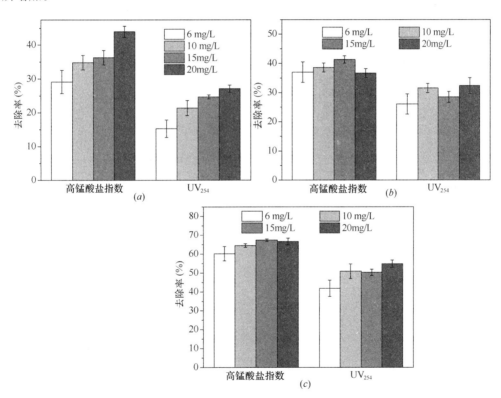

图 3-45 强化混凝与炭砂滤池组合工艺对有机物的去除效果（原水高锰酸盐指数：4.47～6.10mg/L，UV$_{254}$：0.049～0.074cm^{-1}）

（a）混凝沉淀单元；（b）炭砂滤池单元；（c）组合工艺

3. 对臭味物质的去除效果

图 3-46 为不同 PACl 投加量下，强化混凝与炭砂滤池组合工艺对 2-MIB 和 GSM 的去除效果。从图中可以看出，提高 PACl 投加量对臭味物质去除效果影响不大，臭味物质主要还是通过炭砂滤池单元去除。2-MIB 和 GSM 均为小分子有机物，所以强化混凝时，只

能通过金属氢氧化物对其吸附少量去除。由于 2-MIB 和 GSM 的分子极性不强，较易被活性炭吸附去除。

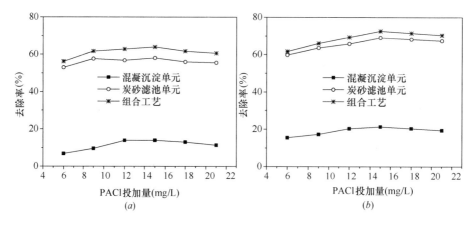

图 3-46　强化混凝与炭砂滤池组合工艺对 2-MIB（a）和 GSM（b）的
去除效果（2-MIB：91.3ng/L，GSM：105.9ng/L）

3.4.3　粉末活性炭回流与炭砂滤池组合

利用粉末活性炭，可以有效吸附去除有机物。但是往往 PAC 与水接触时间较短，不能充分利用 PAC 的吸附容量。将在沉淀池沉淀的含 PAC 的污泥回流到混凝单元，可以一定程度解决这个问题。经试验，PAC 污泥的最佳回流点为絮凝池的始端，回流比可取 1%～6%。

在粉末活性炭回流与炭砂滤池组合工艺试验中 PAC 投加量为 10 mg/L，PACl 投加量为 10 mg/L。

1. 对浊度的去除效果

图 3-47 为粉末活性炭回流与炭砂滤池组合工艺对浊度的去除效果。从图中可以看出，投加 PAC 和 PAC 污泥回流对浊度的影响不大。但是在炭砂滤池的反冲洗时，可以明显看到，对于投加 PAC 的系统，反冲洗水略呈黑色，含有一定量的 PAC。由于 PAC 具有较强还原性，同时是微生物很好的庇护载体，因此 PAC 会影响消毒效果。所以在实际运行中，应注意初滤水问题。

2. 对有机物的去除效果

图 3-48 为粉末活性炭回流与炭砂滤池组合工艺对有机物的去除效果。由于 PAC 的吸附作用，粉末活性炭回流可以大幅度提升混凝沉淀单元对有机物的去除效果，但是由于 PAC 吸附作用和炭砂滤池中 GAC 的吸附作用重叠，所以炭

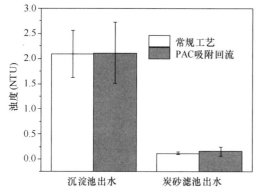

图 3-47　粉末活性炭回流与炭砂滤池组合工艺对浊度的去除效果（原水浊度：11.0～16.9NTU）

砂滤池单元对有机物的去除效果反而降低，不过组合工艺对有机物的去除效果仍有一定幅度提升。

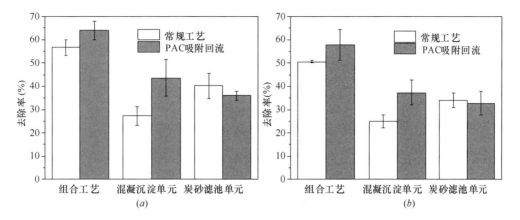

图3-48 粉末活性炭回流与炭砂滤池组合工艺对高锰酸盐指数（a）和 UV_{254}（b）的去除效果
（原水高锰酸盐指数：$6.57\sim7.80mg/L$，原水 UV_{254}：$0.055\sim0.059cm^{-1}$）

随着粉末活性炭回流的运行，在混凝沉淀阶段逐渐会出现一定的生物作用，并可去除一定量的氨氮，但是其生物作用不强，在试验条件下，对氨氮的去除量只有 0.5mg/L 左右。

3. 对臭味物质的去除效果

图3-49 为粉末活性炭回流与炭砂滤池组合工艺对 2-MIB（a）和 GSM（b）的去除效果。从图中可以看出，投加 PAC 可以明显提高臭味物质的去除效果，而 PAC 污泥回流又进一步提高臭味物质的去除率。因此，当原水 2-MIB 和 GSM 浓度超过炭砂滤池的去除限值时，可利用 PAC 吸附来增强工艺对 2-MIB 和 GSM 的去除效果。

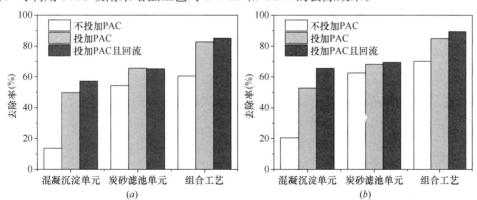

图3-49 粉末活性炭回流与炭砂滤池组合工艺对 2-MIB（a）和 GSM（b）的去除效果
（原水 2-MIB：$95.6ng/L$，原水 GSM：$97.8ng/L$）

3.4.4 高锰酸钾预氧化与炭砂滤池组合

试验中选取 O_3、$NaClO$、$KMnO_4$ 三种氧化剂，通过烧杯试验考查其对有机物的去除效果。NaClO 效果较差，且存在氯消毒副产物的问题，KMnO₄ 和 O₃ 效果较好，考虑到 O₃ 需要现场制备，故选用 KMnO₄ 作为氧化剂。经试验，其优化投加量为 1 mg/L 左右，在混凝剂投加前投加，PACl 投加量为 10 mg/L。

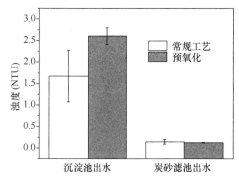

图 3-50　高锰酸钾预氧化与炭砂滤池组合
工艺对浊度的去除效果（原水浊度：
12.8～14.5NTU）

1. 对浊度的去除效果

图 3-50 为高锰酸钾预氧化与炭砂滤池组合工艺对浊度的去除效果，经高锰酸钾预氧化后，沉淀池出水浊度有所增高，但是并未对炭砂滤池出水造成明显影响。

2. 对有机物的去除效果

3-51 为高锰酸钾预氧化与炭砂滤池组合工艺对有机物的去除效果。经高锰酸钾预氧化后，混凝沉淀单元与炭砂滤池单元对有机物的去除效果均有所提升。这可能是因为高锰酸钾预氧化产生的新生态二氧化锰具有一定的助凝吸附作用，从而提高混凝沉淀阶段有机物的去除效果；而高锰酸钾氧化有机物后，可能一定程度改变了有机物的生化性能和吸附性能，从而提高炭砂滤池单元有机物的去除效果。

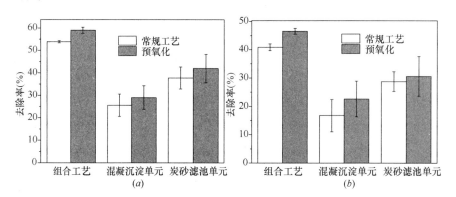

图 3-51　高锰酸钾预氧化与炭砂滤池组合工艺对高锰酸盐指数（a）和 UV_{254}（b）的
去除效果（原水高锰酸盐指数：4.31～4.97mg/L，原水 UV_{254}：0.045～0.061cm⁻¹）

3. 对臭味物质的去除效果

图 3-52 为高锰酸钾预氧化与炭砂滤池组合工艺对 2-MIB 和 GSM 的去除效果。同强化混凝一样，预氧化也只是略微提升 2-MIB 和 GSM 的去除率。工艺对 2-MIB 和 GSM 的去除仍主要依靠炭砂滤池的吸附作用。由于 2-MIB 和 GSM 均为环状小分子有机物，较难被氧化，所以去除效果不佳。

在试验中发现，随着高锰酸钾投加量的增加，炭砂滤池出水 Mn^{2+} 浓度也随着增加。在试验条件下，当高锰酸钾投加量超过 2mg/L 时，炭砂滤池出水 Mn^{2+} 超标。所以在实际工艺运行中，应当注意出水 Mn^{2+} 浓度。

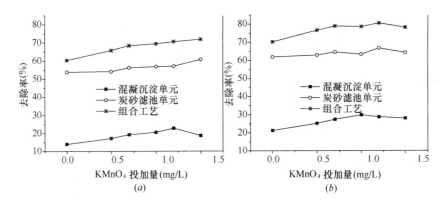

图 3-52　高锰酸钾预氧化与炭砂滤池组合工艺对 2-MIB（a）和 GSM（b）的
去除效果（原水 2-MIB：99.1ng/L，原水 GSM：97.8ng/L）

3.5　炭砂—超滤复合工艺

3.5.1　工艺特点

炭砂滤池—超滤复合工艺利用活性炭对有机物的吸附作用，活性炭表面微生物对有机物的降解作用，以及超滤对颗粒物和微生物的截留作用，可有效保证饮用水的化学和微生物安全性。且炭砂滤池还可以一定程度上改变水中有机物的成分组成，而缓解或降低超滤膜的污染倾向。因此，该复合工艺在解决我国南方地区的现有水质问题方面，具有一定的技术优势。

3.5.2　对浊度的去除效果

图 3-53 为炭砂—超滤复合工艺在运行 150d 期间出水浊度的变化情况。可以看出，炭砂对浊度有较好的去除效果，出水一般为 0.100NTU 左右，平均为 0.090 ± 0.120 NTU，波动较大。而超滤出水浊度一般为 $0.010\sim0.030$ NTU 左右，平均为 0.022 ± 0.006 NTU，结果非常稳定。说明炭砂—超滤复合工艺能够满足控制出水对浊度低于 0.10NTU 的要求有较好的去除效果，出水水质更加安全稳定。

3.5.3　对有机物的去除效果

为了评价炭砂—超滤复合工艺对有机物的去除效果，分别从高锰酸盐指数和 UV_{254} 进行评价。图 3-54 为活性炭—超滤复合工艺进出水的高锰酸盐指数变化。可以看出，活性炭—超滤复合工艺对高锰酸盐指数的去除率平均为 $41\%\pm14\%$。其中，活性炭工艺的去除率平均为 $35\%\pm15\%$，占总去除率的 85% 左右，超滤去除率平均为 $10\%\pm11\%$，约占 15%。说明高锰酸盐指数去除主要由活性炭工艺完成，而超滤所起作用较小。

图 3-55 为炭砂—超滤复合工艺进出水的 UV_{254} 变化。可以看出，活性炭—超滤复合工

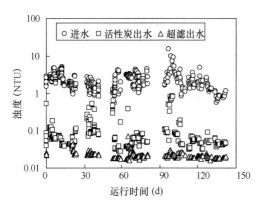

图 3-53 炭砂—超滤复合工艺进出水的
浊度变化

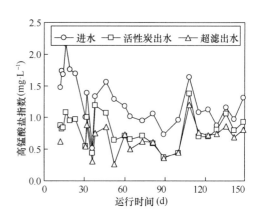

图 3-54 炭砂—超滤复合工艺进出水的
高锰酸盐指数变化

艺对 UV_{254} 有较好的去除效果,平均为 $88\% \pm 31\%$。其中,炭砂工艺的平均去除率为 $86\% \pm 21\%$,约占总去除率的 98%,超滤的平均去除率为 $4 \pm 21\%$,仅占总去除率的 2%,且波动较大。说明炭砂—超滤复合工艺对 UV_{254} 的去除也主要是由活性炭工艺所完成。

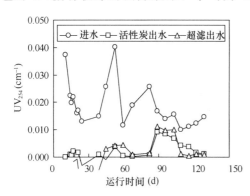

图 3-55 炭砂—超滤复合工艺进出水的
UV_{254} 变化

高锰酸盐指数表征水中有机物浓度,UV_{254} 表征水中含芳香环等疏水性有机物浓度。从结果来看,活性炭—超滤复合工艺对 UV_{254} 的去除率较高,而对高锰酸盐指数的去除率相对较小,说明该工艺对疏水性有机物去除效果较好,改变了有机物的亲疏性。其中,活性炭吸附对有机物的去除率的贡献最大,并能显著降低水中疏水性有机物比例。疏水性有机物是超滤膜污染的主要物质,因此活性炭吸附作为预处理,可以很大程度上缓解超滤膜污染。

3.5.4 对细菌的去除效果

图 3-56 为炭砂—超滤复合工艺进出水的细菌数变化。可以看出,进水细菌数波动较大,约为 $2 \sim 70CFU/mL$,平均为 $29 \pm 23CFU/mL$;活性炭工艺出水的细菌数波动有所增加,约 $2 \sim 130CFU/mL$,平均为 $37 \pm 39CFU/mL$;超滤出水的细菌数平均为 $2 \pm 2CFU/mL$。以上结果表明,炭滤—超滤复合工艺对细菌数的去除非常有效,其中超滤发挥了主要作用。

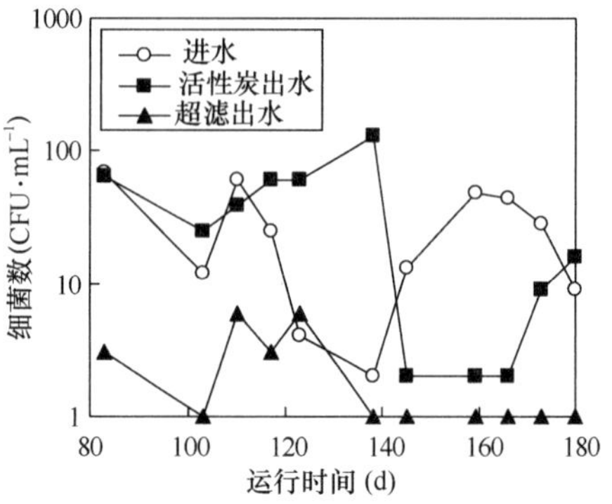

图 3-56 炭砂—超滤复合工艺进出水的
细菌数变化

3.5.5 无脊椎动物问题

图 3-57 为运行期间炭砂工艺中无脊椎动物的生长情况。结果表明，炭砂内既有无脊椎动物孳生问题，又对其有一定去除作用，平均去除率为 85% 左右。超滤对无脊椎动物的去除效果很好，只是偶有轮虫检出，最大值为 2.5 Ind./100L，表明该工艺对无脊椎动物有较好的去除效果，防止其在工艺内大量繁殖。无脊椎动物不仅影响水质的感官性状，还会携带寄生虫（如剑水蚤）或病原体，这些致病性微生物可能会因受到无脊椎动物的保护，使消毒效果变差。图 3-58 为炭砂和超滤膜工艺对总水蚤的去除效果。

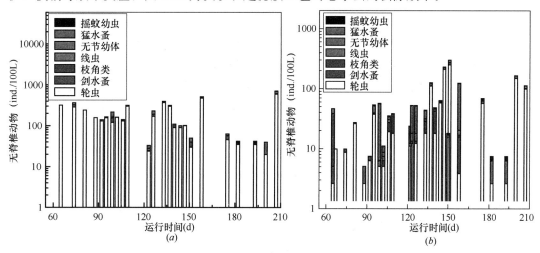

图 3-57 炭砂工艺中无脊椎动物的生长情况

（a）进水；（b）出水

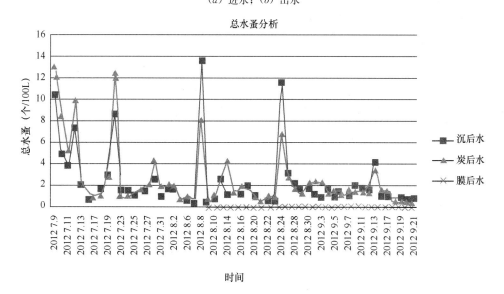

图 3-58 炭砂和超滤膜工艺对总水蚤的去除

第4章 臭氧—活性炭工艺副产物的控制与去除

4.1 臭氧化工艺中的副产物问题

臭氧—活性炭工艺虽然能够有效去除水中的微量污染物，提供更清洁、安全的饮用水，但在制水过程中却存在生成对人体有害的副产物的风险。一方面，当原水中含有溴离子时（如水源受咸潮影响或受到其他溴离子污染），臭氧化过程可能产生常规工艺难以去除的潜在致癌物质——溴酸盐（BrO_3^-）；另一方面臭氧的氧化分解作用可改变水中有机物的结构，增加可生化有机物（AOC）的含量，造成出水的生物稳定性降低，加大饮用水被二次污染的风险。溴酸盐属于饮用水中的低剂量有毒有害物质，已被国际癌症研究机构列为 2B 级（较高致癌可能性）潜在致癌物。我国《生活饮用水卫生标准》和《饮用天然矿泉水》都对溴酸盐提出严格限值 $10\mu g/L$，因此迫切需要开展饮用水中溴酸盐的控制和去除方法研究，以满足饮用水健康安全的要求。AOC 是表征饮用水微生物安全性的重要指标，生物活性炭发达的孔隙结构，对水中有机营养物质具有强烈的吸附和富集能力，从而给微生物的生长繁殖提供了理想的食物环境，促进了工艺对水中有机污染物的去除效果，但同时也增加了微生物泄漏的风险，若不能有效控制出水中的 AOC 含量，会造成饮用水中微生物滋生，影响饮用水的生物安全性，所以必须针对臭氧—活性炭技术的工艺特点研究 AOC 的控制方法，以确保工艺的出水安全。

针对饮用水中溴酸盐和 AOC 的生成过程控制和终产物的去除，国内外学者均进行了大量研究。本章在对副产物生成机理的研究基础上，分别根据其过程影响因素，提出了不同控制方法。这些方法可以简单地分为前体物控制（事前控制）、生成控制（事中控制）和末端控制（事后控制）。前体物控制是通过改变原水性质，降低原水生成副产物的潜在风险；生成控制是对副产物生成过程进行干扰，破坏副产物生成的环境，抑制副产物生成量；末端控制是对已经生成的副产物进行去除。在臭氧—活性炭工艺中，针对不同水源水质特点，优化选择副产物的控制方法，能够有效地降低出水中的溴酸盐和 AOC 浓度，保障出水的安全。

4.2 溴酸盐的控制和去除技术

4.2.1 溴酸盐的生成原理

溴酸盐属于饮用水中的低剂量有毒有害物质，已被国际癌症研究机构列为 2B 级（较高致癌可能性）潜在致癌物。我国《生活饮用水卫生标准》和《饮用天然矿泉水》都对溴酸盐提出严格限值 $10\mu g/L$，因此，迫切需要开展饮用水中溴酸盐的控制和去除的方法研究，以满足饮用水健康安全的要求。

Haag 与 Hoigné 在 1983 年提出了臭氧氧化过程中溴酸盐的形成过程，但其研究仅考虑了臭氧分子氧化溴离子为溴酸盐的途径。1994 年，Gunton 和 Hoigné 研究发现，在臭氧氧化过程中不仅存在着臭氧分子氧化溴离子的直接途径，同时还存在着臭氧分解产生羟基自由基（·OH）氧化溴离子为溴酸盐的间接途径。现阶段较为公认的溴酸盐形成机理包括以下两条途径：

第一，臭氧分子直接氧化途径。首先臭氧与 Br^- 反应，生成中间产物 $HOBr/OBr^-$，继续加入的 O_3 将中间产物氧化为 BrO_2^-，然后 O_3 继续与 BrO_2^- 发生反应，最终形成 BrO_3^-。

第二，·OH 氧化的间接途径。臭氧分解出来的·OH 与 Br^- 反应生成 $Br·$，而 $Br·$ 将进行两种途径的反应，一种途径是与 O_3 反应，生成 $BrO·$，但 $BrO·$ 不稳定，生成 BrO_2^- 与 OBr^-，BrO_2^- 经 O_3 氧化后形成 BrO_3^-，另一种途径是 $Br·$ 与 Br^- 反应生成 $HOBr/OBr^-$，·OH 再氧化 $HOBr/OBr^-$ 生成 $BrO·$，最终形成溴酸盐。

在臭氧－活性炭工艺实际运行中，臭氧投加量、有机物浓度、温度等因素都对溴酸盐生成有影响。研究臭氧作用下溴酸盐的生成规律对控制溴酸盐工作有重要指导意义。不同臭氧投加量下溴酸盐生成量变化情况的试验以去离子水配水进行，其结果如图 4-1 和图 4-2 所示。

在实验过程中溴酸盐的生成速度

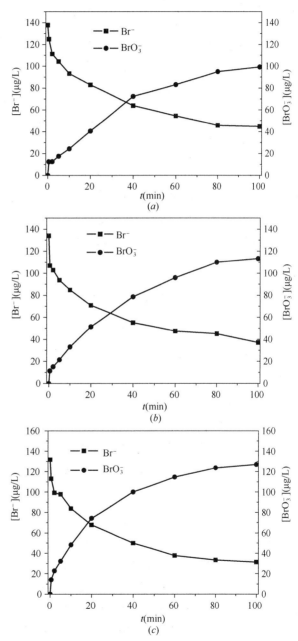

图 4-1 去离子水配水中溴酸盐/溴离子浓度随时间的变化
曲线图（配水，$t=20℃$，$pH=8$，$[Br^-]_0=145\mu g/L$）
$(a) [O_3]_0=2mg/L$；$(b) [O_3]_0=3mg/L$；
$(c) [O_3]_0=4mg/L$

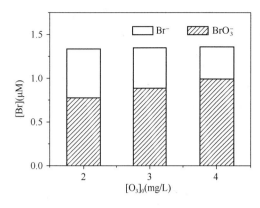

图 4-2　反应结束时溴酸盐/溴离子浓度随臭氧
投量的变化图（配水，$T = 20℃$，
$pH = 8$，$[Br^-]_0 = 145\mu g/L$）

逐渐下降，投加臭氧的前 40min 溴酸盐生成速度较快，40min 后生成速度明显下降。分析实验结果发现溴物种基本守恒，臭氧投加量由 2mg/L 增加至 4mg/L，可导致溴酸盐浓度由 $100\mu g/L$ 增至 $125\mu g/L$（增加了 $25\mu g/L$，即 $0.195\mu M$），同时溴离子浓度由 $45\mu g/L$ 降至 $30\mu g/L$（降低了 $15\mu g/L$，即 $0.188\mu M$）。

以水厂实际原水试验发现，除进厂原水臭氧投加量 2mg/L 时溴酸盐生成量低于 $10\mu g/L$ 外，其余条件下溴酸盐均超标（或存在超标风险）。有机物对溴酸盐生成有重要影响，水中有机物含量高时，有机物与溴离子竞争臭氧，能够减少溴酸盐的生成量，滤后水中有机物含量低，经臭氧后生成的溴酸盐量最高。在了解溴酸盐的生成规律后，可以针对溴酸盐的生成过程采取相应的控制措施达到降低出水溴酸盐浓度，保障饮用水安全的目的。

4.2.2　溴酸盐前体物的去除技术

溴离子的存在是溴酸盐生成的根本原因，控制水源水中的溴离子浓度能够有效地避免溴酸盐生成，控制臭氧—活性炭工艺的副产物。从宏观上分析，掌握取水地水源中溴离子浓度，合理选择水源，回避溴离子偏高的原水，可以从根本上避免溴酸盐生成。但对于一个城市或地区，受地理、水利条件的制约，对水源没有太多的选择余地。如果水源中溴离子的浓度较低，经过臭氧化工艺后溴酸盐生成量不超过水质标准限值，就适合于直接采用该工艺；否则应当采取溴离子的去除措施，降低臭氧化工艺水源中的溴离子浓度。

因此，事前控制阶段的主要内容包括：水源溴离子浓度分析、臭氧工艺适用性分析和预处理工艺对溴离子的去除。

1. 水源地溴离子浓度分析

由于溴离子是生成溴酸盐的最基本因素，对于一个确定的臭氧化深度处理工艺而言，将直接关系到溴酸盐生成量的大小。因此，水源溴离子浓度可以作为判定臭氧化工艺适用性的依据之一。珠三角地区臭氧化工艺应用多，且水源受咸潮影响较大，因此选择在珠三角地区开展溴离子浓度调查。调查的原则是：在调查区域上，以深圳为主，面向珠江三角洲；在水体选择上，以饮用水源为主，兼顾相关水体；在时间分布上，以特定时期为主，兼顾年度变化。

调查结果表明（图 4-3），深圳主要供水水库的溴离子浓度平均值为 $20.32\mu g/L$，不同水库的溴离子浓度差异较大，最高为 $73\mu g/L$，但 90% 的水库溴离子浓度低于 $50\mu g/L$。水库溴离子浓度存在季节性波动（图 4-4），旱季偏低，雨季偏高，说明地面雨水径流携带的地面污染物对水库溴离子浓度构成一定影响。珠海市水库溴离子浓度平均为 $60\mu g/L$，相当于深圳平均值的 3 倍。这是由于在咸潮季节，珠海市为保证供水量而放宽水源取水的咸度标准，并将抽取的微咸水储存在水库中，造成溴离子浓度偏高。中山市的饮用水源取自河道水，全市自来水厂都坐落在河道边，有的离河道出海口较近。由于咸潮的影响，河水中溴离子浓度升高幅度非常大，其溴离子浓度普遍在 $370\sim550\mu g/L$ 之间；受咸潮影响严重的大涌口、灯笼山、联石湾等水闸处的溴离子浓度甚至高达深圳市水库溴离子浓度的 1000 倍。研究中发现，溴离子浓度与氯离子（咸度）具有良好的线性对应关系，$[Br^-]=3.4546\times[Cl^-]-250$。因此，可以根据咸潮水的咸度大致推算出溴离子浓度。

通常，美国和欧洲国家把含量小于 $50\mu g/L$ 的溴离子浓度认为是低浓度，含量在 $50\sim100\mu g/L$ 的溴离子浓度认为是中浓度，而大于 $100\mu g/L$ 的溴离子浓度认为是高浓度。根据此划分标准，深圳市水库水源中溴离子浓度普遍属于低浓度范围，珠海水库水的溴离子浓度略微超过 $50\mu g/L$，属中等浓度范围。而中山市受咸潮影响后的河道水的溴离子浓度极高（$370\sim550\mu g/L$），属于高浓度范围。因此，对于受珠三角咸潮上溯影响的中山、珠海等城市，存在较大溴酸盐风险，必须采取措施进行防范，以保障饮用水中溴酸盐含量的安全。

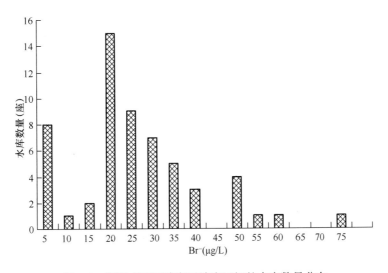

图 4-3 深圳市不同溴离子浓度区间的水库数量分布

2. 臭氧工艺适用性评估

在掌握了水源中溴离子分布以及常规工艺对溴离子去除情况的基础上，开展了臭氧化工艺中溴酸盐生成量研究，以判断出水溴酸盐超标的可能性。控制臭氧投加量 $1.5mg/L$，接触时间 5min。采用不同溴离子浓度的配置原水试验，反应 5min 时取样并立即以苯酚终止反应，测定剩余离子和溴酸盐生成量，结果见图 4-5。

由图 4-5 可知，经臭氧水稀释后的初始溴离子浓度低于 $70\mu g/L$（深圳水源溴离子浓度的高值）时，臭氧化出水中未检测到溴酸盐；当初始溴离子浓度超过 $120\mu g/L$ 时，出水中明显有溴酸盐生成；当初始溴离子浓度高于 $250\mu g/L$ 时，反应生成的溴酸盐超过

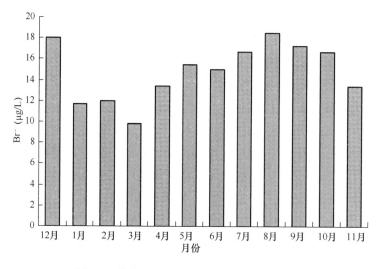

图 4-4　某水厂原水溴离子浓度的季节性变化

$10\mu g/L$。这说明在臭氧化工艺条件下（$O_3 = 1.5mg/L$，$t = 5min$），深圳市的水库原水基

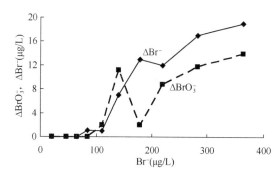

图 4-5　预臭化过程中溴酸盐生成量与初始溴
离子浓度的关系

本不存在溴酸盐超标的风险。但对于受咸潮影响的城市，如中山、珠海等，咸潮期间海水上溯，导致原水氯化物和溴离子含量突发性增加，当溴离子含量超过 $200\mu g/L$，溴酸盐就可能超过 $10\mu g/L$。该地区采用臭氧化净水工艺的水厂就很可能出现溴酸盐问题。因此建议，对于中山、珠海等受咸潮影响的城市，当出现咸潮上溯时，建议停用臭氧化工艺，改用其他工艺处理原水。

3. 预处理工艺对溴离子的控制

根据 Ge Fei 等人的研究结果，混凝沉淀小试研究中，在腐殖酸存在的情况下，混凝沉淀对 Br^- 浓度有明显去除，去除率高达 90%。为了考察中试运行及生产性试验中，混凝沉淀单元对溴离子的去除情况，本试验组在深圳某水厂开展了中试研究。中试装置为常规工艺＋臭氧—生物活性炭工艺。设计流量为单组 $0.4m^3/h$，一共 2 组，试验原水取自水厂的原水，Br^- 加标浓度变化范围为 $12.21 \sim 232.48\mu g/L$。原水进入混合池内投加 PAC，混合 26.5s，PAC 采用比例投加，PAC 投加量平均为 $1.7 \sim 2.0mg/L$。

试验结果表明，沉淀后 Br^- 浓度基本低于原水 Br^- 浓度，沉后出水 Br^- 浓度较原水 Br^- 浓度减少约为 $13\% \sim 15\%$。随着原水 Br^- 浓度的增大，沉后出水 Br^- 也逐渐增大，原水 Br^- 浓度与沉后 Br^- 浓度存在一定的线性关系。Plankey 等指出卤族离子与 Al(Ⅲ) 结合主要是受静电学影响。混凝沉淀过程中，Br^- 可能吸附于 $Al(OH)_3$ 固体表面一起沉淀。研究中定期监测了水厂实际生产中混凝沉淀对 Br^- 去除，结果表明混凝沉淀工艺对溴离子的去除率平均能够达到 20％左右，虽然实验结果与 Ge Fei 等人的研究成果有所差异，但混凝沉淀单元能去除 13％～15％的 Br^-，也为后续工艺降低了一定溴酸盐生成的风险。

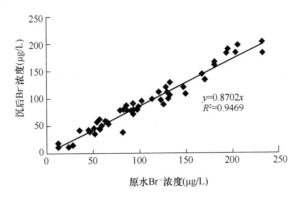

图 4-6 原水和沉后水中 Br^- 的浓度关系

4.2.3 溴酸盐的生成控制

溴酸盐的事中控制是指在臭氧化过程中，通过控制溴酸盐生成的反应途径，或者通过添加氧化性药剂替代部分臭氧，从而降低溴酸盐的生成水平。目前，具有实际可操作性且控制效果明显的事中控制方法主要有以下几种：$KMnO_4$ 强化预氧化、O_3/H_2O_2 高级氧化、臭氧接触池优化以及投加 CO_2 和氨。

1. $KMnO_4/O_3$ 复合预氧化技术控制溴酸盐

预氧化阶段，高锰酸钾对水体有较好的助凝效果，可以氧化某些有机物，并在一些水厂得到了应用。高锰酸钾和臭氧的复合预氧化方式能够让两种氧化剂呈现互补作用，从而减少溴酸盐的生成。一方面，当臭氧投加量不变时，高锰酸钾及其产物的催化作用，促进臭氧的分解，激发羟基自由基的生成，从而降低了主要途径溴酸盐的生成量，而大量羟基自由基的生成提高了整个过程氧化有机物的速度。另一方面，先投加高锰酸钾可以氧化去除水中容易氧化的有机物，可使臭氧投加量降低，从而减少了溴酸盐的生成，并且不会降低目标污染物的去除效果。针对以上两个方面的分析，在深圳某水厂开展了小试和中试研究：

（1）臭氧投加量不变（2mg/L），复合预氧化时预先投加高锰酸钾（0.8mg/L）。对比臭氧化和复合预氧化中溴酸盐的生产情况，结果如图 4-7 所示。单独臭氧化生成的溴酸盐为 18.4～25.3μg/L 之间。而预先投加 0.8mg/L 的 $KMnO_4$ 复合氧化，生成的溴酸盐为13～21μg/L 之间。复合氧化生成的溴酸盐比单独臭氧氧化生成的溴酸盐减少了 2～6μg/L，减少率为 20％～28％。由此可知，高锰酸钾复合氧化可以降低溴酸盐的生成。

（2）以硝基苯作为目标污染物，考察不同臭氧投加量及不同高锰酸钾投加量组合情况下，溴酸盐的生成情况。结果如图 4-8 所示。硝基苯去除率为 20％时，单独臭氧化生成的溴酸盐为 7.8μg/L；而 $KMnO_4/O_3$ 复合氧化（0.5mg/L $KMnO_4$＋1.3mg/L O_3）生成的溴酸盐仅为 2.4μg/L。因此，在相同目标污染物去除效果的情况下，$KMnO_4/O_3$ 工艺可减少O_3 投量，从而降低了溴酸盐的生成。

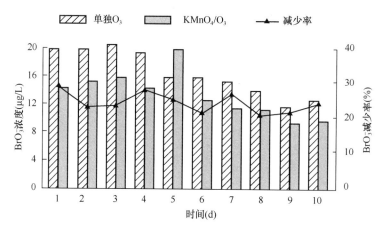

图 4-7　$KMnO_4$ 对溴酸盐的影响

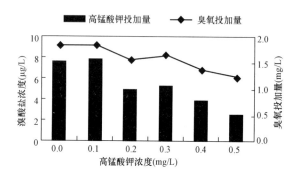

图 4-8　不同臭氧及高锰酸钾投加量组合情况下溴酸盐的生成

2. O_3/H_2O_2 高级氧化技术控制溴酸盐

主臭氧阶段的主要目标是氧化降解常规工艺难以去除的污染物。如何在保证主臭氧对难降解有机物去除效果的基础上，减少副产物的生成，是目前需要解决的关键问题。臭氧高级氧化过程，主要是通过光照、加入氧化剂或催化剂等刺激臭氧产生氧化能力较强的·OH，从而提高臭氧的利用率，增强对有机物的降解能力。H_2O_2 的价格低廉，并且实际中加入 H_2O_2 的操作简单，有研究表明，投入适量的 O_3/H_2O_2 可以减少溴酸盐的生成。因此，笔者将硝基苯做为难降解目标污染物，开展了 O_3/H_2O_2 工艺去除难降解有机物以及抑制溴酸盐生成的中试研究。硝基苯的平均浓度为 $58.3\mu g/L$，溴离子平均浓度为 $198.3\mu g/L$。中试试验结果如图 4-9 和图 4-10 所示。

图 4-9 显示了 H_2O_2 不同投量下，臭氧单元与活性炭单元的硝基苯去除率。不投加 H_2O_2 时，砂滤水经过臭氧柱后，硝基苯去除率为 41.7%，加入 0.2mg/L 的 H_2O_2 后，臭氧柱后硝基苯去除率升高至 73.4%，继续增加 H_2O_2 至 0.4mg/L，臭氧柱后硝基苯去除率增至 74.3%。H_2O_2 加入前后硝基苯去除率明显不同，说明 O_3/H_2O_2 高级氧化工艺去除硝基苯的效果较好，但 H_2O_2 浓度再增加，硝基苯去除率虽然有所增加，但增加效果并不大。从 O_3/H_2O_2 高级氧化去除硝基苯的效果及经济角度分析，H_2O_2 投加 0.2mg/L 时，O_3/H_2O_2—BAC 组合工艺去除硝基苯的效果较优。将臭氧浓度降低至 2.0mg/L，H_2O_2 的投量为 0.2mg/L 时，砂滤水经过臭氧柱后硝基苯去除率为 44.9%，比只投加 2.5mg/L 臭氧的去除率提高了 3.92%。虽然臭氧浓度降低了 0.5mg/L，但加入 H_2O_2 的硝基苯去除率高于未加 H_2O_2 的硝基苯去除率。从经济角度考虑，0.5mg/L 的臭氧的制备成本，要远远高于 0.2mg/L 的 H_2O_2 的药剂成本。说明 H_2O_2 的加入减少了处理费用，并提高了去除硝基苯的能力。

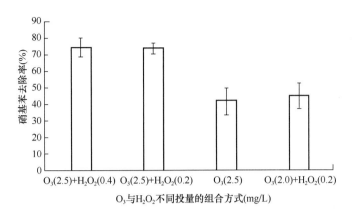

图 4-9 O_3/H_2O_2-BAC 组合工艺对硝基苯的去除

图 4-10 为在硝基苯存在的条件下,臭氧柱及活性炭柱出水中溴酸盐的浓度。从图 4-10 中可以看出,在硝基苯存在的条件下,臭氧投量为 2.5mg/L 及 H_2O_2 投量为 0.2mg/L 或 0.4mg/L 时,臭氧柱后的出水中均未检测出溴酸盐,这是由于 H_2O_2 加入以后,促进了臭氧分解产生羟基自由基,减少了臭氧分子产生溴酸盐的量。若水中仅投加 2.5mg/L 的臭氧,则溴酸盐平均生成量为 $5.0\mu g/L$,经过活性炭柱后降至 $2.7\mu g/L$。若水中的臭氧投加量为 2.0mg/L,H_2O_2 的投加量为 0.2mg/L 时,臭氧柱出水的溴酸盐浓度降至 $0.8\mu g/L$,经过活性炭柱后几乎全部去除。

综合分析图 4-9 和图 4-10,在硝基苯与溴离子共存在的条件下,H_2O_2 的投加为 0.4mg/L 时去除有机物及控制溴酸盐的效果较好。而臭氧投加 2.0mg/L,H_2O_2 投加 0.2mg/L 时,去除有机物的效果略低于 H_2O_2 投加 0.4mg/L,但仍能满足保障安全出水的要求。并且,由于 H_2O_2 的加入,即使降低臭氧的投加浓度,其去除硝基苯及控制溴酸盐的能力强于臭氧投加 2.5mg/L,同时降低了运行成本。

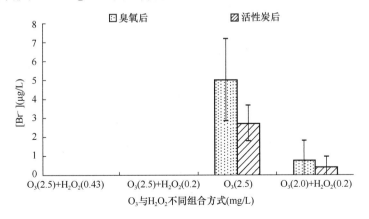

图 4-10 $O_3/H_2O_2^-$ BAC 组合工艺中溴酸盐的浓度

3. 臭氧接触池的优化

臭氧接触池结构不合理会导致接触池中臭氧浓度不均匀,部分区域臭氧浓度低,臭氧化效果不佳,同时部分区域臭氧浓度高造成溴酸盐大量生成。优化臭氧接触池结构,增加臭氧分布均匀度能够有效降低臭氧过程溴酸盐的生产量。

以南方某水厂的臭氧接触池为例，该臭氧接触池长 18.4m，宽 11.2m，高 7m，池内挡板高 5m，厚 0.3m，忽略曝气头等占用的体积，则臭氧接触池容积为：

$$V = (18.4 \times 7 - 0.3 \times 5) \times 11.2 = 1425(\text{m}^3)$$

进水流量 Q=2×105m³/d，则平均水力停留时间为：

$$T = V/Q = (1425/2 \times 105) \times 24 \times 3600 = 616(\text{s})$$

进水为 2 根直径 1.6m 进水管，出水为侧向出水，出口高 2.8m，宽 0.8m。

接触池内采用微孔钛板曝气，曝气头位置如图 4-11 所示。可以看出臭氧接触池分为 3 段，每段包括曝气室和反应室，在曝气室通过微孔曝气气水逆流接触实现臭氧的传质过程，在反应室中溶于水中的臭氧与水中有机物进行反应。

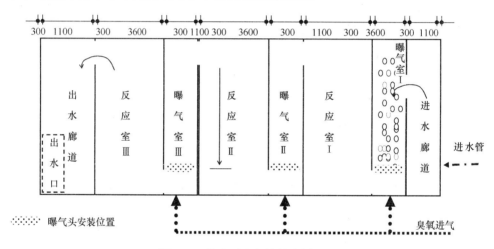

图 4-11　某水厂臭氧接触池剖面图

根据 CFD 模拟计算得出臭氧接触池流场速度等值线如图 4-12 所示。

由图 4-12 模拟结果可看出，流场内速度很不均匀，尤其在每一反应室内由于空间宽阔，在反应室右侧存在涡流，大大延长了停留时间。再考察流场的速度矢量图（图 4-13），水从接触室沿池底进入反应室时，一直沿池底前进，遇到挡板上升形成回流，在第一反应室尤为明显。

在投加点释放的 10000 个颗粒中，大部分受到短流和涡流的影响，导致流态偏离活塞流。减少颗粒数至 10 个，观察它们的运动轨迹，可看出大部分颗粒因为涡流在接触池内停留较长时间（图 4-14）。由 DPM 模型计算得到液龄分布函数和累积液龄分布函数。从液龄分布函数图可看出峰形虽然尖锐，但位置在 $t=0.4T$（T 为平均水力停留时间，即 HRT）的位置，距离 $t=T$ 距离较远，且峰底过于开阔。累积液龄分布函数的图形（图 4-15）也表明流态不好，许多流体未经充分接触即通过短流流出臭氧接触池。

通过分析臭氧接触池模型的模拟结果，可看出流体自曝气室进入反应室时大部分流体通过惯性作用沿池底向前，遇挡板上升出现短流和回流现象。为便于更清晰地看出问题所

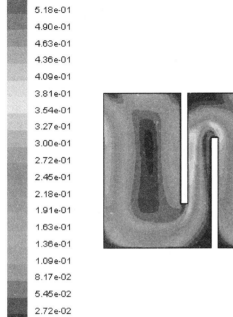
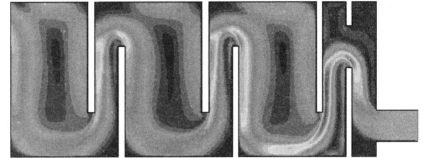

图 4-12 臭氧接触池速度等值线图

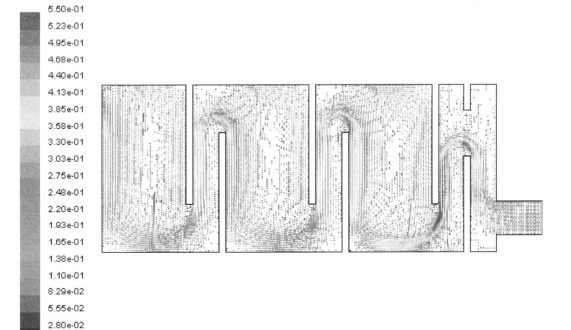

图 4-13 臭氧接触池速度矢量图

图 4-14　臭氧接触池内颗粒轨迹图

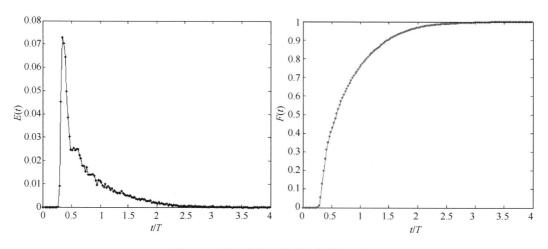

图 4-15　臭氧接触池模型液龄分布函数

在，分析流场 Y 方向速度等值线图，并且只显示速度大于 0 的等值线。理论上而言，接触室为下向流，Y 向流速应小于 0，而反应室为上向流，Y 向流速应大于 0。但图 4-16 中清晰可见反应室右侧大片区域速度小于 0，表明短流返混现象严重。

与其他几个水厂臭氧接触池的比较也可发现，该水厂由于水量大，池体容积大，单隔间过宽，不利于形成推流，反而为涡流创造了条件。

通过对臭氧反应池存在的问题进行分析，有以下方案可能改善流态，提高水力效率：

1）改变接触池尺寸，缩小反应室宽度，同时增大接触室宽度（需保证池体容积不变）；

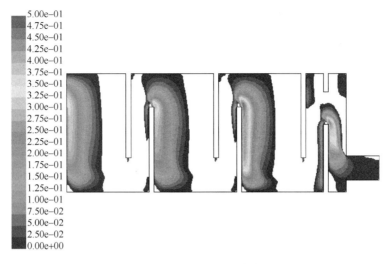

图 4-16　Y 向流速大小分布图

2）增设导流板，改善接触池内流态，使流速分布均匀；

3）提高接触池高宽比，使流体接近推流。

对以上 3 种方案进行模拟研究结构如下：

（1）缩小反应室宽度

该水厂反应室与接触室宽度之比（其实应为长度比）$R：C=36：11$，反应室宽度是接触室的数倍，导致涡流的产生。通过移动隔板位置可改变 $R：C$ 值。将其比例设定为 $30：17$，重新绘制网格，保持计算参数不变，重新进行模拟（图 4-17）。

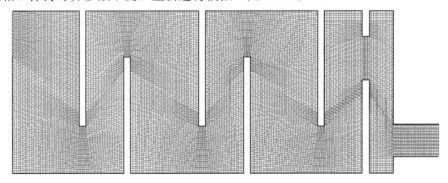

图 4-17　改造后池型网格图

模拟结果表明，反应室涡流区有所减少，但与此同时接触室内由于宽度增加，也出现部分流体低速区，可能形成涡流。两种情况综合效果以水力效率为准。考察水力效率 t_{10}/T 的变化（表 4-1）。t_{10}/T 值提高约 11％，表明流态有所改善。另外，t_{50}/T 增大 22％，即 1/2 流体流出接触池的时间增加，表明短流现象得到改善；而表征短流、涡流状况的参数 t_{90}/T 增大 3％，表明涡流现象总体变化不大。由累积液龄分布函数的变化（图 4-18）也可看出，曲线在上升段斜率减小，因此 t_{50}/T 增加较为明显。

继续扩大反应室与接触室宽度比，设为 $20：27$，反应室宽度超过接触室宽度。计算

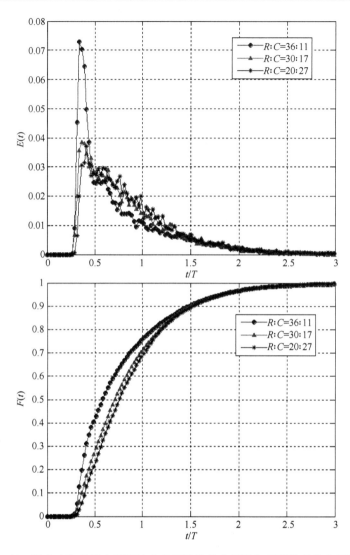

图 4-18　反应室与接触室宽度比改变后液龄分布函数和累积液龄分布函数图

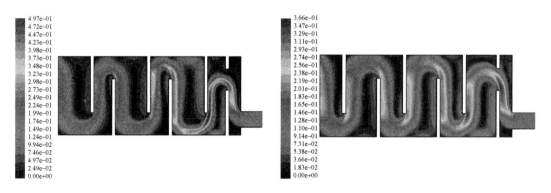

图 4-19　反应室与接触室宽度比改变后臭氧接触池流场速度等值线图

结果表明反应室涡流区虽然减小，但接触室涡流区扩大（图 4-19）。考察水力效率累积液龄分布函数和水力效率 t_{10}/T 的变化（图 4-18），从液龄分布函数的变化中可看出，三种池型所占比例最大的流体停留时间基本相同，约为 $t=0.35T$，但原池型下该停留时间的流体比例接近其他两种池型的 2 倍，表明池型改进后短流现象得到改善。累积液龄分布函数图形的比较表明，改进后的池型曲线略有后移，表明原有池型设计中的缺陷，但不同的改变程度对水力效率影响差异不显著。

不同 $R:C$ 值下水力效率变化　　　　　　　　表 4-1

参数	t_{10}/T	提高率	t_{50}/T	提高率	t_{90}/T	提高率
$R:C=36:11$	0.328	——	0.583	——	1.487	——
$R:C=30:17$	0.366	11%	0.714	22%	1.536	3%
$R:C=20:27$	0.394	20%	0.757	30%	1.523	2%

综上所述，虽然缩小反应室与接触室的宽度比能够改善流态，提高 t_{10}/T 值，但在实际生产中由于接触区的曝气板曝气面积有限，增大曝气室的容积将导致更多流体无法与臭氧充分接触，为保证臭氧接触效率需提高曝气板面积，导致成本增加。

（2）增设导流板

臭氧接触池中导流板的作用主要是改变流体进入反应室的方向，使流体进入反应室后能够均匀分布于整个反应室内。根据前述分析，流体在进入反应室后沿池底前进，因此在反应室入口增设导流板，强制改变流体流向。导流板布设原则如下：

1）导流板按质量比将流体分为两部分，使其在后续反应室内占据相同的空间；

2）通过导流板使两部分流体在反应室内尽量均匀分布。

根据此设计原则，导流板结构及安装位置如图 4-20 和图 4-21 所示。

增设导流板后反应室内流场得到改善，由于导流板的作用水流在进入反应室时分为两部分。上半部分在导流板的作用下向右上方流去，但仅限于反应室底部，在反应室顶部回流现象依然存在；下半部分在导流板下也出现小的回流区，加重了涡流现象（图 4-22）。考察 Y 轴方向的速度分布也可看出反应室内依然有大量空间未得到充分利用（图 4-23）。水力效率 t_{10}/T 值为 0.38，表明流态改善有一定效果，但并不显著。

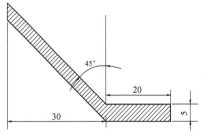

图 4-20　导流板结构图（单位：cm）

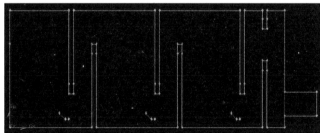

图 4-21　导流板安装位置示意图

由上述分析看出由于导流板尺寸过小，水流远离导流板后依然处于无序状态，存在短流回流。增大导流板尺寸，可能会使流态更好。在同样的位置安置导流板，长度扩大 5 倍，进行同样的模拟，可看出流态并未有显著改善。液龄分布函数图（图 4-24）表明加设导流板后比例最大的流体停留时间出现偏离，加设小导流板后该值最大，加设大导流板后该值次之，原池型该值最小，但原池型该停留时间下的流体比例依然最大。加设导流板前后累积液龄分布函数图变化不大，相比原池型略有后移。考察水力效率的变化，布设小型导流板时 t_{10}/T 提高 16%，布设大导流板时提高仅 6%（表 4-2），流态反而不如布设小导流板时的效果。

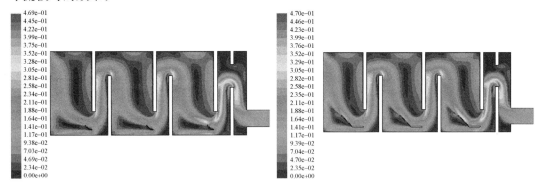

图 4-22　增设导流板后臭氧接触池流场速度等值线图

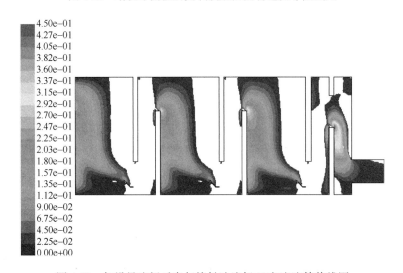

图 4-23　加设导流板后臭氧接触池流场 Y 向流速等值线图

综上所述，在该模拟条件下，布设导流板并不能显著改善臭氧接触池内流态，水力效率提高十分有限，但相对其他改进方式，增设导流板可在不改变臭氧接触池已有尺寸的前提下进行优化，适用于对已有臭氧接触池进行改造。

增设导流板后臭氧接触池水力效率变化　　　　　　　　　　　　　　表 4-2

参数	t_{10}/T	提高率	t_{50}/T	提高率	t_{90}/T	提高率
无导流板	0.33	—	0.58	—	1.49	—
有小导流板	0.38	16%	0.62	7%	1.52	2%
有大导流板	0.35	6%	0.59	2%	1.55	4%

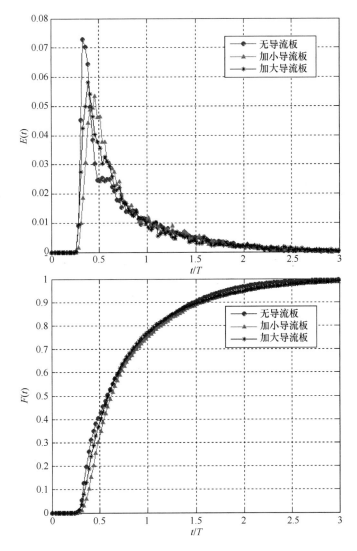

图 4-24 增设导流板后臭氧接触池液龄分布函数和累积液龄分布函数图

（3）增大高宽比

增大臭氧接触池高宽比有两种途径：增加臭氧接触池高度同时减小隔板间距，或在池内增加隔板数量。相对而言后者更容易实现，成本更低。但同时曝气板数量也需随之增加。保持接触池容积不变，高度不变，接触室宽度不变，缩小反应室宽度，增加接触池隔板数，即可增加接触池级数。

分别针对 4 级接触池和 5 级接触池进行模拟（图 4-25），隔板数量的增加使臭氧接触

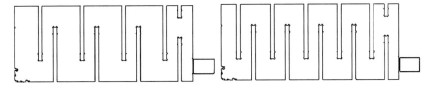

图 4-25 4 级和 5 级臭氧接触池结构图

池实际容积变小，但变化很小，忽略其对平均水力停留时间造成的影响。模拟结果如图 4-26 和图 4-27 所示。由接触池流场速度等值线图可看出，4 级接触池反应室内回流区域已大大减小，Y 轴速度小于 0 的区域也减小很多（图 4-26），由于隔板间距缩小形成涡流的条件不佳，有利于推流的形成；到 5 级接触室时反应室内的回流区域基本消除，几乎满足接触区速度小于 0（图 4-27），反应区速度大于 0 的条件，此时涡流的影响被降到最低，对反应器流态的影响主要为短流。

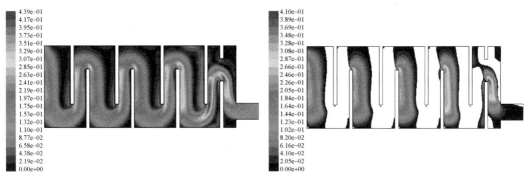

图 4-26　四级臭氧接触池流场速度及 Y 向速度等值线图

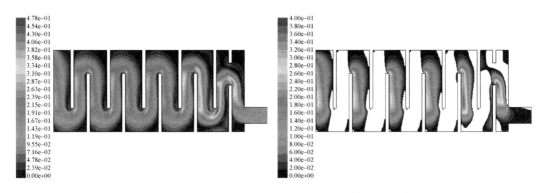

图 4-27　5 级臭氧接触池流场速度及 Y 向速度等值线图

增加臭氧接触池级数后，液龄分布函数函数峰值明显向右偏移，且峰值减小；累积液龄分布函数变化十分显著，曲线右移且两侧拖曳部分向上升段靠拢，曲线更接近一条竖直的直线（即理想推流的累积液龄分布函数图形）（图 4-28）。从水力效率 t_{10}/T 的变化也可看出流态显著改善。五级臭氧接触池 90% 的流体可达到 1/2 以上平均水力停留时间。

增设导流板后臭氧接触池水力效率变化　　　　　　　　　　　　　　　表 4-3

参数	t_{10}/T	提高率	t_{50}/T	提高率	t_{90}/T	提高率
3 级	0.33	—	0.58	—	1.49	—
4 级	0.45	36%	0.72	24%	1.40	6%
5 级	0.53	61%	0.77	33%	1.23	17%

综上所述，改变反应室与接触池宽度比、增设导流板和改变接触池高宽比均可改善接触池内流态，提高接触池水力效率。其中第一种方案 t_{10}/T 最大提高 20%，第二种方案最

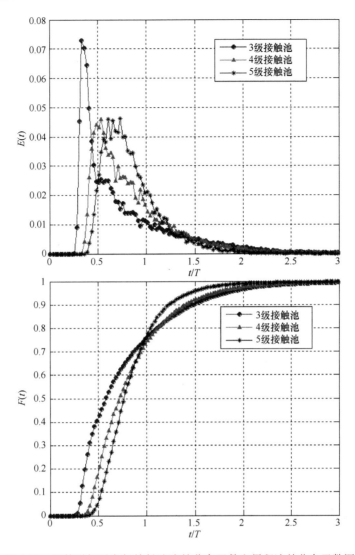

图 4-28 级数增加后臭氧接触池液龄分布函数和累积液龄分布函数图

大提高 16%，第三种方案最大提高 61%，其优劣不言而喻。但考虑三种方案的成本，第二种成本最低，对现有池型改变最小，适合于对已有臭氧接触池进行改造；第一种、三种属于重新设计池型，仅适用于水厂新建臭氧接触池。第一种方案相对原方案成本增加主要来自曝气板面积及曝气量的增加，属于成本的长期提高，同时可能降低臭氧利用率，综合考虑不适用；第三种方案固定成本增加较多，且水头损失增大，需要配备更高功率的水泵，但可大大提高水力效率。

4. 投加 CO_2 控制溴酸盐

投加 CO_2 的作用表现在两个方面，一方面是降低 pH 值，抑制溴酸盐的直接途径和间接途径，另一方面增加水中的 CO_3^{2-} 和 HCO_3^-，CO_3^{2-} 和 HCO_3^- 可以捕获 OH^-，生成 CO_3^-，抑制溴酸盐生成的间接途径，但 CO_3^- 在一定程度上促进直接途径，造成总体上溴酸盐生成量要略高于只降低 pH 值，但是增加幅度极小。在深圳某水厂臭氧接触池优化试

验基地开展了 CO_2 的中试研究。结果表明，在不加氨氮的情况下，每降低一个单位的 pH 值，CO_2 可以降低 $50.16\%\sim63.07\%$ 的溴酸盐生成量。CO_2 的投加方式对溴酸盐生成没有影响，CO_2 预混合同直接通过曝气头加入几乎没有区别，因此可以在不增加任何额外设备的情况下，直接和臭氧一起通过曝气头曝气。投加 CO_2 不会对消毒效率产生负面影响，相反地可以大大提高臭氧对枯草芽孢杆菌的灭活效率。

同时，还考察了不同臭氧投加量及 CO_2 投量组合情况下，溴酸盐的生成情况。试验条件分为三个阶段：（1）臭氧投加量 3.18mg/L，CO_2 投加量 5mg/L；（2）臭氧投加量 4.28mg/L，CO_2 投加量 10mg/L；（3）臭氧投加量 6.36mg/L，CO_2 投加量 15mg/L。试验结果如图 4-29 所示：随着臭氧投加量的增加，出水的溴酸盐浓度不断的增加，而此时改变 CO_2 投加量，溴酸盐生成量分别减少 46.2%、43.7%、62.6%。对于不同水质的原水，尤其是原水中含有较多的微污染物质和不容易灭活的微生物时，需要加大臭氧投加量才能达到出水指标的情况下，为了抑制溴酸盐的生成，可以适当增加 CO_2 的投加量。而在原水溴较低的情况下，可以降低 CO_2 的投加量节约成本。

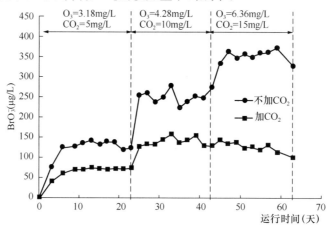

图 4-29　不同条件下改变 CO_2 投加量控制溴酸酸生成

4.2.4　溴酸盐的去除技术

事后控制是对已经生成的溴酸盐进行去除。当原水溴离子浓度较高，事中控制对溴酸盐的抑制程度有限，难以满足水质标准要求时，溴酸盐的事后去除就显得尤为重要。目前，事后去除的方法主要有化学还原法和活性炭吸附还原法。

1. 硫酸亚铁还原法去除溴酸盐

以水厂砂滤滤后水投加溴酸盐配水为研究对象，首先考察了在不同的条件下溴酸盐的还原，接着利用活性炭柱分别研究了降低溶解氧浓度的可行性以及其对铁的去除。通过小试试验，研究了硫酸亚铁在不同条件下对溴酸盐的还原效果。最终确定针对初始浓度为 $25\mu g/L$ 左右的原水，在初始 pH 为 8.0 左右、DO 浓度为 2.3mg/L、温度为 $25℃$、搅拌速度为 100r/min、硫酸亚铁的投量为 20mg/L 的条件下，在 40min 内可以将溴酸盐的浓度降低到 $8.6\mu g/L$，可以满足水质标准的要求。活性炭柱对铁的去除结果证明：活性炭柱对铁的去除效果非常好，1m 长的炭柱在 EBCT 为 25min 可以将总铁从初始浓度 7.4mg/L 降到 0.3mg/L 以下，完全满足水质标准的要求。

基于小试研究的结果，提出了硫酸亚铁还原法去除溴酸盐的工艺构想图，如图 4-30 所示。

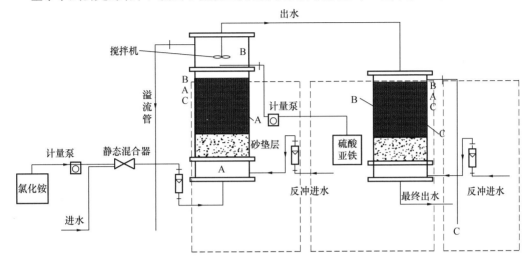

图 4-30　硫酸亚铁还原法去除溴酸盐的工艺构想图

整个溴酸盐去除工艺共分为三个部分，即图 4-30 所示的 A，B，C，其中各部分具体功能为：

（1）A 部分功能是实现对溶解氧的去除以及前期去除其他部分污染指标。水从底部进入，在进入的同时，人工加入一定量铵盐，铵盐的量按照 $1mgNH_4^+/4.27mg\ O_2$（以 NH_4^+ 计）的比例投加，通常臭氧出水后溶解氧的含量为 $15\sim20mg/L$，即铵盐（以 NH_4^+ 计）的投加量需在 $3\sim4mg/L$，硝化反应完成后，溶解氧的含量可以降到 2.0mg/L 左右。

（2）B 部分即为硫酸亚铁还原溴酸盐的场所。含溴酸盐水加入铵盐经过活性炭后溶解氧含量会大幅度降低，此时通过计量泵将硫酸亚铁溶液打入，在螺旋桨的机械搅拌下进行反应，在较低的溶解氧环境下，40min 内溴酸盐可以很好地被还原成溴离子。

（3）C 部分功能是实现对铁的去除。还原反应完成后，水从炭池上部出水，进入下一个高度较低的炭柱，在入口处利用高度差进行曝气，增加水中的溶解氧，从而对铁进行去除。

2. 活性炭负载金属催化剂去除水中的溴酸盐

普通活性炭被证明具有一定的还原去除溴酸盐的能力。对于在臭氧化过程生成的溴酸盐，后续的活性炭过滤是控制出水溴酸盐的最后屏障。活性炭能够很好地控制溴酸盐的生成，但是经过长时间使用后，活性炭对溴酸盐的去除效果会不断下降。为了弥补此缺陷，基于贵金属催化剂对卤酸盐的高效催化作用，考虑将该贵金属负载到臭氧活性炭工艺的活性炭滤料上，在保证饮用水处理功能的前提下，既去除溴酸盐，同时又解决了活性炭作用周期短的问题。以普通活性炭（AC）作为载体，通过等体积浸渍法制备了各种贵金属催化剂，分别标记为 Pd/AC、Ir/AC、Ru/AC、Au/AC、Rh/AC、Pt/AC 以及 Ag/AC；贵金属的理论负载量均为 0.05wt%。图 4-31 展示了各种活性炭负载贵金属催化剂催化还原

BrO_3^- 的活性。从图 4-31 中可以看到，与空白 AC 相比，贵金属的负载都促进了 BrO_3^- 的减少和 Br^- 的生成，其催化活性顺序为：Ru—AC＞Rh—AC＞Pd—AC＞Pt—AC＞Au—AC＞Ir—AC＞Ag—AC＞空白 AC。在这些负载的贵金属催化剂中，Ru-AC 表现了最高的活性，其对 BrO_3^- 的去除率高达 97％。

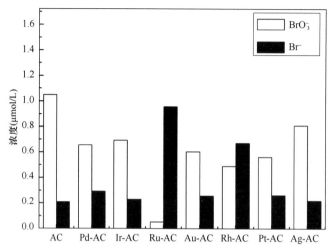

图 4-31　不同贵金属催化剂对溴酸盐的催化还原活性比较

（初始溴酸盐浓度＝1.65μmol/L，催化剂投加量＝0.15g/L，

温度＝25℃，初始 pH＝7.2，反应时间＝12h）

为了评价 Ru-AC 是否将 BrO_3^- 完全催化转化成 Br^-，我们对 AC 和 Ru-AC 进行了洗提实验，研究了 Br 元素的平衡，结果如图 4-32 所示。由图 4-32 可知，无论是 AC 还是 Ru-AC，溴元素的回收率都高达 97％，这也意味着溴离子是反应的唯一终产物。在 AC 的作用下，只有 30％的溴酸盐被转化为溴离子，并且大量的溴离子吸附在 AC 上。而在 Ru-AC 的作用下，所有的溴酸盐都被转化为溴离子，其中 42％吸附在 Ru-AC 上，55％存在于出水中。因此，我们可以得出，在 Ru 的催化作用下，溴酸盐的降解程度极大的提

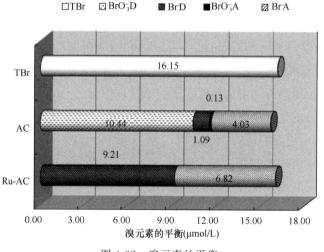

图 4-32　溴元素的平衡

高，几乎所有的溴酸盐都转化为溴离子，且没有其他中间产物的生成。

该方法的优势为：1）安全性。溴酸盐的终产物为溴离子和氧气，无毒性或二次污染；2）高效性。理论上可将溴酸盐彻底去除，可满足更严格的水质标准。

4.2.5 溴酸盐控制方法选择体系

基于控制溴酸盐为目标，将原水水质按照含溴离子浓度不同分为低浓度、中浓度、高浓度及超高浓度等四类。水中 Br^- 浓度分类的如表 4-4 所示。

水中 **Br^-** 浓度（单位：μg/L）分类　　　　表 4-4

低浓度	中浓度	高浓度	超高浓度
0～70	70～120	120～170	＞170

原水经过常规工艺后，水中溴离子浓度可降低 13％～15％，低浓度、中浓度、高浓度和超高浓度分别降低至 60μg/L 以下、60～100μg/L、100～150μg/L 和 150μg/L 以上，在臭氧氧化后生成的溴酸盐范围分别为 10μg/L 以下、10～15μg/L、15～35μg/L 和 35μg/L 以上。方法选择体系如图 4-33 所示。

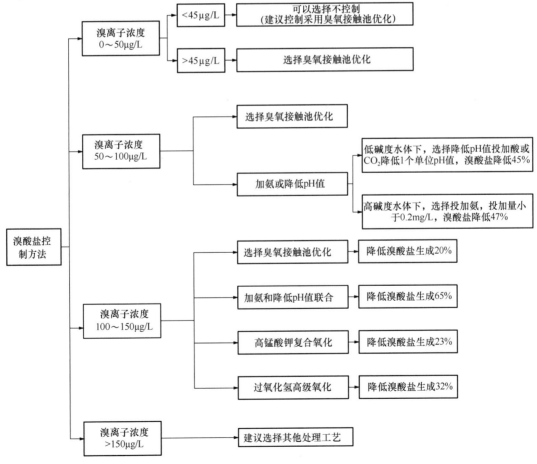

图 4-33　溴酸盐控制方法选择体系

原水中 Br^- 浓度为低浓度时，臭氧—生物活性炭工艺生成溴酸盐的浓度较低，超过 $10\mu g/L$ 的风险较低。水中 Br^- 浓度低于 $45\mu g/L$ 时，基本没有溴酸盐生成，可以不进行溴酸盐控制，但建议采用臭氧接触池优化；水中 Br^- 浓度高于 $45\mu g/L$ 时，建议采用臭氧接触池优化来控制，在原有的臭氧接触池基础上增加导流板，达到同等臭氧消毒的效率时可以降低 20% 的溴酸盐生成。

原水中 Br^- 浓度为中浓度时，溴酸盐生成量一般在 $10\sim15\mu g/L$ 范围之间，可以选择臭氧接触池优化、降低 pH 值或加氨。通过技术可行性和经济成本比较，在深度处理工艺中控制溴酸盐，建议优先选择臭氧接触池优化，提高臭氧消毒效率，同时降低 20% 的溴酸盐生成量。其次可以选择降低 pH 值或加氨。在低碱度水体下，可以选择降低 pH 值来控制溴酸盐的生成。通过投加酸或投加 CO_2 降低 pH 值，降低 1 个 pH 值，可减少 50% 左右的溴酸盐生成量；在高碱度水体下，选择投加氨氮，氨氮浓度低于 $0.2mg/L$，可以降低 $50\%\sim60\%$ 的溴酸盐。高碱度水体 pH 相对较高，降低一个 pH 值投加酸的量是低碱度水体投加酸的量的 $3\sim4$ 倍，从经济成本考虑，对于高碱度水体控制溴酸盐生成不建议通过降低 pH 值来实现。

原水中 Br^- 浓度为高浓度时，溴酸盐生成量在 $15\sim35\mu g/L$ 范围之间，可以选择臭氧接触池优化、降低 pH 值加氨、高锰酸钾复合氧化和投加过氧化氢高级氧化等控制方法。通过技术可行性分析和经济成本比较，在深度处理工艺控制溴酸盐可以优先选择臭氧接触池优化，降低 20% 的溴酸盐生成量。在此基础上，可以选择降低 pH 值和加氨联合控制，减少溴酸盐 65% 左右的生成量；低碱度原水，降低 pH 值可以选择 CO_2 和氨联合控制；高碱度原水，降低 pH 值可以选择投加酸和氨联合控制。若从经济成本考虑，以出水达标为前提，可以考虑高锰酸钾或臭氧预氧化控制溴酸盐，抑制溴酸盐生成 $10\%\sim12\%$。若原水为微污染水源，可以选择 H_2O_2/O_3 高级氧化，有效地去除有机物同时，抑制 33% 左右的溴酸盐生成量。

原水中 Br^- 浓度为超高浓度时，在深度处理工艺下，生成溴酸盐的浓度在 $35\mu g/L$ 以上。若利用臭氧接触池改造、降低 pH 值加氨、预氧化及 H_2O_2/O_3 高级氧化和事后控制的 BAC 工艺来降低溴酸盐生产量，最终出水溴酸盐浓度超过 $10\mu g/L$ 的风险，而且从经济成本上考虑，利用以上方法联合控制的成本过高。因此，建议在 Br^- 浓度为超高浓度时，降低臭氧浓度，或者改选其他处理工艺。

4.3　AOC 的控制和去除技术

4.3.1　可生化有机碳 AOC 的生成规律

臭氧化作用可提高水中有机物的可生化性，经不同浓度臭氧化后，水中 AOC 浓度均会增加。臭氧投加的浓度会影响 AOC 的生成量，研究考察了臭氧投加量为 $1\sim5mg/L$ 情况下，水中 AOC 的浓度变化情况，如图 4-34 所示。AOC 的浓度在投加臭氧 10min 后达到稳定，当臭氧投加量为 2mg/L 时，AOC 生成量基本达到最大，继续增大臭氧投加量，AOC 的生成量保持稳定。AOC 的生成过程较复杂，在臭氧化的过程中，一部分有机物被氧化成为 AOC，而生成的一部分 AOC 又被不断的氧化分解，这就是一个 AOC 生成和氧化分解之间的一个动态平衡的结果。

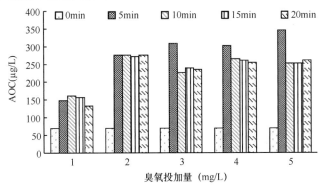

图 4-34　不同臭氧投加量对 AOC 的影响

AOC 由两部分组成，分别是 AOC-P17 和 AOC-NOX，当臭氧投加量为 2mg/L 时 AOC 的成分的变化规律如图 4-35 所示。

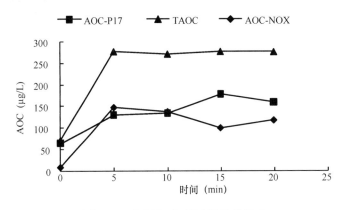

图 4-35　臭氧化对 AOC 组分的影响

由图 4-35 可知，原水中 AOC-P17 在 AOC 中所占的比例较大，说明能被 P17 利用的酮、醛、醇等有机物在原水中占优势地位。投加臭氧进行反应后，水中 AOC-P17 和 AOC-NOX 的浓度都有升高，臭氧投加量为 2mg/L 时，AOC-NOX 增加的幅度大于 AOC-P17 增加的幅度，成为 AOC 中的主要部分。

4.3.2　高级氧化技术控制 AOC 生成

O_3/UV、O_3/H_2O_2、O_3/UV/H_2O_2、O_3/固相催化剂（载银活性炭）这四种高级氧化方法是最为常用的、有效的高级氧化方式。研究以深圳水源为例，对 4 种高级氧化方法对污染物的去除效能，同时对比水中 AOC 的生成情况，如图 4-36。

由图中可以看出，原水的 AOC 平均值为 54μg/L，水中 AOC 浓度较低，经过臭氧单

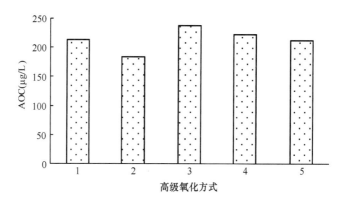

1: O_3；2: O_3/H_2O_2；3: $O_3/$载银活性炭；4: O_3/UV；5: $O_3/H_2O_2/UV$

图 4-36 几种高级氧化体系对 TOC 和 UV254 的去除效果

独氧化后水中 AOC 值为原水的 3.96 倍。而经过 O_3/H_2O_2、$O_3/$固相催化剂（载银活性炭）O_3/UV、$O_3/$固相催化剂（载银活性炭）、和 $O_3/UV/H_2O_2$ 这几种高级氧化体系氧化后，水中 AOC 均有大幅度的增加，分别为原水的 3.4 倍、4.4 倍、6.3 倍和 3.9 倍。其中 O_3/UV 和 $O_3/$固相催化剂高级氧化体系中 AOC 增加的幅度大于臭氧化，而 O_3/H_2O_2 和 $O_3/UV/H_2O_2$ 高级氧化体系中 AOC 上升的幅度略小于臭氧化。

分析结果认为，臭氧与水中有机污染物的作用有两种途径：一是直接氧化，即臭氧直接作用于污染物。二是间接氧化，即在氢氧根等离子的作用下，臭氧分解产生羟基自由基，此时羟基自由基和水中有机污染物发生反应。当水中臭氧投加量较低时，臭氧化能将原水中一部分有机物直接氧化为酮、醛、醇等小分子的中间产物，导致 AOC 值升高。

在相同的臭氧投加量下，O_3/UV 和 $O_3/$固相催化剂高级氧化体系中紫外光和载银活性炭能激发臭氧产生一定量更强氧化力的羟基自由基，可将水中更多的有机物氧化为小分子的中间产物，使 AOC 增幅变大。

当采用 O_3/H_2O_2 和 $O_3/UV/H_2O_2$ 高级氧化体系后，过氧化氢和紫外光催化氧化臭氧产生更多的羟基自由基，将水中的中间产物（酮、醛、酸等物质）进一步氧化分解，因而 AOC 浓度降低，这也间接说明了过氧化氢催化氧化臭氧的反应能将部分有机物彻底氧化，对水中 AOC 的生成量起到了一个很大的控制作用。

在比较了这几种高级氧化体系对有机污染物的去除效果以及对 AOC 的控制效果基础上，进一步对这几种高级氧化体系的经济性和可行性进行了分析，结果如表 4-5 所示。

几种高级氧化体系的经济性和可行性比较 表 4-5

高级氧化方式	O_3/H_2O_2	O_3/UV	$O_3/UV/H_2O_2$	$O_3/$载银活性炭
AOC 的生成量	较低	较高	较低	较高
硝基苯去除率	较高	较低	较低	较高
UV_{254} 去除率	较高	较高	较高	较高
TOC 去除率	较高	较高	较高	较高
优点	氧化性强、成本低、操作过程简易	具有光催化和杀菌的作用	利用氧化和光催化作用去除有机物	具有催化氧化和杀菌的作用
缺点	—	紫外灯在水中穿透力差、寿命短、易出故障。	紫外灯在水中穿透力差、寿命短、易出故障。	成本较高、易引起银脱落的问题

综合各种臭氧高级氧化体系对有机污染物的去除效果以及同时对 AOC 的控制效果，发现 O_3/H_2O_2 高级氧化体系能有效去除易降解有机物腐殖酸和难降解有机物，同时能有效控制水中 AOC 的浓度，降低了后续生物活性炭单元的负荷。O_3/H_2O_2 高级氧化体系与其他另外三种高级氧化体系相比，具有氧化性强、成本低、操作过程简易的优点，且至今未发现在去除有机污染物的过程中产生其他的有害物质。

4.3.3 活性炭单元去除 AOC

1. 活性炭工艺去除 AOC 的特性

臭氧—活性炭工艺的活性炭单元含有大量的微生物，能够有效地去除水中可生化的有机物，优化活性炭单元的功效，可以有效控制出水的 AOC 浓度。生物活性炭单元的运行效果受很多因素的影响，如水质（pH、温度等）、运行参数（滤速、反冲洗等）、活性炭的微生物膜特性等。

活性炭上的微生物是去除 AOC 的主要因素，因此炭柱的运行时间和生物附着情况对 AOC 的去除有重要影响，如图 4-37，新炭柱、1 年炭柱和 4 年炭柱对 AOC 都有一定的去除效果，去除率分别为 32.8%、59.1% 和 55.9%，其中 1 年炭柱和 4 年炭柱对 AOC 的去除效果较好，出水的 AOC 分别为 $78\mu g/L$ 和 $81\mu g/L$，

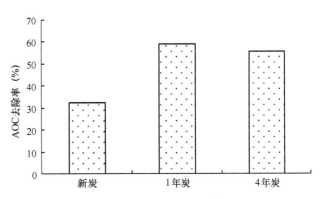

图 4-37 不同炭龄的 BAC 柱对 AOC 的去除效果

新炭柱由于生物量少，对 AOC 的去除效果较差。

活性炭运行的初始阶段，炭上基本没有生物量的存在。运行一段时间后，活性炭柱中进水带入的营养基质和溶解氧，炭柱中平均生物量逐渐变大。从 AOC 的去除效果来看，在初始阶段（前 30d）活性炭柱对 AOC 的有一定的去除效果，去除率在 30% 左右。随着时间的延长，AOC 的去除率呈增大的趋势，在运行约 60d 后，AOC 去除率达到 40% 以上，如图 4-38。

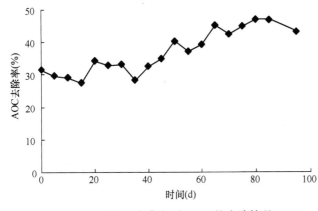

图 4-38 炭柱运行期间对 AOC 的去除情况

2. 反冲洗对活性炭去除 AOC 的性能影响

BAC 滤柱运行一段时间后，炭层表面的颗粒物逐渐积累，导致炭粒空隙减小甚至堵塞，影响生物活性炭柱的出水水质和产水

量，及时进行合理有效的反冲洗是保证生物活性炭柱成功运行的重要方面。反冲洗过程会破坏活性炭的生物膜，影响 AOC 去除性能。而反冲洗的方式、水量等条件都会对活性炭的 AOC 吸附性能改变造成影响，见图 4-39、图 4-40。

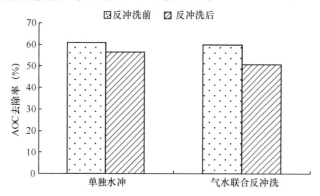

图 4-39　水冲和气水联合冲对 AOC 的去除的影响

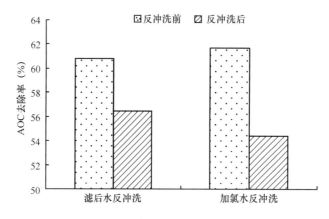

图 4-40　不同反冲洗水对 AOC 的去除的影响

研究结果表明，气水联合反冲洗后，BAC 柱对 AOC 的去除能力都略有下降，且气水联合反冲洗后对 AOC 的去除率下降略大。加氯水反冲洗后 BAC 柱对 AOC 的去除率下降略大。

3. 运行条件对 AOC 去除的影响

水体的 pH、温度都对微生物的活性有重要影响，从而影响活性炭柱对 AOC 的去除效果。在研究中发现，当 pH 值为 5.0、6.8 和 9.0 时，BAC 柱对 AOC 的去除率分别为 60.2%、55.9%和 49.7%。在酸性的条件下，BAC 柱对 AOC 的去除效果较好。而从生物量来看，酸性条件下最大，中性次之，碱性中最少。分析认为，运行稳定的生物活性炭柱主要依靠微生物作用去除 AOC，酸性的条件下有利于微生物的生长繁殖，因而 AOC 的去除效果较好，如图 4-41 所示。受季节影响，活性炭工艺在一年中运行温度变化很大，在夏季温度高生物活性高，活性炭对 AOC 的去除效果高于秋季，如图 4-42。

综上，溴酸盐和 AOC 是饮用水臭氧化处理工艺带来的新问题。针对珠三角地区和黄

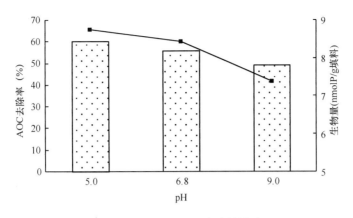

图 4-41 pH 对 AOC 去除的影响

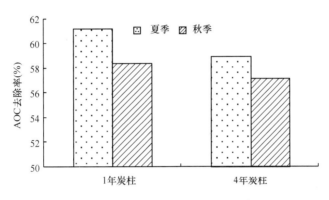

图 4-42 温度对 AOC 去除的影响

河流域水质特点，通过大量的调查、小试、中试、生产性试验和理论分析，在对溴酸盐和 AOC 的事前、事中及事后控制技术研究基础上，提出了溴酸盐控制技术选择体系，总结了 AOC 的控制规律。水中溴离子为低浓度时，选择臭氧接触池优化即可，在达到同等消毒效率下，降低臭氧的投加量同时溴酸盐生成降低 20％；水中溴离子为中浓度时，优先选择臭氧接触池优化；其次在低碱度水体选择降低 pH 值；水中溴离子为高浓度时，优先选择臭氧接触池优化；其次为降低 pH 值、加氨联合控制；若原水为微污染水体，则选择 $KMnO_4/O_3$ 复合预氧化；若原水中含有难降解有机物，则应选择 O_3/H_2O_2 高级氧化，去除污染物的同时控制 BrO_3^-。水中溴离子为超高浓度时，考虑处理成本，使用控制方法难以使出水溴酸盐达到标准，则必须回避使用臭氧化工艺。水中难降解有机物浓度较高时，宜采用 O_3/H_2O_2 高级氧化体系，该高级氧化方式能够更有效分解有机物，并降低 AOC 的生成，且 O_3/H_2O_2 高级氧化体系成本低、操作过程简易；臭氧—活性炭工艺的活性炭吸附工段能够有效的去除水中的 AOC，强化微生物的生化作用能够去除 60％的 AOC，对活性炭的反冲洗应注意保护活性炭上的生物膜，以气水混合反冲为宜。综上，根据具体水质特点，优化臭氧—活性炭工艺的运行参数，选择适当的副产物控制技术，能够有效控制出水中副产物浓度，保障饮用水的安全。

4.4　酸副产物的控制

4.4.1　臭氧—活性炭工艺中 pH 变化分析

臭氧—活性炭工艺运行过程中，其出水会出现 pH 大幅下降现象。通过对砂滤池、主臭氧接触池及炭滤池出水 pH 的测定及酸度的滴定曲线，可以得出主臭氧和活性炭过滤过程中的酸度增加量，如图 4-43 所示。在主臭氧、炭滤这两个过程中，出水的 pH 值分别降低 0.28、0.53；同时，酸度分别增加了 0.0217mmol/L、0.1026mmol/L。由此证实，在水中碱度较低前提下，臭氧活性碳工艺出水 pH 值下降，是由于水中酸度增加引起。

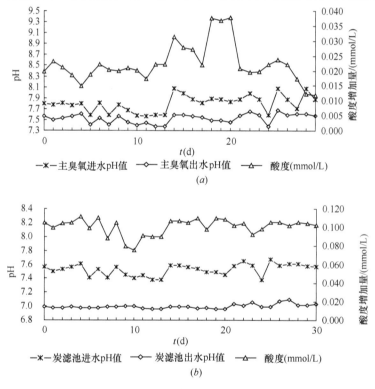

图 4-43　臭氧活性炭工艺的 pH 值变化与酸度增加

(a) 主臭氧；(b) 炭滤池

研究表明，pH 降低主要由两方面引起：一方面，原水的碱度偏低。分析表明，水厂原水碱度，月平均值仅在 19～29mg/L 之间。碱度主要是碳酸盐类碱度，如此低的碳酸盐碱度，导致水的 pH 值缓冲能力较低；另一方面，工艺过程中的酸度增加。酸度来源主要有二氧化碳、硝化作用、活性炭自身特性和水中残余有机物等几个方面。

（1）二氧化碳产生的酸度

二氧化碳与水结合形成碳酸，引起酸度的变化。水中二氧化碳有以下几个来源：TOC 被化学及生物完全氧化、细菌的内源呼吸、活性炭被臭氧氧化、活性炭吸附的有机物和空气中的二氧化碳溶解等。根据 pH 和碱度的测定结果，可以计算出各工艺出水中二氧化碳产生的酸度。砂滤出水、主臭氧出水和炭滤出水的 pH 和碱度如图 4-44 所示。根据砂滤、主臭氧、炭滤后出水的碱度和 pH，可计算出二氧化碳产生的酸度平均值分别为 0.0121mmol/L、0.0266mmol/L、0.0403mmol/L。即：在主臭氧过程，二氧化碳酸度的增加量为 0.0123mmol/L；在炭滤过程，酸度的增加量为 0.0137mmol/L。

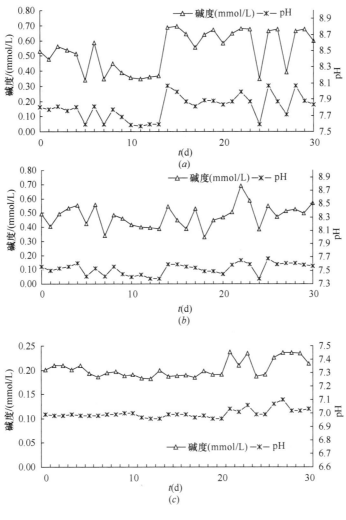

图 4-44 臭氧活性炭工艺的碱度和 pH 值
(a) 砂滤后；(b) 臭氧后；(c) 炭滤后

（2）硝化过程产生的酸度

生物活性炭滤池属于生物膜型生物反应器，其中的三大微生物类群是异养细菌、亚硝化细菌和硝化细菌。由于溶解氧充足、温度及 pH 适宜等因素，南方地区臭氧活性炭滤池中的硝化过程十分活跃。硝化过程中产生大量氢离子，使水的酸度增加。理论上氧化 1g 的 NH_3-N 需要碱度 7.14g（以 $CaCO_3$ 计）。

在检测过程中，由于存在有机氮转化等更为复杂的因素，不能用硝酸盐氮、亚硝酸盐氮和氨氮（三氮）之间的转化来估算硝化过程产生的酸度。硝化作用产生的酸度，可根据亚氯酸钠选择性抑制硝化反应的特性，通过对比的办法测定。具体方法为：取一定量炭滤池滤料，用 0.2mg/L 亚氯酸钠浸泡 12h，用主臭氧出水漂洗后以 $V_{炭粒}$：$V_{臭氧出水}$ ＝0.9：1 反应 12min 后，计算反应前后酸度的变化，同时与未浸泡的炭粒作对比，即可计算出炭滤过程中硝化作用产生的酸度。

炭滤过程中硝化作用产生的酸度　　　　　　　　表 4-6

水样	初始 pH	反应后 pH	酸度（mmol/L）
未经浸泡水样	8.70	7.66	0.0450
NaClO$_2$ 浸泡 12h 后水样	8.63	7.89	0.0300
硝化作用产生酸度	—	—	0.0150

在主臭氧氧化过程中，臭氧与水中的含氮物质（主要是亚硝酸盐）反应，同样会产生大量氢离子，使出水的酸度增加。由于原水中的亚硝酸盐含量很低，年平均值仅有 0.007mg/L 左右，产生的酸度可以忽略。

（3）活性炭表面性质变化产生的酸度

活性炭表面性质会引起酸度变化，主要由表面官能团和吸附性能决定。活性炭表面既存在酸性含氧官能团，又存在碱性含氧官能团，使活性炭具有两性性质。其中呈现酸性的基团有羧基、酸酐、酚羟基、内酯基等，而碱性基团主要为过氧化基团。

该试验所选用的不同粒径新旧活性炭官能团测量数量如图 4-45 所示。

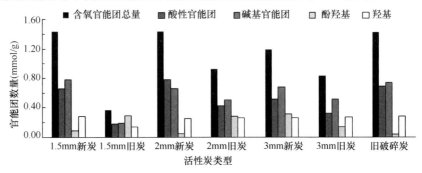

图 4-45　不同粒径新旧活性炭官能团的数量变化

图 4-45 显示出，活性炭的含氧官能团的数量随着使用时间的延长而下降。南洲水厂所采用的 1.5mm 活性炭经过 7 年使用后，含氧官能团总数量从 1.440mmol/g 减少到 0.372mmol/g；试验系统采用的 2mm、3mm 活性炭经过 10 个月的使用后，官能团总数量分别从 1.435mmol/g 减少到 0.933mmol/g、1.195mmol/g 减少到 0.840mmol/g。

活性炭的化学性质主要由表面的化学官能团、表面杂原子和化合物确定，不同的化学官能团、杂原子和化合物在活性炭表面形成不同的活性中心，对不同的吸附质具有明显的吸附差异。通过表面化学改性来改变活性炭表面酸、碱性，引入或除去某些表面官能团，能够使活性炭具有某种特殊的吸附或催化性能。通过氢氧化钠浸泡对活性炭进行酸碱改性，研究浸泡后的官能团数量变化情况，如图 4-46 所示。

从图中可看出，经过氢氧化钠浸泡表面化学改性后，两种活性炭的含氧官能团总量均有明显增加，1.5mm 的旧炭含氧官能团总数量从 0.372mmol/g 增加到 0.940mmol/g，2mm 的旧炭含氧官能团总数量从 0.933mmol/g 增加到 1.348mmol/g。

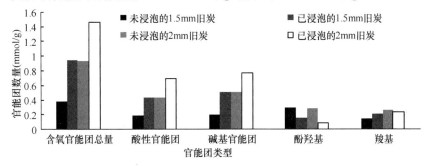

图 4-46　经氢氧化钠表面化学改性后官能团变化曲线

对炭滤池进水进行加酸加碱试验，结果如图 4-47、图 4-48 所示。投加酸碱后，炭滤池出水 pH 值基本维持不变，结果进一步验证活性炭滤池是个酸碱缓冲系统。

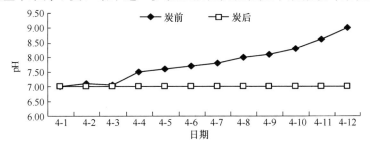

图 4-47　炭滤池进出水 pH 在加碱情况下的变化

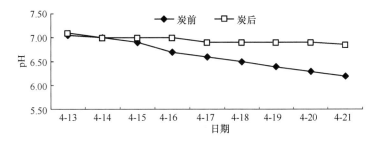

图 4-48　炭滤池进出水 pH 在加酸情况下的变化情况曲线

导致炭滤池具有酸碱缓冲作用的原因可能有两个：一是碳酸酸碱缓冲系统，二是活性炭本身化学性质所致。由碳酸酸碱平衡理论可知，$H_2CO_3 + OH^- \rightleftharpoons HCO_3^- + H_2O$。当水体中加碱时，$OH^-$ 大量增加，H_2CO_3 与 OH^- 迅速发生中和反应。但在酸碱中和缓冲过程中，H_2CO_3 消耗速率比其产生速率要快。这需要更多的 CO_2 经过水合反应能供应更多的 H_2CO_3 来与 OH^- 反应，但这个水合过程较缓慢。水合反应慢的原因是由于在 CO_2 水合作用时必须发生的分子构型的改变。$CO_{2(aq)}$ 分子是以线性的形式与水合作用的水附着。而在 H_2CO_3 中，C 原子为 sp^3 杂化构型，整个分子为平面三角形。这说明炭滤池内即使存在碳酸酸碱缓冲作用，但这缓冲作用需在相当长的一段时间内才看到效果，且速度比较缓慢。但从试验过程来看，投加烧碱后炭滤池出水 pH 值立刻缓冲到平衡点，这说明炭滤池的缓冲作用非碳酸酸碱缓冲作用所为，而是活性炭表面化学性质所致。故可通过表面酸碱改性的方法来解决长期运行中活性炭表面含氧官能团减少导致的 pH 值平衡点下降的问题。

可以看出，炭滤池缓冲 pH 重要因素是活性炭本身。活性炭表面化学官能团及氧化物具有两性性质，能中和水中的 H^+ 或 OH^- 离子，进而缓冲滤池内的 pH 值，维持出水 pH 的稳定，表面官能团数量越多，其缓冲能力越强。

活性炭产生酸度测定方法为：从炭滤池中取出一定量的炭粒，高温灭菌 3 次。用适量蒸馏水漂洗灭菌后的炭粒，再以 $V_{炭粒}：V_{蒸馏水} = 0.9：1$ 反应 12min 后，对比反应前后酸度的变化，即可计算出活性炭自身性质产生的酸度。测定活性炭自身性质产生的酸度，其结果如图 4-49 所示。

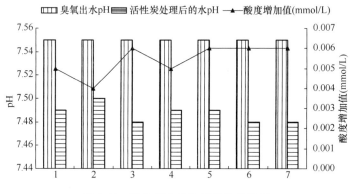

图 4-49　活性炭自身性质产生的酸度

（4）水中残余有机物产生的酸度

经过臭氧化—生物活性炭工艺处理的出水中，醛类、过氧化物、邻苯二甲酸及其衍生物、炔酸类以及部分醇类等有机物占的比例较大，这些组分都会使水的酸度增加。水中残余有机物产生的酸度，采用式（4-1）计算：

$$（残余有机物产生的酸度）=（所需外源性酸度总量）-（二氧化碳酸度）-$$
$$（硝化作用产生的酸度）-（活性炭自身产生的酸度） \tag{4-1}$$

计算过程如表 4-7 所示。结果表明，主臭氧过程中水中残余有机物产生的酸度约 0.0094mmol/L；炭滤过程中，水中残余有机物产生的酸度约 0.0685mmol/L。

水中残余有机物产生的酸度计算表 （单位：mmol/L）　　　　　表 4-7

酸　　度	主臭氧过程	炭滤过程
总酸度增加量	0.0217	0.1026
二氧化碳产生的酸度	0.0123	0.0137
硝化作用产生的酸度	—	0.0150
活性炭自身产生的酸度	—	0.0054
水中残余有机物产生的酸度	0.0094	0.0685

4.4.2 臭氧—活性炭工艺出水 pH 的控制方法

pH 调节措施是先通过炭前加碱对活性炭滤料进行原位改性，增加其含氧官能团数量，提高炭滤池出水 pH 平衡点，再通过调节净化水 pH 值使其出水维持在其平衡点处。

采用生产试验验证该控制方法的可行性，实施方案选择南洲水厂 30 号炭滤池为试验对象，在沉淀池出水即待滤水总渠通过布管投加氢氧化钠，使炭滤池进水 pH 值维持在 7.8 左右。试验期间，检测 30 号炭滤池进出水 pH 值变化情况见图 4-50、图 4-51 所示。

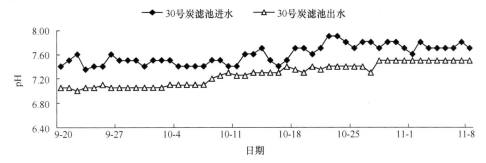

图 4-50 南洲水厂炭滤池改性期间 pH 变化曲线

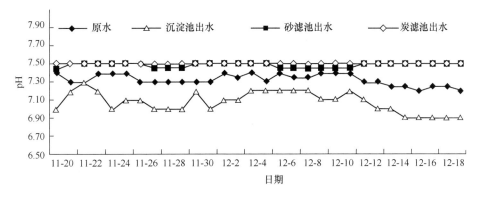

图 4-51 南洲水厂炭滤池改性后运行期间 pH 变化曲线

从图中可以看出，进水 pH 值始终维持在 7.8 左右，出水则从 7.0 逐渐上升到 7.5。经过 2 个月左右的碱洗作用，炭滤池的活性炭基本被完全改性。改性前后活性炭电镜扫描图如图 4-52 所示。

对活性炭改性后，通过持续在待滤水总渠加碱，使砂滤池进水 pH 在 7.4～7.5 之间，试验运行结果炭滤池出水 pH 可维持在 7.4～7.5 之间，经清水池加氯后，pH 稳定在 7.2～7.3，进一步验证了该 pH 控制方式的可实施性。

与原先的炭后调节 pH 相比，有以下优势：

（1）炭滤池加碱改性后，在炭滤池前加碱调节净化水 pH 至设定范围，在活性炭滤池的缓冲作用下，炭滤池出水 pH 可维持在平衡点处，变化幅度小，利用运行控制。

（2）在炭滤池前加碱调节净化水 pH，适合在砂滤池前加碱，净化水经过砂滤与炭滤

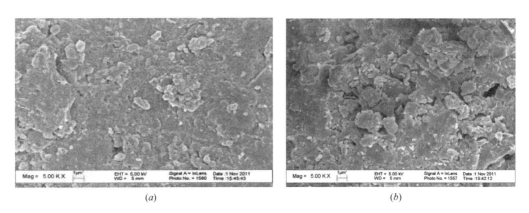

图 4-52　活性炭改性前后电镜扫描图

(*a*) 活性炭改性前表面状况；(*b*) 活性炭改性后表面状况

双重过滤保护，碱剂可以不限于氢氧化钠。碱剂改用石灰更加合适，不仅降低了成本，对防止给水管网腐蚀十分有利，对人体健康也是有益的。

4.4.3　南洲水厂炭滤池 pH 调节技术

南洲自来水厂工艺流程如图 4-53 所示。原水首先进预臭氧接触池，通过水射器定量投加臭氧，预臭氧量为 0~1.5mg/L，接触时间 ≥4min；然后进行"混凝—沉淀—砂滤"常规处理，其砂滤池采用均匀级配粗砂滤料，d_{10} =0.9~1.2mm，厚度 1.2m，设计滤速 8~9.5m/h；常规处理出水进主臭氧接触池，通过微孔扩散器投加臭氧，主臭氧量为 0~2.5mg/L，投加量由出水余臭氧浓度（C）自动控制，C 的设定范围为 0~0.4mg/L，接触时间 ≥10min；再经炭滤池吸附和生化，降流式炭滤池采用 1.5mm 煤质柱状炭，厚度 2m，下部为 0.5m 厚粗砂垫层（同砂滤池），设计滤速 8~9.5m/h；O_3 —BAC 出水进行消毒和加碱调节 pH，最后进入清水池，由二次提升泵房加压出厂。

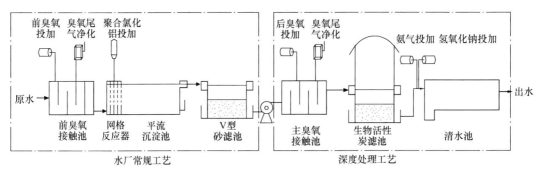

图 4-53　南洲水厂流程图

1. 工艺运行存在问题

南洲水厂投运初期，未设置相应的 pH 调节药剂投加系统，活性炭滤池运行一段时间后发现炭滤池出水 pH 较原水 pH 有明显下降，投产初期运行数据见表 4-8。

时间	2004年10月	2004年11月	2004年12月	2005年1月	2005年2月	2005年3月
原水pH值	7.55	7.53	7.47	7.49	7.47	7.29
出水pH值	7.36	7.34	7.24	7.17	7.15	7.17

南洲水厂投产初期原水及出厂水 pH 值变化情况 表 4-8

如表 4-8 所示，原水 pH 值由 7.55 逐渐下降至 7.29，受工艺流程中投加混凝剂、液氯、臭氧等影响，出厂水 pH 值由 7.36 逐渐下降至 7.17。

生物活性炭滤池造成其出水 pH 下降，为保证出厂水的水质稳定性，需提高出厂水 pH。实际生产中，选择在炭滤池出水投加氢氧化钠，由于氢氧化钠浓度较高，其与水混合会造成清水池内形成氢氧化钠晶体，且氢氧化钠价格较高，增加了水处理成本。南洲水厂投加氢氧化钠系统的基本情况见下图。

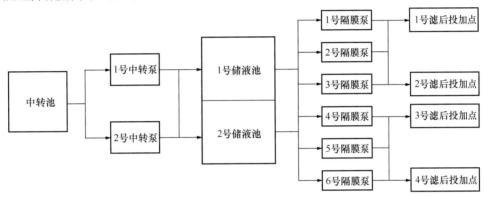

图 4-54 南洲水厂投加烧碱系统简图

采用 NaOH 含量为 30% 的氢氧化钠溶液，投加量为 15～18mg/L，采用 6 台计量泵投加，4 用 2 备，投加点位于清水池进水管。

2. 解决方法及改造内容

在实际应用中，将氢氧化钠投加点由炭滤池出水前移至沉淀池出水处（见图 4-55），通过调高炭滤池进水的 pH 值至 7.7～7.8，约 2 个月后，完成了对活性炭的改性，提高其 pH 值平衡点至 7.3 左右。改性完成后，在砂滤池前投加氢氧化钠调节炭滤池进水 pH 值至 7.3 左右时，炭滤池出水 pH 也可稳定在 7.3 的水平。

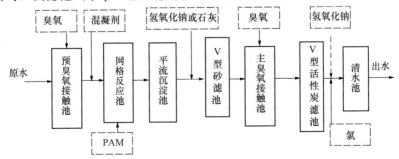

图 4-55 南洲水厂示范工程净水工艺流程

注：优化前，氢氧化钠投加线为虚线；优化后，氢氧化钠或石灰投加线为实线。

采用活性炭滤池原位酸碱改性技术为厂内选用石灰投加提供了条件。而改用石灰投加，既可保证出水水质的安全性，增加水质口感及硬度，又降低制水成本。

采用石灰投加，一般选择反应池末端或沉淀池出水 2 个投加点。在反应池末端投加石灰，石灰颗粒能起到助凝作用，降低沉淀池出水浊度，但也有部分水厂因为聚合氯化铝的投加点与石灰投加点的距离太近等缘故造成出水铝含量偏高，此外，在反应池投加石灰的耗量大于沉淀出水的耗量，因此南洲水厂采用在沉淀池出水投加石灰溶液。利用南洲水厂现有氢氧化钠投加系统，改造部分投加管道与设备，采用石灰乳替代氢氧化钠投加至沉淀池出水总渠。

3. 改造效果分析

（1）水质分析

优化后，在沉淀池出水投加氢氧化钠或石灰乳，各流程段水质情况见表 4-9。

优化后沉淀池出水投加氢氧化钠或石灰乳水质情况 表 4-9

	原水			沉淀池出水		砂滤池出水		出厂水		
	浊度	pH	高锰酸盐指数	浊度	pH	浊度	pH	浊度	pH	高锰酸盐指数
投加氢氧化钠	20.24	7.3	1.7	0.73	7.5	0.09	7.5	0.07	7.4	0.7
投加石灰乳	24.44	7.25	1.6	2.71	7.6	0.08	7.5	0.07	7.31	0.6

在对活性炭滤池改性后，将碱剂投加点由炭滤池出水前移至沉淀池出水，投加氢氧化钠或石灰乳，将沉淀池出水 pH 值控制在 7.5～7.6，经过生物活性炭滤池，出水 pH 值保持在 7.3～7.4 左右。

（2）成本分析

活性炭滤池改性后，将 pH 调节点前移至沉淀池出水，以石灰乳代替氢氧化钠投加，药剂成本下降了 0.008 元/m^3，下降比率为 38%。其运行成本变化情况见表。

南洲水厂优化前后烧碱和石灰乳投加成本对比 表 4-10

	优化前	优化后
pH 调节药剂及投加点	清水池进水管投加烧碱	沉淀池出水投加石灰乳
药剂含量	30%NaOH	22%CaO
投加量范围（mg/L）	18～22	28～32
投加量平均值（mg/L）	20	30
原材料单价（元/t）	1050	440
投加药剂成本（元/m^3）	0.021	0.013

4.4.4 臭氧—活性炭工艺优化运行调控技术

1. 臭氧投加优化控制

O_3—BAC 工艺的臭氧投加量优化的原则是通过适量投加臭氧，在常规工艺的基础上进一步去除有机、有毒物质或色、臭、味等，以实现供水水质达到预期的水质标准。对于季节性微污染水源，臭氧的投加以确保在水源污染加剧的季节实现出水水质达标。而在水源水质改善，经过混凝、沉淀、过滤处理即可满足出水水质要求的季节，臭氧的投加则应以维持 O_3—BAC 系统可靠运行为度，合理地降低运行成本。

（1）预臭氧投加优化

预臭氧氧化以去除溶解性铁和锰、色度、藻类，改善臭味以及混凝条件，减少三氯甲烷前驱物为目的。应根据水源水质对预氧化的具体要求来确定预臭氧投加量，并与主臭氧氧化相协调，实现出厂水水质达标以及降低运行成本。

对于南方湿热地区地表水Ⅱ类标准，预臭氧投加量按照控制待滤水浊度≤1NTU 确定，预臭氧投加量范围为 0.3～0.8mg/L，平均约 0.5mg/L，可取得满意的助凝效果，不必投加聚丙烯酰胺助凝剂，且能够有效控制原水中的藻类。在水源突发污染情况下，则需根据具体情况确定预臭氧投加量。

（2）主臭氧投加优化

主臭氧氧化以氧化难分解有机物、灭活病毒和消毒或与其后续生物氧化处理设施相结合为目的，应根据水厂进入主臭氧接触池的水质对臭氧氧化的具体要求来确定主臭氧投加量，在实现出厂水水质达标的前提下合理降低运行成本。

对于南方湿热地区季节性微污染水源，在暴雨初期水质有波动，需要借助臭氧氧化，方可实现供水水质稳定达到高锰酸盐指数<2.0mg/L，氨氮<0.5mg/L 的目标；其他时期基本为Ⅱ类，即使不投加主臭氧，水质较常规工艺仍有显著提高，完全可以实现达标供水。综合水质稳定性与经济性，考虑到消毒和控制微型生物的需要，主臭氧宜按维持余臭氧量 0.1mg/L 投加，对应的投加量约为 0.5mg/L。而当原水中发现病原微生物时，宜提高余臭氧量至 0.15mg/L 左右。

（3）消毒方式优化

南方湿热地区 O_3—BAC 工艺需要针对微型生物泄漏问题加强消毒措施。微型生物源自入厂原水，繁殖于全流程，砂滤池与炭滤池则是微型生物发育成长的场所。由于炭滤池位于净水滤池末端，因此针对微型生物的灭杀需要全流程控制。在预氧化阶段，需要适当前加氯，将控制砂滤池滋生微型生物列为目标，但应按砂滤池出水余氯量约 0.1mg/L 为度，不致影响炭滤池的生化功能。预臭氧与主臭氧的投加，在实现其氧化目标的同时，与前加氯协同控制微型生物的数量。炭滤池出水加氯消毒是 O_3—BAC 工艺的把关环节，需要保证加氯的 CT 值。

2. 炭滤池原位酸碱改性

原水经 O_3—BAC 工艺处理后，炭滤池出水 pH 会有一定程度的降低，生产时需在清水池前投加碱溶液调节出厂水 pH 值至 7.3 左右，碱投加点设置在清水池进水管。但在清水池进水投加碱存在清水池内形成结晶体以及投加碱没有过滤保护存在水质风险等问题。

采用炭滤池原位酸碱改性技术，将碱投加点前移至沉淀池出水集水总渠，调节控制炭滤池进水 pH 值至 7.8 左右，对活性炭逐步进行改性。运行初期，炭滤池出水 pH 值仍稳定在 6.9～7.0，经过 2 个月左右时间的投加运行，炭滤池出水 pH 值逐步上升并稳定在 7.3～7.4，此时，将炭滤池进水 pH 值回调至 7.3 左右，经过近半年的运行，炭滤池出水 pH 值一直稳定在 7.3 左右，可完成对活性炭滤料的改性。在沉淀池出水投加碱的量与在清水池进水的投加量大致相同。将投加点前移后，后续构筑物内不再出现结晶现象，同时沉淀池出水经过后续砂滤池及臭氧-活性炭工艺的处理，避免潜在风险的发生。

考虑氢氧化钠单价较高，同时投加点前移后为投加石灰创造了条件（后续过滤保护），也可以考虑将氢氧化钠改成石灰类制品（团灰、生石灰粉、石灰乳等），可大大降低药剂成本。

3. 炭滤池反冲洗方式优化控制

（1）炭滤池反冲洗程序优化

炭滤池一般采用 V 型滤池形式，反冲洗废水堰顶距离活性炭滤层面的距离仅有 60cm，气水共洗的水面必须保持在废水堰以下，历时 2～3min，不易控制，易引起跑炭现象，因此以小强度水冲洗阶段代替气水共洗。优化后炭滤池反冲洗程序宜采用四段式反冲洗：在单独气洗阶段，气冲强度为 8～9L/(m²·s)，历时 4min；在小水漂洗阶段，水冲强度为 8L/(m²·s)，反冲时间为 1.5min；在大水冲洗＋表面扫洗阶段，水冲强度为 12L/(m²·s)，历时 3.5min，表面扫洗强度 1.8L/(m²·s)，历时 2min；在小水漂洗阶段，水冲强度为 8L/(m²·s)，反冲时间为 3min。

（2）炭滤池反冲洗周期优化

通过考察炭滤池反冲洗周期对高锰酸盐指数的去除效果、考察微型生物数量和种类随季节和炭滤池反冲洗周期变化而变化的情况，活性炭滤池反冲洗周期宜控制在 3～6d。在 4～11 月份炭滤池内微型生物易大量繁殖，应缩短炭滤池反冲洗周期，其他月份可适当延长炭滤池反冲洗周期。

第5章 深度处理工艺生物风险与控制

臭氧—活性炭深度处理工艺潜在的生物风险主要包括两个方面：一是生物活性炭池中微生物生长丰富，在运行过程中，可能存在微生物大量泄漏，超出水厂正常消毒的处理能力；二是我国南方大部分地区以地表水为水源，根据地域条件及水质情况的不同，其中不同程度生长着一些水生微型动物，如轮虫、枝角类、桡足类浮游动物、摇蚊幼虫、线虫等，这些微型动物进入供水系统后，存在二次繁殖和穿透进入饮用水中的风险。本章从这两方面分析了臭氧—活性炭深度处理水厂面临的生物风险，结合水厂实际，提出了控制风险的技术措施。

5.1 深度处理工艺中的生物问题

5.1.1 微生物问题

1. 臭氧—活性炭工艺的净水机理与微生物

在臭氧—活性炭净水工艺中，活性炭对溶解氧、水体污染物及微生物均存在吸附作用，是生物活性炭池运行初期污染物去除的主要途径。活性炭对污染物的吸附作用强弱与活性炭的比表面积、空隙结构、表面化学基团活性以及水体污染物的分子量、分子结构、极性和溶解度有关；活性炭对溶解氧的吸附主要依靠化学吸附，被吸附后的氧可进一步发挥催化作用或被附着微生物利用。同时，活性炭对水体中的细菌类微生物也具有一定的吸附作用。

由于活性炭对营养物质、溶解氧及微生物的吸附作用，在活性炭表面产生一层不均匀的生物膜，经电子扫描显微镜观察，微生物多为杆状菌（约为 $1.3\mu m$），同时还存在一些球菌、丝状菌（$0.5\sim1.0\mu m$）及原生动物，这些生物通过自身代谢降解水中的污染物。

活性炭对微生物的吸附作用以及微生物在活性炭中大量繁殖，进一步促进了微生物对水体污染物的代谢作用，从而通过生物降解加快对水中污染物的去除，形成生物活性炭，这也是稳定运行期生物活性炭去除污染物的主要途径。活性炭滤池对水处理中的病毒、噬菌体等没有过滤去除作用，而对某些在炭池中没有繁殖能力的细菌存在一定的去除作用。活性炭表面附着活性生物膜主要以细菌为主。在活性炭滤池中，表层营养物质丰富，溶氧含量高，因而活性炭附着细菌数量大，代谢能力强，以好氧菌为主。而在滤池底部，随着溶氧与基质含量下降，细菌数量减少，且以厌氧及兼氧菌为主。大多数分离得到的菌种都属于假单胞菌属（Pseudomonas），黄质菌属（Flavobacterium），不动细菌属（Acinetobacter）以及一种称作生物Ⅰ型的细菌：一类生理上不活跃的革兰氏阴性杆菌。

乔铁军等利用中试装置模拟调查了我国南方地区 O_3—BAC 饮用水深度处理工艺运行中水源性病原体的状况。结果表明，活性炭附着微生物中，未检出所选包括金黄色葡萄球菌、沙门氏菌、志贺氏菌、副溶血弧菌、变形杆菌、致泻性大肠杆菌、溶血性链球菌、霍乱弧菌、军团菌在内的 8 种 WHO 公布的病原细菌，检出蜡样芽孢杆菌，而轮状病毒和诺瓦克病毒检测结果呈阴性；工艺出水中的总大肠菌群小于 3CFU/L；工艺对贾第鞭毛虫和隐孢子虫的去除率都达到了 95％以上。同时，国外一些研究者报道称，在成熟活性炭颗粒上分离出鼠伤寒沙门氏菌（S. typhimurium）及可产生一种热稳定的肠毒素的大肠杆菌，虽然其数目较低，但预防这些病原菌的繁殖仍相当重要。

2. 生物活性炭池的微生物泄漏问题

生物活性炭中的微生物量与活性炭结构、水质、气候条件、运行时间等多种因素相关。采用磷脂法对活性炭中的生物量监测发现，细菌密度经折算后约为 $10^8 \sim 10^9$ 个/L。大肠杆菌数量，进水区与中层细菌密度高于下层，出现明显的沿炭床深度密度由高变低的相关趋势。由于活性炭表面的化学反应及生物膜上细菌的消耗，水中的溶解氧与有机物在沿途被消耗，在下向流炭池中，中下层炭层的生物膜由于营养的匮乏与较低水平的溶氧限制而处于较低的细菌密度水平。一般进入炭池的水中含有一定的余臭氧，对细菌具有生物毒性，因此最表层炭滤料层表面生物膜生长受到抑制，其细菌密度也较低。活性炭颗粒表面细菌密度还与水温有关，水温较低的情况下，细菌的生物活性与繁殖速率处于较低水平，炭表面的细菌密度较低。

通过对滤池出水进行连续监测发现，异养性细菌占出水细菌总数的比例在工艺运行初期先增后减，水中细菌总数数量级水平会出现周期性的波动变化，这与生物膜在挂膜初期不稳定及脱落情况有关。即使在炭池运行的稳定期，生物活性炭滤池中炭粒表面和空隙中存在的以细菌为主的微生物，在水流冲刷作用下，从活性炭上脱离进入炭滤后水中，因此活性炭出水中的细菌数常高于进水。生物膜在生长过程中也会出现老化脱落的现象，从而导致炭池出水中微生物含量的持续或异常升高，产生微生物泄漏。当炭层上的微生物大量脱落进入水体中，导致炭池出水中微生物异常上升，超过水厂正常消毒的能力时，可能引发饮用水的微生物风险。

5.1.2　水生微型动物问题

供水系统中存在微型动物的问题很早就引起了人们的关注。早在 1915 年，Malloch 等人首次报道在美国爱荷华州布恩市的供水系统中发现了摇蚊幼虫，从那时起至 20 世纪 80 年代，在美国的其他 10 个州，一些组织和研究者也相继报道了大型无脊椎动物在饮用水系统中出现的案例。在欧洲，20 世纪 30～50 年代，Floris 和 Kelly 等人报道在英国很多地方的饮用水中发现了无脊椎动物。20 世纪 60 年代，英国对其国内 50 个供水系统的调查中发现，所有被调查的系统中均发现了无脊椎动物。20 世纪 90 年代末，Van Lieverloo 等人报告中指出，荷兰在对 36 个给水厂的调查中均发现了无脊椎动物。20 世纪 90 年代，南非的研究者相继报道了在当地水厂的供水管网和快砂滤池出水中检测出摇蚊幼虫等多种无脊椎动物。可见，无脊椎动物在饮用水系统中出现不是一个区域性的问题，而是广泛存在于世界各地的饮用水系统中。

在我国饮用水中微型动物问题也日益受到关注。哈尔滨市某自来水公司的管网水和石家庄市某自来水厂出厂水中均发现了桡足类生物剑水蚤，并且对当地的供水生产产生了不良影响，吉林舒兰市一水厂曾因为原水中有大量剑水蚤而被迫关闭。进入 21 世纪以后，随着臭氧—生物活性炭深度处理工艺应用的日益普遍，我国饮用水中的微型动物污染问题更加突出。

水源中的无脊椎动物随原水进入水处理系统，经过混凝沉淀和过滤的常规净水系统后，绝大部分能够被去除，在臭氧—活性炭深度处理水厂，由于生物活性炭池中溶解氧含量高、微生物和有机质丰富，适合于水生微型动物生长繁殖，相比常规工艺水厂，其出水中存在微型动物的可能性更高。炭池出水中微型动物的种类和密度与原水性质、原水中微型动物的种类和密度以及水厂的工艺过程密切相关。调查表明，以地表水为水源的水厂，生物活性炭池及其出水中的微型动物种类丰富，主要类群有轮虫、枝角类、桡足类、线虫、摇蚊幼虫、腹毛类、寡毛类和缓步类动物等，其中轮虫为绝对优势种类。而在以地下水为水源的深度处理水厂，活性炭池出水中的微型动物则以线虫为主，还有少量的腹毛类、轮虫和环节动物。

由于目前我国尚未制订饮用水中微型动物的控制标准，国际上对饮用水中微型动物控制也没有权威的标准，因此，对饮用水中的微型动物问题尚未引起足够的重视。无脊椎动物对饮用水水质的影响首先表现在对感官的影响，饮用水中存在无脊椎动物在感官上是不能被接受的。因此，用户在饮用水中发现肉眼可见的无脊椎动物，首先会联想到不洁的卫生状况，从而导致对水质的抱怨和投诉。据南非兰特市供水公司对消费者投诉的统计，1999 年共发生 68 起投诉，其中对水中有无脊椎动物的投诉为 19 宗，占约 28%。

人肉眼可见的最小物体为 0.1～0.2mm。在饮用水中发现的无脊椎动物，除原生动物以外，其他很多种类均达到肉眼可见范围，水生线形动物可长达数十厘米，如果出现在饮用水中，足以引起恐慌；摇蚊幼虫，虽然占在饮用水中所发现的无脊椎动物的比例很低，由于其形状和容易引起关注的红色，占有关无脊椎动物投诉的大部分；枝角类和桡足类的活体，在水中作跳跃运动，也很容易被肉眼看见。我国现行生活饮用水水质标准中明确规定，生活饮用水中不得有肉眼可见的异物。此外，无脊椎动物的粪便和腐烂的尸体还可能对饮用水的嗅和味产生潜在的不良影响。

无脊椎动物对饮用水质影响的另一个重要方面是致病风险。尽管目前还没有证据证明饮用水中大型无脊椎动物自身的致病作用，但无脊椎动物潜在的致病风险已引起了人们的广泛关注。这种潜在的风险主要表现在两个方面：一是某些无脊椎动物是寄生虫中间宿主，人们可能通过接触饮用水中的无脊椎动物而受到寄生虫感染。二是无脊椎动物可能成为某些致病微生物的栖身居所，从而逃避水处理过程中的消毒。

寄生虫风险方面，最典型的代表是剑水蚤，在热带或亚热带国家，剑水蚤是麦地那线虫的中间宿主。麦地那线虫是最长的人类线虫，雌虫长达 700mm，雄虫长度 25mm。被剑水蚤污染的饮用水是麦地那线虫唯一的传播途径，人类吞食含有剑水蚤的饮用水，麦地那线虫的幼虫可被释放到胃中，侵入小肠和腹膜壁引起疾病。此外，剑水蚤科和镖水蚤科中的许多种类是绦虫、吸虫和线虫等蠕虫的中间宿主，比如锯缘真剑水蚤、绿色近剑水蚤、英勇剑水蚤、草绿刺剑水蚤、短小刺剑水蚤、棘尾刺剑水蚤和镖水蚤科的一些种类是阔节裂头绦虫的中间宿主，其终宿主是人、狗、猫等。广布中剑水蚤、草绿刺剑水蚤、棘尾剑水蚤、透明温剑水蚤、锯缘真剑水蚤、胸饰外剑水蚤、近邻剑水蚤、近亲拟剑水蚤等是曼氏迭宫绦虫的第一中间宿主，寄生人体后引起曼氏迭宫绦虫病，以广布中剑水蚤感染最多，我国以及世界各地均有大量人通过桡足类动物感染绦虫的病例报道。

微生物风险方面，有研究证明饮用水中的线虫能吞食沙门氏菌（Salmonella）和志贺氏菌（Shigella），48h 后线虫肠道中还有 1% 的致病微生物存活，经过氯消毒后，线虫仍能够排泄出活体的沙门氏菌。除线虫外，端足目动物（amphipods）Hyalellaazteca 能够与埃希氏大肠氏菌（Escherichiacoli）和阴沟肠杆菌（Enterobactercloacae）结合，每个 Hyalellaazteca 所结合的细菌分别为 1.6×10^4 个和 1.4×10^3 个；采用 1mg/L 氯消毒后，与 Hyalellaazteca 结合的埃希氏大肠氏菌在消毒 60min 后，存活率仍达到 2%，与 Hyalellaazteca 结合的阴沟肠杆菌悬浊液在与氯接触 60min 后，其存活率还高达 15%。对取自水厂和供水干管的无脊椎动物进行细菌分离和检测结果表明，所有取样点的无脊椎动物中都分离出了细菌，一个无脊椎动物携带细菌总数在 10～4000 个之间，并且分离出了几种与腹泻、脑膜炎等流行病相关致病菌和条件致病菌。

饮用水中无脊椎动物也有可能是致病性和病原性动物，例如隐孢子虫、贾第鞭毛虫等原生动物引起的致病案例。在我国还发现了无甲腔轮虫导致泌尿系感染的临床病例。

5.2　生物活性炭中微生物风险识别

5.2.1　生物活性炭中微生物的分析方法

所谓细菌群落研究，主要是分析一个集合群落中不同类型的细菌种类与相对含量及两者的动态变化。物种丰度（即群落中物种的数量）和物种均匀度（即群落中物种种群量的大小）是研究群落结构及微生物多样性的两个最基本参数。随着生物技术的不断发展，新的菌群分析方法不断出现，不同分析方法之间所得结论之间也不尽相同。根据研究技术手段，可大致将菌群分析方法分为两类：基于传统的形态及代谢的生化分析方法与基于现代分子生物学的分析方法。

基于生化的分析方法包括传统的平板培养法、荧光染色法、Biolog 微平板分析、磷脂脂肪酸（phospholipid fattyacid，PLFA）谱图分析、脂肪酸甲酯（fatty acid methylesters，FAME）谱图分析等。

基于分子生物学的分析方法可进一步分为三个方面：一是基于分子杂交技术的分子标

记法，如荧光原位杂交、同位素标记技术等，可分析环境样品中是否存在选定微生物、其分布模式及丰度，其灵敏性和特异性较高。二是基于 PCR 技术的分析方法，通过 PCR 手段对目的片段扩增后，通过比较分析基因序列的特异性来研究细菌群落的多样性。如随机扩增多态性 DNA 技术（RAPD）、限制性片段长度多态性技术（RFLP）、扩增片段长度多态性技术（AFLP）、单链构象多态性技术（SSCP）、DGGE 和 TGGE、核糖体基因间区分析（RISA）等。三是基于宏基因组层面的测序技术，结合生物信息学，对微生物群落结构进行分析。

上述各种方法在应用上各有优缺点。对于传统的生化分析方法而言，虽然其结果直观、可靠，但由于其操作一般较繁琐，且环境中大多数微生物所处的"存活但不能培养的状态"等问题，使其难以准确研究菌群多样性与其生态功能，大大降低了适用性。

基于分子生物学的方法，尤其是近年来逐渐成熟的基于 PCR 的分子生物学研究方法如：RAPD、AFLP、RFLP、SSCP、DGGE 等，在菌群结构的研究上更为全面，且精度高，目前被广泛应用于微生物生态学研究。但这些方法也存在不足：首先，样品核酸提取效率的差异容易影响后续结果的可重复性；其次，引物对不同模板的扩增效率不同，导致在相对含量计算时出现偏差；再次，这些方法在真核系统中的应用还较少。因此，在方法选择时，需慎重考虑方法的适用性与研究的重点，使结果更准确的反映真实情况。

在本章中，对细菌群落的定性分析，主要采用基于 PCR 的分子生物学方法；对于细菌群落的定量分析，主要采用平板培养法和磷脂分析法。

1. 细菌种群鉴定方法

（1）样品预处理

所采集水样以 $0.22\mu m$ 微孔滤膜抽滤富集，滤膜－20℃保存，供后续试验使用。

由于活性细菌群落附着于所采集炭样表面，需进行洗脱以便后续实验。洗脱方法为：取炭样 2g，以无菌水润洗并弃去溶液，加入 60mL 洗脱试剂，涡旋 1min，超声洗脱 5min（4℃冰浴），涡旋 30s 后收集洗脱液，重复洗脱 3～5 次，所收集洗脱液以 $0.22\mu m$ 微孔滤膜富集，滤膜－20℃保存，供后续试验使用。洗脱试剂配制方法为：Zwittergent 3-12（10-6M），EGTA（10-3M），Tris 缓冲液（0.01M，pH7.0）及蛋白胨（0.01%）。

（2）总 DNA 提取

所采集样品经 $0.22\mu m$ 微孔滤膜富集后，使用 WaterDNAKit 进行细菌总 DNA 提取，具体方法如下：

将富集后的滤膜分别剪碎于已灭菌 50mL 厚壁离心管中，每管加入 3mL SLX Buffer和 500mg 玻璃珠；最高转速涡旋 10min，于 70℃温浴 10min，期间上下颠倒混合 2～3 次；加 1mL SP2 Buffer，涡旋 30min 混匀，冰浴 5min；室温 4000g 离心 10min，转移上清液至新的 50mL 离心管，加入 0.7 倍体积异丙醇，颠倒 30～50 次混匀，于－20℃静置超过30min；4℃下 4000g 离心 10min 沉降 DNA，小心弃上清液。

加 $400\mu L$ Elution Buffer，涡旋 20s 混匀，65℃温浴 30min 溶解 DNA；将样品溶液转移至 1.5mL 离心管，加 $100\mu L$ HTR 试剂，涡旋 10s，室温放置 2min；14000g 离心

3min，转移上清液至新的 1.5mL 离心管，加入等量的 Buffer XP1，混匀；将 DNA 结合柱放入收集管，转移样本溶液至结合柱，室温 10000g 离心 1min，弃收集液；向柱子中加 300μL Buffer XP1，室温 10000g 离心 1min，弃收集液收集管；将柱子放入新的收集管，加 750μL DNA Wash Buffer（经无水乙醇稀释），10000g 离心 30s，弃收集液。

将柱子放回收集管，最高转速（不小于 14000g）室温离心 2min；将 DNA 结合柱放入新的 1.5mL 离心管中，加入 100μL DNA Elution Buffer 到柱子中央膜上，65℃温浴 5min；最高转速离心 1min，将 DNA 样本保存于−20℃。提取所得总 DNA 以琼脂糖电泳检测，电泳条件为 90V 电泳 30min，琼脂糖浓度为 1%。

（3）16SV3 区 PCR 扩增

以提取得到的细菌总 DNA 作为模板，使用含 GC 夹子的 16SrDNAV3 区扩增引物对细菌 V3 区进行扩增，具体引物如下：

dgge V3-1：CGCCCGCCGCGCGCGGCGGGCGGGGCGGGGGCACGG
GGGGCCTACGGGAGGCAGCAG

dgge V3-2：ATTACCGCGGCTGCTGG

PCR 反应体系如下：

2×ExTaq 预混液	20μL
ddH2O	17μL
上游引物（20μM）	0.5μL
下游引物（20μM）	0.5μL
模板	2μL
总体积	40μL

以降落 PCR 策略进行 PCR 扩增，具体程序如下：

94℃	10min	
94℃	30s	
55～65℃	30s	21 循环，每循环降低 0.5℃
72℃	30s	
94℃	30s	
55℃	30s	10 循环
72℃	30s	
72℃	10min	

扩增产物以琼脂糖电泳检测，电泳条件为 90V 电泳 30min，琼脂糖浓度为 1.5%，PCR 扩增产物约 220bp。

（4）DGGE 电泳

变性梯度凝胶电泳（DGGE）选用 10% 聚丙烯酰胺凝胶，其中丙烯酰胺：甲叉双丙烯酰胺＝37.5：1；变性剂梯度范围为 35％～70％，分别含 2.45mol/L 尿素、14％（V/V）去离子甲酰胺与 4.9mol/L 尿素、28％（V/V）去离子甲酰胺，使用 Dcode Universal Mutation Detection System 电泳系统进行 DGGE 凝胶配制及电泳。于 1×TAE 中进行电泳，电泳条件为 60℃下，75V 电泳 12h。

电泳完毕后，以 ddH$_2$O 漂洗凝胶，再使用 1×Gel Red 染液染色 20min，取出凝胶于 Gel DOCTM XR＋成像系统中拍照。

（5）显著条带回收、纯化及测序

对不同水样 DGGE 电泳结果中显著条带编号及切胶回收，切胶胶条置于灭菌 1.5mL 离心管中，加入 100μL 灭菌 ddH$_2$O，并置于 4℃过夜。过夜溶液作为模板进行 DGGE 纯化，重复 PCR 扩增与 DGGE 电泳，具体步骤同上，至各显著条带 DGGE 电泳结果近似单一条带。再次切胶并加入 100μL 灭菌 ddH$_2$O，置于 4℃过夜后作为模板进行测序 PCR 扩增，使用不含 GC 夹子的 16SrDNAV3 区引物扩增，引物序列如下：

V3-1：　　　　　　　CCTACGGGAGGCAGCAG

dgge V3-2：ATTACCGCGGCTGCTGG

PCR 反应体系如下：

2× ExTaq 预混液	20μL
ddH2O	17μL
上游引物（20μM）	0.5μL
下游引物（20μM）	0.5μL
模板	2μL
总体积	40μL

以常规 PCR 策略进行 PCR 扩增，具体程序如下：

94℃	10min	
94℃	30s	
58℃	30s	30 循环
72℃	30s	
72℃	10min	

扩增产物以琼脂糖电泳检测，电泳条件为 90V 电泳 30min，琼脂糖浓度为 1.5％，PCR 扩增产物约 220bp。

检测合格的 PCR 扩增产物进行基因测序。测序结果进行比对，得出相似性最高菌种。

2. 细菌总数的平板培养法

可采用 Standard Plate CountAgar（APHA）对水样中的细菌总数进行测定。平板配制方法：称取 23.5g APHA 琼脂粉，加蒸馏水定容至 1000mL，121℃高压灭菌 20min，冷却至 60℃左右时倒平板，待其凝固后放 4℃冰箱备用。将水样以 10 倍梯度稀释后，各梯度样品取 50μL 进行涂板，重复 3 次。平板于 37℃培养 2d 后计数，取菌落数处于 30～

300CFU 的平板作为统计样品进行统计。

3. 生物量的磷脂测定法

可采用磷脂法对中试装置活性炭样品附着细菌数量进行检测分析。其标曲绘制方法为：以 KH_2PO_4 溶液绘制标准曲线（标准贮备液：$50\mu gP/mL$；标准溶液：吸取标准贮备液 1mL 转移入 50mL 容量瓶中，稀释至刻度线，摇匀，浓度为 $1\mu gP/mL$），分别吸取标准溶液 0.00mL，0.05mL，0.10mL，0.20mL，0.40mL，0.75mL，1.00mL，1.50mL，2.00mL 加入 10mL 比色管中，稀释至 10mL 标线；分别向每个比色管中加入抗坏血酸 0.2mL，混匀，30s 后加入 0.4mL 钼酸盐溶液，充分混匀，室温下放置 15min。以水为参比，700nm 波长，30mm 比色皿比色，制作标准曲线；样品测定方法为：取 5g 活性炭样品，置于 100mL 具塞三角瓶中，加入氯仿、甲醇和水的萃取混合液（体积比为 1：2：0.8）19mL，用力振摇 10min，静置 12h。向三角瓶中加入氯仿和水各 5mL，使得最终氯仿：甲醇：水为 1：1：0.9，静置 12h；取出含有脂类组分的下层氯仿相 5mL 转移至 10mL 具塞刻度试管，水浴蒸干；向试管中加入 0.8mL 5% 过硫酸钾溶液，并加水至 10mL 刻度，在高压蒸汽灭菌锅内 121℃ 消解 30min，按照制作标准曲线的方法测定消解液中的磷酸盐浓度。

结果以 nmol P/g 填料或 $nmolP/cm^3$ 填料表示，1nmol P 约相当于大肠杆菌（E.coli）大小的细胞 10^8 个。

5.2.2 生物活性炭中微生物的群落结构

分别在黄河下游地区和珠江下游地区选择臭氧－活性炭深度处理水厂，进行生物活性炭中微生物的群落结构鉴定。发现珠江下游地区生物活性炭中的微生物种群多样性比黄河下游地区的丰富得多。

1. 黄河下游地区生物活性炭中微生物的群落结构

济南市鹊华水厂、嘉兴的贯泾港和石臼漾水厂都采用臭氧活性炭深度处理工艺。对三个水厂各工艺段样品的进行 PCR 扩增，结果见图 5-1。可以看出，鹊华水厂臭氧后出水所

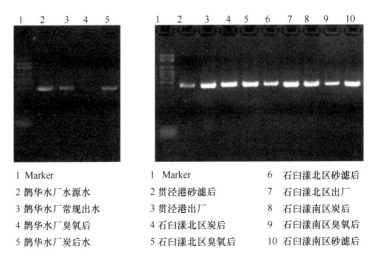

1 Marker		1 Marker	6 石臼漾北区砂滤后
2 鹊华水厂水源水		2 贯泾港砂滤后	7 石臼漾北区出厂
3 鹊华水厂常规出水		3 贯泾港出厂	8 石臼漾南区炭后
4 鹊华水厂臭氧后		4 石臼漾北区炭后	9 石臼漾南区臭氧后
5 鹊华水厂炭后水		5 石臼漾北区臭氧后	10 石臼漾南区砂滤后

图 5-1 济南和嘉兴样品 PCR 结果

得到的产物条带非常弱，这可以初步断定臭氧后水中的微生物数量较少；活性炭后出水中的条带虽然较臭氧后增强，但相对嘉兴的两个水厂，条带强度相差很大，说明鹊华水厂活性炭池中的微生物比较贫乏。

将嘉兴两个水厂 PCR 扩增后的样品进行 DGGE 凝胶电泳分析和测序，将测序结果与标准图谱进行对比，得到水厂各工艺单元微生物群落，如表 5-1。

贯泾港、石臼漾数次行各工艺单元微生物群落　　　　　　表 5-1

取样地点	处理工艺	鉴定结果	生物学分类
贯泾港水厂	原水	*Aeromonas sp.* 气单胞菌属	气单胞菌属 γ-变形菌纲
		Peudomonas sp. 假单胞菌属	假单胞菌属 γ-变形菌纲
		Bacillus thuringiensis. 苏云金芽孢杆菌	芽孢杆菌属芽孢杆菌纲
		Acinetobacter haemolyticus strain. 溶血不动杆菌	不动杆菌属 γ-变形菌纲
		Anaerovibrio sp. 厌氧弧菌	厌氧弧菌属 梭菌纲
		Escherichia coli. 大肠埃希氏杆菌	埃希氏菌属 γ-变形菌纲
		Burkholderia sp. 伯克霍尔德氏菌	伯克氏菌属 β-变形菌纲
		Bacillus cereus. 蜡状金芽孢杆菌	芽孢杆菌属芽孢杆菌纲
	臭氧	*Bacillus thuringiensis.* 苏云金芽孢杆菌	芽孢杆菌属芽孢杆菌纲
		Bacillus cereus. 蜡状金芽孢杆菌	芽孢杆菌属芽孢杆菌纲
	活性炭	*Burkholderia sp.* 伯克霍尔德氏菌	伯克氏菌属 β-变形菌纲
		Bacillus cereus. 蜡状芽孢杆菌	芽孢杆菌属芽孢杆菌纲
		Comamonas acidovorans 食酸丛毛单胞菌	丛毛单胞菌属 β-变形菌纲
		Bradyrhizobium sp. 根瘤菌	慢生根瘤菌属 α-变形菌纲
	砂滤后	*Geobacter sp.* 地杆菌属	地杆菌属 δ-变形菌纲
		Anaeromyxobacter dehalogenans.	*Anaeromyxobacter* 属 δ-变形
		Anaerovibrio sp. 厌氧弧菌	厌氧弧菌属 梭菌纲
		Terrabacter Collins. 地杆菌属	地杆菌属 δ-变形菌纲
		Bacillus alcalophilus. 中度嗜碱芽孢杆菌	芽孢杆菌属芽孢杆菌纲
	出厂	*Bacillus sp.* 芽孢杆菌属	芽孢杆菌属芽孢杆菌纲
		Anaeromyxobacter	*Anaeromyxobacter* 属 δ-变形
		Escherichia coli. 大肠杆菌	埃希氏菌属 γ-变形菌纲
石臼漾南区	砂滤后	*Sphingomonas sp.* 鞘氨醇单胞菌	鞘氨醇单胞菌 α-变形菌纲
		Acinetobacter haemolyticus strain. 溶血不动杆菌	不动杆菌属 γ-变形菌纲
		Anaerovibrio sp. 厌氧弧菌	厌氧弧菌属 梭菌纲
		Escherichia coli. 大肠埃希氏杆菌	埃希氏菌属 γ-变形菌纲
		Bacillus cereus. 蜡状芽孢杆菌	芽孢杆菌属芽孢杆菌纲
	臭氧后	*Geobacter sp.* 地杆菌属	地杆菌属 δ-变形菌纲
		Anaeromyxobacter dehalogenans.	*Anaeromyxobacter* 属 δ-变厌氧弧
		Anaeromyxobacter sp.	菌属 梭菌纲
		Solibacter usitatus.	

续表

取样地点	处理工艺	鉴定结果	生物学分类
石白漾南区	活性炭后	*Congregibacter litoralis*. *Caulobacter crescentus*. 新月柄杆菌 *Anaerovibrio sp*. 厌氧弧菌 *Pseudomonas putida* 恶臭假单胞菌 *Bacillus alcalophilus*. 嗜碱芽孢杆菌	柄杆菌属 α-变形菌纲 厌氧弧菌属 梭菌纲 假单胞菌属 γ-变形菌纲 芽孢杆菌属芽孢杆菌纲
	出厂水	*Bacillus sp*. 假单胞菌 *Anaeromyxobacter sp*. 厌氧弧菌属 *Escherichia coli*. 大肠杆菌	假单胞菌属 γ-变形菌纲 厌氧弧菌属 梭菌纲 埃希氏菌属 γ-变形菌纲
石白漾北区	砂滤后	*Congregibacter litoralis*. *Curtobacterium Pusillum*. 极小短小杆菌 *Listeria denitrificans*. 反硝化李斯特菌 *Solibacter usitatus*. *Escherichia coli*. 大肠杆菌 *Geobacter sulfurreducens*. 硫还原地杆菌	*Congregibacter* 属放线菌纲 琼斯菌属芽孢杆菌纲 埃希氏菌属 γ-变形菌纲 地杆菌属 δ-变形菌纲
	臭氧后	*Listeria denitrificans sp*. 反硝化李斯特菌 *Solibacter usitatus*. *Anaerovibrio sp*. 厌氧弧菌	琼斯菌属芽孢杆菌纲 厌氧弧菌属 梭菌纲
	活性炭后	*Congregibacter litoralis*. *Curtobacterium Pusillum*. 极小短小杆菌 *Anaerovibrio sp*. 厌氧弧菌 *Listeria denitrificans*. 反硝化李斯特菌 *Escherichia coli*. 大肠杆菌 *Bacillus alcalophilus*. 嗜碱芽孢杆菌	*Congregibacter* 属放线菌纲 厌氧弧菌属 梭菌纲 李斯特菌属芽孢杆菌纲 埃希氏菌属 γ-变形菌纲 芽孢杆菌属芽孢杆菌纲
	出厂	*Micrococcus sp*. 微球菌 *Bacillus alcalophilus*. 嗜碱芽孢杆菌 *Staphylococcus aureus*. 金黄色葡萄球菌	微球菌属放线菌纲 芽孢杆菌属芽孢杆菌纲 葡萄球菌属芽孢杆菌纲
石白漾原水	水源水	*Peudomonas sp*. 假单胞菌 *Acinetobacter haemolyticus strain*. 溶血不动杆菌 *Anaerovibrio sp*. 厌氧弧菌 *Escherichia coli*. 大肠埃希氏杆菌 *Burkholderia sp*. 伯克霍尔德氏菌 *Bacillus cereus*. 蜡状芽孢杆菌	假单胞菌属 γ-变形菌纲 不动杆菌属 γ-变形菌纲 厌氧弧菌属 梭菌纲 埃希氏菌属 γ-变形菌纲 伯克氏菌属 β-变形菌纲 芽孢杆菌属芽孢杆菌纲

贯泾港水厂采取砂滤置于臭氧—活性炭之后的深度处理工艺。通过 DGGE 分析发现，贯泾港水厂的水源水中有 8 序列和网上序列相似性超过 97%，见图 5-1 济南和嘉兴样品 PCR 结果。

表 5-1 中 4 株于属于 γ 变形菌纲，一个属于 β 变形菌纲；另外两株为芽孢杆菌纲和梭菌纲。其中气单胞菌是一种常见的腐物寄生菌，在水体和土壤中经常存在，其中的代表菌亲水气单胞菌能够引起霍乱样腹泻，是肠道致病菌之一。另外溶血不动杆菌、伯克霍尔德氏菌和大肠埃希式杆菌也是常见的致病菌，说明贯泾港水源水中有着较高的致病风险。

经过臭氧处理后仅有苏云金芽孢杆菌和蜡状金芽孢杆菌被检出，说明经臭氧处理后仍有部分具有臭氧抗性的芽孢杆菌存活下来。活性炭出水中检测到的微生物呈现出增加的趋势，并且有致病菌伯克氏菌被检出，说明在被臭氧灭活的细菌在活性炭池中可能重新复活和生长，也可能是经过长期的运行后活性炭中聚集了大量的细菌，并且某些细菌尤其是病原菌会泄漏到炭后水中，这一问题应该引起重视。

砂滤水中检出了 5 个属的微生物，其中 3 个为变形菌纲，另外两个分别为梭菌纲和芽孢杆菌纲；在出厂水中不仅有大肠杆菌检出，而且还检测到了芽孢杆菌属和 *Anaeromyxobacter* 属的细菌。可以看出，砂滤后水与炭滤后水、出厂水与砂滤水之间的微生物种类之间都有很大的不同，说明一些细菌被去除，同时，另一些细菌孳生出来，其中的原因有待进一步研究。

在贯泾港水厂检测出的微生物中，有多种致病菌和条件致病菌，如大肠埃希氏杆菌、伯克霍尔德氏菌、蜡状金芽孢杆菌、中度嗜碱芽孢杆菌、厌氧弧菌等，值得高度关注。

石臼漾水厂的水源水中亦检出致病菌大肠杆菌和伯克氏菌，但是与贯泾港自来水厂的水源水相比其检出微生物的种类略少，这可能和石臼漾自来水厂的水源水经过湿地净化有关。

石臼漾自来水厂的南区和北区采用的工艺不同，北区在砂滤前增加了生物预处理，北区砂滤水中 DGGE 中检测到的微生物种类明显少于南区砂滤，但是其中所检测到的和网上序列相似性大于 97 的菌株却是南区为 5 株北区为 6 株，其中蜡状芽孢杆菌、大肠杆菌和厌氧弧菌在两个区的砂滤水中均有存在；臭氧后在南区检测到 4 种细菌，北区检测到 3 种细菌，其中生物学分类地位尚不确定的 *Solibacter usitatus* 菌是唯一共有的；另外的细菌种类则各不相同；在北区臭氧后有反硝化李斯特菌检出，原隶属于李斯特菌属的反硝化李斯特菌现已成为一个新属，称为琼斯菌属。其中的 LM 和伊氏李斯特菌对人和动物具有致病力，其余均为非致病型。

与贯泾港相似，在石臼漾水厂南区和北区的炭后水中都检测到微生物种类的增多，在南区检测到有 5 种细菌，北区有 6 种细菌，其中大肠杆菌、嗜碱芽孢杆菌和 *Congregibacter litoralis* 为共有的种类。在石臼漾水厂南区出厂水中检测到 3 种细菌，分别大肠杆菌、厌氧弧菌和假单胞菌，北区的出厂水也有 3 种细菌检出，分别为大肠杆菌、嗜碱芽孢杆菌和微球菌，其中微球菌属的某些种对人有致病能力。

在济南鹊华水厂的中试工艺中对各流程出水进行了微生物种类检测，结果见表 5-2。

济南中试不同工艺出水中的微生物 表 5-2

工艺单元	鉴定结果
水源水	*Brevibacterium linens.* 扩展短杆菌
	Methylobacterium mesophilicum. 嗜中温甲基杆菌
	Solibacter usitatus. 分类地位尚未确定的细菌
	Uncultured bacterium
	Escherichia coli. 大肠埃希氏杆菌
	Uncultured bacterium
	Geobacter sulfurreducens. 硫还原地杆菌
	Bacillus thuringiensis. 苏云金芽孢杆菌
	Uncultured bacterium
	Peudomonas sp. 假单胞菌
	Ralstonia mannitolilytica. 解甘露醇罗尔斯顿菌
	Staphylococcus aureus. 金黄色葡萄球菌
常规出水	*Brevibacterium linens.* 扩展短杆菌
	Methylobacterium mesophilicum. 嗜中温甲基杆菌
	Solibacter usitatus. 分类地位尚未确定的细菌
	Escherichia coli. 大肠埃希氏杆菌
	Uncultured bacterium
	Geobacter sulfurreducens. 硫还原地杆菌
	Bacillus thuringiensis. 苏云金芽孢杆菌
	Uncultured bacterium
	Peudomonas sp. 假单胞菌
	Staphylococcus aureus. 金黄色葡萄球菌
臭氧后	*Solibacter usitatus.* 分类地位尚未确定的细菌
	Uncultured bacterium
	Uncultured bacterium
	Bacillus thuringiensis. 苏云金芽孢杆菌
活性炭后	*Brevibacterium linens.* 扩展短杆菌
	Methylobacterium mesophilicum. 嗜中温甲基杆菌
	Solibacter usitatus. 分类地位尚未确定的细菌
	Escherichia coli. 大肠埃希氏杆菌
	Uncultured bacterium
	Bacillus thuringiensis. 苏云金芽孢杆菌
	Staphylococcus aureus. 金黄色葡萄球菌

通过 DGGE 分析，济南中试水源水中有 9 种细菌的 16SrDNA 序列和网上序列相似性超过 97%。其中大肠杆菌和金黄葡萄球菌属于致病菌，其他都是非致病菌，说明水源水中有着一定的致病风险。

常规工艺出水中有 8 种细菌被检出，并且这种细菌均在水源水中有存在，水源水中检出的解甘露醇罗尔斯顿菌并没有在常规出水中检出。

臭氧后只有 4 种细菌被检出，其中有两种为不可培养菌株，另有金黄色葡萄球菌和分类地位尚未确定的 Solibacter usitatus 菌被检出，虽然通常认为金黄色葡萄球菌非常容易被臭氧杀死，但是试验结果表明，仍然有部分金黄色葡萄球菌经过臭氧工艺后能够存活下来。

活性炭出水的微生物种类与臭氧出水相比有了显著的增加，共有 7 种细菌检出，其中金黄色葡萄球菌和大肠杆菌均为致病菌。

2. 珠江下游地区生物活性炭中微生物的群落结构

珠江下游地区生物活性炭中微生物群落结构研究主要在深圳进行。在深圳梅林水厂对各工艺段出水中的细菌种类进行了为期 1 年的监测，图 5-2 是水厂各工艺段出水典型的 DGGE 图。

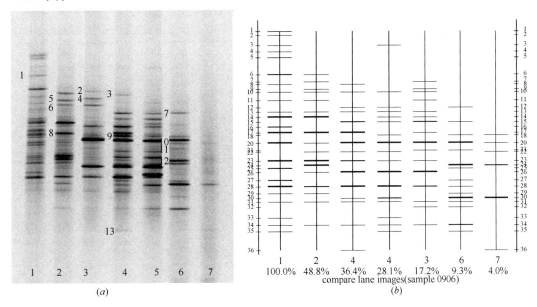

图 5-2　2009 年 6 月梅林水厂 DGGE 电泳图和泳道条带识别图
（样品编号：1 原水—2 预臭氧出—3 絮凝池出—4 沙滤池出—5 主臭氧出—6 活性炭出—7 出厂水）

可以看出，除了 7 出厂水外，其他水样中的细菌种类都很丰富。1 原水样中检出条带属最多，即种群丰富度最高，优势条带不显著，其他各样中优势条带则非常明显，条带粗黑。以 1 原水样为标准绘成的泳道条带识别图显示，这次的样本共获得 36 类条带，所有样本中均有特征条带检出，样品中出现多个"常驻"类群，表现为有多类条带重复出现在多个样本中。

对 12 个月各流程水厂微生物种类进行汇总，结果如表 5-3。梅林水厂各工艺段出水中的微生物种类十分丰富，其中从水源水中鉴定出的细菌多达 45 种，还有许多未被定种的细菌，水源水中的细菌主要为变形菌门的 α 变形菌、β 变形菌和 γ 变形菌，硬壁菌门和拟杆菌门的多种细菌，还有个别种类的放线菌门、蓝细菌门、热微菌门和绿湾菌门细菌。水源水经过预氧化处理后，鉴定出的细菌种类为 40 种，较原水有所减少，细菌的类别与原水基本一致，但种类上略有不同；经过砂滤工艺后，细菌种类大幅减少至 32 种，没有发现蓝细菌、热微菌和绿弯菌门细菌，说明砂滤对于去除微生物有明显的效果。值得注意的是，砂滤后水经过主臭氧处理后，细菌种类数不仅没有减少，反而有所增加，从 32 种增加到了 38 种。一方面可能是由于采样的不同步带来的误差，另一方面可能是由于某些细菌能够适应低浓度臭氧的环境而不被灭活。活性炭后水中鉴定出的细菌种类为 33 种，其类别与主臭氧后水相似；从经过液氯消毒的出厂水中仍检出细菌 34 种，其类别与炭滤后水相似。可以看出，在所有的工艺段出水中，α 变形菌中的鞘氨醇单胞菌都是出现频率最高的种类，而这种细菌对于生物降解芳香族化合物具有重要作用，说明在水源水中有比较丰富的芳香族化合物，这些芳香族化合物可能来源与水库中生长的藻类物质。

梅林水厂各工艺段出水微生物种类

表 5-3

工艺单元	鉴定结果	类　别
水源水	甲基杆菌属细菌	α 变形菌纲
	新鞘氨醇单胞菌属细菌	α 变形菌纲
	鞘氨醇单胞菌属细菌	α 变形菌纲
	赤细菌属细菌	α 变形菌纲
	不可培养鞘脂杆菌目细菌	α 变形菌纲
	产卟啉杆菌属细菌	α 变形菌纲
	不可培养产卟啉杆菌属细菌	α 变形菌纲
	Sphingopyxis 菌	α 变形菌纲
	鞘脂单胞菌属细菌	α 变形菌纲
	Bosea 菌	α 变形菌纲
	不可培养嗜甲基菌目细菌	β 变形菌纲
	不可培养伯克氏菌目细菌	β 变形菌纲
	不可培养杜擀氏菌属细菌	β 变形菌纲
	Collimonas 菌	β 变形菌纲
	硫氧化湖沉积杆菌	β 变形菌纲
	湖沉积杆菌	β 变形菌纲
	食酸菌属细菌	β 变形菌纲
	不可培养丛毛单胞菌科细菌	β 变形菌纲
	不可培养 Methyloversatilis 菌	β 变形菌纲
	不可培养氢噬胞菌属细菌	β 变形菌纲
	嗜甲基菌属细菌	β 变形菌纲
	Pseudomonas pavonaceae 菌	γ 变形菌纲
	假单胞菌属细菌	γ 变形菌纲
	Pseudomonas plecoglossicida 菌	γ 变形菌纲
	不可培养假单胞菌属细菌	γ 变形菌纲

续表

工艺单元	鉴定结果	类 别
水源水	铜绿假单胞菌	γ变形菌纲
	不可培养γ变形菌	γ变形菌纲
	蜡样芽孢杆菌	硬壁菌门
	Bacillus weihenstephanensis菌	硬壁菌门
	不可培养芽孢杆菌属细菌	硬壁菌门
	Solibacillus菌	硬壁菌门
	橙黄微小杆菌	硬壁菌门
	拟杆菌门细菌	拟杆菌门
	约氏黄杆菌	拟杆菌门
	黄杆菌属细菌	拟杆菌门
	不可培养拟杆菌门细菌	拟杆菌门
	不可培养黄杆菌属细菌	拟杆菌门
	农大湖杆菌	拟杆菌门
	不可培养生孢噬纤维菌属细菌	拟杆菌门
	不可培养微球菌亚目细菌	放线菌门
	不可培养放线菌	放线菌门
	不可培养蓝细菌属细菌	蓝细菌门
	不可培养聚球蓝细菌属细菌	蓝细菌门
	不可培养热微菌属细菌	热微菌门
	不可培养绿弯菌门细菌	绿弯菌门
预氧化后水	鞘氨醇单胞菌属细菌	α变形菌纲
	耐辐射甲基杆菌	α变形菌纲
	甲基杆菌属细菌	α变形菌纲
	嗜甲基菌属细菌	α变形菌纲
	可培养鞘氨醇单胞菌属细菌	α变形菌纲
	新鞘氨醇单胞菌属细菌	α变形菌纲
	Sphingopyxis菌	α变形菌纲
	赤细菌属细菌	α变形菌纲
	不可培养嗜甲基菌科细菌	β变形菌纲
	不可培养伯克氏菌目细菌	β变形菌纲
	不可培养杜擀氏菌属细菌	β变形菌纲
	Collimonas菌	β变形菌纲
	不可培养丛毛单胞菌科细菌	β变形菌纲
	杜擀氏菌属细菌	β变形菌纲
	Mitsuaria chitosanitabida菌	β变形菌纲
	嗜甲基菌属细菌	β变形菌纲

续表

工艺单元	鉴定结果	类　别
预氧化后水	湖沉积杆菌	β 变形菌纲
	食酸菌属细菌	β 变形菌纲
	不可培养 Methyloversatilis 菌	β 变形菌纲
	不可培养氢噬胞菌属细菌	β 变形菌纲
	不可培养丛毛单胞菌科细菌	β 变形菌纲
	Pseudomonas pavonaceae 菌	γ 变形菌纲
	铜绿假单胞菌	γ 变形菌纲
	不可培养假单胞菌属细菌	γ 变形菌纲
	假单胞菌属细菌	γ 变形菌纲
	恶臭假单胞菌属细菌	γ 变形菌纲
	病鳍假单胞菌	γ 变形菌纲
	苏云金芽孢杆菌	硬壁菌门
	不可培养芽孢杆菌属细菌	硬壁菌门
	不可培养乳球菌属细菌	硬壁菌门
	橙黄微小杆菌	硬壁菌门
	芽孢杆菌属细菌	硬壁菌门
	拟杆菌门细菌	拟杆菌门
	黄杆菌属细菌	拟杆菌门
	不可培养黄杆菌属细菌	拟杆菌门
	Sediminibacterium 菌	拟杆菌门
	约氏黄杆菌	拟杆菌门
	不可培养拟杆菌门细菌	拟杆菌门
	不可培养放线菌	放线菌门
	不可培养蓝细菌属细菌	蓝细菌门
砂滤后水	产卟啉杆菌属细菌	α 变形菌纲
	新鞘氨醇单胞菌属细菌	α 变形菌纲
	鞘氨醇单胞菌属细菌	α 变形菌纲
	不可培养鞘氨醇单胞菌属细菌	α 变形菌纲
	甲基杆菌属细菌	α 变形菌纲
	Sphingopyxis 菌	α 变形菌纲
	不可培养赤细菌属细菌	α 变形菌纲
	赤细菌属细菌	α 变形菌纲
	Bosea 菌	α 变形菌纲
	鞘脂单胞菌属细菌	α 变形菌纲
	不可培养嗜甲基菌目细菌	β 变形菌纲
	不可培养伯克氏菌目细菌	β 变形菌纲

续表

工艺单元	鉴定结果	类 别
砂滤后水	不可培养丛毛单胞菌科细菌	β变形菌纲
	硫氧化湖沉积杆菌	β变形菌纲
	甲基营养嗜甲基菌	β变形菌纲
	嗜甲基菌属细菌	β变形菌纲
	不可培养氢噬胞菌属细菌	β变形菌纲
	不可培养草酸杆菌科细菌	β变形菌纲
	不可培养假单胞菌目细菌	γ变形菌纲
	施氏假单胞菌	γ变形菌纲
	病鳝假单胞菌	γ变形菌纲
	假单胞菌属细菌	γ变形菌纲
	铜绿假单胞菌	γ变形菌纲
	不可培养变形菌	δ变形菌纲
	蜡样芽孢杆菌	硬壁菌门
	不可培养芽孢杆菌属细菌	硬壁菌门
	不可培养乳球菌属细菌	硬壁菌门
	芽孢杆菌属细菌	硬壁菌门
	不可培养乳球菌属细菌	硬壁菌门
	橙黄微小杆菌	硬壁菌门
	约氏黄杆菌	拟杆菌门
	黄杆菌属细菌	拟杆菌门
	不可培养拟杆菌门细菌	拟杆菌门
	不可培养放线菌属细菌	放线菌门
主臭氧后水	新鞘氨醇单胞菌属细菌	α变形菌纲
	嗜甲基菌属细菌	α变形菌纲
	不可培养鞘氨醇单胞菌属细菌	α变形菌纲
	不可培养鞘脂杆菌目细菌	α变形菌纲
	耐辐射甲基杆菌	α变形菌纲
	赤细菌属细菌	α变形菌纲
	不可培养赤细菌属细菌	α变形菌纲
	产卟啉杆菌属细菌	α变形菌纲
	Sphingopyxis 菌	α变形菌纲
	鞘脂单胞菌属细菌	α变形菌纲
	Bosea 菌	α变形菌纲
	硫氧化湖沉积杆菌	β变形菌纲
	不可培养丛毛单胞菌科细菌	β变形菌纲
	杜擀氏菌属细菌	β变形菌纲

续表

工艺单元	鉴定结果	类　别
主臭氧后水	不可培养草酸杆菌科细菌	β 变形菌纲
	不可培养氢噬胞菌属细菌	β 变形菌纲
	假单胞菌属细菌	γ 变形菌纲
	恶臭假单胞菌属细菌	γ 变形菌纲
	铜绿假单胞菌	γ 变形菌纲
	不可培养假单胞菌属细菌	γ 变形菌纲
	不可培养变形菌	δ 变形菌纲
	蜡样芽孢杆菌	硬壁菌门
	Bacillus weihenstephanensis 菌	硬壁菌门
	苏云金芽孢杆菌	硬壁菌门
	不可培养芽孢杆菌属细菌	硬壁菌门
	芽孢杆菌属细菌	硬壁菌门
	不可培养乳球菌属细菌	硬壁菌门
	橙黄微小杆菌	硬壁菌门
	黄杆菌属细菌	拟杆菌门
	不可培养黄杆菌属细菌	拟杆菌门
	农大湖杆菌	拟杆菌门
	鞘氨醇单胞菌属细菌	放线菌门
	不可培养蓝细菌属细菌	蓝细菌门
活性炭后水	鞘氨醇单胞菌属细菌	α 变形菌纲
	产卟啉杆菌属细菌	α 变形菌纲
	不可培养鞘氨醇单胞菌属细菌	α 变形菌纲
	甲基杆菌属细菌	α 变形菌纲
	Sphingopyxis 菌	α 变形菌纲
	赤细菌属细菌	α 变形菌纲
	产卟啉杆菌属细菌	α 变形菌纲
	鞘脂单胞菌属细菌	α 变形菌纲
	Bosea 菌	α 变形菌纲
	不可培养嗜甲基菌科细菌	β 变形菌纲
	嗜甲基菌属细菌	β 变形菌纲
	湖沉积杆菌	β 变形菌纲
	不可培养丛毛单胞菌科细菌	β 变形菌纲
	不可培养氢噬胞菌属细菌	β 变形菌纲
	丛毛单胞菌科细菌	β 变形菌纲
	草酸杆菌科细菌	β 变形菌纲
	不可培养草酸杆菌科细菌	β 变形菌纲

续表

工艺单元	鉴定结果	类 别
活性炭后水	铜绿假单胞菌	γ变形菌纲
	施氏假单胞菌	γ变形菌纲
	不可培养假单胞菌属细菌	γ变形菌纲
	假单胞菌属细菌	γ变形菌纲
	不可培养变形菌	δ变形菌纲
	Bacillus weihenstephanensis 菌	硬壁菌门
	不可培养乳球菌属细菌	硬壁菌门
	不可培养芽孢杆菌属细菌	硬壁菌门
	芽孢杆菌属细菌	硬壁菌门
	不可培养芽孢杆菌	硬壁菌门
	橙黄微小杆菌	硬壁菌门
	不可培养拟杆菌门细菌	拟杆菌门
	不可培养生孢噬纤维菌属细菌	拟杆菌门
	黄杆菌属细菌	拟杆菌门
	不可培养放线菌属细菌	放线菌门
	不可培养绿弯菌门细菌	绿弯菌门
出厂水	嗜甲基菌属细菌	α变形菌纲
	甲基杆菌属细菌	α变形菌纲
	Sphingopyxis 菌	α变形菌纲
	赤细菌属细菌	α变形菌纲
	产卟啉杆菌属细菌	α变形菌纲
	不可培养α变形菌	α变形菌纲
	鞘脂单胞菌属细菌	α变形菌纲
	Bosea 菌	α变形菌纲
	鞘氨醇单胞菌属	α变形菌纲
	不可培养丛毛单胞菌科细菌	β变形菌纲
	甲基营养嗜甲基菌	β变形菌纲
	食酸菌属细菌	β变形菌纲
	不可培养氢噬胞菌属细菌	β变形菌纲
	丛毛单胞菌科细菌	β变形菌纲
	Mitsuaria chitosanitabida 菌	β变形菌纲
	不可培养草酸杆菌科细菌	β变形菌纲
	不可培养嗜甲基菌科细菌	β变形菌纲
	铜绿假单胞菌	γ变形菌纲
	假单胞菌属细菌	γ变形菌纲
	恶臭假单胞菌属细菌	γ变形菌纲
	不可培养假单胞菌属细菌	γ变形菌纲

续表

工艺单元	鉴定结果	类 别
出厂水	蜡样芽孢杆菌	硬壁菌门
	Bacillus weihenstephanensis 菌	硬壁菌门
	苏云金芽孢杆菌	硬壁菌门
	不可培养乳球菌属细菌	硬壁菌门
	不可培养芽孢杆菌属细菌	硬壁菌门
	芽孢杆菌属细菌	硬壁菌门
	Solibacillus 菌	硬壁菌门
	橙黄微小杆菌	硬壁菌门
	不可培养黄杆菌属细菌	拟杆菌门
	不可培养拟杆菌门细菌	拟杆菌门
	不可培养热微菌属细菌	热微菌门
	不可培养蓝细菌	蓝细菌门
	不可培养绿弯菌门细菌	绿弯菌门

在深圳进行的微生物研究中,还利用中试装置对活性炭柱中微生物种群动态的长期变化进行了观测。

中试 O_3/BAC 工艺运行 1 周年,6 次采样调查样品 DGGE 电泳结果如图 5-3 所示。在 DGGE 电泳图谱中,不同水平位置的条带代表不同种类的细菌,相同水平位置的条带代表同类细菌。样品中的微生物群落复杂,细菌种类繁多。其中,进水样品表现为样品中不同种类细菌含量较平均,无明显优势细菌种类,且彼此之间连续性较低;活性炭样品表现为相对稳定,具有优势细菌种类长期存在现象,如条带 12、13、14;出水样品表现为易受到进水及活性炭样品的影响。

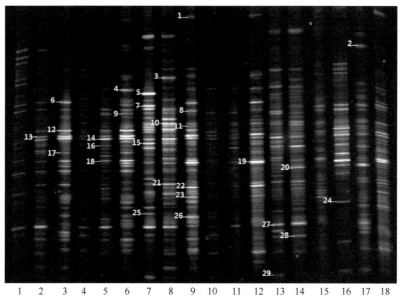

图 5-3 臭氧—活性炭中试样品的 DGGE 图谱

图中，白色数字标示 1-29 为显著条带回收测序编号。黑色数字标示为样品编号，其中 1～3 号为中试装置运行 1 月进水、出水及活性炭样品；4～6 号为运行 2 月，7～9 号为运行 4 月，10～12 号为运行 6 月，13～15 号为运行 8 月，16～18 号为运行 12 月的进水、出水及活性炭样品。

中试活性炭柱中的优势细菌种类鉴定鉴定结果如表 5-4 所示。

表 5-4

O₃/BAC 中试炭柱中微生物 DGGE 显著条带比对结果

Band 7	*Terrimonas lutea*	92	NR _ 041250. 1
Band 8	*Aquatic bacterium*	99	AB195741. 1
Band 9	*Sphingobacteriaceae bacterium*	92	EU370954. 1
Band 10	*Bdellovibrio bacteriovorus*	92	GQ427200. 1
Band 11	*Sphingomonas sp.*	99	JN035178. 1
Band 12	*Nitrosomonas cryotolerans*	94	AF272423. 1
Band 13	*Ra mlibacter sp.*	98	AY429716. 1
Band 14	*Curvibacter sp.*	99	HM357758. 1
Band 15	*Mycoplana bullata*	100	FM209187. 1
Band 16	*Cyanobacterium*	97	GQ349422. 1
Band 17	*Bdellovibrio sp.*	95	DQ302728. 1
Band 18	*Variovorax sp.*	94	GQ369074. 1
Band 19	*Brevundimonas vesicularis*	99	JN084130. 1
Band 20	*Candidatus Reyranella massiliensis*	97	FR666713. 1
Band 21	*Sphingomonas sp.*	100	FJ158842. 1
Band 22	*Methylocystis sp.*	98	FN422003. 1
Band 23	*Nitrospira sp.*	97	AJ224041. 1
Band 24	*Nitrospira sp.*	99	Y14638. 1
Band 25	*Aquabacterium sp.*	97	AF089859. 1
Band 26	*Singulisphaera acidiphila*	96	AM902525. 1
Band 27	*Mycobacterium sp.*	99	JF304607. 1
Band 28	*Acidovorax sp.*	97	GU255472. 1
Band 29	*Craurococcus roseus*	99	NR _ 036877. 1

进水、出水及活性炭样品中的主要细菌种类属于：（1）变形菌门（*Proteobacteria*），包括 α 变形菌纲、β 变形菌纲、γ 变形菌纲及 δ 变形菌纲，其中 α 变形菌及 β 变形菌种类较多，且含量占主要地位，同时调查发现的两种 γ 变形菌纲的细菌中，鲍曼不动菌（*Acinetobacter baumannii*）为条件致病菌，在进、出水及活性炭样品中均有发现，铜绿假单胞菌（*Pseudomonas aeruginosa*）为条件致病菌，仅见于活性炭样品中，两者均存在一定风险；（2）硬壁菌门（*Bacteroidetes*），共 4 种且均属于 *Sphingobacteria* 纲；（3）放线菌门（*Actinobacteria*），发现 2 种，由于放线菌可能引起饮用水嗅觉异常因而同样需要

注意；其他还包括两种硝化螺旋菌门（*Nitrospirae*）细菌、蓝细菌门（*Cyanobacteria*）及一种在进化上较为原始的浮霉菌门（*Planctomycetes*）细菌。在种类数量方面，变形菌门为最主要种类（19 种），种类比例为 65.6%。

中试装置与梅林水厂来自同一个水源，对比表 5-3 和表 5-4 可以看出，二者的微生物类别种类基本一致，但种类上水厂实际工艺过程的微生物种类较中试装置更丰富。

PCR-DGGE 技术的灵敏性使其在微生物群落结构研究中可检出更广泛的组成菌种。与现有报道结果相比，DGGE 方法分析所得 O₃/BAC 工艺中细菌种类均主要为变形菌、放线菌、拟杆菌等，较传统培养方法所得菌种结果分类范围更广；风险菌种结果方面，与已有的风险调查报告结果基本类似，未发现直接致病菌种类，存在 2 种条件致病菌：铜绿假单胞菌与鲍曼不动菌，由于其在自然环境中分布的广泛性，水处理过程中检出该两种细菌存在合理性。

利用 Mega 软件对中试 O₃/BAC 工艺优势细菌 16S rDNA V3 区进行系统发生树构建，结果如图 5-4 所示。由结果可知，优势细菌系统发生分类结果与相似性比对分类结果一致，主要种类为变形菌门（包括 α-变形菌纲、β-变形菌纲、γ-变形菌纲及 δ-变形菌纲）、拟杆菌门、放线菌门、硝化螺旋杆菌门、蓝细菌门、浮霉菌门。

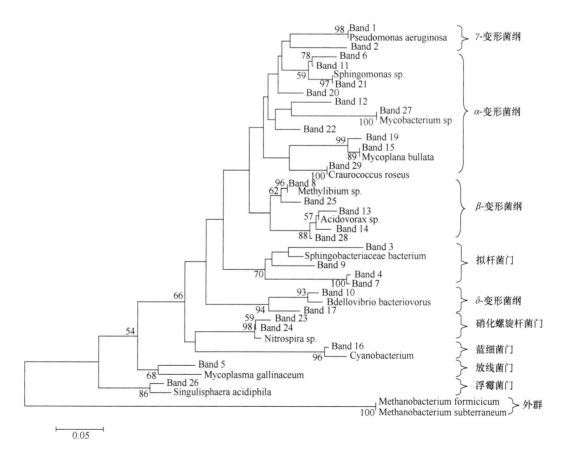

图 5-4　中试 O₃/BAC 工艺优势细菌 16S V3 区系统发生树构建

5.2.3　生物活性炭中微生物的数量变化特征

深圳的中试装置运行 1 月、2 月、4 月、6 月、8 月、12 月，其进水、出水及活性炭中细菌数量统计结果如图 5-5 所示。可以看出中试装置进水细菌数量最低，维持在 $20 \sim 9.2 \times 10^2$ CFU/mL 范围内；炭柱出水细菌数量普遍高于进水细菌数，维持在 $9.5 \times 10^2 \sim 2.99 \times 10^4$ CFU/mL 范围内，升高了近 2 个数量级，说明在炭柱内发生了明显的细菌繁殖和穿透；活性炭样品附着细菌数量维持于 $2.84 \times 10^8 \sim 8.72 \times 10^8$ CFU/g 范围内，且在中试装置运行 1 个月内活性炭表面即附着有大量微生物（2.84×10^8 CFU/g），由于中试装置开始运行的时间是 5 月份，气温较高，微生物生长繁殖迅速，在短时间内炭柱内的生物膜基本达到成熟稳定的状态。

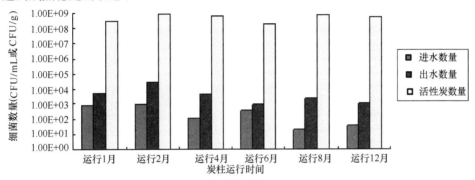

图 5-5　O_3/BAC 中试装置进出水细菌数量变化

对中试炭柱中优势细菌种类经系统发生分类后，通过 Quantity One 软件计算其中主要类群相对含量。结果表明，在相对含量方面，变形菌门相对含量最高，各样品平均为 70.3%（53.4%～80.1%，SD＝7.0%），拟杆菌门平均含量为 12.2%（0～26.8%，SD＝7.4%），放线菌门平均含量为 11.5%（0～33.4%，SD＝9.2%），硝化螺旋菌门平均含量为 4.9%（0～15.6%，SD＝5.4%）。变形菌门含量最高且较稳定；其次是拟杆菌门、放线菌门、硝化螺旋菌门相对含量较高，样品中相对含量最高可达 10%；蓝细菌门与浮霉菌门相对含量较低，仅见于个别样品。

根据各样品中优势细菌类群的相对含量及各样品细菌总数可分析中试炭柱中各类细菌的生长状况。炭柱进水、出水及活性炭样品中变形菌含量变化趋势如图 5-6 所示。

变形菌在三类样品中的相对含量较稳定，作为最主要类群，变形菌在活性炭层样品中的平均相对含量最高，为 73.7%（SD＝4.8%）；出水样品中最低，为 67.2%（SD＝4.6%）；进水样品平均相对含量为 70.0%（SD＝9.8%）。以相对平均含量最为参考标准可以得出，变形菌在原水中存在竞争优势，经过活性炭柱后，其竞争优势进一步加强，由于变形菌在炭柱中生存能力强，因此，即使受到水流的不断冲刷，也不容易脱落下来，导致在炭柱出水中变形菌的相对含量反而下降。

O_3/BAC 中试装置进水、出水及活性炭样品中拟杆菌含量变化趋势如图 5-7 所示。拟杆菌门在进水、出水、活性炭样品中的平均相对含量分别为 18.2%（SD＝6.6%）、9.9%

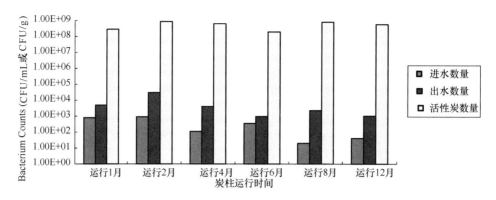

图 5-6　中试炭柱进水、出水及活性炭样品中变形菌相对含量变化

（SD＝6.2）、8.5％（SD＝6.2％），进水样品中拟杆菌的相对含量明显高于活性炭样品及出水样品中该菌的相对含量，同时拟杆菌出水中细菌数量较进水该菌数量高，说明该菌在活性炭附着细菌群落及出水细菌群落中均存在一定竞争劣势，但在进入滤池后仍发生了繁殖。

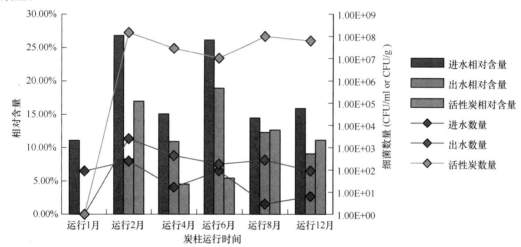

图 5-7　O_3/BAC 中试装置进水、出水及活性炭样品中拟杆菌含量变化

中试生物活性炭柱进水、出水及活性炭样品中放线菌含量变化趋势如图 5-8 所示。由结果可得，三类样品中，出水中放线菌相对含量最高，而活性炭样品中含量多数较低，进水、出水、活性炭样品中的平均相对含量分别为 11.3％（SD＝7.2％）、19.2％（SD＝8.7）、3.8％（SD＝4.7％），说明放线菌在活性炭附着细菌群落中竞争能力差，而在水体中存在一定竞争优势。

中试活性炭柱进水、出水及活性炭样品中硝化螺旋菌含量变化趋势如图 5-9 所示。由结果可得，硝化螺旋菌于进水样品中仅检出 1 次，而其在活性炭及出水样品中相对含量均较高，同时，硝化螺旋菌门在进水、出水、活性炭样品中的平均相对含量分别为 0.5％（SD＝1.3％）、2.9％（SD＝3.3％）、11.3％（SD＝3.0％），说明硝化螺旋菌门在活性炭细菌群落及出水细菌群落中均存在一定竞争优势，在进水细菌量较低的情况下，其数量仍

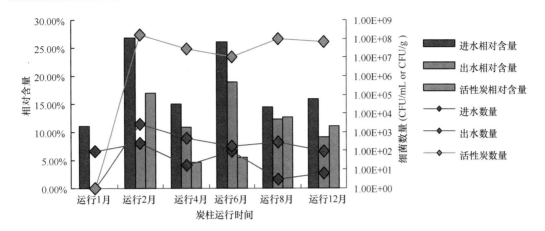

图 5-8　中试炭柱进水、出水及活性炭样品中放线菌含量变化

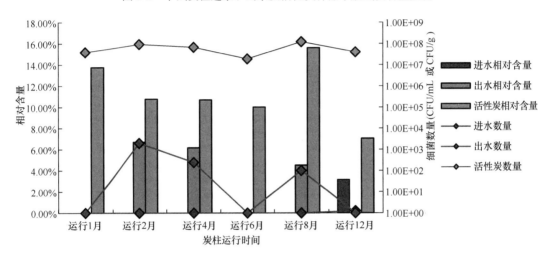

图 5-9　中试炭柱进水、出水及活性炭样品中硝化螺旋菌含量变化

保持较高水平，可能与其代谢类型有关。

　　由上述结果可知，对于中试装置进水、出水及活性炭三类样品而言，不同优势细菌种类含量变化各异。活性炭样品中，变形菌及硝化螺旋菌存在一定竞争优势，该结果可能与两者的代谢途径有关；出水细菌群落中，放线菌及硝化螺旋菌存在一定竞争优势；拟杆菌在 O_3 /BAC 工艺中的竞争力较差。各类细菌在经过中试装置后，其出水中细菌数量均高于进水同类细菌数量，说明不同细菌类群，虽然竞争力不同，但均不同程度上发生了繁殖。

5.2.4　生物活性炭中微生物风险分析

1. 生物活性炭滤池细菌微生物泄漏风险分析

（1）短期泄漏风险

选取珠江下游地区某深度处理水厂，将炭池反冲洗时间由正常情况的 2～4d 延长至7d（168h）。在 15℃、20℃、25℃ 三个水温条件下，对反冲洗前后及过滤周期内的滤池出水连续取样，监测炭滤池出水微生物泄漏情况。

在三种水温条件下，滤池未反冲洗期间的出水细菌总数变化可见图 5-10 至图 5-12。

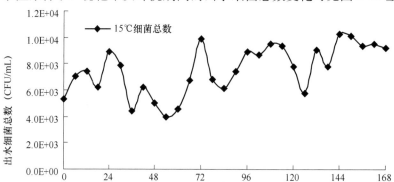

图 5-10　水温 15℃下滤池延长反冲出水细菌总数

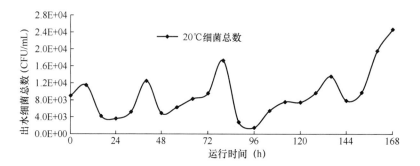

图 5-11　水温 20℃下滤池延长反冲出水细菌总数

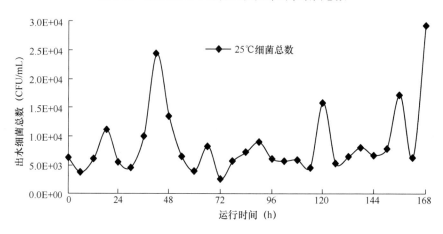

图 5-12　水温 25℃下滤池延长反冲出水细菌总数

结果表明，在水温较低的 15℃ 条件下，滤池出水细菌总数在 48h 内保持较低水平，低于 $1×10^4$ CFU/mL。在 48h 后，出水细菌总数开始上升，在 72h 时达到 $9.88×10^3$ CFU/mL 水平。其后出水微生物量又下滑并维持在 $8×10^3$ CFU/mL 水平。在 120h 到达一个极小值后，出水细菌总数开始大幅上升，于 144h 达到峰值 $1.03×10^4$ CFU/mL。并在后续时段均处于 10^4 CFU/mL 水平。

在 20℃ 中等水温条件下，滤池出水细菌总数在过滤初期也能处于较低水平，且出水细菌总数呈周期性变化。在 8h、40h、80h 出现 1.15×10^4 CFU/mL、1.25×10^4 CFU/mL、1.73×10^4 CFU/mL 的小峰值，而后迅速减少。在 96h 后，出水细菌总数开始稳步上升，在 136h 时达到 1.36×10^4 CFU/mL 水平。在稍有降低后，出水细菌总数开始大幅上升，于 168h 达到峰值 2.47×10^4 CFU/mL。

在 25℃ 的较高水温条件下，滤池出水细菌总数在 44h 即出现 2.44×10^4 CFU/mL 峰值。48h 至 72h 出水细菌总数有所下降，而后开始稳定上升并周期性出现泄漏峰值。于 168h 达到峰值 2.94×10^4 CFU/mL。

可以看出，在 7d 的运行周期内，水温越高，滤池出水中细菌总数的峰值越高，细菌总数的波动范围也越大。在 15℃ 时，运行 168h 细菌总数才达到 10^4 CFU/mL 水平，20℃ 时，运行 80h 出水中的细菌总数达到了 10^4 CFU/mL 水平，而在 25℃ 时，运行 8h 炭池出水中的细菌总数即达到了 10^4 CFU/mL 水平，可见水温对细菌泄漏程度有很重要的影响，水温越高，细菌繁殖速度越快，繁殖周期越短，生物膜更新和脱落的速度也随之加快。

因此，在炭池运行过程中，应根据细菌的繁殖情况适当调整反冲洗的间隔周期和反冲洗时间。如果将出水细菌总数发生显著升高作为确定炭池反冲洗周期的依据，在像深圳这样高温湿热的亚热带地区，当水温高于 25℃ 时，建议将反冲洗周期控制在 2~3d，水温在 20~25℃ 之间时，反冲洗周期可控制在 3~5d，水温低于 15℃ 时，反冲洗周期可延长至 7d 左右。

(2) 长期泄漏风险

对未经反冲洗的中试生物活性炭滤柱炭层及炭柱出水中细菌总数进行了为期一年的监测，结果见图 5-13 和图 5-14。

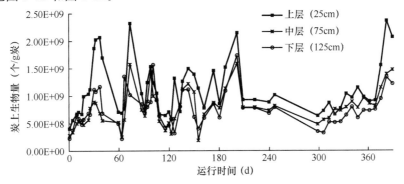

图 5-13 生物活性炭滤柱各炭层细菌总数的变化

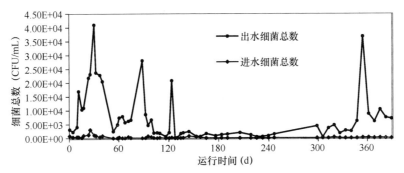

图 5-14 生物活性炭滤柱进出水中细菌总数变化

在连续运行状态下，上层活性炭生物量为中层的 1.15～3.4 倍，为下层的 1.67～4.1 倍；炭层的上层、中层、下层炭上生物量均值分别为 1.04×10^9 个/g 活性炭、7.52×10^8 个/g 活性炭、7.47×10^8 个/g 活性炭；在运行过程中各层微生物量均出现周期性变化（约每 2 个月近似一个生物膜的脱落周期）；运行一周年后各炭层微生物量稳定于 10^9 CFU/g 以上。

炭上生物量分布沿着炭层深度自顶部到底部呈现递减关系。活性炭滤柱上层生物量高，是因为上层活性炭优先吸附了进水丰富的有机物，在较优越的营养条件下生物膜生长旺盛，致使生物量高于中层、下层活性炭层。而随着时间变化，中下层炭上生物量在降低后又略有回升，各炭层炭上生物相近。这一变化趋势很可能是由于上层活性炭在较长运行时间后吸附能力下降，致使炭滤柱中的有机质吸附区由上至下推移，造成中下层营养条件与上层趋于一致。从而导致上层生物量减少而中下层增加，并于一段时间后各层趋于接近。

中试装置在通水运行后，前 10d 内出水细菌总数低于 5×10^3 CFU/mL 水平，其后出水细菌总数开始迅速升高，于 30d 时达到 4.1×10^4 CFU/mL 水平。运行 60d 后，出水微生物量降低至 1×10^4 CFU/mL 以下并出现周期性波动。随着运行时间的增长，出水细菌总数趋于稳定，均低于 2×10^3 CFU/mL 水平。在运行 300 天以后，出水细菌总数开始逐步回升并在 $5 \times 10^3 \sim 1 \times 10^4$ CFU/mL 之间波动。

由图 5-14 可知，生物活性炭滤池在运行初期出水细菌总数升高且会出现泄漏峰值。在运行的第 30 天，第 88 天，第 123 天，出水细菌总数分别出现峰值为 4.1×10^4 CFU/mL，2.81×10^4 CFU/mL，2.08×10^4 CFU/mL，分别为当天进水细菌总数的 37 倍、562 倍、104 倍。在运行稳定期内，于第 354 天也出现一个泄漏高峰，出水细菌总数达到 3.68×10^4 CFU/mL，为进水的 184 倍。

综上所述，生物活性炭滤池存在出水细菌总数比进水大幅升高的现象，说明细菌在活性炭中大量繁殖，在水流冲刷过程中，脱落进入水体中。总体而言，无论长期运行还是短期运行，活性炭出水中的细菌总数没有超过 10^4 CFU/mL 水平，因此，采取适当的消毒措施，微生物安全风险是完全可控的。

2. 细菌泄漏影响因素分析

分析中试装置运行 1 年来，生物活性炭滤出水细菌总数与进出水理化指标的关联性。计算它们的皮尔逊相关系数，查看双尾检验的显著性水平（$\alpha = 0.05$）。分析结果见表 5-5 与表 5-6。采用双尾检验，其中极显著相关的显著性水平在 0.01 以内；显著相关的显著性水平在 0.05 以内。

由表 5-5 可知，出水细菌总数与进水细菌总数极显著相关，与进水总氮显著相关。

出水细菌总数与进水理化指标相关性分析 表 5-5

N＝60	出水细菌总数	
	Pearso Corr. 相关系数	Sig. 显著性水平
进水细菌总数	0.49776	5.20E-05
水温	0.38941	0.02077

N＝60	出水细菌总数	
	Pearso Corr. 相关系数	Sig. 显著性水平
溶解氧	0.06341	0.71751
pH	0.16599	0.34059
浊度	0.16874	0.33254
高锰酸盐指数	0.21531	0.21418
NH$_3$-N	0.00966	0.95609
NO$_3$-N	0.04013	0.81897
TN	0.36128	0.03298

出水细菌总数与颗粒数指标相关性分析   表 5-6

N＝60	出水细菌总数	
	Pearso Corr. 相关系数	Sig. 显著性水平
出水浊度	0.33707	0.04772
2～3μm	0.37471	0.01121
3～5μm	0.30321	0.04293
5～7μm	0.28578	0.05704
7～10μm	0.12731	0.40461
10～15μm	0.03337	0.82773
15～20μm	0.10225	0.50388
20～25μm	0.08551	0.57652
大于25μm	0.02619	0.86446

由表 5-6 可以看出，出水细菌总数与出水浊度显著相关，且与出水中粒径范围在 2～3μm 及 3～5μm 出水颗粒物数量显著相关。

出水浊度与细菌总数呈现正相关性。前人的研究普遍认为，浊度可以附着营养物质从而能很好地支持细菌生长，水中浊度越高其附着的细菌数也相应越多。因此，浊度是控制微生物风险的重要指示指标。控制出水浊度也是控制臭氧－生物活性炭工艺水厂出水微生物风险的有效措施。

对于颗粒物这一指标，主要考察跟出水细菌总数相关性较大的粒径范围，即颗粒粒径 2～25μm 的颗粒物数。由表 5-6 可以看出，炭滤出水中细菌总数与粒径 5μm 以下颗粒物数量呈较好的相关关系，其中粒径为 2～3μm 的颗粒物与出水细菌总数相关性最优，当水中 2～3μm 粒径范围颗粒物低至 50CNT/mL 以下时，砂滤池与炭滤池出水细菌总数分别低于 2×10^3 CFU/mL 与 3×10^3 CFU/mL。良好的正相关性充分说明了颗粒物上可以附着大量的异养菌，其对炭滤池出水细菌总数升高有贡献，在一定程度上影响出水微生物安全。因此，控制出水颗粒物数量尤其是 5μm 以下颗粒物数量，可以有效地降低饮用水中的微生物风险。

　　水温也是影响活性炭中细菌生长、繁殖和穿透的重要因素。依据水温的不同，生物活性炭滤池出水细菌的泄漏情况可分为四个不同时间段，分别为高温期、降温期、低温期与升温期。其中高温期为南方湿热地区夏季秋季，水温高于 25℃；降温期为水温开始低于 25℃ 并下降至低水温时段；低温期为水温低于 20℃ 的秋冬与初春时段；升温期为春夏之交水温上升时期。将四个时期内的生物活性炭滤池出水细菌总数与进水细菌总数及水温进行分段多元非线性拟合，得到拟合公式 (5-1)：

$$\log(Y) = \begin{cases} 5015 + 0.48\log X - 767T + 43.77T^2 - 1.04T^3 + 0.01T^4 \,(T \geqslant 25℃) \\ -148 + 323\log X - 270\,(\log X)^2 + 101.01\,(\log X)^3 + 0.34T\,(T \leqslant 20℃) \\ -20.28 - 0.1\log X + 0.13(\log X)^2 + 5.78T - 0.51T^2\,(降:T \leqslant 25℃) \\ 16.66 + 0.33\log X - 8.71T + 0.96T^2 - 0.04T^3 + 0.05T^4\,(升:T \geqslant 20℃) \end{cases}$$

$$(5-1)$$

式中　Y——滤池出水细菌总数（CFU/mL）；

　　　　X——滤池进水细菌总数（CFU/mL）；

　　　　T——水温（℃）。

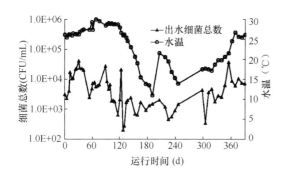

图 5-15　出水细菌总数与水温变化关系

　　中试炭柱运行过程中，活性炭出水中的细菌总数随水温的变化趋势如图 5-15 所示，分析出水细菌总数的变化，可以发现其与水温的季节性变化有明显的相关性。

　　在运行的前 120d（2010 年 5 月至 2010 年 9 月），水温均在 25℃ 以上，出水细菌总数在 5×10^3 CFU/mL 水平波动，并出现 8 次超过 1×10^4 CFU/mL 的峰值。随着 10 月水温开始降低，出水细菌总数也趋于较低水平。当水温回升时，出水细菌总数也有小幅回升。当运行至 300d 以后（2011 年 3 月），水温稳步上升，出水细菌总数也开始逐渐升高，恢复至 2×10^3 CFU/mL 水平以上。

　　综上所述，水温变化对工艺出水微生物的数量有着直接影响。在较高水温条件下，炭上生物膜生长旺盛，代谢繁殖频率高，脱落的生物膜和进入水体的游离细菌较多，促使工艺出水微生物量处于一个相对较高水平，因此在高水温情况下生物活性炭滤池有较高的微生物泄漏风险。

5.2.5　生物活性炭滤池病原性微生物风险

1. 生物活性炭滤池病原菌种类

　　根据前面的细菌种类的定性分析，在黄河下游代表水厂的活性炭池中，虽然细菌的种类相对较少，但发现了多种病原菌和条件致病菌。致病菌有两种，金黄色葡萄球菌和蜡状金芽孢杆菌，另一些种属中也有致病种类的细菌，由于未鉴定至种（或亚型），可能为致病菌。比如大肠埃希氏菌中存在不同亚型，其中，部分亚型可致病，称致病性大肠埃希菌，属第三类致病菌；伯克霍尔德氏菌属中存在致病菌种鼻疽伯克菌，属第二类致病菌；芽孢杆菌属中存在炭疽芽孢杆菌与蜡样芽孢杆菌两种致病菌，分别属于第二类与第三类致病菌。假单胞菌属中存在铜绿假单胞菌，属第三类致病菌。

在珠江下游地区，虽然炭池中细菌微生物的种类十分丰富，但鉴定出的病原菌很少，只发现了铜绿假单胞菌（*Pseudomon asaeruginosa*）和鲍曼不动杆菌（*Acinetobacter baumanii*）和分枝杆菌三种条件致病菌，即第三类致病菌。根据对炭池进、出水中细菌鉴定结果的分析，这两种细菌均来自于原水，不是在炭池中产生的。

铜绿假单胞菌又名绿脓杆菌，在自然界分布广泛，各种水、空气、正常人的皮肤、呼吸道和肠道等都有本菌存在，属于非发酵革兰氏阴性杆菌，专性需氧，生长温度范围25～42℃，最适生长温度为25～30℃，因此能在室温的水中长期生存，在普通培养基上可以生存并能产生水溶性的色素，如绿脓素（pyocynin）与带荧光的水溶性荧光素（pyoverdin）等。

铜绿假单胞菌对人类健康影响为中等，可在供水系统中繁殖，被世界卫生组织列为水源性病原菌。具有在水中较长的持久性与较高的氯耐受能力，是条件致病菌的代表性菌种。其主要通过皮肤和黏膜、眼睛接触引起感染，感染病灶可导致血行散播而发生菌血症和败血症。含有O抗原（菌体抗原）以及H抗原（鞭毛抗原），是医院内感染的主要病原菌之一，可引起皮肤感染、呼吸道感染、泌尿道感染以及烧伤感染等病症，患代谢性疾病、血液病和恶性肿瘤的患者，以及术后或某些治疗后的患者易感染本菌。铜绿假单胞菌引起的很多感染发生在衰弱或免疫受损的住院病人，它是重症监护室感染的第二位最常见的病原菌，是呼吸机相关性肺炎的常见原因。

鲍曼不动杆菌为不动杆菌属中最常见的一种革兰氏阴性杆菌，为专性需氧菌，广泛存在于自然界的水及土壤、医院环境及人体皮肤、呼吸道、消化道和泌尿生殖道中，是一种条件致病菌。该菌在医院环境中分布很广且可以长期存活，极易造成危重患者的感染。

分枝杆菌属中除致病菌外均属于非结核分枝杆菌，非结核分枝杆菌属于世卫组织饮用水指南中的水源性疾病病原体，可在供水系统中繁殖，通常生长缓慢，危害程度低。

2. 病原菌在活性炭中的迁移特征

选择了三种水中常见病原菌，铜绿假单胞菌、伤寒沙门氏菌和大肠杆菌O157：H7，通过外源投加的方式，研究其在活性炭中的迁移和分布，投加时间为2h，投加浓度控制在5×10^6CFU/L量级，以模拟原水突发病原菌污染时病原菌在炭层和水体中的迁移和变化。

（1）病原菌随出水迁移特征

对菌液投加水箱的水样进行定时取样，用选择培养法检测水中病原菌，以确定实际投加的菌液浓度并测算投加总量，其中，铜绿假单胞菌、伤寒沙门氏菌、肠出血性大肠杆菌O157：H7的投加液平均浓度分别为 5.08×10^6CFU/L、6.6×10^6CFU/L、5.62×10^6CFU/L。连续投加2h，则三种代表性病原菌的总投加量分别为1.12×10^9CFU、$1.45 \times$

10^{9}CFU、1.24×10^{9}CFU，均达到预期投加 1×10^{9}CFU 的量级水平之上。

同时，对投加病原菌的滤柱出水进行连续取样，检测出水中病原菌的数量变化，持续监测 15d。结果可见图 5-16。

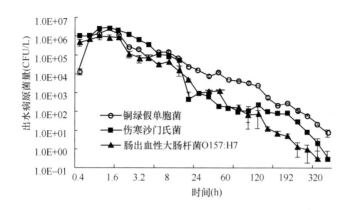

图 5-16　代表性病原菌随出水泄漏情况

对三种病原菌出水细菌量对泄漏时间进行积分计算可得，铜绿假单胞菌、沙门氏菌、大肠杆菌随出水泄漏的累积菌量分别为 5.08×10^{8} CFU、6.51×10^{8} CFU 与 4.62×10^{8} CFU，分别占各自投加总量的 45.36%、44.9% 与 37.26%。

对比三种代表性病原菌随出水穿透的情况可知，病原菌随出水泄漏的趋势基本一致，投加后 0.4h 即检测出泄漏，1.2~1.6h 开始达到高峰，泄漏峰值在 1×10^{6}CFU/L 以上。停止投加后，出水中病原菌于 2.4h 迅速衰减至 10^{5}CFU/L 量级。于 12h 后衰减至 10^{4}CFU/L 水平，120h 后低于 10^{2}CFU/L 水平。由此可知，生物活性炭滤池对进水中的病原菌起到拦截的作用，但在较高浓度病原菌情况下出水会穿透。而截留在滤池中的病原菌，会缓慢释放而随出水泄漏。

因此可以将进入滤池的病原菌泄漏划分为 4 个时段，分别为投加期的冲击性污染时段、泄漏初期、泄漏中期以及泄漏末期。其中泄漏初期为投加后 2~36h，泄漏中期为 36~192h，泄漏末期为 192~360h。在泄漏的初期、中期和后期，三种病原菌的出水泄漏量级分别约为 10^{4}CFU/L、10^{3}CFU/L、10^{2}CFU/L 水平。

其中，在 12~120h 的泄漏中期时段内，沙门氏菌与大肠杆菌迅速衰减，而铜绿假单胞菌却保持在较高的水平。在较长时间（120h）后，绿脓杆菌才会衰减。这从侧面说明，生物活性炭滤池的贫营养环境不适合沙门氏菌与大肠杆菌这样的肠道病原菌存活。而铜绿假单胞菌由于其较广泛的适应性，因而能在炭层上保持一定的数量。但其最终还是会衰减。Rollinger 等人的研究认为，铜绿假单胞菌等病原菌在与生物活性炭滤池炭层土著菌的营养竞争中处于劣势，不能存活而被淘汰。

（2）病原菌在炭层中的迁移特征

从投加菌液的滤柱各炭层抽取炭样，经由前述的洗脱方法将炭滤料上病原菌进行洗脱，对洗脱液进行培养检测，结果见图 5-17。

投加的铜绿假单胞菌在进入生物活性炭滤柱后，大部分被吸附截留在滤池炭滤料层中。在投加停止后的初始时段，上、中、下层炭上铜绿假单胞菌的量分别为 5.13×10^4 CFU/g 炭、2.43×10^4 CFU/g 炭、2.33×10^4 CFU/g 炭，被滤池截留下来的铜绿假单胞菌总量为 4.03×10^8 CFU。其在滤池汇中的分布情况为，沿

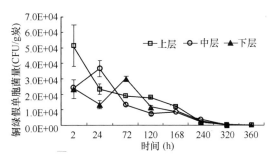

图 5-17　炭上铜绿假单胞菌数量

着炭层深度铜绿假单胞菌在上、中、下炭层的数量逐渐减少。

随着时间的推移，炭上铜绿假单胞菌的数量整体呈衰减趋势。这表明在贫营养环境的生物活性炭滤池内，铜绿假单胞菌在与炭上土著菌的竞争中处于劣势。在投加后的第24h与第72h，中层和下层炭上铜绿假单胞菌量先后出现峰值，而后迅速衰减，表现出明显的迁移现象。由于上层截留的绿脓杆菌在脱附炭表面后，随水流运动到中下层并再次被截留，从而造成中下层绿脓杆菌数量增加。

伤寒沙门氏菌在炭层中的变化情况见图5-18。

由结果可知，伤寒沙门氏菌在进入生物活性炭滤池之后，同样是大部分被截留于炭池之中。上、中、下层炭上伤寒沙门氏菌的量分别为 7.2×10^4 CFU/g 炭、2.4×10^4 CFU/g 炭与 2.2×10^4 CFU/g 炭，被截留伤寒沙门氏菌的总量为 4.86×10^8 CFU。

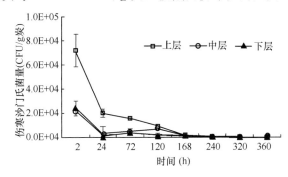

图 5-18　炭上伤寒沙门氏菌数量

其中，上层截留的伤寒沙门氏菌量远高于中、下层。随着时间的延长，各层炭滤料上的伤寒沙门氏菌数量均迅速衰减。120h 后，各层炭上沙门氏菌均低于 1×10^4 CFU/g 炭。这表明，伤寒沙门氏菌作为营寄生生活的肠道致病菌，在贫营养的生物活性炭滤池中并不能大量繁殖。其在与滤料生物膜上的土著菌竞争中处于劣势，由于不适应而被淘汰。

投加的肠出血性大肠杆菌 O157：H7 在进入生物活性炭滤柱后，很大部分立即被吸附截留在了滤池炭滤料层中。

在投加停止后的初始时段，上、中、下层炭上肠出血性大肠杆菌 O157：H7 的量分别为 7.53×10^4 CFU/g 炭、3.4×10^4 CFU/g 炭、2.67×10^4 CFU/g 炭，被滤池截留的总量为 5.6×10^8 CFU。沿着炭层深度从上至下，各炭层炭上肠出血性大肠杆菌 O157：H7 的数量逐渐减少。根据 J. Li 等人的研究，大肠杆菌进入滤池后，滤池顶端 1/5 的滤层截留量占总量的 70% 以上。

随着时间的延长，上、中层炭滤料上的大肠杆菌 O157：H7 数量均迅速衰减。在

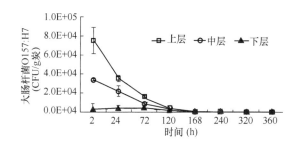

图 5-19　炭上肠出血性大肠杆菌 O157：H7 数量

120h 后，上、中层炭上大肠杆菌 O157：H7 均低于 1×10^4 CFU/g 炭。下层炭滤料附着量在 24h 略有增长，在 10^3 CFU/g 炭维持至 120h 后衰减，如图 5-19 所示。

由上述可知，肠出血性大肠杆菌 O157：H7 与伤寒沙门氏菌一样被大量截留于生物活性炭滤池中，且在上层截留量最大。在贫营养环境的生物活性炭滤池中不能大量繁殖。由于竞争劣势而被淘汰。

由前述的结果可以看出，三种代表性病原菌在生物活性炭滤池中均不能大量增殖。这是由于生物活性炭滤池内属于贫营养环境，并不是营寄生生活方式的病原菌理想的存活环境。而肠道致病菌（伤寒沙门氏菌、大肠杆菌 O157：H7），在生物活性炭滤池内衰减也较迅速，衰减速率分别为 0.33log/d、0.31log/d。铜绿假单胞菌衰减较缓，为 0.14log/d。

5.3　微型动物群落结构及风险分析

5.3.1　生物活性炭中微型动物的群落结构

中试滤柱模拟 V 型滤池结构，截面为方形（35cm×40cm），炭层高 1.6m。滤速 8.0m/h；空床接触时间 12min，运行时间从 2010 年 5 月至 2011 年 5 月，为使炭层中微型动物大量繁殖。在此期间不进行反冲洗。

表 5-7 所示为连续运行一年内滤柱出水中检出的无脊椎动物种属，共检出无脊椎动物 4 门、6 纲（亚纲）、31 种（属），其中轮虫种类最多，包括 26 种（属），甲壳类生物 4 种，其中桡足亚纲和枝角类亚纲各 2 种，寡毛纲仙女虫 1 种（属），另有摇蚊幼虫和线虫未定种。

活性炭滤柱出水中无脊椎动物种属　　　　　　　　　　表 5-7

类　　别	种　　类	拉　丁　文
袋形动物门 （Aschelminthes）	轮虫纲（Rotifera）	
	蛭态目（Bdelloidea spp.）	
	旋轮虫属（*Philodina sp.*）	
	单趾轮虫属（*Monostyla sp.*）	
	精致单趾轮虫	Monostylaelachis
	尖角单趾轮虫	Monostylahamata
	梨形单趾轮虫	Monostylapyriformis
	月形单趾轮虫	Monostylalunaris
	腔轮虫属（*Lecane sp.*）	

续表

类　别	种　类	拉　丁　文
袋形动物门 （Aschelminthes）	月形腔轮虫	Lecanelunaris
	尖趾腔轮虫	Lecanecornuta
	囊性腔轮虫	Lecane bulla
	尖角腔轮虫	Lecanehamata
	爪趾腔轮虫	Lecaneunguitata
	精致腔轮虫	Lecanelaelachis
	月形腔轮虫	Lecanelunaris
	无甲腔轮虫	Lecaneinermis
	道李沙腔轮虫	Lecanedoryssay
	鞍甲轮虫属（*Lepadella sp.*）	
	半圆鞍甲轮虫	Lepadellaapsida
	盘状鞍甲轮虫	Lepadella patella
	狭甲轮虫属（*Colurella sp.*）	
	钩状狭甲轮虫	Colurellauncinata
	钝角狭甲轮虫	Colurellaobtusa
	爱德里亚狭甲轮虫	Colurellaadriatica
	三肢轮虫属（*Filinia sp.*）	
	多肢轮虫属（*Polyarthra sp.*）	
	猪吻轮虫属（*Dicranophoru sp.*）	
	异尾轮虫属（*Trichocercasp.*）	
	暗小异尾轮虫	Trichocercapusilla
节肢动物门 （Arthropoda）	甲壳纲（Crustacea）	
	桡足亚纲（Copepoda）	
	剑水蚤目（Cyclopoidea）	
	中剑水蚤属（*Mesocyclops sp.*）	
	温中剑水蚤	Mesocyclopsthermocyclopoides
	猛水蚤目（Harpacticoida）	
	美丽猛水蚤属（*Nitocra sp.*）	
	完美美丽猛水蚤	Nitocrapietschmanni
	鳃足亚纲（Branchiopoda）	
	枝角目（Cladoceran）	
	象鼻溞属（*Bosminasp.*）	
	尖额溞属（*Alonasp.*）	
	秀体尖额溞	Alonadiaphana
	昆虫纲（insecta）	
	双翅目（Diptera）	
	摇蚊科（Chironomidae larvae）	（未定种）

续表

类　　别	种　　类	拉　丁　文
线形动物门 （Namatoda）	线虫纲（Chromadorea）	
	小杆目（Rhabditidia）	
	小杆科（Rhabditoidea）	（未定种）
环节动物门 （Annelida）	寡毛纲（Ologochaeta）	
	颤蚓目（Tubificida）	
	仙女虫科（Naididae）	
	仙女虫属（Nais sp.）	
	贝氏仙女虫	NaisbretscheriMichaelsen

图 5-20 所示为 GAC 滤柱出水中检出频率较高的无脊椎动物形态图。

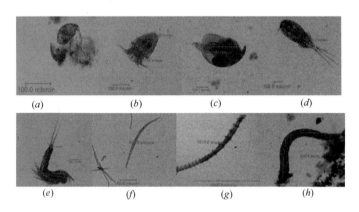

图 5-20　活性炭池检出各种属无脊椎动物形态图

（a）轮虫；（b）无节幼体；（c）枝角类；（d）剑水蚤；

（e）猛水蚤；（f）线虫；（g）仙女虫；（h）摇蚊幼虫

5.3.2　微型动物的生长繁殖特征

在 BAC 滤柱运行的一年时间内，对包括轮虫、甲壳类生物（剑水蚤、猛水蚤和枝角类）、线虫、摇蚊幼虫和仙女虫等 7 类无脊椎动物进行了连续的跟踪调查，各调查无脊椎动物的变化趋势如图 5-21 所示。

鉴于在 GAC 滤柱运行的一年时间内，没有对滤池进行反冲洗，所以我们可以假设滤柱出水中无脊椎动物丰度的变化可以反映炭层中无脊椎动物丰度的变化。从图 5-21 可以看出，所有被监测的无脊椎动物在滤柱运行期间，均出现了若干个穿透峰值，这直接反映出滤柱中无脊椎动物的大量繁殖。

表 5-8 总结了滤柱运行期内，各种无脊椎动物的丰度均值、均值标准方差和范围值。在整个 1 年的 GAC 滤柱运行期间，轮虫都是绝对优势种群，占到无脊椎动物总丰度的 92.3%，甲壳类生物中的剑水蚤、猛水蚤及其幼体是第二优势种群，占到 7.4%，而枝角类、线虫、摇蚊幼虫及仙女虫等无脊椎动物丰度均较低。就轮虫而言，在 GAC 滤柱运行

的前 30 天内，蛭态目轮虫占绝大多数，而在滤柱运行的绝大多数时间内，轮虫分布为鞍甲轮虫（60%），单趾轮虫（12%）和狭甲轮虫（3%）。

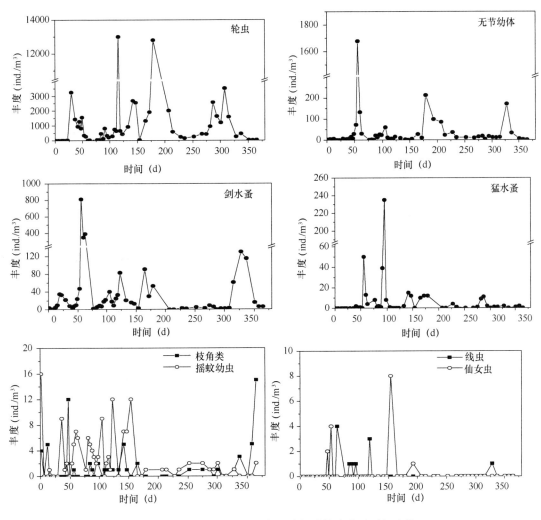

图 5-21　GAC 滤柱出水中各无脊椎动物丰度随时间变化

GAC 滤柱出水中各无脊椎动物丰度（ind. /m³）　　　　　表 5-8

种类　　　丰度	均　值	标准偏差	范围值
轮虫	1432	2566	0～13000
剑水蚤	49	127	0～809
猛水蚤	11	37	0～235
无节幼体	55	227	0～1677
枝角类	1.4	2.7	0～15
摇蚊幼虫	2.6	3.6	0～16
线虫	0.2	0.7	0～4
仙女虫	0.3	1.2	0～8
总数	1551	2579	6～13078

Schreiber 等人对以莱茵河为水源的德国三个水厂中无脊椎动物种类的调查，轮虫为绝对优势种群，占无脊椎动物总丰度的 70%～95%，其次为线虫，腹毛类动物等所占比例很小。就轮虫而言，在运行时间最长的 A 水厂（>300d），轮虫种类分布为狭甲轮虫属（70～95%），鞍甲轮虫（5%），猪吻轮虫（5%）和腔轮虫（<1%）；在运行时间分别为 33d 和 228d 的 B 水厂两个滤池出水中，轮虫种类分布为蛭态目（45%），狭甲轮虫属（17%），腔轮虫属（17%）和猪吻轮虫（10%）；而运行时间较短的 C 水厂（<30d），86% 的轮虫属于蛭态目。

Li 等人在对我国南方某城市运行一年的破碎炭柱出水中无脊椎动物的调查中发现，轮虫仍旧是绝对优势种群，占到无脊椎动物总丰度的 64.2%，而占第二位的优势种群为桡足类生物为 29.1%，再次为线虫 4.3%，枝角类、寡毛类生物含量较少。其中轮虫的优势种是鞍甲轮虫属（54%）、蛭态目（25%）和单趾轮虫属（11%），其他种类的丰度都较低，包括，狭甲轮虫属（4%），猪吻轮属（2%），其他（4%）。

Bichai 等人以荷兰默兹河经水库转储后的水为水源，对活性炭滤柱出水中无脊椎动物的丰度进行了调查，他们发现轮虫和线虫是优势种群，分别占无脊椎动物总丰度的 80% 和 10%，而剩余部分由桡足类、双翅目和阿米巴变形虫组成，其中轮虫的主要种属为腔轮虫属（约 33.3%），旋轮虫属（约 28.7%），狭轮虫属（约 10.7%），剩余部分未进行定种。

综合上述分析比较，我们发现在可查的资料范围内，在采用地表水为水源的 GAC 过滤工艺出水中，轮虫都是绝对的无脊椎动物优势种群。但第二优势种群在不同地域存在较大区别，在欧洲的德国和荷兰，线虫是第二优势种群，而我国学者的研究指出甲壳类生物特别是桡足类幼体和成体取代线虫成为第二优势种群，造成这种差异的原因可能是当地气候条件及水源水环境的不同。随着 GAC 滤柱运行时间的增加，在轮虫种群内部发生了明显的趋向于底栖类的演替，在种间也存在摄食方式以滤食为主的浮游动物（枝角类）向以掠食、刮食为主的底栖生物（剑水蚤、猛水蚤、寡毛类等）演替。

我们将当前研究中无脊椎动物的穿透丰度与 Li 等人 2010 年时的研究进行对比，发现无论是最大穿透丰度还是穿透峰数量，当前研究都较高。我们对此差别分析后发现，其原因可归结为两点：

1）GAC 滤柱启动时间不同造成的启动水温的差异，在 Li 等人的研究中装置启动时间为 2007 年 1 月，平均水温在 20℃ 以下，且较低的温度持续了 75d，而当前研究启动时间为 2010 年 5 月，平均水温在 26℃ 以上，且水温处于上升阶段；

2）在 Li 等人的研究中，其取样频率为 1 周 1 次或 2 周 1 次，而当前的研究中取样频率为 1 周 2 次或 1 次，较为密集的取样频率让我们可以观察到在运行的前 200d 内，7 种无脊椎动物的穿透丰度均出现的剧烈波动。

5.3.3　微型动物风险分析

1. 无脊椎动物内在细菌含量

表 5-9 所示为无脊椎动物内在细菌数据，在 GAC 滤柱运行的前 200d，无脊椎动物穿

透丰度较高，在此期间进行了若干次内在细菌的定量试验。对于不同种类的无脊椎动物，平行测试的次数和每组测试使用无脊椎动物的数量根据无脊椎动物的个体大小和丰度来确定。

GAC 滤柱出水中不同种类无脊椎动物内在细菌量 表 5-9

无脊椎动物 种类	测定次数 （次）	每组无脊椎 动物数量 （个）	无脊椎动 物长度 （μm）	内在细菌数 （CFU/ind. 无脊椎动物）	
				均值	范围值
轮虫	6	1000	110 ± 10	160	66～212
枝角类	3	100	420 ± 20	480	265～650
剑水蚤	4	100	850 ± 50	2935	2285～3215
猛水蚤	4	200	580 ± 30	531	290～702
仙女虫	3	50	1100 ± 100	5992	5289～7193

如表 5-9 所示，不同无脊椎动物内在细菌的平均数为 160～5992CFU/个无脊椎动物。尽管一些研究者在天然水体和实验室条件下定量研究了微生物被无脊椎动物摄食后的幸存情况，但是在饮用水系统中，仅有极少数研究对无脊椎动物内在细菌进行了定性和定量的报道。Levy 等人对管网中的无脊椎动物调查后发现，无脊柱动物可携带较多种类的细菌，数量为 1～10CFU/桡足类和 10～100CFU/线虫，且在无脊椎动物的消化系统和体表均有发现。Wolmarans 等人在对水处理构筑物中出现的无脊椎动物进行调查研究发现，单个无脊椎动物体内平均包含 10～4000 个细菌。前述研究结果与当前研究存在一定的差距，推测是由于 GAC 滤柱中充沛的微生物使得其出水中无脊椎动物内在的细菌数量较管网中无脊椎动物内在的细菌更多。从图 5-20 中可以看出不同种类的无脊椎动物体长存在明显的区别，通过对实验过程中所涉及的无脊椎动物进行多次的大小测量后，各种无脊椎动物的平均体长如表 5-9 所示。随着研究的逐渐深入，我们发现无脊椎动物内在的细菌量与其体长存在明显的相关性。

如图 5-22 所示，为无脊椎动物内在细菌量与其体长的拟合关系曲线。

从图 5-22 可以看出，无脊椎动物内在细菌量与其体长存在显著的正相关性，通过指数增长方程拟合后，R^2 为 0.8652。

具体的拟合结果如公式 5-2 所示，由于在 GAC 滤柱运行期间一部分无脊椎动物在出水中丰度始终较小，不足以进行内在细菌量的测定，所以根据公式 5-2 进行了相应种类的无脊椎动物内在细菌的定量计算，计算方法和数据如公式 5-3～5-5 所示，并将相应的计算结果在图 5-22 中相应的位置进行了标示。

$$Y_i = 38.50 \times e^{0.00463 X_i} + 97.51 \tag{5-2}$$

$$Y_{C.n.} = 38.50 \times e^{0.00463 \times 250} + 97.51 = 220 = 10^{2.34} \tag{5-3}$$

$$Y_{N.} = 38.50 \times e^{0.00463 \times 350} + 97.51 = 292 = 10^{2.47} \tag{5-4}$$

$$Y_{C.I.} = 38.50 \times e^{0.00463 \times 1200} + 97.51 = 10061 = 10^{4.00} \tag{5-5}$$

式中　Y_i——无脊椎动物内在细菌量（CUF/个无脊椎动物）；

　　　X_i——不同种类无脊椎动物长度（μm）；

　$Y_{C.n.}$——单个无节幼体内在细菌量（CFU/个无节幼体）；

　　$Y_{N.}$——单个线虫内在细菌量（CFU/个无节幼体）；

　$Y_{C.l.}$——单个摇蚊幼虫内在细菌量（CFU/个无节幼体）。

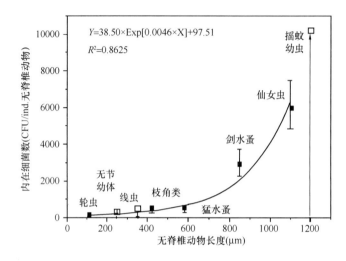

图 5-22　无脊椎动物内在细菌量与体长关系（图中■和□分别表示点为实测和计算值）

将当前研究的数据与前人研究但仅局限于对线虫的研究结果进行了对比。Bichai 的研究中指出单个线虫携带的大肠埃希氏菌（*E.coli*）和枯草芽孢杆菌孢子（*B. subtilis spores*）分别为 102.0~103.7 和 101.9~102.7。Laaberki 和 Dworkin 用枯草芽孢杆菌孢子和炭疽芽孢杆菌孢子喂食线虫后，在单个线虫体内检出平均 103.1 个孢子。而 Kenney 等人用大肠埃希氏菌 OP50（*E. coli* OP50）喂食线虫后发现，单个线虫体内的细菌量为 105.2CFU。通过公式（5-3）计算的线虫体内细菌含量为 102.47，该结果与 Laaberki&Dworkin 和 Bichai 等人的研究数据较为接近，而小于 Kenney 等人的研究数据。通过比较 Kenney 等人的试验条件，我们发现他们在确定单个线虫携带细菌的数量时，没有对线虫表面进行消毒处理，所以较大的细菌量不仅包含线虫内在的细菌量，也包含了线虫体表的细菌量。而桡足类无节幼体和摇蚊幼虫体内携带的细菌量并没有可供参考的文献数据资料，所以笔者期待同领域的相关研究人员给出相应的数据，对公式（5-2）进行参数校正。

2. 无脊椎动物内在细菌种类的鉴定

采用 PCR-DGGE 技术，对 2 批次，11 个独立样本（4 个为原水和 BAC 滤柱出水，7 个为无脊椎动物破碎后悬浊液）进行细菌种类的鉴定。

试验过程中大多数显著条带均成功从凝胶上切取，并进行了扩增，得到的 DGGE 图谱如图 5-23 所示。图 5-23（*a*）和（*b*）分别代表两批次样品的 DGGE 结果，在两图中从左到右的前 7 个条带分别为原水、预氧化后水、沉后水、砂滤后水、主臭氧后水、炭后水和出厂水对应的条带，图 5-23（*a*）中的后 4 个条带从左至右分别为枝角类、猛水蚤、轮虫、仙女虫，图 5-23（a）中的后 3 条从左至右分别为轮虫、剑水蚤和猛水蚤。

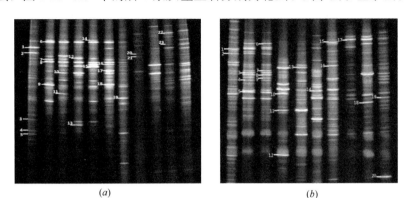

（a） （b）

图 5-23 两批次水样中与无脊椎动物内在细菌的 DGGE 图谱

所测序列与 NCBI 数据库中已公布的 16SrRNA 序列进行了比对，建立了系统树发生树（如图 5-24 所示）。

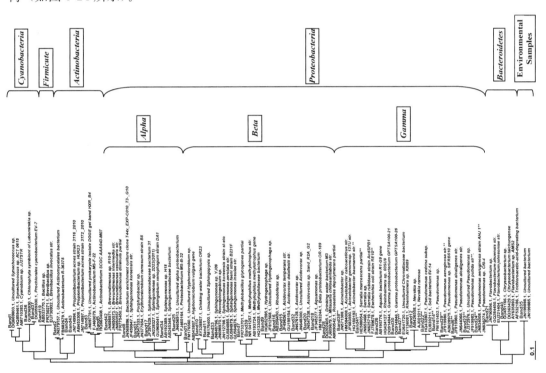

图 5-24 基于 230 bp 16s rRNA 的基因序列的系统发育树

在 11 个独立样本测得 43 条序列中，37 条序列对应的细菌被鉴定为革兰氏阴性菌，占总测序数的 86%。变形菌（*Proteobacterium*）是优势种群，对应 31 条序列，其中 β 变形菌（β-*Proteobacterium*）和 γ 变形菌（γ-*Proteobacterium*）分别占 13 条和 12 条，α 变形菌（α-*Proteobacterium*）为 6 条。假单胞菌（*Pseudomonas*），着色菌属（*Rheinheimera*），鞘氨醇单胞菌属（*Sphingomonas*），放线菌（*Actinobactria*）和拟杆菌属（*Bacte-*

roidetes) 是优势菌属。在所有 11 个样品中，在原水中发现的细菌种类最多，对应 29 条序列，其次是 BAC 滤柱出水，为 21 条序列，在无脊椎动物体内检出的细菌种类较原水和滤柱出水中明显减少，其中轮虫为 11 条（2 批次），枝角类 6 条，剑水蚤 10 条，猛水蚤 16 条（2 批次）和仙女虫 10 条。

根据序列同源性，我们对所有条带建立了系统发育树，结果显示，原水中序列对应的细菌种群包括蓝藻（Cyanobacteria，条带 1），拟杆菌属（Bacteroidetes，条带 21，40），厚壁菌（Firmicute，条带 19），放线菌（Actinobacteria，条带 2~5，43），鞘氨醇单胞菌属（Sphingomonas，条带 8，31，33），不可培养 α 变形菌（Uncultured alpha proteobacterium，条带 25），嗜甲基菌属（Methylobacillus，条带，7，39），饮用水细菌（Drinking water bacterium，条带 10），从毛单胞菌（Rhodoferax，条带 16），不动杆菌属（Acinetobacter，条带 27），水生细菌（Aquatic bacterium，条带 26，30），不可培养着色菌属（Uncultured Chromatiaceae bacterium，条带 27），涅瓦菌属（Nevskia，条带 12），假单胞菌属（Pseudomonas，条带 6，14，22，24，29），环境细菌（Environmental samples，条带 25）。尽管没有检出直接的人类致病菌，但是一些种属的细菌被鉴定为条件致病菌（包括鲍曼不动杆菌、黏质沙雷氏菌、着色菌属、铜绿假单胞菌属、产碱假单胞菌属、恶臭假单胞菌属、荧光假单胞菌属等）。

在 BAC 滤柱出水中检出的细菌种属包括，蓝藻（Cyanobacteria，条带 1），拟杆菌属（Bacteroidetes，条带 21），厚壁菌（Firmicute，条带 19），放线菌（Actinobacteria，条带 5），短波单胞菌属（Brevundimonas，条带 42），鞘氨醇单胞菌属（Sphingomonas，条带 8，31，），不可培养 α 变形菌（Uncultured alpha proteobacterium，条带 25），嗜甲基菌属（Methylobacillus，条带 7），饮用水细菌（Drinking water bacterium，条带 10，28），噬氢菌属（Hydrogenophaga，条带 9）从毛单胞菌（Rhodoferax，条带 16），噬酸菌属（Acidovorax，条带 15，20，32），β-变形菌（Aquamonas，条带 18），水生细菌（Aquatic bacterium，条带 30），假单胞菌属（Pseudomonas，条带 6，14，29）。在 GAC 滤柱运行期间，没有对活性炭上生物膜细菌进行 PCR-DGGE 分析。

如表 5-10 所示为水样中及无脊椎动物体内细菌种类的分布情况。

BAC 滤柱出水中不同无脊椎动物内在细菌种类分布　　　　　　表 5-10

条带序列		原水	BAC 出水	轮虫	枝角类	剑水蚤	猛水蚤	仙女虫
第一批	1	+	+	+				
	2	+		+				+
	3	+						
	4	+						
	5	+	+					
	6	+	+	+	+		+	+
	7	+	+					
	8	+	+					

条带序列		原水	BAC出水	轮虫	枝角类	剑水蚤	猛水蚤	仙女虫
第一批	9		+					+
	10	+	+	+			+	+
	11							
	12	+						+
	13							
	14	+	+	+				
	15		+					+
	16	+	+					+
	17				+			
	18		+					
	19	+	+					+
	20		+		+		+	
	21	+	+		+		+	
	22	+		+	+		+	+
	23				+		+	+
第二批	24	+						
	25	+				+		
	26	+	+				+	
	27	+					+	
	28		+					
	29	+	+			+	+	
	30	+	+					
	31	+	+	+		+		
	32		+				+	
	33	+				+		
	34							
	35	+						
	36						+	
	37					+		
	38	+						
	39	+		+		+	+	
	40	+		+		+	+	
	41	+				+		
	42		+	+		+	+	
	43	+		+		+	+	

从以上的分析中可以看出，一些原水中的优势细菌种群在BAC滤柱出水中没有检出，

但对无脊椎动物体内的细菌种类进行鉴定后，我们发现了一些 BAC 滤柱出水中未检出但存在于原水中的细菌种属。另外，对无脊椎动物体内细菌进行序列同源性分析后，也发现了若干种存在于原水中的人类条件致病菌（包括黏质沙雷氏菌、假单胞菌属和着色菌属）。据此我们可以推断，无脊椎动物对条件病原菌在水处理构筑物中的迁移中起到重要的作用，它们可以将存在于原水中的有潜在安全风险的细菌携带并保护穿透 BAC 滤柱，最终进入饮用水管网中。在本研究中，原水在水源取水泵站和水厂进水均经过了预氯化消毒处理，所以一些可能存在的病原菌连同其他细菌均被灭活。如果假设水源被病原微生物污染，经预氯化消毒处理后，以游离态存在的病原菌容易通过预氯化措施灭活，而另外一部分被无脊椎动物摄食和内在的病原菌，由于无脊椎动物将强的保护作用而幸存，并可能穿透整个水处理系统，进而污染饮用水，给用户带来潜在的安全风险。

3. 无脊椎动物对内在细菌的保护能力

图 5-25 所示为经 10mg/L 氯化消毒后，无脊椎动物内在细菌的存活率。

从图 5-25 中可以看出：（1）所有参与测试的无脊柱动物均能对其内在的细菌提供不同程度的保护；（2）所有无脊椎动物内在的细菌，随着与氯接触时间的增加，存活率均呈现下降趋势；（3）当与氯接触时间达到 15min，桡足类生物内在的细菌存活率仍高于 5%，而其他无脊椎动物内在细菌的存活率则低于 2%。图 5-26 所示为不同无脊椎动物内在细菌灭活情况的比较，并通过发展的 Chick-Waton 动力学模型进行了拟合。

图 5-26 所示为经 10mg/L 氯化消毒后，无脊椎动物内在细菌的存活率取对数后与 CT 值之间的关系图，图中曲线为采用发展的消毒动力学模型对相应数据的拟合结果。

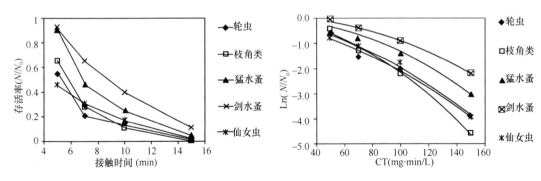

图 5-25　不同无脊椎动物体内
细菌存活率随 CT 值的变化

图 5-26　氯化消毒后不同无脊椎动物体内细菌
存活率 Ln 值随 CT 值的变化拟合曲线

发展的 Chick-Waton 动力学模型，表达了氯浓度和接触时间对无脊椎动物内在细菌灭活率的影响，其数学表达式如公式（5-6）所示。

$$P_i = N/N_0 = e^{-a(Ct)^2 + b(Ct)} \tag{5-6}$$

式中　P_i——经消毒后无脊椎动物体内细菌存活率（%）；

N——t 时刻细菌数（CUF）；

N_0——初始细菌数（CFU）；

a，b——速率常数；

C——消毒剂浓度（mg/L）；

t——接触时间（min）。

将不同种类的无脊椎动物经 10mg/L 氯消毒不同时间测得数据，通过公式 5-6 进行拟合（图 5-26），所得到的灭活速率常数如表 5-11 所示。

从表 5-11 可以看出：（1）在 5～15min 的接触时间范围内，桡足类生物内在细菌的灭活速率相对其他种类的无脊椎动物内在细菌而言更加缓慢，因为剑水蚤和猛水蚤对应的 b 值更大，分别为 0.0027 和 0.0007，而其他种类的无脊椎动物对应的 b 值范围为 -0.0033～-0.0116；（2）枝角类生物内在的细菌较之其他无脊椎动物的内在细菌能够更快的被灭活，因为枝角类对应的 a 值更大，为 0.0002，而其他无脊椎动物对应的 a 值为 0.0001；（3）为了得到更佳的消毒效果，灭活桡足类生物内在的细菌需要更高的氯浓度或者更长的消毒接触时间。

不同无脊椎动物体内细菌灭活率常数   表 5-11

无脊椎动物种类	a	b	R^2
轮虫	0.0001	-0.0116	0.9790
枝角类	0.0002	-0.0033	0.9926
剑水蚤	0.0001	0.0027	0.9865
猛水蚤	0.0001	0.0007	0.9929
仙女虫	0.0001	-0.0075	0.9624

4. 无脊椎动物穿透导致的微生物泄漏风险分析

尽管当前的研究中，BAC 滤柱出水中检出的无脊椎动物肠道内均没有发现直接的人类病原菌，但数种可能引起人类感染的条件病原菌在无脊椎动物肠道内均有检出。考虑到 BAC 滤柱出水中较高的无脊椎动物穿透丰度，以及无脊椎动物均能对其内在的细菌提供保护来抵抗氯化消毒的影响，有无脊椎动物带入饮用水中的残余生物量所带来的安全风险不容忽视。然而，在针对这一风险的进行定量风险分析的文献尚不多见。在 Storey 等人的研究中，开发了一种针对饮用水管网系统中红色军团菌（*Legionella erythra*）的微生物定量风险模型，并指出供水管网中存在卡氏棘阿米巴虫（*Acanthamoebaecastellanii*）是造成军团菌疾病的一个重要的因素，因为卡氏棘阿米巴虫对军团菌的保护，使得其对自由氯、结合氯及热处理的抵抗力增加了。通过 Storey 的模型计算，在经过同样的加热处理或者相同的自由氯或结合氯消毒条件的情况下，存在卡氏棘阿米巴虫的实验组感染红色军团菌的风险要比不存在卡氏棘阿米巴虫的实验组高出 2 个数量级。在 Storey 的研究中，采用的是最大风险法，即假设当宿主接触到一个病原菌个就会被感染，这无疑是可能造成感染的最大情况，主要是考虑到由于医院性污染造成的免疫系统存在缺陷的病人发生感染的情况。

在本研究中，并没直接建立与无脊椎动物相关的病原菌风险模型，其原因主要归结于两个方面：（1）在当前的原水中缺少相应的病原菌；（2）缺少无脊椎动物体内不确定种类的细菌的定量鉴定方法。但通过我们进行的一系列较为系统的实验，考虑到不同种类无脊椎动物在 BAC 滤柱中的不同穿透丰度，以及不同种类无脊椎动物对体内内在细菌抵抗氯消毒的不同保护程度，我们建立了针对 BAC 滤柱出水中不同无脊椎动物相关的残余细菌模型，其表达式如公式（5-7）所示。

$$R_i = A_i \times Y_i \times P_i = A_i \times (38.50 \times e^{0.00463X_i} + 97.51) \times e^{-a(C \times t)^2 + b(C \times t)} \tag{5-7}$$

式中　R_i——BAC 滤池出水经消毒后残余细菌数（CUF/m³）；

　　　A_i——BAC 滤池出水中无脊椎动物丰度（个/m³）；

　　　Y_i——无脊柱动物内在细菌量（CFU/个无脊椎动物），如公式（5-2）；

　　　P_i——经消毒后无脊椎动物体内细菌存活率（％），如公式（5-6）。

表 5-12 所示为经氯化消毒后 BAC 滤柱出水中由不同种类无脊椎动物内在所产生的残余细菌量。表 5-12 中基础数据的介绍：（1）无脊椎动物的丰度数值来自已发表的文献中关于 GAC/BAC 滤池出水中的数据及当前研究中所得到的数据；（2）在计算无脊椎动物内在细菌量时，所采用的无脊椎动物长度为当前试验中得到的经验数据；（3）在计算不同种类无脊椎动物内在细菌存活率时所采用是氯化消毒，CT 值为 50mg・min/L，具体为 10mg/L 氯，接触时间为 5min。

由无脊椎动物内在所导致的消毒后无脊柱动物体内残余细菌量　　表 5-12

无脊椎动物种类	无脊椎动物丰度（ind./m³）										内在细菌量（CFU/ind. 无脊椎动物）	加氯消毒后无脊椎动物体内细菌存活率（CT=50mg・min/L）	消毒后无脊椎动物体内残余细菌量（CFU/m³）	
	Schreiber 等人		Bichai 等人		Li 等人		当前研究		当前研究与文献研究的均值和峰值					
	均值	峰值	均值	峰值	均值	峰值	均值	峰值	均值	峰值			均值	峰值
轮虫	1335	4848	1525	—	700.5	4240	1432	13000	1248.1	13000	160	0.44	8.79E+04	9.15E+05
无节幼体	—	—	—	—	250.6	1366.7	55	1677	152.8	1677	420	0.85**	5.45E+04	5.99E+05
枝角类	—	—	—	—	4.2	33.3	1.4	15	2.8	33.3	728	0.51	1.04E+03	1.24E+04
桡足类	—	—	50	—	43.2	257	60	809	51.1	809	2302	0.85	1.00E+05	1.58E+06
线虫	23.2	36	202	202	47	160	0.2	4	68.1	202	645	0.20*	8.78E+03	2.61E+04
仙女虫	—	—	—	—	0.2	5	0.3	8	0.25	8	5992	0.54	8.09E+02	2.59E+04

　　＊　表示该数据来至文献（Ding 等人）。＊＊表示该数据为根据桡足类成体数据的推断值。

表 5-12 中的计算数据显示，无论是平均值还是峰值，轮虫和桡足类（成体和幼体）

是残余细菌量的主要来源，其次是线虫。尽管计算的残余细菌量并不能直接反应感染剂量，但仍能根据计算值推断相对的病原菌风险水平。另外，最近的研究指出了病原微生物在 GAC 过滤工艺中的迁移和转化规律。Hijnen 等人的研究了中试 GAC 滤柱中 MS2 噬菌体、大肠埃希氏菌、梭状芽孢杆菌芽孢及隐孢子虫和贾地鞭毛虫包囊的泄漏。试验的结果证实：（1）GAC 吸附滤池对噬菌体病毒没有拦截作用；（2）GAC 滤池可以对病原菌起到一定的拦截作用，但是不能作为主要的拦截工艺；（3）对病原原生动物包囊，GAC 滤池是非常有效的拦截工艺。另外，他们证实 GAC 滤料对细菌、细菌芽孢和原生动物包囊的吸附作用是其主要的去除机理。而 GAC 滤料上截留的微生物的归趋也被讨论了。Hijnen 和 Bichai 等人的进一步研究指出，在水处理构筑物中（包括慢砂滤池和 GAC 滤池）病原微生物被捕食是其在饮用水处理系统中迁移的重要因素。我们可以做如下的假设：（1）病原微生物被无脊椎动物摄食的几率与普通细菌相同；（2）所有种类的无脊椎动物对摄食的细菌种类没有选择性。基于这两点假设，无脊椎动物内在病原微生物的量，从根本上归因于饮用水系统水中病原微生物的比例，特别是 GAC 滤柱中的比例。另外，在 GAC 滤柱出水中出现的无脊椎动物绝大多数是在滤池中无脊椎动物的子代，因此，被 GAC 滤料截留的病原菌成为无脊椎动物内在病原菌的主要来源。在实际的 GAC 系统中，为了能够进一步评价由无脊椎动物带来的残余病原菌风险，需要对 GAC 滤池进水中及滤料上的病原微生物进行定量分析。

5.4 微生物风险控制技术

5.4.1 病原菌灭活的消毒药剂及剂量控制

1. 氯对水中病原菌的灭活作用

针对病原菌进入生物活性炭滤池的初期、中期、后期泄漏情况，进行灭活控制措施研究。并在四种水质情况下对水中代表性病原菌进行加氯灭活，A、B、C、D 分别代表原水、砂滤后水、炭滤后水、纯水。

（1）铜绿假单胞菌灭活

分别针对病原菌泄漏的初期、中期和末期进行灭活控制，投加 1.0mg/L、0.5mg/L、0.2mg/L 有效氯对水中铜绿假单胞菌灭活，结果如图 5-27、图 5-28 及图 5-29 所示。

由结果可知，对生物活性炭滤池出水中的铜绿假单胞菌灭活达到 2log 的 CT 值为 1.5mg·min/L，灭活达到 3log 时的 CT 值为 5mg·min/L。

对四种不同的水质情况而言，在纯水条件下的灭活效果最好，在 0.2mg/L 的浓度下也能达到 2log 的灭活效果。活性炭滤池出水的灭活效果与纯水接近，在水中有机物含量较高的情况下，投加的氯被消耗从而灭活效果降低。

（2）伤寒沙门氏菌灭活

分别投加 1.0mg/L、0.5mg/L、0.2mg/L 有效氯对水中伤寒沙门氏菌灭活，结果如

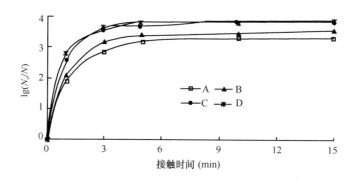

图 5-27 加氯 1.0mg/L 灭活铜绿假单胞菌

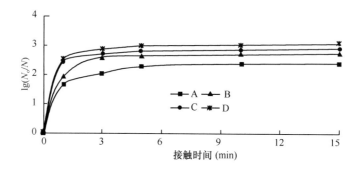

图 5-28 加氯 0.5mg/L 灭活铜绿假单胞菌图

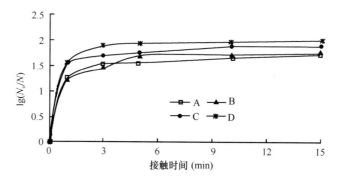

图 5-29 加氯 0.2mg/L 灭活铜绿假单胞菌

图 5-30、图 5-31、图 5-32 所示。可知对生物活性炭滤池出水中的伤寒沙门氏菌灭活为 2log 的 CT 值为 0.6mg·min/L，灭活 3log 的 CT 值为 2.5mg·min/L，灭活 4log 的 CT 值为 10mg·min/L。

可以看出，伤寒沙门氏菌对氯的敏感性较强，在 0.2mg/L 的浓度下接触 3min 的灭活率均可超过 2log。伤寒沙门氏菌投加有效氯 1.0mg/L 条件下，接触 10min 的灭活率超过 4log。活性炭滤池出水的灭活效果与纯水接近。而在水中有机物含量较高的情况下，投加的氯被消耗从而灭活效果降低。

（3）大肠杆菌 O157：H7 灭活

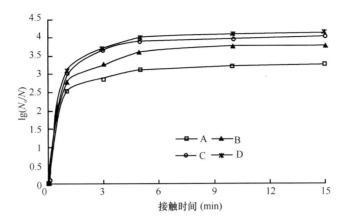

图 5-30 加氯 1.0mg/L 灭活伤寒沙门氏菌

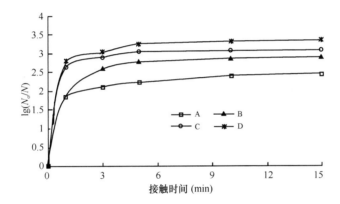

图 5-31 加氯 0.5mg/L 灭活伤寒沙门氏菌

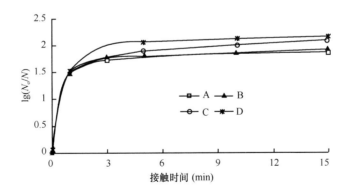

图 5-32 加氯 0.2mg/L 灭活伤寒沙门氏菌

分别投加 1.0mg/L、0.5mg/L、0.2mg/L 有效氯对水中肠出血性大肠杆菌 O157：H7 进行灭活，结果如图 5-33、图 5-34、图 5-35 所示。可知对生物活性炭滤池出水中的肠出血性大肠杆菌 O157：H7 灭活率达到 2log 的 CT 值为 0.6mg·min/L，灭活率达到 3log 的 CT 值为 2.5mg·min/L，灭活率达到 4log 的 CT 值为 10mg·min/L。

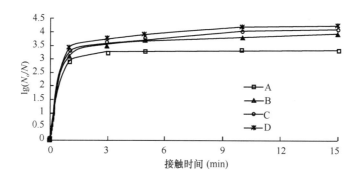

图 5-33　加氯 1.0mg/L 灭活大肠杆菌

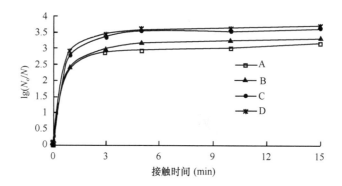

图 5-34　加氯 0.5mg/L 灭活大肠杆菌

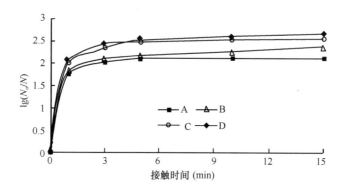

图 5-35　加氯 0.2mg/L 灭活大肠杆菌 O157：H7

氯对 3 种病原菌灭活作用效果对比如表 5-13 所示。

水中病原菌加氯灭活结果　　　　　　　　　　　　　　表 5-13

灭活率	水中病原菌加氯灭活所需 CT 值（mg·min/L）		
（log）	铜绿假单胞菌	伤寒沙门氏菌	大肠杆菌 O157：H7
2	1.5	0.6	0.6
3	5	2.5	2.5
4	15	10	10

由结果可知，对滤池泄漏初期、中期与后期出水量级病原菌的灭活，需要的 CT 值依次递减。铜绿假单胞菌由于其对氯具有较高的耐受能力，灭活需要的 CT 值大于伤寒沙门氏菌与大肠杆菌 O157：H7。对泄漏初期病原菌的灭活，加氯消毒建议 CT 值应在 $15mg \cdot min/L$ 以上。

2. 臭氧对水中病原菌的灭活作用

（1）铜绿假单胞菌灭活

针对泄漏初期、中期与末期水中病原菌量级，分别投加浓度为 2.5mg/L、1.5mg/L、0.5mg/L 臭氧水对水中铜绿假单胞菌灭活，结果如图 5-36、图 5-37、图 5-38 所示。由结果可知，对生物活性炭滤池出水中的铜绿假单胞菌灭活达到 2log 的 CT 值为 $1.5mg \cdot min/L$，灭活达到 3log 时的 CT 值为 $12.5mg \cdot min/L$。

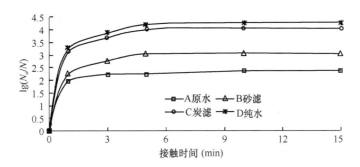

图 5-36　臭氧 2.5mg/L 灭活铜绿假单胞菌

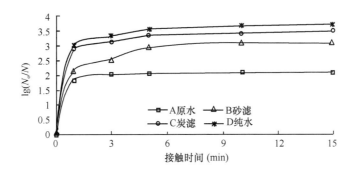

图 5-37　臭氧 1.5mg/L 灭活铜绿假单胞菌

（2）伤寒沙门氏菌灭活

配制浓度分别为 2.5mg/L、1.5mg/L、0.5mg/L 臭氧水对水中伤寒沙门氏菌灭活，结果如图 5-39、图 5-40、图 5-41 所示。可知对生物活性炭滤池出水中的伤寒沙门氏菌灭活率达到 2log 的 CT 值为 $0.5mg \cdot min/L$，灭活率达到 3log 的 CT 值为 $7.5mg \cdot min/L$，灭活率达 4log 的 CT 值为 $37.5mg \cdot min/L$。

（3）大肠杆菌 O157：H7 灭活

分别投加 2.5mg/L、1.5mg/L、0.5mg/L 有臭氧对水中肠出血性大肠杆菌 O157：H7 进行灭活，结果如图 5-42、图 5-43、图 5-44 所示。

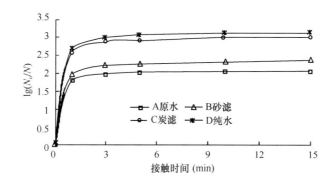

图 5-38　加臭氧 0.5mg/L 灭活铜绿假单胞菌

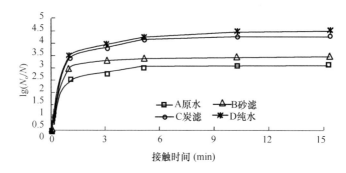

图 5-39　臭氧 2.5mg/L 灭活沙门氏菌

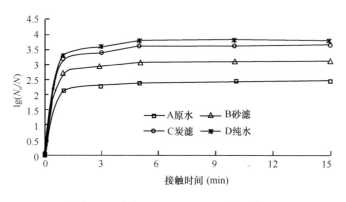

图 5-40　臭氧 1.5mg/L 灭活沙门氏菌图

　　由试验结果可知，用投加臭氧灭活生物活性炭滤池出水中的肠出血性大肠杆菌 O157：H7，针对泄漏末期灭活率达到 2log 所需的 CT 值为 0.5mg·min/L，针对泄漏中期灭活率达到 3log 所需的 CT 值为 7.5mg·min/L，针对泄漏初期灭活率达到 4log 所需的 CT 值为 12.5mg·min/L。

　　三种代表性病原菌中，肠出血性大肠杆菌 O157：H7 耐氧化消毒的能力最弱，灭活所需臭氧投加 CT 值最小，这与 TannerBD 等人的研究一致。

　　臭氧对三种病原菌水灭活的结果对比如表 5-14 所示。

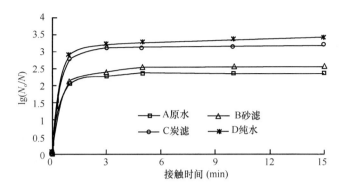

图 5-41　臭氧 0.5mg/L 灭活伤寒沙门氏菌

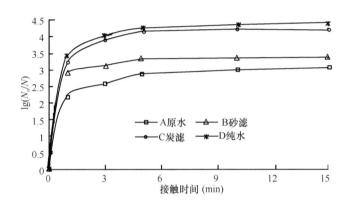

图 5-42　臭氧 2.5mg/L 灭活大肠杆菌 O157

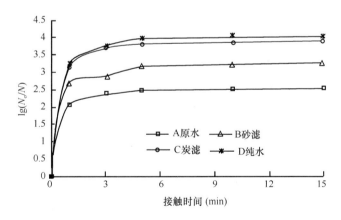

图 5-43　臭氧 1.5mg/L 灭活大肠杆菌 O157

水中病原菌臭氧灭活结果

表 5-14

灭活率	水中病原菌加氯灭活所需 *CT* 值（mg·min/L）		
（log）	铜绿假单胞菌	伤寒沙门氏菌	大肠杆菌 O157∶H7
2	0.5	0.5	0.5
3	4.5	1.5	1.5
4	15	12.5	12.5

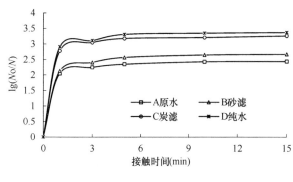

图 5-44　臭氧 0.5mg/灭活大肠杆菌 O157

由结果可知，对滤池泄漏初期、中期与后期出水量级病原菌的灭活，需要的 CT 值依次递减。铜绿假单胞菌由于耐受能力较强，灭活 3log 与 4log 需要的 CT 值大于伤寒沙门氏菌与大肠杆菌 O157：H7。对泄漏初期病原菌的灭活，臭氧消毒 CT 值应在 15mg·min/L 以上。

3. 炭上病原菌的灭活

针对病原菌进入滤池后被大量截留的问题，对滤池内部病原菌进行灭活研究。分别投加 2.0mg/L、3.0mg/L、5.0mg/L 有效氯对炭上三种代表性病原菌进行灭活小试研究，结果如图 5-45、图 5-46、图 5-47 所示。可知对铜绿假单胞菌灭活为 3log 的 CT 值为 30mg·min/L，对伤寒沙门氏菌灭活为 3log 的 CT 值为 20mg·min/L，对大肠杆菌 O157：H7 灭活 3log 的 CT 值为 20mg·min/L，灭活 4log 的 CT 值为 10mg·min/L。

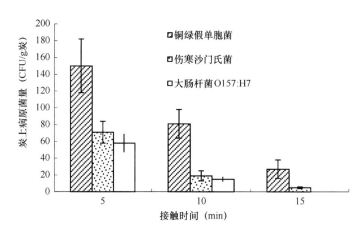

图 5-45　加氯 2mg/L 灭活炭上代表性病原菌

加氯 2.0mg/L 进行灭活，三种病原菌在 15min 后仍能在炭上检出。接触 15min 后，对铜绿假单胞杆菌、伤寒沙门氏菌、肠出血性大肠杆菌 O157：H7 的灭活率分别为 3.02log、3.64log、3.91log。

加氯 3.0mg/L 进行灭活，炭样上的肠出血性大肠杆菌 O_{157}：H_7 于 15min 被后完全灭活，另两种病原菌仍能在炭上检出。接触 15min 后，对铜绿假单胞杆菌和伤寒沙门氏菌的灭活率分别为 3.42log 与 4.12log。

加氯 5.0mg/L 进行灭活，炭上的肠出血性大肠杆菌 O157：H7 在 10min 被后完全灭活，另两种病原菌在接触 15min 后完全灭活。

对 3 种病原菌炭上灭活的结果总结见表 5-15。

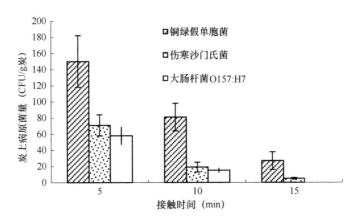

图 5-46 加氯 3mg/L 灭活炭上代表性病原菌

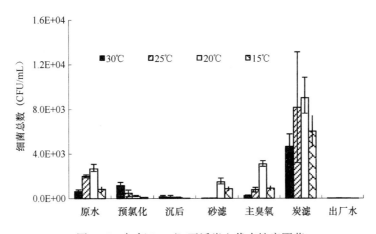

图 5-47 加氯 5mg/L 灭活炭上代表性病原菌

炭层上病原菌臭氧灭活效果比较 表 5-15

灭活率	炭上病原菌灭活所需 CT 值（mg·min/L）		
(log)	铜绿假单胞菌	伤寒沙门氏菌	大肠杆菌 O157：H7
2	20	10	10
3	30	20	20
4	75	45	45

可以看出，对炭上同等浓度的代表性病原菌达到 3log 以上的灭活率，所需的有效氯浓度远高于水中病原菌灭活所需。这是由于病原菌附着在活性炭颗粒上，对氯的抗性增加。要全部灭活加氯量需达到 5mg/L 以上，CT 值为 75mg·min/L。

就实际生产中的对滤池内的病原菌进行灭活控制而言，单纯加氯灭活进行炭上病原菌需要较大的药耗。以 B 水厂生物活性炭滤池为例，在反冲洗的水冲阶段进行加氯反冲。8min 水冲时间，反冲水加氯量需要在 10mg/L 以上。由小试结果可以看出，炭上病原菌在加氯灭活 CT 值较低的情况下，均会有不同程度的残留。在加氯反冲洗不均情况下，存在病原菌泄漏风险。故需要多次反冲，使炭上残留病原菌处于泄漏中期至末期的水平，炭池泄漏的病原菌则可以通过出水消毒单元而去除。

综上所述,生物活性炭滤池受突发病原污染时,建议采取加氯反冲与出水强化消毒的联合措施予以控制。

在病原菌进入生物活性炭滤池的初期,以高浓度加氯水进行连续反冲,以 B 厂 8min 水冲时间为标准,反冲水有效氯含量需达到 10mg/L 以上,并在 24h 内进行多次反冲。同时出水消毒单元的加氯量提高,使出厂水余氯达 1.0mg/L 以上,以保障出水的安全。

在病原菌进入滤池的中后期,经过初期高氯水的反冲灭活,残留病原菌数量有所下降,可降低反冲水中的加氯量。以 B 厂为例,加氯 5mg/L 进行 8min 有效水冲,保证 CT 值大于 30mg·min/L,同时出水消毒单元的加氯量不变。而后可逐渐减小反冲水加氯量,但在 15d 前均应保持 1mg/L 的浓度。

5.4.2 优化运行控制病原菌风险

1. 预臭氧氧化工况下的泄漏风险

通过对 B 厂预臭氧氧化工况下,沿水处理流程各单元出水细菌总数的检测,分析生物活性炭滤池进出水微生物数量风险。图 5-48 所示为,在 15~30℃ 4 个水温阶段,沿程取样点水中细菌总数变化。

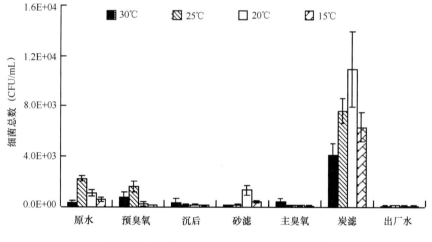

图 5-48 预臭氧氧化工况下的沿程细菌总数

预臭氧投加量为 1.0mg/L、沉后水加氯量为 0.5mg/L,主臭氧投加量为 2.0mg/L、清水池加氯为 1.0mg/L 的工况下,各水温条件下的全流程细菌总数变化趋势基本一致,即在消毒剂投加工段显著降低,而在生物活性炭单元有较高的增长。原水经预臭氧与沉后水加氯处理后,细菌总数明显下降,处于 $16\sim2.8\times10^2$ CFU/mL 水平。砂滤出水的细菌总数略有上升至 $28\sim1.3\times10^3$ CFU/mL。经过主臭氧消毒单元,水中细菌总数回落至 $1\times10^2\sim4\times10^2$ CFU/mL。经过生物活性炭滤池后,出水水中细菌总数激增,达到 $4.1\times10^3\sim1.1\times10^4$ CFU/mL 水平。经过清水池的加氯消毒,出厂水细菌总数低于 10CFU/mL。

对比各单元对微生物的控制效果,预臭氧对细菌总数的去除达到 0.14~0.35log,主臭氧对细菌总数的去除达到 0.61~0.77log。主臭氧有效降低了病原微生物进入活性炭滤池的风险，可知主臭氧消毒环节对臭氧—生物活性炭工艺微生物风险的控制具有很大意义。

在 4 个水温阶段中，20℃与 25℃条件下的沿程细菌总数较高，而 15℃与 30℃条件下的沿程细菌总数相对较低。究其原因，主要是微生物量与微生物活性的影响。首先是微生物量的影响，在 20℃、25℃条件下原水中细菌总数较高，分别为 1.1×10^3 CFU/mL 与 2.2×10^3 CFU/mL 水平，而 15℃、30℃条件下原水中细菌总数仅为 5.5×10^2 CFU/mL 与 2.8×10^2 CFU/mL。原水微生物量基值的不同造成了后续处理单元出水中微生物量的差异。

再者是微生物活性的影响，就差异最为显著的生物活性炭滤池出水而言，在较低（15℃）或较高（30℃）的水温下，微生物的活性受到抑制。在较适宜（20℃与 25℃）的水温条件下，炭上生物膜生长旺盛，代谢繁殖频率高，脱落的生物膜和进入水体的游离细菌较多，促使活性炭滤池出水微生物量处于一个相对较高的水平。

2. 预氯化工况下的泄漏风险

在低供水量的情况下，对臭氧—生物活性炭工艺水厂的消毒工况进行调整。关闭预臭氧与主臭氧单元臭氧的投加，并在原预臭氧单元进行预加氯，加氯量为 0.5mg/L。后续的沉后水加氯与清水池加氯单元工况不变。调整消毒工况后的沿程细菌总数变化见图 5-49。预氯化工况沿程余氯值见表 5-16。

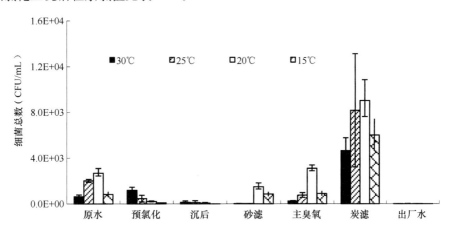

图 5-49　预氯化工况下沿程细菌总数

由结果可以看出，在预氯化工况下全流程细菌总数变化趋势与原工况基本一致，但在改变工况后，主臭氧接触池出水细菌总数出现较大差异。

预氯化工况下沿程余氯值　　　　　　　　　　　　　　表 5-16

| 水温 | 余氯值（mg/L） | | | | | | | 余氯值与细菌 |
(℃)	原水	预 Cl_2	沉后	砂滤	主 O_3	炭滤	出厂	总数相关系数
15	0.27	0.33	0.68	0.29	0.28	0.01	0.69	−0.7500
20	0.28	0.31	0.63	0.26	0.24	0.01	0.74	−0.7884
25	0.15	0.57	0.86	0.28	0.18	0.01	0.65	−0.6474
30	0.52	0.31	0，69	0.41	0.38	0.01	0.81	−0.8081

由所示沿程余氯值变化情况可知，水中的细菌总数与原水余氯值呈现很强的负相关关系，相关系数为－0.6474 至－0.8081。细菌总数随着水中余氯值的增加而降低。

在预氯化单元，水中细菌总数去除率为 0.19～0.32log。但主臭氧接触池出水细菌总数较砂滤出水有明显升高，增长率为 0.11～1.18log。由于主臭氧的停加，微生物在主臭氧接触池中快速增繁殖，这为生物活性炭滤池带来了较大的微生物风险。尤其在 20℃ 水温条件下，原水微生物数量较高，经过前续处理的砂滤池出水细菌总数仍达到了 1.49×10^3CFU/mL。经过主臭氧接触池，出水的细菌总数迅速增殖至 3.09×10^3CFU/mL，这提高了活性炭滤池的微生物数量风险。同时，细菌总数的升高，也加大了病原微生物进入生物活性炭滤池的风险。

3. 两种工况下的病原微生物风险

对全流程出水中的常规指标如总大肠菌群、粪大肠菌群检测结果均为未检出。同时，对两种预氧化工况下的生物活性炭滤池进水与出水经 PCR-DGGE 检测，出水中并未检出病原微生物。

5.5　微型动物风险控制技术

5.5.1　原水中常见微型动物的灭活方法

1. 氧化剂灭活

早期国外的研究者和水务公司的技术人员多采用投加氯的方式灭活和控制供水管网中大量孳生的无脊椎动物，尽管在出厂水中添加一定浓度的余氯可以有效地防止管网中细菌等微生物的二次孳生，但是低浓度的余氯在灭活和抑制进入管网系统的无脊椎动物方面效果甚微。

Ketelaars 等人的研究中指出，为了灭活剑水蚤等无脊椎动物，国外的水务公司向取水和输送管道中持续投加 Cl_2，但结果证实这一做法不能有效地灭活剑水蚤。此外，投加过多的 Cl_2 不仅增加了运营成本，还会造成饮用水嗅味的增加，同时消毒副产物的生成风险也进一步加大，可见，采用 Cl_2 灭活无脊椎动物无论在效果还是安全性方面均存在较大的局限性。但在应对较严重的无脊椎动物问题时，Evins 和 Greaves 也证实，通过提高 Cl_2 浓度到较高的水平，可以抑制水处理系统中的无脊椎动物，较为有效地防止其穿透进入饮用水中。具体针对管网中的蠕虫类生物，Sands 的研究证明，维持管网中余氯浓度在 0.5～1.0mg/L，即可有效地控制它们的繁殖。

值得注意的是，在使用高浓度的 Cl_2 应对严重的无脊椎动物污染问题时，水厂或管网需要停止运行。例如，某公司为了灭活某段管网中的水蚤，他们将该段管网进行隔离，并向其中投加了 12mg/L 的氯。另有单位为了灭活贮水池中的摇蚊幼虫，他们将 70mg/L 的氯胺投入其中，但这段时间贮水池需要停止供水。

我国在研究消毒剂对无脊椎动物的灭活效果时，多数报道是将剑水蚤作为目标生物或指示生物来进行的。

苏洪涛等人对氯作为水厂灭活剑水蚤药剂的可行性进行了研究，指出当原水泵站离给水厂有一定距离时，只要充分利用原水进入水厂前的时间，氯在较低的投加浓度下也能够起到灭活剑水蚤的作用。

赵志伟等人对比了 Cl_2 和 ClO_2 对剑水蚤的灭活效果，证实 ClO_2 较 Cl_2 能更为有效地灭活剑水蚤，在 CT 值为 $30mg/（L \cdot min）$（$1mg/L$，$30min$）的条件下即可达到对剑水蚤的完全灭活。

崔福义等人在采用氯胺灭活水中剑水蚤的试验研究后证实，氯胺对剑水蚤的灭活效果明显优于单纯的氯，同时在相同的投加量下，氯胺的安全性较好，是一种比氯更适于灭蚤的氧化剂。他们还对比研究了 O_3、H_2O_2 和 O_3/H_2O_2 对剑水蚤类无脊椎动物的灭活效果，证实 O_3 联合 H_2O_2 能更为有效地灭活剑水蚤，在投药量为（O_3 $1.0mg/L$，H_2O_2 $4mg/L$）时，接触时间为 $30min$ 的条件下，即可达到对剑水蚤的 100% 灭活。

Lin 等人利用反应曲面分类研究法来优化过氧化氢对桡足类浮游动物的灭活效果，他们证实随着过氧化氢浓度和暴露时间的增加，灭活率逐渐上升，但是当过氧化氢浓度超过某一特定浓度时，由于过氧化氢对羟基自由基的捕获，会导致灭活率的下降，他们同时证实有机物的存在会对过氧化氢灭活桡足类生物起到不利影响。

在对蠕虫类生物的氧化灭活研究方面，周文琪等人研究证实，绕线虫对过氧化氢灭活的抵抗力很强，在过氧化氢质量浓度 $201mg/L$，接触时间 $120min$ 的条件下绕线虫的灭活率仅为 67%。

Sun 等人的研究指出采用 $2.0mg/L$ 的臭氧在接触时间为 $25min$ 时可以实现对原水中摇蚊幼虫的完全灭活，但是灭活率受到水中有机物的影响，当水中 TOC 浓度为 $8mg/L$ 时，$30min$ 灭活率则降至 20.0%。他们还对比研究了氯和二氧化氯对摇蚊幼虫的灭活效果，发现二氧化氯的效果明显优于氯，在 $30min$ 内完全灭活原水中的摇蚊幼虫所需的二氧化氯浓度为 $1.5mg/L$。

近年来，聂小保等人研究了氯、二氧化氯和高锰酸钾等氧化剂对蠕虫类生物仙女虫的灭活效果，在氯投加量为 $0.1mg/L$，接触时间达 $50min$ 时才会有仙女虫出现死亡，在 $1.6mg/L$ 的投量下，100% 灭活的接触时间是 $1h$；二氧化氯对仙女虫的灭活效果明显优于氯，在二氧化氯投量为 $0.1mg/L$，接触时间为 $1h$ 时，即可达到对仙女虫的 100% 灭活；与氯和二氧化氯相比，相同浓度相同接触时间的高锰酸钾对仙女虫的灭活效果明显低于前两者。

2. 氨水灭活

我国南方某城市水厂为了应对生物活性炭滤池中无脊椎动物的大量繁殖导致的穿透，水厂采取停池并向炭池中投加氨水的方式灭活炭层中的无脊椎动物，实验室小试的结果证实，pH 在氨灭活桡足类的过程中起到了至关重要的作用，同样在 $20mg/L$ 的氨水作用下，pH$=10.0$ 时仅需 $3min$ 便可以完全将桡足类灭活，而 pH$=8.0$ 时，需要 $60min$，是 pH$=10.0$ 时的 20 倍；pH$=9$ 时，$5mg/L$ 的氨水不能将枝角类灭活，而 pH$=10$ 时，

5mg/L 的氨水蚤 60min 内将枝角类完全灭活。

3. 氯化钠灭活

刘丽君的研究中指出，当采用的氯化钠浓度为 5g/L 时，剑水蚤达到 100％灭活的时间为 45min，随着氯化钠浓度的提高，剑水蚤完全灭活的时间缩短，当浓度提高到 25g/L 时，剑水蚤可以在 3min 内完全灭活；相比剑水蚤，氯化钠对枝角类象鼻溞的影响更为明显，在氯化钠浓度为 10g/L 时，枝角类在 10min 即可达到 100％灭活。在水厂炭池采用氯化钠灭活的试验中，炭池表层水中的轮虫、甲壳类生物、蠕虫可在 30min 内灭活，而炭层中的剑水蚤和颗体虫在氯化钠浸泡后 8h 时仍存在活体。

4. 除虫菊酯灭活

有研究者和水务公司证实，使用除虫菌素（pyethroids）及其相似物二氯苯醚菊酯（permethrin）可以较为有效地控制甲壳类生物和摇蚊幼虫，他们使用的剂量通常低于 $10\mu g/L$。而 WHO 规定饮用水水质标准中二氯苯醚菊酯应低于 $20\mu g/L$，从这一点来看，在剂量能够严格控制的情况下，使用除虫菊酯灭活水处理系统中的无脊椎动物是可行的，但是在一些国家和地区明确指出，包括除虫菊酯或氯菊酯在内的杀虫剂禁止在饮用水系统中使用。允许使用这类杀虫剂的国家，也提出了严格运行管理要求，且往往在虫害非常严重的时候才采用，虫害尚不严重的情况下不建议使用。

5. 其他药剂灭活

在尼日利亚西部几内亚蠕虫病爆发区，人们为控制几内亚蠕虫的中间寄主剑水蚤，运用了不同的方法组合：使用一种有机磷化合物 Tenephos 杀死剑水蚤，并使用织物类过滤器去除剑水蚤，同时对人们进行安全教育来减少水源的污染。也有学者建议使用 $CuSO_4$ 来控制水处理构筑物中的无脊椎动物，但考虑到 $CuSO_4$ 可能会加重管网的腐蚀，研究仅处于实验室阶段。

从以上采用药剂灭活无脊椎动物的分析中我们可以看出，常规的氧化类消毒剂（包括氯、二氧化氯、臭氧、H_2O_2）用于灭活饮用水系统中常见无脊椎动物（特别是桡足类和蠕虫类生物）时，往往需要较高的氧化剂浓度和较长的暴露时间，这一方面会对水处理设施的运行造成不利影响，另一方面可能会造成副产物的生成带来新的安全隐患；非常规的氨水或氯化钠灭活法，同样存在需要较长的暴露时间和暴露浓度的问题，更重要的是在投加这两种试剂时需要停止生产，且后续的控制出水氨氮的问题仍然突出；有机杀虫剂和重金属在灭活无脊椎动物时所需的浓度较低，但是他们对饮用水带来的安全隐患却最大。可见，现在已有的化学灭活方法仍然存在诸多的局限性，需要进一步研究开发新的高效且安全的灭活药剂。

5.5.2 炭池中微型动物的灭活技术

5.5.2.1 二氧化碳灭活和去除活性炭滤池中无脊椎动物的研究

如图 5-50 所示，为二氧化碳灭活和去除 GAC 滤柱中无脊椎动物的中试装置。

图 5-50 中所示 1 为 GAC 滤柱，其中活性炭滤层高度为 1.2m，砂垫层高度 200mm，

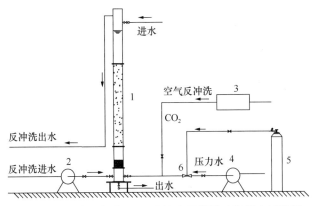

图 5-50 灭活和去除 BAC 滤柱中无脊椎动物的中试装置

1—BAC 滤柱；2—反冲洗水泵；3—空气压缩机；4—压力水泵；5—CO₂钢瓶；6—水射器；

承托层高度 100mm，滤柱直径 150mm，滤速 6m/h，空床接触时间为 12min；该中试装置配备了三种反冲洗方式：1）气体反冲洗：通过图中 3 所示的空压机提供强度为 50m/h 的压缩空气；2）水反冲洗：通过图中 2 所示的反冲洗水泵，提供 28m/h 的砂滤后水；3）含二氧化碳水反冲洗：通过图中 4 所示的水泵提供压力水，经图中 6 所示的水射器产生负压，将图中 5 所示的二氧化碳吸入压力水中，形成二氧化碳水溶液，作为反冲洗水从 GAC 滤柱底部供入。

具体的反冲洗模式在后面相关内容中进行具体介绍，对滤柱反冲洗水和滤柱出水中无脊椎动物进行富集、鉴定和统计，并对无脊椎动物的死体和活体数量进行分别统计。

5.5.2.2 与常规反冲洗方式的对比研究

在该系列试验中，三种反冲洗程序如表 5-17 所示，分别为单独水冲、气冲后水冲和加二氧化碳反冲。

不同反冲洗方式操作参数

表 5-17

单独水冲		
反冲程序	反冲强度（m³/(m²·h)）	反冲时间（min）
水冲	28	15
气冲＋水冲		
反冲程序	反冲强度 m³/(m²·h)	反冲时间（min）
气冲	50	2
水冲	28	10
加 CO₂反冲		
反冲程序	反冲强度（m³/(m²·h)）	反冲时间（min）
气冲	50	2
投加 CO₂	气水比＝3∶1；水冲强度＝17	2.5
停置	0	5
水冲	28	8

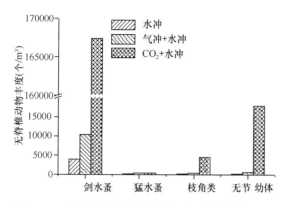

图 5-51　不同冲洗方式反冲洗水中无脊椎动物丰度

图 5-51 所示为表 5-17 中所列三种不同反冲洗程序下滤柱反冲洗水中各种无脊椎动物的丰度。

从图 5-51 可以看出，在反冲洗水中检测到的三种甲壳类生物成体以及无节幼体的丰度存在较大的差异，剑水蚤是占主导地位的优势种群，无节幼体为第二优势种群，尽管检测到了猛水蚤和枝角类，但它们的丰度均较小。正如预期的那样，通过三种不同程序的反冲洗，反冲洗水中检出的无脊椎动物丰度（猛水蚤除外，因为它的丰度一直处于较低的水平）存在显著性差异。结果证实，采用含有 CO_2 的水对 GAC 滤柱进行反冲洗后，滤柱反冲洗水中剑水蚤、枝角类以及无节幼体的丰度均明显的高于其他两种反冲洗程序。在二氧化碳反冲洗水中，检出高达 1.67×10^5 ind./m^3 的剑水蚤、1.78×10^4 ind./m^3 的无节幼体和 4.49×10^3 ind./m^3 的枝角类，分别是采用气冲＋水冲反冲洗水中相应无脊椎动物丰度的 16 倍、28 倍和 11 倍。

如图 5-52 所示为不同程序反冲洗前后 GAC 滤柱出水中无脊椎动物丰度和活体率。

从图 5-52 中可以看出，经过 CO_2 反冲洗后，GAC 滤柱出水中无脊椎动物的丰度显著地下降，出水中甲壳类生物总丰度为 31ind./m^3，与反冲洗前相比去除率 76.5%，而采用单独水冲和气冲＋水冲后，去除率分别为 38.6% 和 44.7%。另外，经过三种不同程序反冲洗后，滤柱出水

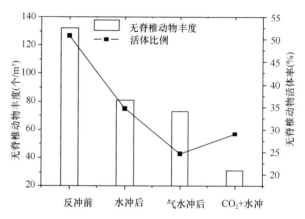

图 5-52　不同冲洗方式 GAC 滤柱出水中无脊椎动物丰度

中活体无脊椎动物的数量呈均呈现下降趋势，活体量分别为 28ind./m^3、18ind./m^3 和 9ind./m^3，活体率由反冲洗前的 50.8% 下降到 24.7%～34.6%。

Gerhardt 等人的研究指出，当水生动物暴露到一定浓度的污染物中时，通过监测它们的位置变化和移动速度，证实了水生动物会逃避不利环境。Ren 等人的研究证实，枝角类生物大型溞暴露到有机磷农药时的行为变化遵从环境压力模型（Environmental Stress Model，ESM），在环境压力模型的初始阶段，生物会通过加快运动速度来逃避不利环境。鉴于二氧化碳对无脊椎动物的急性毒性，当二氧化碳溶液从 GAC 滤柱底部注入时，活体的无脊椎动物会出于逃避不利环境而向 GAC 滤层上部逃离，从而通过随后的水反冲即能将无脊椎动物驱除出滤柱，驱赶相对于灭活可能是 CO_2 去除 GAC 滤层中无脊椎动物的主要机理。

Hallem 和 Andrew 等人对秀丽隐杆线虫急性二氧化碳逃避行为进行了研究，在逃避

实验中，Hallem 证实当向前移动的蠕虫的头部暴露到空气中时，蠕虫持续向前移动；当蠕虫暴露到 10% 的 CO_2 后，蠕虫停止前进，并迅速转向。Andrew 证实当仅通入空气时，蠕虫在微流体室的两端的分布较为均匀，当通入 5% 到 0% 的梯度 CO_2 气体后，蠕虫迅速的逃离 CO_2 高浓度的区域。

5.5.2.3 与加氯反冲洗的对比研究

1. 反冲洗程序

如表 5-18 所示为加氯反冲洗和加 CO_2 反冲洗程序。其中含氯水以次氯酸钠溶液配制，余氯浓度为 3mg/L，以反冲洗方式投加。CO_2 溶液同样采用图 5-50 所示装置投加。

加氯和二氧化碳反冲洗流程 　　　　　　　　　表 5-18

反冲过程		反冲强度（$m^3/(m^2 \cdot h)$）	反冲时间（min）
气冲		48	2
投加药剂	投加 Cl_2	余氯：3mg/L；水冲强度：17	4
	投加 CO_2	气水比：1:3；水冲强度：17	
水冲		28	8

2. 反冲洗水中无脊椎动物丰度

图 5-53 所示为加 Cl_2 反冲洗和加 CO_2 反冲洗两种程序反冲洗出水中各种无脊椎动物丰度。从图 5-53 中可以看出，加二氧化碳的反冲洗水中各无脊椎动物的丰度均明显高于加氯反冲洗，分别是后者的 8.8 倍（剑水蚤）、10.5 倍（猛水蚤）、37.5 倍（枝角类）和 70.5 倍（无节幼体）。可见，在当前的试验条件下，CO_2 能更为有效的去除 GAC 炭层中的无脊椎动物。与图 5-51 不同的是，猛水蚤在 CO_2 反冲洗出水中取代剑水蚤成为绝对优势种群，这可能是随 GAC 滤柱运行时间的增长，炭层中各种无脊椎动物发生种群演替的结果，而其中的无节幼体作为第二优势种群，可能也主要是猛水蚤的幼体。

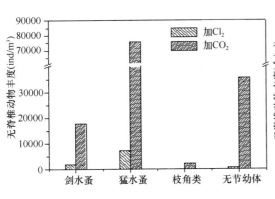

图 5-53 反冲洗水中各无脊椎动物丰度

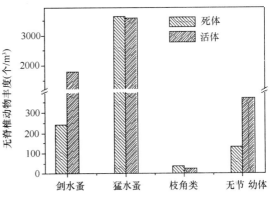

图 5-54 加 Cl_2 反冲洗水中无脊椎动物死体和活体分布

图 5-54 和图 5-55 所示分别为加 Cl_2 和二氧化碳反冲洗出水中各种无脊椎动物死体和活体的数量。从图 5-54 中可以看出，加氯反冲洗出水中剑水蚤和无节幼体的活体量均高于死体量，而猛水蚤和枝角类的死体、活体量基本相当。而从图 5-55 可以看出，虽然剑水蚤和无节幼体的活体量也略高于死体量，高出的幅度相对较小，而猛水蚤和枝角类的活

体量均明显高于死体量。两图中存在的差别，说明不同无脊椎动物种群的去除存在差异，首先是剑水蚤和无节幼体的去除活体量大于死体量，可能是由于氯或二氧化碳对它们的驱赶作用造成的。而 CO_2 反冲洗出水中猛水蚤和枝角类死体量大于活体量，可能是由于 CO_2 对它们灭活造成的，因为猛水蚤和枝角类较剑水蚤对二氧化碳的耐受程度更低。

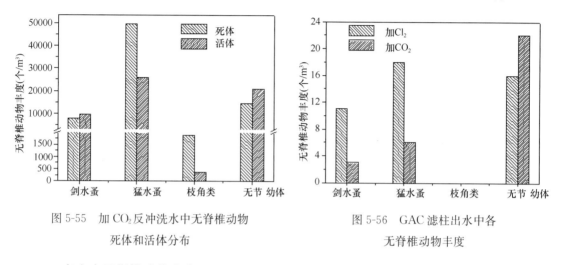

图 5-55　加 CO_2 反冲洗水中无脊椎动物死体和活体分布

图 5-56　GAC 滤柱出水中各无脊椎动物丰度

3. 出水中无脊椎动物丰度

如图 5-56 所示为经过加氯反冲洗和加 CO_2 反冲洗后，滤柱出水中各种无脊椎动物的穿透丰度。

从图 5-56 中可以看出，经 CO_2 反冲洗后滤柱出水中成体无脊椎动物的丰度（包括剑水蚤和猛水蚤）均明显小于经加氯反冲洗后滤柱出水中的丰度，分别下降了 72.7% 和 66.7%，枝角类在两种程序下均未检出。但经 CO_2 反冲洗后滤柱出水中无节幼体的数量较经加氯反冲洗的上升了 37.5%。可见在无脊椎动物的去除上，CO_2 对成体无脊椎动物的去除更为有效，但统计的出水总无脊椎动物量相比加氯反冲洗也下降了 31.1%。

如图 5-57 所示为加氯反冲洗前后滤柱出水中各种无脊椎动物的丰度。

如图 5-58 所示为加 CO_2 反冲洗前后滤柱出水中各种无脊椎动物的丰度。

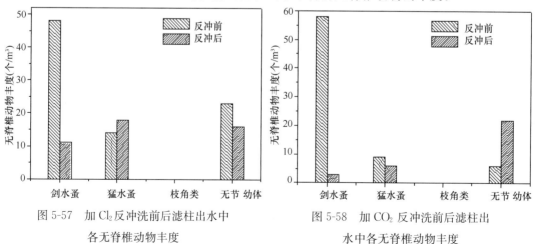

图 5-57　加 Cl_2 反冲洗前后滤柱出水中各无脊椎动物丰度

图 5-58　加 CO_2 反冲洗前后滤柱出水中各无脊椎动物丰度

从图 5-57 和图 5-58 中可以看出，加 CO_2 反冲洗前后，滤柱出水中剑水蚤和猛水蚤的丰度均显著下降，而无节幼体的数量却出现上升；加氯反冲洗前后，滤柱出水中剑水蚤和无节幼体下降明显，但猛水蚤出现上升。比较两种反冲洗程序，总无脊椎动物去除率，加二氧化碳的效果优于加氯的效果。

5.5.3 微型动物风险的多级屏障控制措施

1. 微型动物工艺控制措施

（1）取水口或泵站

有条件的原水取水口或泵站，应尽量建设杀灭微型动物的药剂投加设施。投加药剂选择氯气、二氧化氯或次氯酸钠均可，药剂投加能力根据取水口距离水厂的距离而决定，氯和次氯酸钠的投加能力以 $1.0 \sim 1.5 mg/L$（有效氯）为宜，二氧化氯以不低于 $0.8 mg/L$ 为宜。如图 5-59 所示，为某原水泵站加氯系统。

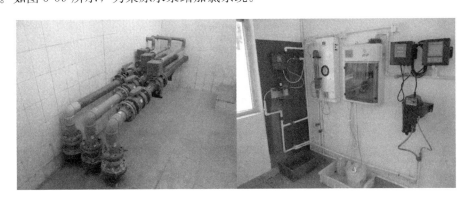

图 5-59　某原水泵站加氯及余氯监测系统

（2）预氧化系统

水厂进水处应具备氯、二氧化氯等微型动物杀灭药剂的投加设备。投加能力以最大供水量计算，氯的投加能力不低于 $2.5 mg/L$，二氧化氯的投加能力不低于 $1.2 mg/L$。

（3）混合、反应系统、沉淀系统

混合、反应设施运行良好，停留时间、G 值等设计参数合理。

沉淀池根据设计参数和负荷，有足够的停留时间，无明显"跑矾"现象。

混合池、反应池以及过渡区有运行状态良好的排泥设施。

原水存在桡足类大规模爆发情况，且存在桡足类生物穿透的水厂，在具备常规絮凝剂投加条件的前提下，为了提高混凝效果，建议设置助凝剂投加装置。

（4）砂滤系统

滤砂粒径、级配和高度适宜。试验证明，低级配滤砂对于生物以及颗粒物具有更好的截留效果，d_{10} 为 0.59mm 的滤砂，对水中颗粒物和甲壳类浮游动物的截留效果明显优于 d_{10} 为 0.82mm 的滤砂，因此，在工艺条件许可的情况下，应尽量选择低级配的滤砂。同时，滤砂的均匀性对颗粒物及生物的截留效果也有显著影响，K_{80} 为 1.2 的滤砂，效果远优于 K_{80} 为

1.42 的滤砂，K_{80} 为 1.42 的滤砂，效果明显优于 K_{80} 为 1.48 的滤砂。为了保证对微型动物的截留效果，从技术和成本的角度考虑，对于粒径范围为 0.8～1.2mm 的滤砂，建议不均匀系数 K_{80} 应小于 1.4。如果 K_{80} 高于 1.4，尤其是砂滤后为臭氧—活性炭深度处理工艺的水厂，建议分期分批对滤砂进行更换，以减少穿透微型动物活性炭滤池。

在滤砂粒径和级配符合要求的前提下，石英砂滤层厚度达到 1.2m 以上，基本可以满足微型动物控制的要求。

滤池反冲洗应均匀，不能有死区。反冲强度适宜，一方面无明显跑砂现象，另一方面反冲洗后滤砂的含泥量应低于 0.5%。反冲洗时间以反冲洗后段水的浊度和生物密度控制，正常后段水冲时间为 4～5min，必要时可延长至 8～10min。

反冲洗系统具备加氯设施（或二氧化氯），最大加氯量 15mg/L，以便于应急情况下进行砂滤池含氯水反冲洗和采用含氯水对砂滤池进行浸泡。

具备砂滤前加氯设施，最大投加能力不低于 2.0mg/L，以便在必要时通过滤前加氯去除滤池中的微型动物。

（5）炭池

炭池的炭种选择破碎活性炭，一方面有利于提高对微型动物的截留效果，另一方面可以抑制浮游类动物的孳生繁殖。

研究表明，炭层下设置砂垫层对于拦截甲壳类浮游动物具有明显的效果，新建水厂建议在炭层之下、承托层之上设 300～500mm 厚砂垫层，参考粒径 0.6～1.0mm。对于已建成水厂，如果炭池微型动物穿透严重，建议增设砂垫层。

具备炭池含氯水（或二氧化氯）反冲洗设施，含氯水反冲洗最大加氯量不低于 5mg/L。如图 5-60 所示，为某水厂活性炭滤池反冲洗水加氯系统。

图 5-60　炭池反冲洗水加氯系统

对于炭池存在比较严重的微型动物繁殖现象的水厂，反冲洗水应设置加氨装置，以在需要时进行炭池氨浸泡，加氨装置的投加能力以满足浸泡时炭池上层水中氨氮浓度能达到 10mg/L 以上为宜。必要时炭池后安装拦截滤网，综合考虑拦截效果和堵水情况，建议采用 150～200 目孔径的滤网，滤网材质以不锈钢网为宜。如图 5-61 所示，为某水厂活性炭滤池后安装的不锈钢滤网。

图 5-61　某水厂活性炭滤池后
安装的不锈钢滤网

2. 微型动物的预防与运行控制措施

（1）运行管理措施

1）原水泵站

密切关注水温、微型动物密度以及活体比例的变化趋势。比如在南方地区，每年4月初至10月底期间是甲壳类动物的繁殖期；其他地区可以根据监测的情况确定繁殖期。在甲壳类动物繁殖的高峰期，应采用取水口加氯或二氧化氯等杀灭药剂的方法，尽量灭活生物的成体、幼体和卵，提高水处理工艺对生物的去除效果，预防生物在构筑物中繁殖。

加氯量根据原水在输送管道中的停留时间和微型动物密度以及灭活目标微型动物所需药剂的CT值而定。

不具备常设加氯设施的取水口，必要时可采用临时投加次氯酸钠或二氧化氯的处理措施。投加次氯酸钠的有效氯浓度参照加氯的参数，二氧化氯则控制在 $0.6 \sim 0.8 mg/L$ 之间。

2）常规工艺水厂

① 水厂前加氯

由于绝大部分甲壳类动物营浮游生活，在水中跳跃，其活体无法通过混凝沉淀工艺去除，通过水厂前加氯杀灭原水中甲壳类动物的活体，能够有效提高水处理工艺的去除率，同时防止幼体和卵生长繁殖。

前加氯的投加点应尽可能提前，以保证尽可能长的接触时间。

根据水厂原水和沉后水中甲壳类动物活体情况，确定水厂启动预氯化工艺的时机。

对于常规工艺水厂，在甲壳类繁殖的高峰期，应启动预氯化投加设施，氯的投加量以沉后水中基本没有活体的甲壳类动物为宜，一般控制在 $1.5 \sim 2.5 mg/L$ 之间，并保证沉后水余氯在 $0.5 \sim 0.8 mg/L$，如果取水口已经有预氯化，水厂预氧化剂的投加量可适当降低。一旦发现沉后水中仍有较多的活体桡足类，应及时提高前加氯量。除氯以外，也可采用次氯酸钠和二氧化氯作为预氧化剂。

对于臭氧生物活性炭深度处理水厂，一般以臭氧作为预氧化剂。由于臭氧容易被还原或分解，持效时间短，对甲壳类动物的灭活效果差。在甲壳类生物繁殖的高峰期，建议间歇性以预氯化取代与臭氧化。预氯化的投加量根据原水中甲壳类浮游动物活体率和沉后水中活体率决定，在生物的繁殖期，一般控制在 $1.5 \sim 2.5 mg/L$。投加频率根据沉后水中活体生物情况决定。一般每周 $2 \sim 3d$ 预氯化，其余时间仍可采用预氧化。情况严重时，则需要在一段时间内持续采用预氯化，直到沉后水中的活体得到有效控制。

② 混凝沉淀工艺强化

甲壳类动物在灭活后，一般可以通过混凝沉淀过程被去除。去除效果与反应和沉淀效果有关，沉后水浊度控制越低，越有利于生物的成体、幼体和卵的去除。如果沉淀池的跑矾情况严重，生物会随矾花进入下一工艺段，即砂滤池。

为了保证生物在沉淀过程中的有效去除，应优化运行条件，尽量降低沉后水浊度。建议甲壳类动物爆发高峰期的沉后水浊度控制在 1.5NTU 以下，必要时投加高分子助凝剂。

优化絮凝反应条件，尽量避免"跑矾"现象的发生，以减少甲壳类动物及卵、幼体随矾花向滤池迁移。

反应池和沉淀池的排泥区可能成为底栖型甲壳类动物的滋生繁殖场所，在生物繁殖的高峰期，应在完善排泥设施的前提下，通过增加反应池、沉淀池及其过渡区的排泥频率，延长排泥时间，避免积泥，以免猛水蚤等底栖型甲壳动物在其中孳生繁殖，具体时间和频率根据积泥情况确定。

每年至少1次放空反应池、沉淀池，进行彻底的清洗，必要是增加清洗频率。

③ 砂滤池的运行管理控制

除了前述的对滤砂的要求外，砂滤池的运行管理也是控制微型动物穿透和繁殖的重要因素。

在甲壳类动物的繁殖高峰期，适当提高滤池的反冲洗频率和反冲洗时间。反冲洗强度应根据滤砂的高度和粒径，使滤砂处于完全流化状态，避免存在导致生物积累或生物繁殖的死区。

加强对滤后水的监测，一般一周监测1次，必要时提高监测频率至每天1次。一旦发现滤后水中出现生物穿透，应及时采取相应的控制措施。

如果发现滤后水中甲壳类动物穿透且密度明显升高，立即检测后段反冲洗水的生物密度和活体情况。如果检测出的生物均为死体，说明其中没有生物繁殖现象，滤后水中的生物来源于直接穿透，应适当提高反冲洗的强度和频率，同时提高后段水冲洗的时间，由原来的 4～5min 延长至 10～15min。

如果检测出的生物有活体（成体或幼体），则应迅速采用含氯水进行反冲洗，以去除滤池中的活体，控制生物繁殖。首次反冲洗的加氯量控制在 3～5mg/L，同时延长后段含氯水冲洗的时间至 20min。正常运行后，采取滤前加氯的措施，控制甲壳类在砂滤池中繁殖，加氯浓度以 0.5～0.8mg/L 为宜。直至滤后水的生物密度恢复正常。

必要时在砂滤后设拦截滤网，并根据滤网堵塞情况，及时进行冲洗。滤网孔径 150～200 目为宜。应对滤网的运行情况加强巡视，一方面对于截留的生物及时清理，避免二次冲刷进入炭后水中。另一方面预防由于滤网堵塞导致的溢水事故的发生。

④ 清水池管理

由于清水池中一般余氯浓度较高（0.8～1.0mg/L），微型动物在其中繁殖的可能性很小，但也不能完全杀灭进入清水池的活体。由于清水池中水的流速较缓，生物的死体会在池底沉积，一旦水厂的供水量发生显著变化，会导致底层扰动，使出厂水中的生物密度产生突然的变化。因此，至少应在每年年初（生物繁殖的低谷期）清洗清水池和吸水井一次，以去除清水池中沉积的生物及其休眠体。如果出厂水微型动物是由于清水池中的沉积，建议及时进行清洗。

3）臭氧—活性炭深度处理水厂

常规工艺出水中的微型动物成体和幼体，尤其是桡足类动物，是生物活性炭滤池中微型动物繁殖的种源，应尽量采取措施，将生物控制在砂滤及之前的常规工艺。

在甲壳类动物繁殖期应定期对炭滤池反冲洗水中的生物情况进行跟踪监测，监测项目包括生物密度和活体百分率。

一旦发现炭滤池出现生物繁殖或穿透的现象，立即采取相应的处理措施。

根据炭后水中情况，及时调整炭池反冲洗频率和反冲洗时间。如果穿透的生物均为死体，延长炭池后段水冲洗时间至 15min，能有效去除炭池中积累的死体生物。但是，在原水生物繁殖的高峰期，为了维持生物膜的正常生长，反冲洗的频率应尽量控制在 2d 以上。

如果穿透炭池的生物有活体，且存在随运行时间延长而升高的现象，说明炭池中发生了生物的繁殖。采用含氯水反冲洗驱逐活体，是有效的去除方法，反冲洗的加氯量根据实际情况而定，保证在反冲洗的后段，炭池表层水有 0.3~0.5mg/L 的余氯为宜。为了减少对活性炭性能的影响，反冲洗水中的含氯量以 3~5mg/L 为宜，以保证对活体生物的驱赶效果，同时不会对活性炭的性能有太大的影响。

如果含氯水反冲洗仍不能控制炭池中的生物繁殖，按后述的应急处理方式处理。

必要时在炭滤后设拦截滤网，滤网孔径 $200\mu m$，滤网的管理要求同砂滤池。

4）回收水的处理

由于水厂对反应池、沉淀池的排泥水以及砂滤池、炭滤池的反冲洗水通过回收水池进行回收，因此，通过水处理工艺过程去除的生物会在回收水池中得到富集浓缩，甚至繁殖。当回收水与原水混合时，可能使原水中的生物密度大幅提高。

回收水中的生物来源有两个方面，一是反应池沉淀池排泥水，滤池和炭池的反冲洗水中的死体和活体生物，其中死体的大部分在回收水池中进入底泥而被去除；二是活的成体、幼体和卵在回收水池中的生长和繁殖。

在甲壳类动物的繁殖期，应定期监测回收水池中的生物密度和活体情况。

如果由于回收水池的运行方式经常引起底泥扰动，导致大量死体微型动物进入原水中，应优化和改进回收水池的进水方式。

可以通过反冲洗水加氯的方式，维持回收水池中有一定的余氯，抑制微型动物的生长繁殖；如果通过反冲洗的方式不能有效抑制生物生长繁殖，建议在回收水池的进水口直接加氯，由于回收水的耗氯量大，应适当提高加氯量，以维持余氯浓度在 1.2~1.5mg/L。

回收水与原水的混合点应设在水厂前加氯的前端，以进一步杀灭其中的活体。

根据回收水占总水量的比例（间歇性回收应考虑即时比例而不是日均比例），一旦回收水导致原水中桡足类密度对原水有严重影响，且含有大量活体时，建议部分放弃回收水。

（2）应急处理措施

1）应急状态分级原则

下面以桡足类浮游动物为例，介绍微型动物风险爆发时的应急处理措施。

① 原水应急状况分级原则与对策

运行良好的常规和深度处理条件下，不考虑生物在处理过程中的繁殖，桡足类浮游动物在处理系统的穿透率在 0.01%~0.1% 之间。对原水的应急状况规定如下：

A. 一级：原水水中桡足类密度超过 5000 个/100L，超过水处理系统处理能力，严重存在穿透和超标的风险。应急对策是通过水源调配对原水中的生物进行稀释，或者更换水源。

B. 二级：原水中桡足类生物密度超过 2500 个/100L，且活体率超过 20％，由于活体在混凝沉降中不能被去除，可能穿透砂滤池导致超标。应急对策是提高取水口和水厂前加氯量，确保进入混合池的活体比例低于 5％。同时优化混凝沉淀和过滤参数，提高对生物的去除率，预防生物在处理构筑物中繁殖。

C. 三级：原水中桡足类密度超过 1000 个/100L，且活体率达到 50％以上。应急措施是提高取水口的加氯量，控制进厂原水的活体密度在 5％以下，同时提高水厂前加氯量，控制沉后水中基本没有活体桡足类，预防生物在构筑物中繁殖。

D. 四级：原水中桡足类密度超过 500 个/100L，且活体率在 30％以上。应急措施是通过取水口或水厂前加氯，降低原水中活体桡足类比率至 5％以下，预防生物在水处理系统中繁殖。

② 出厂水的应急分级原则

A. 一级：发生严重的生物繁殖和穿透，出厂水中桡足类密度达到 100 个/100L 以上，且存在大量活体，对供水生产产生了严重的影响。应急措施是查找出现问题的工艺段，如果出在原水，按原水的应急方案处理；如果出在常规工艺阶段，按后述的方法，对相应的构筑物进行局部处理；如果出在深度处理阶段，阶段性超越炭池，并对炭池进行处理。

B. 二级：发生比较严重的生物繁殖和穿透，个别砂滤池或炭池出水桡足类密度超过 100 个/100L，出厂水超过 25 个/L，且有个别活体。应急措施是查找发生穿透或繁殖的关键构筑物，按后述的方法对个别砂滤池或炭滤池进行浸泡处理，提高出厂水的余氯控制值至 1.0～1.5mg/L。

C. 三级：发生了一般性繁殖和穿透，个别砂滤池或炭滤池出水桡足类密度超过 50 个/100L，出厂水超过 5 个/100L。应急措施是对个别砂滤池或炭滤池进行含氯水反冲洗或浸泡。

D. 四级：个别砂滤池或炭池穿透，出水桡足类密度超过 5 个/L，但出厂水不低于 5 个/100L。应急措施是延长滤池的反冲洗时间或采用含氯水反冲洗。

2）应急监测

发生紧急情况时，应根据应急机构的要求，及时增加原水、各工艺段出水、出厂水的监测频率；应及时对采取的应急措施效果进行监测和评估，为下一步的处理处置措施提供指导。

3）应急处理技术措施

水处理系统中的生物穿透是不断积累和繁殖到一定程度后所引起的由量变到质变的结果。对于水源水中存在比较严重的桡足类孳生问题的水厂，应通过对原水以及工艺过程水的日常监测，跟踪了解生物污染情况。一旦系统整体或局部出现生物污染或孳生问题，应及时采取应急处理措施，尽量减少对生产和水质影响的范围和程度。

首先通过生物种群鉴定和密度监测，判断生物的来源是外源性还是内源性。外源性指由于原水密度太高所产生的直接的生物穿透，内源性则指在水处理系统内部的繁殖。原水中密度和比例很低的生物种群，在工艺过程或出厂水中成为密度高的优势种群，则应考虑工艺构筑物中的繁殖，并确定繁殖的关键构筑物和关键点。然后采取相应的应急处理措施。各构筑物的应急处理可采用以下技术措施：

① 沉后水中出现大量活体水蚤

当沉后水中水蚤密度高且存在较多活体时，其来源主要有两个方面：一是原水的引入；二是反应和沉淀池中的繁殖。

对于第一种情况，最好的办法是通过在取水口投加氯等杀灭药剂，降低原水中的活体比例。同时在水厂通过预氯化进行进一步灭活。

对于第二种情况，一方面是由于水中余氯浓度不足，不能有效抑制桡足类生物的繁殖；另一方面是由于某些底栖型桡足类利用沉积的底泥进行生长繁殖。因此，一方面应通过提高前加氯控制生物的生长繁殖条件，另一方面通过反应池和沉淀池及时的清洗和强化排泥。同时，在预氯化的前提下投加助凝剂，充分杀灭生物并提高沉淀去除效果，降低跑矾现象的发生程度。

② 砂滤后水桡足类密度显著增加

砂滤池中桡足类的积累和繁殖是导致发生穿透的主要原因。死体的积累通过强化反冲洗进行去除，包括提高反冲洗频率和强度，延长反冲洗时间（如前所述）。

对于砂滤池中的生物繁殖，通过含氯水反冲洗的方式进行去除（如前所述）。在砂滤池中的活体没有被彻底去除之前，不能提高砂滤前的加氯量，以免将活体的生物驱赶到炭滤池，造成炭滤池的生物繁殖。

如果含氯水反冲洗仍不能控制砂滤池中生物的繁殖，建议通过反冲洗的方式加氯后浸泡。由于氯对滤砂没有明显不良影响，建议浸泡水的余氯浓度 10～15mg/L，浸泡时间 12h。浸泡后通过充分反冲洗去除积累在砂层中的生物，恢复运行时先维持砂滤池前加氯 1 周左右。

③ 炭滤后水桡足类密度显著增加

由于炭池前端有砂滤池的拦截，不太可能出现大量死体穿透炭滤池的情况。因此，当炭池出现严重的桡足类穿透时，一般是炭层中桡足类生物大量孳生繁殖的结果。首先应确定炭池之前的工艺段是否存在污染严重的构筑物，如果有，则先按前述的方法进行相应的处理。

对于活性炭池，由于对各种化学药剂都存在吸附或分解的作用，持续浸泡不能保证有效的消毒剂浓度，建议根据情况采取下列方法之一处理：

A. 先用 3mg/L 的含氯水反冲洗炭池，同时跟踪检测其中的桡足类密度，待密度明显降低后，采用炭前含氯浓度 2～2.5mg/L 的方式运行，直至炭池出水桡足类密度达标。

B. 采用 18g/L 的食盐水浸泡 24h 后反冲洗至食盐对水质没有影响。

C. 尽管分子态氨对桡足类有良好的杀灭作用，由于氨在炭池中存在被吸附和硝化现象，分子态氨浓度比较低。可以采用氨与 NaOH 相结合的方式浸泡炭池，提高炭池中分子氨的浓度。氨浓度 10～15mg/L，pH 控制在 11 左右，浸泡 12～24h。

3. 微型动物污染预防与控制的多级屏障及操作流程

在微型动物污染高发地区，在进行水厂设计或扩改建时考虑增设无脊椎动物控制设施，建议的多级屏障如图 5-62。

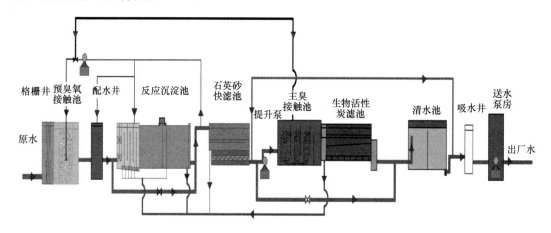

图 5-62　臭氧/活性炭深度处理工艺流程图

（1）多级氧化设施

包括原水取水口或取水泵站预氧化设施，水厂预氧化设施，沉后水/炭后水/出厂水氧化剂投加设施。在微型动物污染高发地区，原水预氧化设施是必要的，而沉后水氧化剂投加设施可酌情选择。

（2）炭滤池砂垫层

炭层下设置砂垫层对于拦截甲壳类浮游动物具有明显的效果，新建水厂建议在炭层之下、承托层之上设 300～500mm 厚砂垫层，参考粒径 0.6～1.0mm。对于老水厂，如果炭池微型动物穿透严重，建议增设砂垫层。

（3）强化滤池反冲洗设施

在微型动物的高发季，在对石英砂滤池或活性炭滤池进行反冲洗时，在反冲洗水中加入含有效氯物质（次氯酸钠、氯、二氧化氯和氯氨等）可较为有效的去除炭池中过量孳生的微型动物，所以应考虑增设滤池反冲洗加氯设施。

（4）炭后水截留措施

如通过以上设施在无脊椎动物高发季炭池出水中无脊椎动物数量仍超过控制标准，应在炭滤后设微型动物拦截滤网，滤网孔径 200μm 为宜，所以水厂设计和改造时应考虑预留添加滤网的空间。

第6章 深度处理技术集成与工程案例

6.1 高氨氮、高有机物污染河网型原水深度处理技术与工程示范

6.1.1 水质特性

嘉兴地区地处太湖流域末端、河网交织、地势平坦，河水流速缓慢，过境流量大（75％水量为过境水），水源水质常年处在Ⅳ类到劣Ⅴ类，氨氮和有机物污染严重。其中以平湖市原水水质最差，2007年～2009年期间，平湖原水耗氧量和氨氮分别在6～17mg/L和1.5～7.0mg/L范围，最大值分别为17.5mg/L和8.7mg/L。而嘉兴市、桐乡市的原水耗氧量和氨氮绝大部分时间分别在5～8mg/L和0.5～4.0mg/L范围，耗氧量偶尔会超8mg/L，氨氮超4mg/L。嘉兴地区高氨氮、高有机物的河网水质特点，单纯常规处理（混凝—沉淀—砂滤）出水水质是不可能达标的。由于常规工艺的局限性，出现了预处理和深度处理工艺，然而增加预处理和深度处理工艺，必然会导致成本的增加，如何有效地组织预处理、常规工艺和深度处理，实行经济有效的水厂工艺改造，使现有水厂出水以最经济有效的方式达到国家新的饮用水标准，从而有效地解决高氨氮、高有机物污染原水的净化问题，是目前面临的难点之一，也是亟待解决的问题。针对嘉兴地区河网原水氨氮、有机污染物浓度高的特点，现有水厂处理工艺去除性能和工艺稳定性有待进一步提高的问题，研发了"高氨氮和高有机物污染河网原水的典型工艺优化组合技术"。该技术涉及预处理、强化常规、深度处理等工艺系统，缺一不可，是高氨氮和高有机物污染河网水处理技术体系的重要组成部分。

6.1.2 工艺选择

在全流程饮用水处理工艺系统中试基地建设及其中试试验研究的基础上，通过对各处理单元的优化（活性炭、高浓度污泥回流的高效沉淀、上向流微膨胀生物活性炭过滤技术、两级砂滤池或砂滤池的最后把关提高生物安全性、两级臭氧生物活性炭工艺等）及充分发挥各处理单元的多级屏障协同作用，筛选出了几种适合嘉兴水质特点的不同原水水质下经济有效的工艺流程，形成针对原水水质不同污染特点的全流程饮用水处理技术体系，保障出水水质达到GB 5749—2006的要求。

工艺1：原水→生物（化学）预处理→强化混凝沉淀→（砂滤）→臭氧氧化→上向流生物活性炭→（微絮凝）→砂滤→出水

或：原水→生物（化学）预处理→强化混凝沉淀→砂滤→臭氧氧化→下向流生物活性炭→出水

当原水氨氮最高月平均值小于 3mg/L，耗氧量最高月平均值小于 8mg/L（例如嘉兴石臼漾、南郊和桐乡原水，2007～2009 年的数据表明：氨氮和耗氧量分别在 0.5～4.0mg/L 和 5.0～8.5mg/L 范围）时，需采用上述工艺 1，即采用生物预处理和强化常规，再加臭氧—活性炭深度处理工艺才能保证出水高锰酸盐指数在 3mg/L 以下。

图 6-1、图 6-2 是采用：生物接触氧化—混凝沉淀—前砂滤—臭氧氧化—上向流生物活性炭—后砂滤池工艺流程时对氨氮和耗氧量的去除情况。

在试验条件下，组合处理工艺对氨氮和高锰酸盐指数的平均去除率分别为 80.76% 和 67.8%。从图中可以看出，除臭氧氧化工艺使出水中氨氮浓度上升之外，其余各个工艺都对氨氮具有一定的去除效能，而对于耗氧量而言，各个处理单元都对其去除发挥了一定的作用。所以对于高氨氮和高有机物污染的饮用水源，需充分挖掘各处理单元的效能，通过多级屏障工艺来保证出水氨氮、耗氧量的达标。

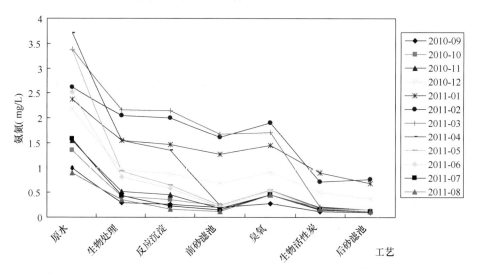

图 6-1　全流程各处理单元出水氨氮变化趋势

而当原水中氨氮浓度小于 1.5mg/L，高锰酸盐指数＜6mg/L 时，可以不采用生物预处理工艺，而直接采用：原水→（强化）混凝沉淀→砂滤→臭氧氧化→下向流生物活性炭→出水

或者：原水→（强化）混凝沉淀→砂滤→臭氧氧化→上向流生物活性炭→砂滤→出水

图 6-3 是在原水氨氮较低时超越生物接触氧化池时，即采用"混凝沉淀—前砂滤池—臭氧氧化—生物活性炭—后砂滤池"工艺，氨氮浓度在各处理单元的变化曲线。该工艺中原水氨氮浓度 0.42～1.84mg/L，后砂滤出水氨氮为 0.07～0.14mg/L。当原水氨氮＜1.5mg/L 的条件下，经过沉淀—砂滤池处理工艺后，再经过后续活性炭池的作用及消毒氧化，出水氨氮完全可以达标。上述进一步证明了除生物除氨氮外，砂滤池在去除氨氮的效能上也起到较为关键的作用。

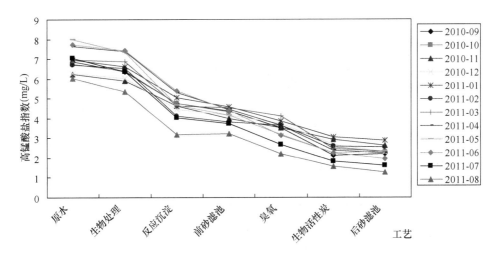

图 6-2 全流程各处理单元出水高锰酸盐指数变化趋势

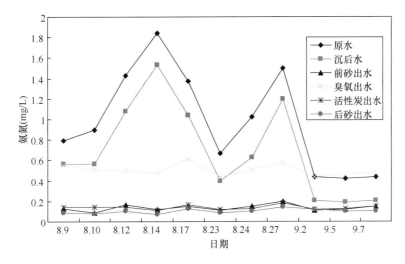

图 6-3 超越生物滤池工艺流程中氨氮的变化曲线

工艺 2：原水→生物（化学）预处理→（强化）混凝沉淀→砂滤→一级臭氧－生物活性炭→二级臭氧－生物活性炭→出水

当原水氨氮浓度长期在 3mg/L 以上，高锰酸盐指数浓度长期大于 8mg/L（例如嘉兴地区平湖原水氨氮最高月平均值接近 6mg/L，耗氧量最高月平均值接近 12mg/L）时，一级臭氧－生物活性炭深度处理工艺不能保证出水高锰酸盐指数在 3mg/L 以下，为确保出水高锰酸盐指数＜3mg/L，需采用上述工艺 2，即生物预处理和强化常规，再加两级臭氧－生物活性炭工艺流程。图 6-4 为工艺 2 流程下各工艺阶段出水水质情况。

一般地，通过增加活性炭层的厚度（2m）和活性炭池的停留时间（15min），可使得第一级臭氧活性炭对高锰酸盐指数的去除率在 35％左右，第二级臭氧活性炭工艺在 20％左右。所以要使最终出水耗氧量小于 3mg/L，则需控制深度处理进水耗氧量在 5.5mg/L以下。也就是说常规处理出水耗氧量＜5.5mg/L 是两级臭氧－生物活性炭深度处理出水

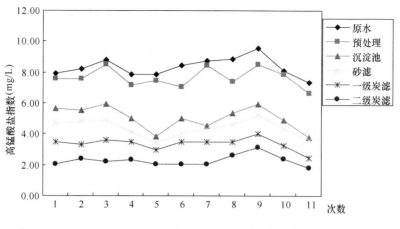

图 6-4　各工艺阶段出水耗氧量变化曲线

耗氧量达标（耗氧量<3mg/L）的条件，当然，通过采取提高臭氧投加量、对活性炭进行再生等措施可以提高两级臭氧活性炭工艺对耗氧量的去除效率。

在试验过程中，出水水质中溴酸盐的浓度均低于检测限 0.002mg/L。

当活性炭池采用上向流运行方式时，活性炭处于微膨胀状态，水流作用下脱落下来的生物膜可能会随水流带出，会导致出水浊度略有反弹，滤池的最后把关有利于控制出水浊度、降低颗粒数，保证出水生物安全性。二次微絮凝（即强化过滤）有利于降低砂滤池的出水浊度，二次微絮凝的存在，可有效保证出水浊度小于 0.1NTU 以下。但考虑增加微絮凝设施会导致运行工艺的复杂，投资的加大，试验发现，将后砂滤池的滤料采用一定级配比例（0.5～0.8mm）的石英砂滤料，同样可实现出水浊度<0.1NTU。

综上，对于氨氮和有机物污染严重的嘉兴地区而言，单一处理单元是无法保证出水水质达标的，必须在原有的基础上对各处理单元进行优化和集成，在逐个突破提高各处理单元去除污染物的效能，充分发挥各处理单元的协同强化效应的基础上，对污染物的多级屏障实现去除，从而使出水水质改善，保障饮用水安全。该技术针对不同水质特点分别给出推荐的组合工艺，并在嘉兴平湖古横桥水厂、嘉兴南郊水厂进行了示范应用，在工艺的选择上采用高效沉淀技术，除充分发挥强化常规的功效，改善出水水质外，更是节省了占地面积，减少混凝剂投加量。同时，该技术提出了推荐设置两级砂滤（深度处理前后各设置砂滤池）工艺。前砂滤池可充分发挥除氨氮的功能，而后砂滤池在保证出水生物安全性方面起到关键的作用。虽然需增加砂滤池的工程投资（约 100 元/t 水），但带来的社会效益是巨大的。

6.1.3　嘉兴市古横桥水厂三期示范工程

平湖市位于嘉兴地区河网的下游，是嘉兴地区水污染最严重的地区之一，近几年平湖市主要河道水质属于 V 类或劣 V 类水体，以有机污染和氨氮污染为主，主要超标项目有溶解氧、氨氮、亚硝酸盐氮、总氮、总磷、高锰酸盐指数和五日生化需氧量等。古横桥水厂水源为平湖盐平塘，原水主要水质指标高锰酸盐指数为 5.17～13.65mg/L，氨氮浓度为 1.15～6.52mg/L，为典型的高氨氮和高有机物污染河网原水。

平湖古横桥水厂分三期建设。1994 年建成的古横桥水厂一期工程供水能力 2.5 万 m³/d，缓解了平湖的供水矛盾，但由于水厂仅采用常规工艺，出水水质不佳，目前作为工业生产和居民洗涤用水使用。2006 年 7 月，二期扩建工程 5 万 m³/d 投入使用，采用深度处理工艺，并代替地下水成为市中心城区的主要供水。近几年来，随着平湖城乡供水一体化的发展，需水量增长较快，现有的供水设施已接近满负荷运行，为保障平湖的经济快速发展，规划建设三期扩建工程。

尽管二期工程（原水—生物接触氧化—平流沉淀池—两级臭氧活性炭）出水水质可基本达标，但还存在以下几方面的问题：生物接触氧化池在冬季低温时，去除率会明显下降，需进一步挖掘潜力；常规处理混凝剂投加量很高，混凝剂投加量甚至高达 100mg/L 以上，平流式沉淀池存在藻类繁殖的问题，影响出水水质；两级炭滤池对高锰酸盐的总去除率在 31％（相对于原水而言）左右，还未充分发挥两级臭氧活性炭工艺的处理能力。根据二期工程各工艺段对水中污染物去除情况的实践经验，三期工程仍然采用"生物预处理＋强化常规处理＋深度处理"的工艺流程，但在设计中，对各工艺单元及组合工艺作进一步优化，以提高对污染物的去除效率。

该工程属于新建工程，工程规模为 4.5 万 m³/d，是在原水厂厂址内进行扩建，扩建后的水厂供水范围为平湖市西片包括中心城区、钟埭街道、曹桥街道、林埭镇的居民用水和工业用水。

嘉兴平湖古横桥水厂三期高氨氮和高有机物污染河网原水处理示范工程的工艺流程示意图如下所示：

原水 → 生物接触氧化 → 活性炭强化斜管高效澄清 → 两级臭氧-生物活性炭 → 液氯消毒 → 出水

图 6-5　古横桥水厂三期工程工艺流程图

示范工程通过延长生物接触氧化池的停留时间至 1.5h，气水比提高至（0.8～2.5）：1，提高该工艺对水质变化的适应能力，强化生物预处理，采用聚丙烯圆柱形填料（直径为 50mm 填充率为 40％以上）等措施，改善了填料的流化状态，进一步提高悬浮填料生物接触氧化池对氨氮和有机物的去除效果，使冬季去除氨氮更有保障，避免硝化自氧菌和异氧菌对溶解氧的竞争。

采用粉末活性炭回流组成活性炭强化斜管澄清池对常规工艺进行强化，在采用高效沉淀工艺的基础上，辅以粉末活性炭投加和回流，既可发挥高效沉淀池卓越的沉淀效率，又可使粉末活性炭在沉淀池中循环使用，充分发挥活性炭的吸附能力，强化常规处理工艺对有机物的去除能力，既降低了出水浊度和混凝剂投量，更提高了对氨氮和有机物的去除效果。通过臭氧的多点投加，适当延长臭氧接触时间、活性炭池的停留时间，增加活性炭的厚度，从而提高臭氧—活性炭工艺中对有机物的去除效率、降低副产物的产生，通过在炭层和滤板之间设 30mm 石英砂滤层，提高了出水水质的安全性。

　　该示范工程主要关键技术之一是活性炭强化高浓度污泥回流高效沉淀技术：多种药剂组合与投加优化、高浓度污泥外回流技术、粉末活性炭回流强化有机物去除技术、新型池型布置和水力条件优化。以外回流方式，集成于进水过程中，融合高锰酸钾预氧化、污泥、粉末活性炭、混凝剂、高分子絮凝剂等药剂投加，实现一体化回流。将混合、絮凝、沉淀的常规工艺和污泥浓缩等功能集为一体，使常规水处理工艺过程高度集成。首次在具有自主知识产权的新型高效沉淀池内实现混凝剂、高分子絮凝剂、复合高锰酸钾、粉末活性炭的多种药剂组合投加与高效沉淀和污泥浓缩的高效组合，实现预氧化、快速混合、强化混凝、高效沉淀和污泥浓缩的全效集成，实现生物—物理—化学协同去除浊度和有机污染的新功能。

　　图 6-6 和图 6-7 为 2011 年 8～11 月期间该工程各工艺阶段出水水质情况。从图中可以看出：氨氮 1.06～4.53mg/L，耗氧量 9.12～15.68mg/L 的原水经预处理、强化常规和两级臭氧—生物活性炭深度处理后，出水水质可达 GB 5749—2006 标准。

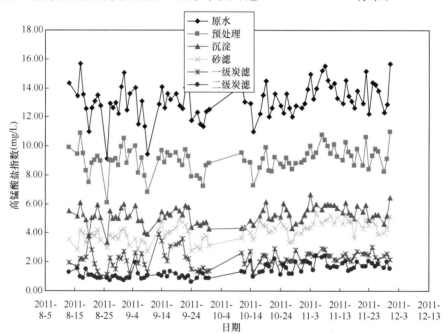

图 6-6　各工艺阶段出水耗氧量变化曲线

二、三期出水水质比较（2012 年 5 月）　　　　　　　　　　　　表 6-1

	三期			二期		
	浊度（NTU）	耗氧量（mg/L）	氨氮（mg/L）	浊度（NTU）	耗氧量（mg/L）	氨氮（mg/L）
原水	10.93	12.68	7.24	10.93	12.68	7.24
预处理出水	9.92	8.80	2.27	9.16	8.96	3.01
沉淀出水	0.83	5.30	2.11	1.25	5.48	3.08
砂滤出水	0.25	4.19	0.52	0.41	4.54	1.16
一级臭氧出水	0.27	3.52	1.38	0.20	3.81	1.34
一级活性炭出水	0.16	2.86	0.27	0.20	3.03	0.27
二级臭氧出水	0.13	2.43	0.35	0.21	2.58	0.35
二级活性炭出水	0.12	1.89	0.19	0.16	2.07	0.22

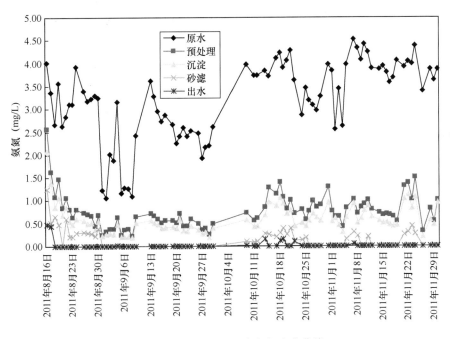

图 6-7 各工艺阶段出水氨氮变化曲线

表 6-1 是 2012 年 5 月期间二期、三期各工艺阶段出水水质平均值。从表中可以看出，三期工程可以保证沉后浊度在 1NTU 以下，在耗氧量和氨氮去除方面出水水质均优于二期。该示范工程采用了先进的、占地面积小的高效沉淀技术、对预处理和臭氧—生物活性炭工艺进行了优化，对河网地区重污染原水的饮用水处理工艺进行了优化集成，从而使 V 类或劣 V 类的河网原水经组合工艺处理后，出水水质达到 GB 5749—2006 要求，与二期相比，出水水质得到了改善。

跟踪监测示范工程一年的运行数据表明，高氨氮、高有机物污染河网原水的组合处理技术示范工程，通过预处理优化、强化常规、二级臭氧—生物活性炭优化深度处理工艺，经第三方连续检测，V 类或劣 V 类的河网原水经组合工艺处理后，出水水质符合 GB 5749—2006 的要求。

高效沉淀技术除在嘉兴地区古横桥水厂应用外，还在绍兴应急水厂、青浦水厂等实际工程推广应用，取得了明显的环境、经济和社会效益。由于其具有占地面积小、节省药剂、排泥少、负荷高、稳定可靠的特点，可用于水厂新建和扩建工程，也可作为水厂工艺改造的优选技术，具有较强的推广应用前景。

6.2 高藻、高有机物湖泊型原水深度处理技术与工程示范

6.2.1 水质特性及工艺选择

针对太湖水源高藻、藻毒素、高有机物、高氨氮、臭味等污染特征，开展了生物预处

理技术、高效化学预处理技术、高藻原水深度处理技术、高藻型原水藻类膜工艺去除关键技术和高藻毒素型原水安全消毒技术研究。通过技术研发、技术集成和综合示范,形成应用和推广高藻型湖泊型原水预处理→常规处理→深度处理→膜处理多级屏障技术体系,解决和应对湖泊型水源长期存在的高藻、高有机物和高氨氮导致的水质耗氧量、氨氮等超标问题,特别是长期困扰湖泊型原水的自来水的臭味问题,并完成了高藻和高有机物原水处理技术集成研究与工程示范。

6.2.2 无锡市中桥水厂示范工程

1. 工艺流程

该示范工程根据高藻和高有机物原水特征,结合现状常规工艺技术特点和运行效果,通过中试规模试验优化工艺设计,比选确定出工艺流程为:南泉水源厂预处理出水(预臭氧→生物预处理)→常规处理(絮凝反应池→平流沉淀池→普通快滤池)→后臭氧→生物活性炭→超滤膜多级屏障深度处理工艺,并实施示范工程,工艺流程见图 6-8 和图 6-9,具体实物图见图 6-10。

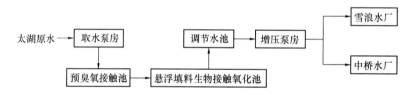

图 6-8 南泉水源厂预处理工艺流程图

图 6-9 无锡中桥水厂示范工程工艺流程图

示范工程生产规模为 15 万 t/d,其中常规处理→超滤膜工艺,2010 年 1 月投入试运行;常规处理→后臭氧—生物活性炭→超滤膜深度处理工艺全流程于 2011 年 2 月投入运行。膜深度处理工程投资 560 元/t,制水成本增幅 0.1729 元/t。

无锡中桥水厂深度处理改造工程的主要内容包括新建提升泵房及臭氧接触池、活性炭滤池、鼓风机房、综合加药间及超滤膜处理车间等。

(1)提升泵房、臭氧接触池及臭氧发生间

提升泵房与臭氧接触池合建,土建及设备安装规模均为 60 万 m³/d,按 30 万 m³/d 规模分为 2 组。

每组提升泵房分为独立 2 座,每座泵房内设潜水轴流泵 6 台,4 用 2 备。

每组内臭氧接触池同样分为独立 2 座,规模为 15 万 m³/d,采用全封闭结构。每座臭氧接触池紧贴提升泵房布置,两者合建外形尺寸为 29.50m×23.50m,有效水深 6m,接

南泉取水口　　　　臭氧的氧源装置　　　　臭氧发生器

臭氧接触池　　　　生物预处理池　　　　平流式沉淀池

砂滤池（普通快滤池）　　　　后臭氧的氧源装置　　　　后臭氧发生器间

后臭氧接触池　　　　生物活性炭滤池　　　　超滤膜工艺

图 6-10　无锡中桥水厂高藻和高有机物原水膜深度处理集成技术示范工程流程实物图

触时间 15min，臭氧投加量 1.0～2.0mg/L。每座臭氧接触池又分为独立 2 格，单格接触池分 3 次曝气头曝气接触，三阶段反应，各段接触时间依进水方向约为 4.0min、5.5min、5.5min，各阶段布气量可根据实际需要进行调整，设计按 45%～55%、25%～35%、15%～25%布气。曝气采用微孔曝气，臭氧向上，水流向下，充分接触。每组接触池内逸出的臭氧经负压收集、热催化剂破坏分解成氧气后排入大气，排出的气体中臭氧浓度应小于 0.1mg/L。

臭氧发生器间土建及设备安装规模 60 万 m³/d，布置于活性炭滤池西侧。采用富士株式会社 20kg/h 臭氧发生器 3 台，2 用 1 备，臭氧设计最大加注量为 2.0mg/L，均为后臭氧；臭氧发生器的气源为纯氧，通过外购方式获得，液氧罐容积 50m³。

（2）活性炭滤池

活性炭滤池采用翻板滤池池型，共 14 格，双排布置，单格尺寸 12m×8m，面积

96m², 空床滤速 9.8m/h。填料层由上而下为: 活性炭粒径 8～30 目, 厚度 2.1m, 空床停留时间 13.9min; 下设砂层, 平均粒径 0.6mm, 不均匀系数 1.3, 厚度 0.6m; 支承层粒径 2.0～16.0mm, 厚 0.45m。

（3）超滤膜

新增超滤膜深度处理系统土建规模按 30 万 m³/d 设计, 占地面积 3000m², 一期安装 15 万 m³/d 超滤膜饮用净水处理系统, 于 2009 年 12 月 25 日投入试运行。

无锡中桥水厂选用西门子公司的超滤膜饮用净水系统, 其主要性能特点:

（1）不设反洗水泵, 在反洗时采用压缩空气反向压出膜腔内滤液, 同时膜丝外表面用空气擦洗, 效果更好更安全, 大幅度节省能耗, 系统回收率高达 97% 以上。

（2）膜组件采用上下两端进水、两端出水设计, 大大改善过滤和反洗过程的配水均匀性。

（3）膜元件、膜组件以及膜堆的上下连接件均为标准化、模块化设计, 膜装置布置紧凑, 接口少, 占地面积小, 便于实现自控。

（4）扩展性好, 每个膜堆都预留了新增膜组件的安装位置。

超滤膜净水系统的主要构成: 膜进水泵单元、自清洗过滤器预处理单元、超滤装置单元、膜擦洗系统、压缩空气系统、在线化学清洗系统、热水系统、自动化控制仪器仪表系统。其他辅助系统包括反洗排水系统、中和系统。考虑整个系统的供水安全性与运行稳定性, 本项目设置 10 套超滤装置, 其中 1 套为备用, 超滤膜净水系统每个系列单元能单独运行, 也可同时运行。

2. 示范工程运行效果

2011 年 2 月～8 月南泉水源厂预处理、中桥水厂深度处理示范工程试运行期间, 根据第三方检测数据和运行监测数据, 出水的氨氮、高锰酸盐指数、臭和味等指标均达到我国现行《生活饮用水卫生标准》（GB 5749－2006）规定的 106 项标准（见表 6-2）。其中, 臭氧—生物预处理工艺对 UV_{254}、亚硝酸盐有较好的去除效果, 对高锰酸盐指数有一定去除, 且因生物接触池附着生物未成熟, 其对有机物及氨氮的去除还未达到理想效果; 臭氧—活性炭深度处理工艺附着生物较多, 更有助于有机物、氨氮、亚硝酸盐的去除。常规处理工艺对浊度有很好的去除效果。经预臭氧化灭活藻类, 再加氯, 使常规处理对藻类有很好的去除效果。超滤膜是保障饮用水的生物安全性最有效的技术, 几乎能去除水中所有的细菌和病毒。在臭氧—活性炭工艺对有机物、氨氮有较高去除率的基础上, 运行超滤膜工艺, 有效防止了滤池生物泄漏等问题。

2011 年 2～8 月中桥水厂出厂水水质常规指标及其去除率　　表 6-2

水质指标	浊度	色度	pH	臭和味	氨氮（去除率）	高锰酸盐指数（去除率）	藻密度（去除率）
单位	NTU	度		级	mg/L（%）	mg/L（%）	个/L（%）
2011-02	0.10	<5	7	0	0.01（97.4）	1.08（77.4）	4194（99.9）
2011-03	0.09	<5	7	0	0.00（99.2）	0.81（78.8）	2321（99.9）

水质指标	浊度	色度	pH	臭和味	氨氮（去除率）	高锰酸盐指数（去除率）	藻密度（去除率）
单位	NTU	度		级	mg/L（%）	mg/L（%）	个/L（%）
2011-04	0.10	<5	7	0	0.00（99.1）	0.77（81.5）	1935（99.9）
2011-05	0.07	<5	7	0	0.00（99.1）	0.77（80.0）	2033（99.9）
2011-06	0.08	<5	7	0	0.01（97.0）	0.76（76.0）	677（99.9）
2011-07	0.07	<5	7	0	0.02（95.7）	0.77（77.9）	133（99.9）
2011-08	0.12	<5	7	0	0.02（91.6）	0.77（79.3）	6548（99.9）

备注：表中数据为每月统计平均值。

3. 示范工程推广应用

南泉水源厂来水经中桥水厂的混凝、沉淀、过滤和臭氧—生物活性炭以及超滤膜等多级屏障处理，有机物大幅度降低，水质大大提高，出厂水水质指标完全符合（部分指标优于）我国现行生活饮用水卫生标准，该示范工程彻底解决了多年来盛夏季节困扰无锡市饮用水的藻嗅等水质问题，服务人口达 80 万，具有明显的经济效益和巨大的社会效益。

研究成果具有良好的推广应用价值，已在无锡以太湖水为水源的雪浪水厂和锡东水厂进行推广应用。类似的工艺流程，在江、浙、沪地区正被认可和接受，并逐步推广应用，为长三角地区饮用水水质的安全保障提供了技术支撑。

6.3 高嗅味、高溴离子引黄水库水深度处理技术与工程示范

6.3.1 水质特性

山东省位于中国东部沿海、黄河下游，水资源不足和水环境污染是当前城镇供水的主要矛盾，并已成为制约当地经济社会发展的重要因素。由于地下水和地区内山区水库水资源总量有限，黄河水已经成为山东省各地主要的饮用水源，目前山东省 18 个设区城市（包括胜利油田）中已有 8 个城市，如青岛、东营、德州、淄博等建有作为城市供水水源的引黄水库，水库总量 26 座，设计供水能力 342 万 m³/d。引黄水库蓄集了经预沉后的低浊度高营养盐澄清水，水体相对较浅（小于 10m），导致藻类生长，藻类的代谢产物及臭味物质如土臭素和二甲基异冰片等物质给给水处理带来极大的困难，此外由于黄河水沿途蒸发量大等原因，形成引黄水库特有的低浊、高藻、高臭味、高溴离子、高有机污染的水质特征。该类原水中无机物、有机物和有害生物并存，难于净化处理，尤其是因为藻类污染引起的臭味问题常年存在，严重影响水质感官。水厂常规处理已经难以满足当地用户的要求，亟待采用深度处理技术，解决高有机物和臭味问题。

6.3.2　济南市鹊华水厂示范工程

1. 工程背景

济南鹊华水厂始建于 1984 年，总设计规模 40 万 m^3/d，采用常规处理组合工艺，原水经预处理水厂进行简单预处理沉淀后送鹊华水厂处理，该设计主要针对黄河水含砂量较大、浊度较高的特点。建成后的鹊华水厂由于供水量受制于黄河断流，为"节水保泉"以及提升鹊华水厂供水保障能力，2000 年济南市政府筹建的库容 4600 万 m^3 的鹊山调蓄水库正式向济南市供水。

黄河水经鹊山水库沉砂池沉淀及水库调蓄后，原水特性有所改变，如高浊度特性已变为低浊特性，加之黄河水污染日趋严重，原水中有机物含量高，导致水库中藻类季节性暴发，而鹊华水厂原有的常规处理组合工艺难以应对水源水质的变化，出厂水难以满足新饮用水水质标准要求。

国家水专项确定以鹊华水厂改造作为深度处理技术示范工程，其工艺选择依托水专项研究成果。水厂最终采用微膨胀上向流生物活性炭深度处理技术作为鹊华水厂工艺改造的核心技术，为保证微膨胀上向流生物活性炭进水满足小于 1NTU 的要求，选用中置式高密度沉淀池作为常规处理的混凝沉淀单元；为保证出水浊度和微生物满足水质标准要求，采用砂滤后置工艺。因此，最后选择的工艺为：中置式高密度沉淀池—臭氧催化氧化接触池—微膨胀上向流生物活性炭池—V 型砂滤池—液氯消毒。与常用的下向流生物活性炭工艺相比，采用微膨胀上向流生物活性炭工艺后不再设置中间提升泵房，降低了水厂改造费用。

改造工程选择对该水厂 1986 年建成的一期工艺进行改造，暂保留相对较新的 1994 年建成的二期工程。改造规模为 20 万 $m^3 \cdot d$，工程投资为 1.34 亿元，其中臭氧—微膨胀上向流生物活性炭单元的投资成本为 192 元/ （$m^3 \cdot d$），运行成本为 0.16 元/m^3。

2. 工程设计运行参数

根据中试运行结果，设计臭氧投加量最大为 2.5mg/L，臭氧运行投加量 1.0～2.0mg/L，分三段投加，投加比例为 3∶1∶1。臭氧发生器选用 2 台，一用一备，单台产量 13kg/h。臭氧接触池设计停留时间约 15min，有效水深约 6.6m。

活性炭选用山西华青生产的 20×50 目压块破碎炭，不均匀系数小于 2.0。

微膨胀上向流生物活性炭池剖面图如图 6-11，炭池净高 5.95m，单格有效面积 60.48m^2，设计空床滤速 12m/h，控制炭层膨胀率在 10%～20%，设计最大膨胀率 50%，活性炭滤层厚 3.0m，接触时间 15min。活性炭池采用气冲，设计反冲洗周期为 15d，冲洗强度为 15L/ （$m^2 \cdot s$）。

砂滤池采用 V 型滤池，分为 12 格，双排布置，滤速为 8.0m/h，石英砂滤料滤层厚 1.2m，有效粒径 0.85mm。

该工程于 2011 年 7 月试运行，对示范工程的研究从 2011 年 8 月至 2012 年 12 月，历时 1 年 4 个月。由于该水厂将新旧工艺中的砂滤出水混合后再消毒供水，因此研究中只考察了各单元构筑物出水而没有考察出厂水水质。

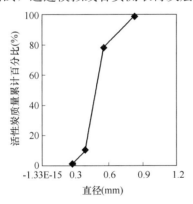

图 6-11　微膨胀上向流生物活性炭池垂直布置图

3. 示范工程出水水质分析

（1）示范工程对浊度的去除效果分析

示范工程选用 20×50 目活性炭，经过测试（图 6-12），其 d_{10} 为 0.38mm，不均匀系数 1.3，因此，其活性炭粒径小于小试中 20×50 目型号的活性炭粒径。水温 17℃时，其膨胀率变化见图 6-13。在滤速 12m/h 条件下，膨胀率为 30％，高于设计值的 10％～20％。由于水温降低后同样滤速时膨胀率将增加，为保持膨胀率达到要求，可以适当降低生物活性炭水力负荷。该结果也表明，选用同一型号的活性炭，由于其实际的有效粒径和不均匀系数的不同，也可能导致其膨胀率超出设定范围。因此，在购炭时应该对活性炭进行筛分测试，通过模拟或者实测取得炭层膨胀率的预估值。

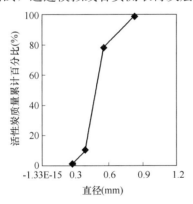
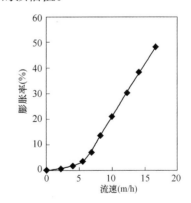

图 6-12　示范工程活性炭筛分曲线　　　图 6-13　示范工程活性炭膨胀率（17℃）

示范工程在 2011 年 7 月至 2012 年 12 月运行期间对浊度的去除率如图 6-14 所示。水源水的浊度最高达到 8 NTU 左右，平均 3.5 NTU，属于低浊水。但由于水源水富营养化、浊度较低且高密度沉淀池（以下简称"高沉池"）没有调试到最佳状态，因此其对浊度的去除效果没有达到预期效果，出水的浊度平均 2.5 NTU。有时由于高沉池运行不稳定，出水的浊度甚至高于原水。臭氧氧化后出水浊度大约在 1.9 NTU 左右，因此进入微

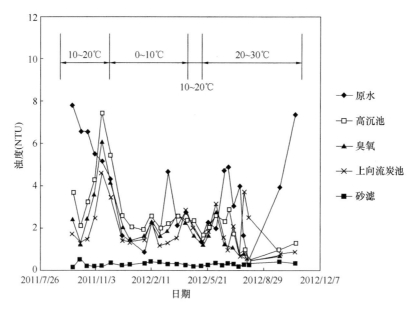

图 6-14　示范工程各单元出水浊度变化

膨胀上向流活性炭池的进水浊度高于研究的建议值 1NTU。而微膨胀上向流活性炭池的出水浊度则基本维持在 1.9 NTU，对浊度几乎没有去除。因为采用砂滤后置工艺，出厂水浊度可以通过砂滤控制，但活性炭池出水浊度较高，对砂滤有不利影响，因此需要优化高密度沉淀池的运行效果，严格控制生物活性炭单元的进出水浊度。

　　尽管微膨胀上向流活性炭池出水浊度偏高，但是其由于有后置的砂滤池，因此能保证出水浊度<0.3NTU，符合《生活饮用水卫生标准》GB 5749—2006 的标准，说明该工艺能够有效的控制浊度。微膨胀上向流生物活性炭池虽然在这一年中能够在浊度>2NTU的进水条件下稳定运行，但是仍然建议水厂对高沉池进行进一步调试，保证出水浊度<1NTU，确保微膨胀上向流生物活性炭池能够长时间的稳定运行。

　　（2）示范工程对有机物的去除效果分析

　　示范工程在运行一年内各单元对耗氧量的去除效果如图 6-15 所示。水源水的高锰酸盐指数在 2.16～4.42mg/L，平均 2.8mg/L，高密度沉淀池对耗氧量的去除率约为 8.8%。臭氧出水、微膨胀上向流生物活性炭池和砂滤池的出水高锰酸盐指数平均浓度为 2.2mg/L、1.7mg/L 和 1.3mg/L。其中，微膨胀上向流生物活性炭池出水由于浊度较高，使其出水的高锰酸盐指数也比小试结果高。砂滤池由于同时处理活性炭池的反冲洗出水，因此具有一定的微生物量，对于高锰酸盐指数有一定程度的去除。砂滤池出水均符合《生活饮用水卫生标准》GB 5749—2006 的标准。

　　图 6-16 显示水源水的 DOC 最高达到 4.63mg/L，平均 2.78mg/L。高密度沉池出水DOC 浓度约为 2.39mg/L，对 DOC 的去除率约为 14.0%，高于其对高锰酸盐指数的去除。而臭氧氧化对 DOC 的几乎没有去除作用。微膨胀上向流生物活性炭池为示范工程中对 DOC 去除的主要处理单元。数据表明，微膨胀上向流活性炭池出水的 DOC 浓度约为

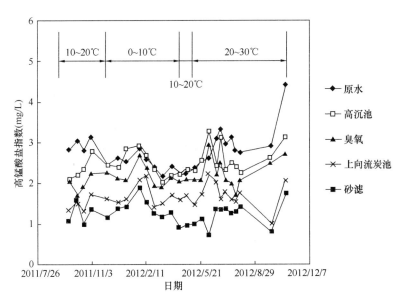

图 6-15 各处理单元出水高锰酸盐指数变化

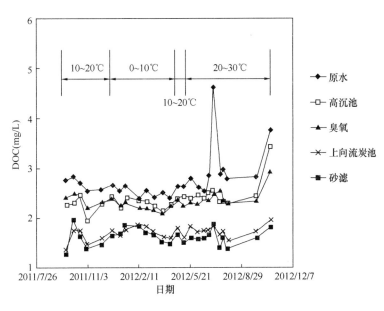

图 6-16 各处理单元出水 DOC 变化

1.71mg/L，去除率为 27.4%。砂滤出水 DOC 约为 1.62mg/L，其去除率低于砂滤对高锰酸盐指数的去除效果，这说明由于高锰酸盐指数的检测受到浊度的影响，砂滤对高锰酸盐指数去除效果一部分体现在对浊度的去除上。

示范工程在运行一年内各单元对 UV_{254} 的去除效果如图 6-17 所示。水源水平均 UV_{254} 浓度为 $0.045cm^{-1}$。高密度沉淀池对 UV_{254} 的去除率为 13.5%。臭氧氧化为示范工程中主要的对 UV_{254} 的去除单元，经过臭氧氧化后，UV_{254} 下降至 $0.024cm^{-1}$，去除率为 38.0%。上向流生物活性炭池对 UV_{254} 也有一定的去除效果，出水浓度为 $0.018cm^{-1}$，去除率 27.8%。砂滤出水 UV_{254} 浓度为 $0.017\ cm^{-1}$。

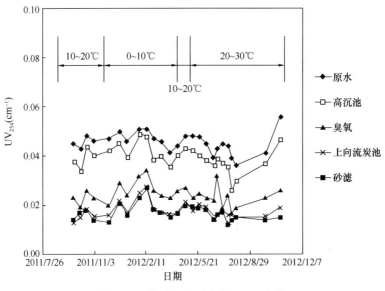

图 6-17　各处理单元出水 UV$_{254}$ 变化

（3）水温对有机物去除效果的影响

水温对微膨胀上向流生物活性炭池有机去除效果的影响如图 6-18 所示。结果表明，温度的上升提高了微膨胀上向流生物炭池对有机物的去除效果，这是因为在微生物降解阶

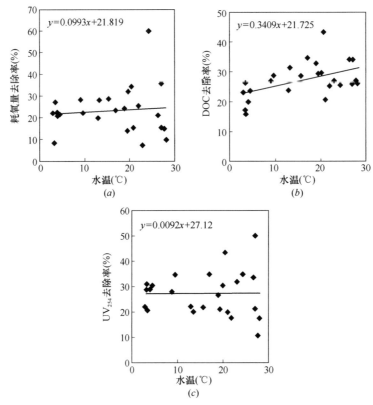

图 6-18　水温对微膨胀上向流生物活性炭池有机物去除效果的影响

（a）高锰酸盐指数；（b）DOC；（c）UV$_{254}$

段，水温上升能够提高炭池内微生物的数量及活性所致。微膨胀上向流生物活性炭池在水温低于10℃时，对高锰酸盐指数、DOC和UV_{254}的去除效果仍然能分别保持在21.6%、22.6%和28.0%。说明炭池能够为生物提供良好的生长环境，维持其在低温条件下的有机物去除效果。

（4）示范工程对消毒副产物前体物去除效果

图6-19和图6-20显示了示范工程中各单元出水的消毒副产物前体物的变化。高密度沉淀池出水三卤甲烷生成势（THMFP）为61.2μg/L，臭氧—生物活性炭对三卤甲烷生成势的去除率为19%。臭氧—生物活性炭单元出水的三卤甲烷前体物的成分比例与进水相比发生变化，在高沉池出水中三氯甲烷生成势最高，而炭池出水中则为二溴一氯甲烷生成势最高。这可能是因为当水中含有溴离子时，臭氧氧化会使溴代甲烷的比例升高所致。

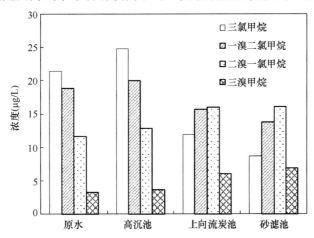

图 6-19　各处理单元出水三卤甲烷生成势变化

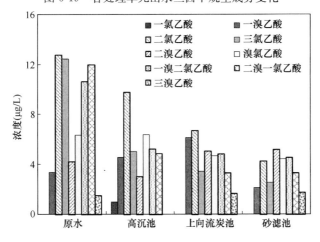

图 6-20　各处理单元出水卤乙酸生成势变化

臭氧—生物活性炭对卤乙酸生成势（HAAFP）的去除率为8.8%。文献表明，新活性炭吸附能去除约10%的HAAFP，而生物活性炭工艺对HAAFP的去除率约25%。在该示范工程中，上向流炭池对HAAFP的去除率低于文献值可能是受到活性炭吸附饱和以及炭池内微生物生长较差的影响。

（5）示范工程对微生物的去除效果分析

示范工程各单元对微生物的去除效果如图 6-21 所示，微生物数量以 HPC 计数。水源水的 HPC 数量在 $10^3 \sim 10^4$ CFU/mL。高沉池和臭氧氧化对 HPC 可达到一个数量级去除效果。微膨胀上向流活性炭池出水的 HPC 有明显的上升，出水 HPC 达到 $10^4 \sim 10^5$ CFU/mL，但是低于小试出水中 $10^6 \sim 10^7$ CFU/mL 数量，说明 4 天反冲洗一次将减少微膨胀上向流生物活性炭池内微生物的数量，影响微膨胀上向流生物活性炭池对有机物的去除效果。

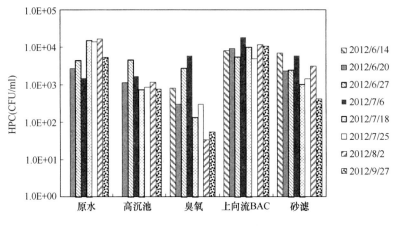

图 6-21　各处理单元出水 HPC 计数变化

砂滤将出水中的 HPC 的数量降至 $10^2 \sim 10^4$ CFU/mL。研究显示，在 2mg/L 氯投加量下，接触时间 5min 或者紫外线消毒在 $10mJ/cm^2$ 的剂量下均能够达到 4log 的灭活效果，因此出厂水 HPC 可小于 500CFU/mL，满足美国环境保护局颁布的美国饮用水水质标准中的相关要求。同时，根据相关文献可知，下向流生物活性炭池出水的 HPC 将高于砂滤池出水，因此选用微膨胀上向流生物活性炭池前置，砂滤后置的方案能够更有效的确保微生物的安全性。

4. 示范工程综合评价

根据为期一年的水质追踪，鹊华水厂的示范工程出水全部达到《生活饮用水卫生标准》（GB 5749—2006）的标准，实现了预期目标，保障了饮用水安全。其中，示范工程对高锰酸盐指数和 DOC 的去除率分别为 53.6% 和 41.7%，远高于未改造的常规工艺的 24% 和 9%。臭味物质二甲基异冰片在出水中的含量低于检测限，嗅味问题得到解决。

但是在微膨胀上向流活性炭池工艺实际运行中仍然存在一些问题：

首先，微膨胀上向流生物活性炭池进水浊度控制不严格。示范工程中，中置式高密度沉淀池出水浊度达到 2.5NTU，这可能使后续上向流炭池的布气布水管增加堵塞的风险，并增加后置砂滤对浊度去除的负荷。由于微膨胀上向流生物活性炭池进水端在炭池的下部，因此一旦发生布气布水管头阻塞，难以清理，造成布水布气的不均匀，影响微膨胀上向流生物活性炭池的处理以及反冲洗效果。

其次，反冲洗频率太高。示范工程设计上向流炭池反冲洗周期为 15d，但在实际运行中，反冲洗周期缩短为 4d。从浊度的去除效果可以看出，上向流炭池对浊度的去除效果有限，并且有约 30％的膨胀率，因此不需要每 4d 就进行反冲洗。过密的反冲洗不仅降低了上向流炭池内的微生物降解效果，也加速了活性炭颗粒的磨损。

因此，建议水厂对高沉池进行进一步调试，降低上向流炭池进水浊度，确保微膨胀上向流炭池能够长时间的稳定运行，并延长其反冲洗周期。

6.3.3 小结

对鹊华水厂深度处理示范工程进行了一年多的运行研究，发现采用"混凝—高密度沉淀池—臭氧接触氧化池—微膨胀上向流生物活性炭池—砂滤池—消毒"的深度处理工艺出水水质稳定，处理效果良好。示范工程研究主要结论如下：

（1）示范工程中微膨胀上向流生物活性炭池选用的 20×50 目型号活性炭的粒径略小于前期小试中所使用活性炭，使膨胀率高于设计值。尽管微膨胀上向流生物活性炭池出水浊度偏高，但是其由于有后置的砂滤池，因此能保证出水浊度低于 0.3NTU，达到小于 1NTU 的水质标准。

（2）示范工程对 DOC 和 UV_{254} 的去除率分别达到 42.9％和 62.2％。砂滤出水 DOC 和 UV_{254} 分别约为 1.6mg/L 和 0.017cm^{-1}。同时，该工程对高锰酸盐指数的去除率约为 53.6％，砂滤出水的高锰酸盐指数为 1.3mg/L，符合《生活饮用水卫生标准》GB 5749—2006 的标准。示范工程对有机物的有效去除保证了出水水质的化学安全性。

（3）示范工程砂滤池出水 HPC 在 $10^2 \sim 10^4$ CFU/mL，消毒后能够满足出厂水 HPC 小于 500CFU/mL 的美国环保局的相关要求，保证出水微生物的安全性。但是 4 天的反冲洗周期较短，导致上向流生物活性炭池内部的微生物数量较少，影响其对有机物的去除效果。

（4）鹊华水厂臭氧—上向流微膨胀生物活性炭—砂滤集成技术深度处理示范工程出水水质 106 项指标均符合国标 GB 5749—2006 的要求，该工艺保证了出水安全性，达到了预期目标，但对于个别水处理构筑物运行条件仍有进一步优化的空间。

6.4 强化去除寒冷地区地表水中有机污染物的深度处理技术与工程示范

6.4.1 水质特性

牡丹江为松花江第二大支流，发源于吉林长白山的牡丹岭。河流呈南北走向，全长 726km，总落差 1007m。牡丹江流域分属黑龙江、吉林两省，流域总面积为 37023km²，其中黑龙江省境内流域面积 28543km²，占总面积的 77％，自南向北流经吉林省的敦化市、黑龙江省的宁安、海林、牡丹江、林口、依兰等市县，最后于依兰县城西流入松花江。

通过对牡丹江近 10 年水质监测资料的研究发现：牡丹江为受有机污染河流，特别是下游依兰段离松花江只有 5km，主要污染物为有机物和总磷等。研究表明，牡丹江各水期水质污染程度为：丰水期重于枯水期，枯水期重于平水期，说明面源污染贡献较大。从各断面水质情况看，各城市上游断面的水质好于城市下游断面水质。近十年来，随着城市发展和经济的增长，牡丹江污染治理的力度逐渐加大，牡丹江污染程度逐渐减轻，高锰酸盐指数、氨氮浓度等有机污染指标均有所下降，整个干流Ⅱ～Ⅳ类水体所占比例逐渐上升，Ⅴ类水体比例逐渐下降，目前已基本消除劣Ⅴ类水体。

依兰县给水示范工程原水水质资料 表 6-3

序号	项　　目	枯水期均值	平水期均值	丰水期均值
1	pH	7.415	8.177	7.54
2	溶解氧（mg/L）	11.755	9.09	6.23
3	高锰酸盐指数（mg/L）	5.705	5.097	14.9
4	化学需氧量（mg/L）	17.8	17.1	48.5
5	生化需氧量（mg/L）	3.215	1.03	1.67
6	总磷（mg/L）	0.114	0.1013	0.884
7	氟化物（mg/L）	0.3	0.2216	1.26

注：可行性报告工作之前由依兰城建局提供的牡丹江水源水质。

依兰县给水示范工程水源地位于牡丹江下游，距离松花江入口约 5km 处，原水水质分析如表 6-3 所示。原水水质参数中高锰酸盐指数、化学需氧量、总磷均超标，且在丰水期，原水已经接近Ⅴ类水质。因此，提出对水源水进行强化常规处理与深度处理相结合的饮用水处理工艺，以期达到国家《生活饮用水卫生标准》（GB 5749—2006）。

6.4.2　工艺选择

由示范工程水源水质分析可知，原水受有机污染严重，高锰酸盐指数等较高，同时，示范工程位于北方寒冷地区，冬季源水具有低温、低浊等特征，采用常规给水处理工艺很难达到国家《生活饮用水水质标准》（GB 5749—2006）。

针对依兰水源水冬季低温、低浊以及有机污染物含量较高等特点，依兰县给水示范工程采用强化常规处理工艺及短流程深度处理工艺。其中，强化常规工艺为超声强化混合、双向流斜板沉淀—气浮串联工艺。目前北方寒冷地区净水厂普遍采用的斜管沉淀池在低温低浊期间处理效率不高，由于其泥水流向逆向，流态冲突，导致泥水分离效果不好，絮体常常停留在斜管中。同时，斜管沉淀池需要在沉淀池表层通过集水槽集水，从而增加了工艺系统的水头损失，而且由于多次跌水导致絮体破碎，不利于与后续的气浮工艺联用。另外，根据前期的模型试验结果，斜管沉淀池处理低温低浊水效率低，处理负荷不高；而双向流斜板沉淀池对低温水不仅处理效果好，而且处理负荷显著地高于传统斜板斜管沉淀池，双向流斜板沉淀池具有高效、高负荷、占地面积小、水头损失小及能克服异重流影响等优点，所以建议采用双向流斜板沉淀池。气浮工艺具有负荷高、占地小、适宜处理低温低浊水、水头损失小及能有效地去除水中大分子有机物、悬浮颗粒等优点，在双向流斜板沉淀池后设置气浮池，形成双向流斜板沉淀—气浮串联的强化常规给水处理工艺。由于双向流斜板沉淀—气浮串联工艺的强化常规给水处理方法可以去除水中大部分常量有机物及悬浮颗粒，提高后续催化氧化工艺降解水中难降解、高稳定微量化工有机污染物的针对性，所以，在均相/多相臭氧催化氧化耦合工艺前不需要设置砂滤池，从而避免了砂滤池的基建投资费用及其相应的水头损失，从而形成了短流程深度处理集成化工艺流程。该短流程深度处理工艺采用均相/多相臭氧催化氧化耦合技术，均相催化氧化采用 O_3/H_2O_2 技术，同时在后续的反应器中装填蜂窝陶瓷多相催化剂，形成均相/多相臭氧催化氧化耦合工艺。前期进行的中试模型试验发现，单独臭氧氧化技术在低温条件下对有机物的降解效果差，当采用 O_3/H_2O_2 均相催化技术时可明显提高在低温条件下对有机物的分解效果。采用了均相/多相臭氧催化氧化耦合工艺，在臭氧均相催化氧化中，随着 O_3 投加同时加入一定比例的 H_2O_2，促进了羟基自由基的形成，也提高了臭氧的转移效率，使水中可被利用的臭氧量增加。而多相催化剂蜂窝陶瓷在提高臭氧氧化效率的同时，可控制消毒副产物的形成，同时可避免均相催化剂（过氧化氢）在水中的残留。滤池选用翻板阀滤池，滤料采用上层椰壳活性炭、下层石英砂的混合滤料，下层石英砂可避免滤池内生物的泄漏，翻板阀滤池可有效避免反洗跑炭。

根据原水水质及出水量，为了达到国家饮用水标准，针对低温高有机污染水源水，建议采用深度处理工艺。具体工艺流程如图 6-22 所示。

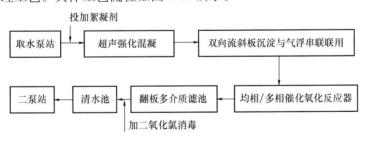

图 6-22 处理工艺流程图

6.4.3 依兰县依兰镇牡丹江水源给水深度处理一期示范工程

1. 示范工程简介

依兰县给水工程始建于 1963 年，给水系统由企业自备水源和自来水公司供水系统两部分组成，水源均为地下水。存在着以下几方面问题：（1）供水量不足。依兰县城区地下水可开采量仅有 1.6 万 m^3/d，其中企业自备水源分散开采占 $0.85m^3/d$，自来水公司水源开采量不足 $0.7m^3/d$。城区总缺水量约为 1.0 万 m^3/d，所缺水量必须新辟水源解决。（2）给水设施老化。自来水公司有三处水源，其中一、二水源均为大口井，使用年限均超过 20 年，目前水量已呈现减少趋势，只有第三水源 $5000m^3/d$ 的水量有保证。(3)部分水质不合格。城区的给水管网普及率不足 80%,部分居民饮用浅层地下水,由于城区内排水设施建设不完善,浅层地下水受到城市污染,城区内的一些取水井也由于该地区含水层较浅而具有潜在的污染风险。因此,为了满足居民用水需求,给依兰县城区今后各方面的发展创造条件,依兰县城区新设地面水源取水系统,并新建水厂,扩建城市给水系统。

示范工程一期工程水量 2.0 万 m³/d,预留二期工程用地,二期工程水量 2.0 万 m³/d,工程总水量 4.0 万 m³/d。

由牡丹江水源水质分析可知:原水受化工有机污染严重,同时依兰县位处北方寒冷地区,冬季漫长,原水具有低温、低浊等特征,因此采用现有常规给水处理工艺很难达到新的国家《生活饮用水卫生标准》GB 5749—2006 水质要求。针对牡丹江水源水质特点,哈尔滨市依兰县给水示范工程采用强化常规给水处理工艺及短流程深度处理工艺。

依兰县给水示范工程工艺流程主要包括混凝沉淀系统、高速气浮系统、催化氧化深度处理系统、过滤消毒以及供水系统,根据水量大小,共分为两组,具体工艺流程如图 6-23 所示:

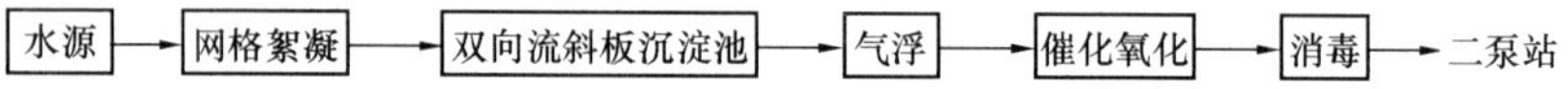

水源 → 网格絮凝 → 双向流斜板沉淀池 → 气浮 → 催化氧化 → 消毒 → 二泵站

图 6-23 依兰给水示范工程工艺流程图

2. 各工艺系统设计参数简介

(1)混凝沉淀系统设计参数

该部分系统主要包括:静态混合器和超声混合器(二者可以单独使用也可以串联使用)、网格絮凝池、双向流斜板沉淀池。

1)静态混合器:钢制结构,直径 600mm,长 6m,共有 2 个,分为 2 组,混合停留时间 3.0s。

2)网格絮凝池:采用网格絮凝池,钢筋混凝土结构,网格反应池共分 2 组,每组池体尺寸:$B×L×H=13m×8m×5m$,每组分三级。第一级断面流速 0.19m/s,反应时间 4.56min;第二级断面流速 0.08m/s,反应时间 6.36min;第三级断面流速 0.05m/s,反应时间 10.80min,絮凝阶段总絮凝时间为 21.72min。

3)双向流斜板沉淀池:采用双向流斜板沉淀池,与网格絮凝池合建,共分两组,池体尺寸为 $B×L×H=13m×10m×5m$,沉淀池水平流速 20mm/s,停留时间 30min。采用特制的斗室重力排泥,每根排泥管设置气动蝶阀和手动蝶阀各一台,快开排泥,排泥周期根据水质和投加药剂量确定。

(2)气浮系统设计参数

气浮系统与沉淀系统之间设有过渡区,防止相互之间的水力扰动。本工程采用加压溶气气浮,气浮池内可分为接触区和分离区,接触区内布有溶气释放器,采用机械刮渣,气浮池后端有活动堰板,可以调节水位。共设置 2 座气浮池,接触区上升流速为 20mm/s,气浮阶段共设置 2 座气浮池,接触区上升流速采用 26.5mm/s,气浮分离速度采用

2.7mm/s，停留时间为 30min，气浮池单座尺寸为 $L \times B \times H = 13.6m \times 6.3m \times 3.3m$。气浮池回流比 5%～10%，每座气浮池采用回流水泵 3 台，TR-8 型溶气罐 2 台，TV 型溶气释放器 16 只。

（3）催化氧化深度处理系统设计参数

催化氧化的主要功能是去除水中高稳定、高风险的微量工业有机污染物。本工程中，臭氧催化氧化采用成套的反应器，反应器为不锈钢结构，采用法兰与管道连接。每组反应器前端进水管上分别设置 O_3 和 H_2O_2 投加点。臭氧投量 1～2mg/L，过氧化氢投量 0.2～1mg/L。催化反应器中设置了超声设备，用于强化 O_3 和 H_2O_2 的混合。臭氧发生系统建于厂区北侧，车间内共设置臭氧发生器 2 台，单台产量 1 kg/h。

（4）双介质翻板阀滤池设计参数

翻板阀滤池的目的是进一步截留去除水中的各类污染物，保障出水水质。本工程中采用下层石英砂（$d = 0.95～1.0mm$）和上层煤质柱状颗粒活性炭（$d = 4mm$）相结合的滤料填充方式。在底部设置砾石承托层，厚为 0.3m，自上而下由细到粗的分层布置，细砾石 $d = 3.0～5.6mm$，粗砾石 $d = 8.0～12.0mm$，石英砂滤层厚度 0.7m，活性炭滤层厚度为 1.1m。滤池共分为 4 格，单格尺寸为：$B \times L \times H = 7m \times 4m \times 4.3m$。其中，活性炭主要指标为：碘值为 ≥800mg/L，比表面积 1035m²/L，抗磨强度 ≥98%，水分 ≤5%，pH $= 8～9$。滤池滤速为 8m/h，强制滤速 10.5m/h，空床停留时间（EBCT）10min。滤池反洗流程为：先大泵水洗 1min，水洗强度为 14L/m·s；然后气洗 5min，气洗强度 14L/m·s；再开小水泵气水同时反洗 3min，水洗强度 4L/m·s；接着关闭风机，开启大泵，2 台水泵共同水洗 1min，水洗强度为 18L/m·s；最后排水，开始表面扫洗，扫洗强度 0.9L/m·s，约 2min。上述过程每次反洗共进行 2 次，滤池反洗周期为 8～12h。

（5）消毒系统设计参数

本设计采用二氧化氯消毒，设计投加量 2mg/L，共设置二氧化氯发生器 2 台，一用一备，单台产量 2 kg/h。

3. 示范工程生产调试运行状况

工艺系统共分为 2 组，生产调试运行时期重点考察了双向流斜板沉淀——高速气浮联用工艺的强化常规处理效能、O_3/H_2O_2 均相催化氧化对微污染有机物的去除效能。

原水水质：pH＝7.6～8.0、温度＝2～20℃、浊度＝6～10NTU、色度＝20～30 度、$UV_{254} = 0.1$ cm⁻¹ 左右、高锰酸盐指数＝3～4mg/L、碱度约为 60mg/L（以 $CaCO_3$ 计），原水具有低温、低浊、高色等特点。

生产调试运行操作条件：进水量约为 400t/h，单组工艺满负荷运行；混凝剂为聚合氯化铝（PAC），投量为 30mg/L；该生产调试运行阶段内气浮工艺回流比约为 15%，大于设计参数值，主要是调试运行期间现场条件所限；调试运行期间，由于通水时间不稳定，气浮池刮渣、沉淀池排泥，滤池反洗频率依实际情况而定。

（1）双向流斜板沉淀——气浮系统对浊度、高锰酸盐指数、UV_{254} 的去除效果

该部分系统主要针对冬季原水低温低浊的特征，强化常规处理。图 6-24、图 6-25、

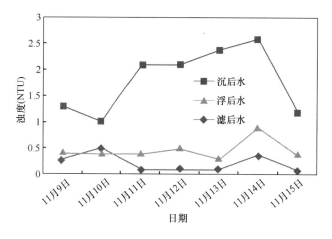

图 6-24 双向流斜板沉淀—气浮工艺对浊度的去除效果

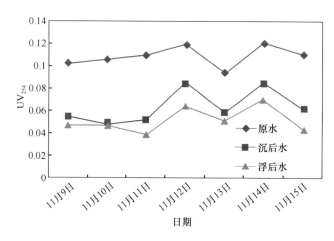

图 6-25 双向流斜板沉淀—气浮工艺对 UV$_{254}$ 的去除效果

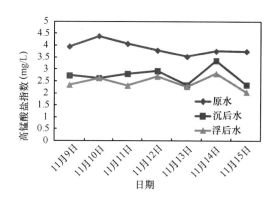

图 6-26 双向流斜板沉淀—气浮
工艺对高锰酸盐指数的去除效果

图 6-26 为该部分系统稳定运行时的对浊度、UV$_{254}$、高锰酸盐指数的去除效果。由图可知：该部分系统的调试运行效果良好，双向流斜板沉淀池能够有效应对低温低浊水，出水浊度稳定，一般都小于 2NTU；沉淀对高锰酸盐指数、UV$_{254}$ 的去除率在 30%～40%；气浮工艺出水浊度一般稳定在 0.5NTU 以下，且受沉后出水水质影响很小；气浮工艺对高锰酸盐指数、UV$_{254}$ 也有一定的去除能力。

综上，双向流斜板沉淀—气浮联用工艺的出水水质稳定，能够去除水中大量常量有机物质及悬浮颗粒，利于后续深度处理对水中高稳定、高风险的难降解微污染有机物的去除，同时减少深度处理前置砂滤池的设置，形成短流程深度处理工艺。

（2）示范工程完整工艺流程各单元出水的颗粒粒径分布分析

示范工程各工艺单元出水的粒度分析结果见图6-27。由图可知：双向流斜板沉淀能够去除约90%的微米级别的颗粒，气浮工艺能够将细小颗粒进一步去除；所有工艺中，浮后水中含有的颗粒数目最少，具有很大的优势；氧化后和炭滤后出水中颗粒数目增多，可能是因为工程系统运行尚未稳定，会在水传送过程中引入一些灰尘等颗粒。

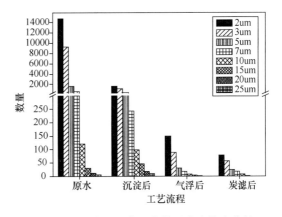

图 6-27　示范工程各工艺单元出水粒度分析

（3）示范工程各工艺单元出水分子量分布分析结果

图6-28为示范工程春季运行时各工艺单元出水的分子量分布的分析结果。如由图可知：双向流斜板沉淀—气浮联用可以去除原水中大部分的大分子的腐殖质类物质；经过 O_3/H_2O_2 均相催化氧化之后，大分子物质含量减少，小分子物质检出量增多；多介质过滤（石英砂和活性炭）工艺截留去除水体中的有机物质；臭氧催化氧化在分解大分子有机物的同时，小分子有机物开始出现，说明臭氧均相催化氧化能将大分子的腐殖质物质氧化

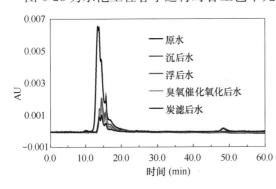

图 6-28　示范工程各工艺单元出水分子量分布分析

成小分子的羧酸、醛、酮类物质，利于后续活性炭的吸附。

（4）示范工程各工艺单元出水的三维荧光分析结果

原水经过各水处理单元后，不仅悬浮颗粒、胶体等无机物得到有效去除，有机物也在各单元有所去除。为了更好地研究有机物的去除情况，利用三维荧光对各单元出水进行分析，如图6-29所示。具体分析如下：

通过对荧光谱图划分，可以将水体中的有机物分为五大区：A、B、C、D、E。一般认为A区主要是不容易被生物利用的芳香性蛋白类有机物；B区是易被生物利用的芳香性蛋白类有机物；C区主要是分子量较小的富里酸及类富里酸类有机物；D区通常为含有较多的有机氮的类蛋白类有机物；F区则代表分子量较大腐殖酸及类腐殖酸类有机物。

从原水的荧光图可以看出：冬季水质要好于春季和夏季，B、C、D、E 4个区域的响应值均较强，E区信号分布较广，靠近C区部分响应值较强。这表明：原水受到有机物污染的影响，原水中富里酸类物质较多，小分子有机物含量较高；原水中腐殖酸类物质种类多，分布广，并且小分子的腐殖酸类物质的含量较高。

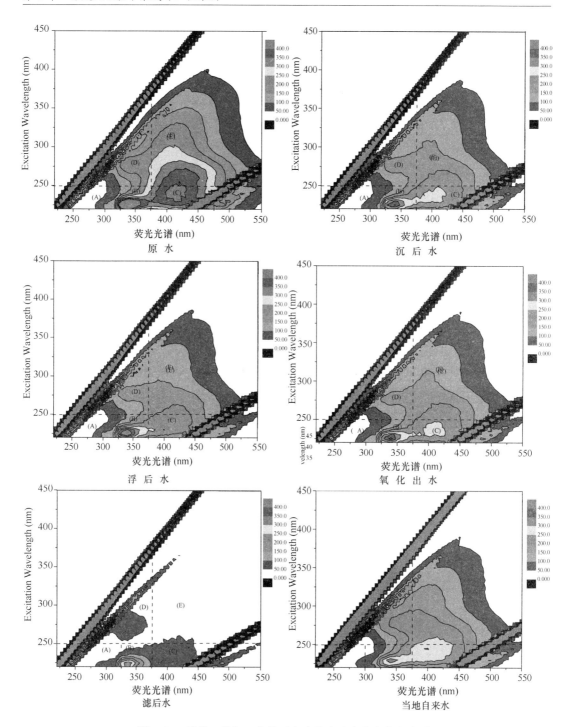

图 6-29　示范工程各工艺单元出水及当地自来水荧光光谱

　　冬季运行时，混凝过程及双向流斜板沉淀工艺能够很好地去除水中大部分大分子类腐殖酸类有机物质，气浮对腐殖酸类物质及小分子的富里酸类物质都有一定的去除能力，二者有效地保障了后续深度处理工艺的进行。催化氧化工艺对水中剩余有机物起到了明显的氧化作用，C 区以及 E 区靠近 C 区的响应值明显增加，主要是由于分子量较大的腐殖酸和类腐殖酸物质氧化成分子量较小的富里酸和类富里酸等更容易被生物氧化的物质，为后续活性炭的吸附创造了更好的条件。活性炭对水中大部分有机物起到了很好的吸附去除作用。对比于当地自来水荧光光谱，示范工程出水水质要远好于当地现在使用的以地下水为水源的自来水水质。

（5）示范工程各工艺单元出水的液质（LC/MS/MS）分析结果

原水受一定的有机污染，针对《生活饮用水卫生标准》（GB 5749—2006）中有机污染物指标，利用 LC/MS/MS（Qtrap5500）对原水中微污染有机物进行选择性分析，主要检出 9 种微污染有机污染物，如表 6-4 所示。可以看出，夏季原水中有机污染物检出种类多，对常规的水处理工艺构成了挑战。

利用 LC/MS/MS 检出的原水中微污染有机物　　　　　　　　表 6-4

中文名称	英文名称	离子对	水质指标限值（mg/L）
五氯酚	Pentachlorophenol	267.2/225.1 267.2/183.1 267.2/166.0	0.009
马拉硫磷	Malathion	331.2/127.0 331.2/211.0 331.2/257.0	0.25
灭草松	Bentazone	241.1/199.0 241.1/135.0 241.1/120.0	0.3
莠去津	Atrazine	216.1/174.1 216.1/146.0 216.1/132.0	0.002
毒死蜱	Chlorpyrifos	353.0/227.0 353.0/195.0 353.0/200.0	0.03
2，4-滴	2，4-D	219.0/161.0 219.0/125.0	0.03
乐果	Dimethoate	230.0/199.0 230.0/171.0 230.0/125.0	0.08
甲基对硫磷	O，O-dimethyl S-（2-nitrophenyl）thiophosphate	264.0/232.0 264.0/125.0 264.0/109.0	0.02
对硫磷	Parathion	292.1/236.0 292.1/264.0	0.003

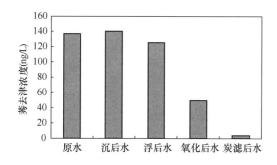

图 6-30 示范工程各生产工艺单元对难降解
有机物莠去津的去除效果分析

为研究示范工程工艺系统对这些有机污染物的去除能力，以莠去津为水中代表性有机物，检测了示范工程各工艺单元对它的去除能力，如图 6-30 所示。结合表 6-5 分析可知：常规的混凝沉淀工艺对莠去津基本没有任何去除，这也反映出常规工艺在应对重有机污染水体时的局限性；O_3/H_2O_2 在微污染有机物的去除上则表现出很大的优势，出水浓度明显降低；O_3/H_2O_2 和活性炭联用能够基本完全去除莠去津，达到 106 项水质指标要求。

示范工程各生产工艺单元对难降解有机物莠去津的去除效果 表 6-5

生产工艺条件	气浮后水中浓度（ng/L）	氧化后水中浓度（ng/L）	炭滤后水中浓度（ng/L）
O_3投量：0mg/L H_2O_2投量：0.2mg/L	180.66	170.50	13.74
O_3投量：0mg/L H_2O_2投量：0.8mg/L	123.33	125.01	2.38
O_3投量：1.0mg/L H_2O_2投量：0.2mg/L	176.46	142.80	9.30
O_3投量：1.0mg/L H_2O_2投量：0.2mg/L	168.86	133.28	2.13
O_3投量：1.0mg/L H_2O_2投量：0.4mg/L	163.89	124.80	4.76
O_3投量：1.5mg/L H_2O_2投量：0.2mg/L	130.21	91.33	1.57
O_3投量：1.5mg/L H_2O_2投量：0.4mg/L	125.22	89.16	4.47
O_3投量：1.5mg/L H_2O_2投量：0.4mg/L	123.92	68.01	3.71
O_3投量：2.0mg/L H_2O_2投量：0.2mg/L	126.56	93.43	3.09
O_3投量：2.0mg/L H_2O_2投量：0.2mg/L	124.45	87.66	3.52
O_3投量：4.0mg/L H_2O_2投量：0.0mg/L	125.15	49.83	3.77

（6）小结

示范工程中双向流斜板沉淀池能有效去除原水中有机与无机胶体颗粒以及溶解性大分子有机物；特别是在低温条件下，双向流斜板沉淀池可以避免下沉絮体的返跑，保障出水水质稳定，浊度一般小于 2NTU。后续串联气浮工艺可以实现对密度较轻絮体的有效去除，尤其在低温条件下，受沉后水水质影响很小，出水浊度一般稳定在 0.5NTU 以下，对于微米级别颗粒去除达到 95% 以上，从而可替代过滤工艺。

低温条件下 H_2O_2 能有效促进水中溶解 O_3 的分解，提高羟基自由基的产率，实现对小分子有机污染物的高效氧化去除。活性炭工艺起到双重保障作用，在催化氧化基础上对工业有机物进一步去除以保障出水水质。此外，活性炭滤层可以有效地分解水中剩余的 H_2O_2。

示范工程中所采用的沉淀/气浮/催化氧化/活性炭/短流程深度处理集成工艺，具有多重工艺耦合的作用效果，解决了寒冷地区低温低浊受污染原水处理难题。气浮工艺能够强化微小絮体的去除，可替代过滤工艺，降低水头损失，不用二次泵站提升，降低了工程造价。另外气浮工艺能够进一步去除背景物质，降低后续催化氧化工艺羟基自由基捕获能力，提高自由基稳态浓度，实现对有机污染物的强化去除。

示范工程所采用的集成工艺具有很强的季节适应能力，无论是冬季低温低浊水体，还是夏季有机污染严重、水质变化大的水体均有很强的处理能力，出水水质都能达到《生活饮用水卫生标准》GB 5749—2006 的要求。

6.5 低温低浊、高氨氮、高有机物原水深度处理技术与工程示范

6.5.1 水源水质特征

淮南市位于淮河中游，是沿淮流域的典型城市，淮河由西向东贯穿全市，在淮南市境内全长 87km，流经市区范围内全长 51km，是淮南城市供水的主要水源和淮南首创水务第一水厂的唯一水源。

淮河是国家"九五"、"十五"重点治理的"三河三湖"之首。经过十余年淮河水污染的全面治理，取得了一定成效。但由于流域内跨省河道多，河流上下游、左右岸、干支流等水系关系错综复杂，各方利益难以平衡，因此治理工作难度大且流域下游受上游的影响特别明显。近几年来随着淮河流域经济的不断发展，生活污水排放和农业面源污染比重越来越大，污染周期由数天至连续数月，近 3 年来在每年初冬季节至第二年春季末，污染周期长达 4～6 个月之久。枯水期和丰水期水量变化大，直接导致淮河水质呈现出季节性与阶段性波动的特点。冬、春枯水季节水源水质特点为低浊、低温、重污染（主要是氨氮、高锰酸盐指数和天然有机物等偏高），其中高锰酸盐指数近 3 年月平均最高为 4.86mg/L（2012 年 3 月），氨氮近 3 年月平均最高为 2.39mg/L（2013 年 2 月）且水质日变化明显，水温低（5℃左右，有半月左右的结冰期）且持续时间较长，可达数月之久，给沿岸城市的供水安全带来极大隐患，也给沿淮诸多水厂处理工艺的选择与应用带来很大困难。图 6-31 为示范工程水源水质情况。

《生活饮用水卫生标准》GB 5749—2006 已于 2007 年 7 月 1 日实施。新国标的实施，对以淮河为水源的城市饮用水处理提出了很大挑战。挑战主要来自三

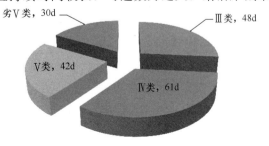

图 6-31 示范工程水源水质情况

方面。第一，饮用水水源不安全。第二，自来水厂的设施陈旧老化，工艺单一，对高锰酸盐指数和氨氮的去除能力有限，可调控性弱，抗冲击能力差，应对季节性污染源水的能力低。第三，运行不符合稳定可靠的规范要求，在原水水质严重超标时，出水水质受到很大影响。

6.5.2　工艺设计

自新国标制定以来，由于原水存在季节性低温、低浊、污染严重、污染物种类复杂等问题，导致出厂水不达标，在重污染季节淮南市第一水厂较长时间停产，严重增加了其他几个水厂的供水压力及市政供水管网使用安全。为解决这些问题并借助国家"十一五"重大科技专项的契机，哈尔滨工业大学科研团队通过两年的中试研究，提出以超声强化混凝、强化沉淀与气浮工艺耦合、臭氧催化氧化、紫外催化氧化、上向流复合滤池生物滤池和重力流复合滤料快滤池等工艺优化组合，适时调整，来应对淮河水质的季节性、阶段性变化。

1. 工程示范工艺选择

在中试试验及示范工程生产试验的基础上，根据原水水质特点，并结合水厂现在工艺和出水水质的要求，提出微污染时期采用混凝→强化沉淀→过滤→消毒工艺流程，而较重污染时期采用混凝→强化沉淀→气浮→生物滤池→过滤→消毒工艺流程，重污染时期采用混凝→强化沉淀→气浮→臭氧催化氧化→生物滤池→过滤→消毒工艺流程，冬季低温、低浊时期并开启超声装置，改造后净水工艺流程见图 6-32。

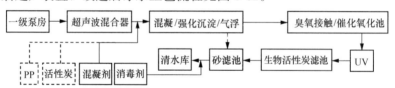

图 6-32　淮南首创一水厂 2 万吨示范工程净水工艺流程图

2. 主要工艺单元设计参数

(1) 超声：在原水管道投药点前增设超声波混合器，设计流量：875m³/h，超声波混合器功率：8kW，停留时间为60s。

(2) 斜板沉淀池：斜板沉淀池由原有平流沉淀池改造而成，前置有小部分原平流沉淀池作为过渡段。斜板沉淀池设计流量：1094m³/h；池数：2；有效平面尺寸：23×4.42m；上升负荷：1.9mm/s；清水区高度：1m；斜板长度：0.8m；斜板垂直高度：0.7m；底部配水区高度：1.6m；集水槽：单池 12 根；吸泥机：LK = 7200mm，0.37kW。

(3) 气浮工艺：气浮池位于斜板沉淀池之后，为在原有平流沉淀末端改造而成，采用刮渣机排渣，气浮池采用底部多孔集水管集水，气浮出水进入到后方的调节池。气浮池也为 2 套系统并联，单个气浮池平面尺寸：7.58m×11m；有效水深：3m；采用气浮泵溶气方式，回流比10%；溶气量：4.0～5.0m³/h；接触区上升流速：0.02m/s；分离区表面负荷：0.003m³/（m²·s）；分离区停留时间：16min。

（4）臭氧氧化工艺：向水中通入臭氧，在催化剂的作用下，对水中有机物等进行氧化，提高水体的可生化性，同时改善水体中溶解氧浓度水平。设计流量：916.7m³/h，接触池池体数量：1。设计投加量：2mg/L，总平面尺寸：12.3m×3.3m；有效水深：5.5m；臭氧总投加量：1.833kg/h；尾气破坏装置两套。臭氧接触池出水置有紫外催化反应器，产生·OH，氧化水中难降解有机物及微量有机污染物等，同时消除水中残余臭氧。紫外催化氧化反应器间尺寸：21.9m×6.7m；设计流量：916.7m³/h；紫外催化氧化反应器数量：8个，单台功率：2.4kW，总功率：19.2kW。

（5）上向流生物滤池工艺：通过活性炭滤料与臭氧耦合，可以发挥协同效应，提高对有机污染物的去除效率。设计流量：916.7m³/h；设计滤速：10.8m³/（m²·h）；总过滤面积：92m²；分格数：4格；单池平面：4.3m×4.3m；沸石层厚度：0.6m；活性炭厚度：2m；滤料上水深：2m；超高：0.5m；滤池总高：9m，其中埋深3m，进水堰板高度为6.0m，进水设有电动调节阀，可控制每个池子进水；反冲洗方式采用气反冲洗，其中气冲强度为60m³/（h·m²），反冲时间3～5min。

6.5.3 淮南首创一水厂示范工程运行效果

某低温重污染时期原水水质见表6-6，生产性试验方案为：混凝—沉淀—气浮—生物滤池—砂滤—消毒，试验效果如下。

2013年1月份原水水质   表6-6

指标	水温（℃）	pH	溶解氧（mg/L）	浊度（NTU）	氨氮（mg/L）	高锰酸盐指数（mg/L）	碱度（mg/L）	硬度（mg/L）	亚硝酸盐氮（mg/L）
最大值	7.90	7.85	8.67	29.4	3.69	5.87	110	214	0.634
最小值	1.12	7.12	6.75	5.09	0.82	2.92	90	148	0.044
平均值	4.65	7.43	7.57	11.4	1.42	3.74	105.5	173.6	0.134

（1）各工艺对常规水质指标的影响

图6-33为原水、沉后水、浮后水、生物滤池出水及出厂水的高锰酸盐指数变化规律。随着时间推移，1月10日后原水水温已经降到5℃以下，并呈继续降低趋势，试验期间最低气温为2℃左右。可以看出，在低温条件下通过混凝沉淀可以去除原水中部分高锰酸盐指数，气浮工艺对高锰酸盐指数的去除有一定效果但有限，后续生物滤池单元对高锰酸盐指数具有很好的去除效果。这是由于经混凝处理后，原水中大部分胶体颗粒物及细小悬浮颗粒物形成较大絮凝体或绒粒，从而在沉淀过程中得到去除。混凝沉淀工艺还能够去除色度、油分、微生物、氮和磷等富营养物质、重金属以及有机物等。但是混凝和沉淀过程受影响的因素较多，如原水中杂质的成分和浓度、水温、pH、碱度、混凝剂的性质、混凝条件以及沉降条件、运行负荷等。在实际生产中，混凝沉淀对原水中以及混凝过程产生的

絮体密度低、粒径小（尤其是粒径 25μm 以下）、憎水性的悬浮颗粒去除效果较差，出水浊度不稳定（图 6-34）。后续气浮工艺对絮体密度小、憎水性物质的去除效果显著，但这部分物质在高锰酸盐指数中所占比例相对有限。此外，气浮工艺还可以去除混凝剂残留物、部分致臭物质等，保持出水浊度稳定（图 6-34）。同时，前置气浮工艺可以提高生物滤池进水中的溶解氧和 AOC 的相对浓度，有利于生物滤池中好氧微生物的生长，提高生物滤池的净水效果。

图 6-34 为原水、沉后水、浮后水、生物滤池出水及出厂水的浊度变化规律。可以看出，1 月 10 日后原水水温已经降到 5℃ 以下，试验期间最低气温为 2℃ 左右。可以看出，冬季低温条件下，水中大部分颗粒物可通过混凝沉淀单元去除，但出水浊度波动较大。从检测结果可以看出，沉淀池出水浊度最大值为 4.67NTU，最小为 0.93NTU，平均值为 2.39NTU。由于原水中或低温条件下经絮凝后产生的絮体密度较小、存在沉淀效果差的小颗粒物，气浮工艺对浊度表现出较稳定的去除作用，出水浊度最大值为 2.10NTU，最小值为 0.40NTU，平均值为 1.59NTU。气浮工艺对沉后水中颗粒物的去除使后续生物滤池中的活性炭被污染的程度下降，也保障了后续工艺对有机物和氨氮的去除效果。

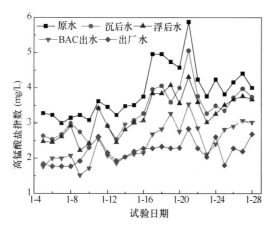

图 6-33　沉淀气浮串联—复合滤料生物滤池
耦合工艺对高锰酸盐指数的去除效果

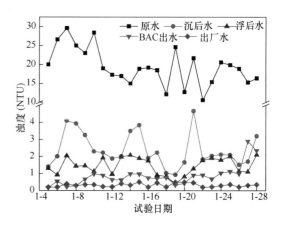

图 6-34　沉淀气浮串联—复合滤料生物滤池
耦合工艺对浊度的去除效果

图 6-35 为原水、沉后水、浮后水、生物滤池出水及出厂水的氨氮变化规律。原水水质及水温见表 6-1，试验观测结果表明 1 月 10 日后原水水温已降到 5℃ 以下，试验期间最低气温为 2℃ 左右。可以看出，低温条件下各工艺段对氨氮均有一定的去除作用，其中生物活性炭滤池单元对氨氮的去除效果最高。新增工艺单元中生物活性炭滤池采用双层复合滤料，其特征为在小颗粒活性炭生物滤料下设置了具有动态吸附和释放氨氮功能的改性沸石滤料，出水氨氮检测结果表明，1 月 16 日至 1 月 19 日原水中氨氮浓度由 1.68mg/L 增加到 3.69mg/L 时，上升流生物滤池出水中氨氮浓度最大值为 1.02mg/L，这表明该生物滤池具有很强的抗冲击负荷能力，解决了传统生物过滤对突发性氨氮浓度突然升高缓冲能

力弱的问题和低温季节处理效率低等问题，同时这种与气浮工艺联用的生物活性炭滤池可以通过气浮工艺降低有机物和颗粒物负荷，并利用气浮所提供的溶解氧提高生物活性炭滤池的处理效率，维持运行过程中出水的水质稳定性。

图 6-36 为原水、沉后水、浮后水、生物滤池出水及出厂水亚硝酸盐氮的变化规律。1月 10 日后原水水温已经降到 5℃以下，试验期间最低气温为 2℃左右。可以看出，1 月上旬，原水温度较高（>5℃）时期，各工艺单元出水中亚硝酸盐氮浓度均较低，生物活性炭滤池及出厂水中亚硝酸盐氮浓度接近 0。进入中旬，原水氨氮浓度增加到 1.5mg/L 以上（图 6-33），温度继续降低，原水中天然生物活性降低，亚硝酸盐氮浓度并未随氨氮的升高而变化，而生物活性炭滤池出水中亚硝酸盐氮浓度升高，至 1 月 20 日，原水氨氮浓度升高至 3.69mg/L 时（图 6-31），21 日时生物活性炭滤池出水中亚硝酸盐氮浓度升高至 1.00mg/L，与图 6-33 中生物活性炭滤池对氨氮的去除规律基本一致，亚硝酸盐氮的浓度峰值较氨氮的浓度峰值滞后，说明生物活性炭滤池填料的特殊设计对氨氮具有一定的吸附、缓冲作用。尽管气浮前处理能够提高水中溶解氧浓度，但生物活性炭滤池出水溶解氧约为 0.5mg/L 左右，在低温时期仍然造成亚硝酸盐在滤池中积累，因此在高氨氮时期必须在前处理中投加臭氧，以保证生物活性炭滤池进水有足够的溶解氧和较低的亚硝酸盐浓度水平，同时臭氧预氧化可以减少后续生物活性炭滤池内污染物浓度，降低对溶解氧的消耗，缓解异养菌与自养菌对溶解氧的竞争，确保生物活性炭滤池出水中亚硝酸盐浓度保持在较低的水平。

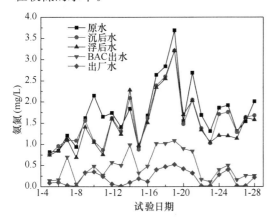

图 6-35 沉淀气浮串联—复合滤料生物滤池
耦合工艺对氨氮的去除效果

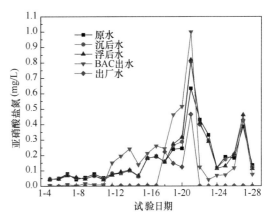

图 6-36 沉淀气浮串联—复合滤料生物滤池
耦合工艺对亚硝酸盐氮的去除效果

（2）各工艺出水的三维荧光扫描光谱图分析

图 6-37 为原水、沉后水、浮后水、生物滤池出水的三维荧光扫描光谱变化规律，原水水温 2.5~3.0℃。从荧光特征可以看出，原水中主要有 5 类荧光物质，即紫外区类富里酸（A 峰）、可见区类富里酸（M 峰）、高激发光类色氨酸（T 峰）、低激发光类色氨酸（S 峰）和高激发光类酪氨酸（B 峰）。富里酸、腐殖质荧光峰的形成主要受水体中天然腐殖酸类物质的影响，而类蛋白峰的形成则一般认为是与工、农业、市政污染物排放及河流

微生物产生的有机质有关，说明冬季淮河季节性重污染时期水源不仅受到天然有机质的污染，同时还受到人类活动及微生物产生的有机质的污染。

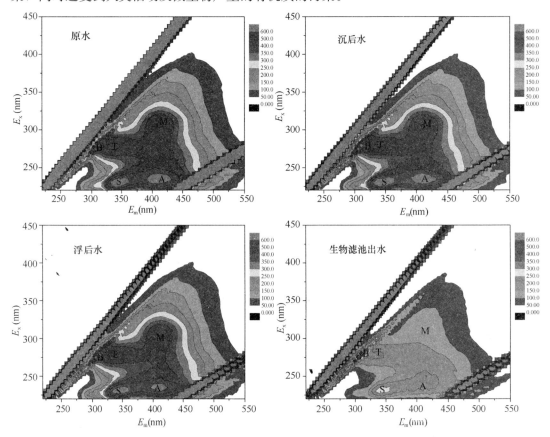

图 6-37 水厂升级改造后主要工艺段出水中 DOM 的三维荧光光谱图

对比气浮—活性炭耦合等工艺段出水三维荧光光谱可以看出，混凝沉淀对原水中的荧光污染物去除效果较差，而气浮出水荧光峰 M、T 强度进一步减弱，荧光峰 S、A 的峰面积有所减小，但沉淀—气浮工艺对这些地表水中荧光类溶解性有机物（DOM）的去除效果不明显。Baker 等在实验室模拟水中有机质的研究表明，紫外区类富里酸荧光主要是由于一些低分子量、高荧光效率的有机质所引起，而可见区类富里酸荧光则是由相对稳定、高分子量的芳香性类富里酸物质所产生。说明气浮对大分子量、高稳定性 DOM 有一定的去除效果。经过生物滤池工艺后，各类荧光峰强度及面积明显减弱或消失，无论是紫外区类富里酸、还是可见光区类富里酸均得到明显的去除。表明原水中荧光物质大部分为分子量较小且容易被生物活性炭吸附去除的物质。

而高激发光类蛋白荧光峰 B 和低激发光类蛋白荧光峰 S 并未完全去除，这可能是受到生物滤池出水中较多微生物及残体或其分泌物的存在所影响。

（3）紫外催化臭氧氧化工艺对溶解性有机物的去除效果

DOM 作为地表水水源中色度、嗅味等有碍美感的主要贡献者之一，它不仅对水厂现有工艺，尤其是活性炭（BAC）和膜过滤（MF）工艺产生负面影响，而且还会导致供水管网内水质的二次污染，影响供水安全，同时部分 DOM 还会与消毒剂作用产生消毒副产物，解决上述问题的最佳方法是在上 BGAC 工艺之前最大限度地去除 DOM 在 BGAC 进水中的浓度。本工程示范中在生物前端设置臭氧/UV 催化氧化工艺。

工程示范生产性试验中，原水水温 5～7℃，pH＝7.1～7.3，总硬度为 204～220mg/L，总碱度为 90～100mg/L，臭氧总投加量为 2.44mg/L。图 6-38 为臭氧/UV 催化氧化进出水三维荧光扫描特征图谱，从三维荧光图谱扫描结果可以看出，臭氧/UV 工艺对 DOM 有良好的控制效果，从而有利于提高后续生物滤池的净水效果及使用寿命。

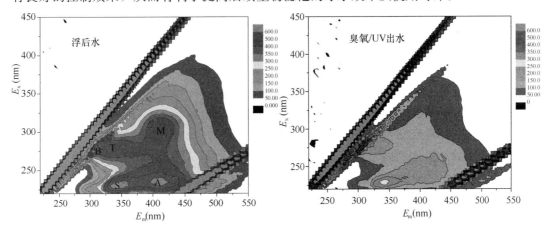

图 6-38 臭氧/UV 催化氧化进出水荧光扫描分析

本工程示范构建了臭氧/UV 催化氧化与后续复合滤料生物活性炭滤池形成高效耦合工艺，组成了伴有化学、生物和物理三种过程的有机整体，实现了功能分工，提高了对不同水质的有效应对能力。因此该工艺具有重要的实践应用和推广价值。

综上所述，淮南首创水务第一水厂 2 万吨示范工程建设取得如下成果：

（1）针对季节性重污染城市饮用水源水质特点，选取了诸多工艺以进行优化、组合，并进行了大量较长期的生产性试验，结合淮河原水不同时期的水质特点给出了不同的工艺组合方案及操作指南。各项设计参数选择合理，各处理工艺运行平稳，确保了重污染时期水厂的正常运行和供水水质的安全可靠。

（2）上向流复合滤池生物滤池对氨氮的抗冲击负荷能力强，可有效应对低温重污染时期原水氨氮浓度剧烈波动水源水的处理，解决了淮南首创第一水厂冬季低温时期原水氨氮浓度日变化剧烈的现象，提高了出水水质的稳定性。

6.6 深度处理工艺的生物安全性控制技术与工程示范

6.6.1 臭氧—生物活性炭工艺的生物安全性问题

珠江下游地区地处典型的亚热带，常年气候湿热，年平均气温在 20℃ 以上，采用臭氧—生物活性炭工艺时，为活性炭中各种生物的孳生繁殖提供了良好的环境条件，生物的适宜生长期每年达到 8 个月以上。活性炭滤池中生物的过度繁殖，会导致生物穿透或泄漏，进入出厂水，并通过城市供水管网进入用户家中，对饮用水安全产生严重的影响。目前发现的臭氧—生物活性炭水厂生物安全性问题包括两个方面：

（1）微生物安全性问题

生物活性炭发达的孔隙结构，对水中有机营养物质具有强烈的吸附和富集能力，从而给微生物的生长繁殖提供了理想的食物环境，生物活性炭上大量附着的生物膜，也是生物活性炭工艺净化水质的基础。由于珠江下游地区常年高温潮湿，为活性炭滤池中微生物的孳生繁殖创造了良好的环境条件，一方面有利于提高对水中有机污染物的去除效果，另一方面增加带来了微生物泄漏的风险。

根据在深圳进行的研究，在活性炭滤池中形成了丰富的微生物群落，其优势种类包括活性炭产吲哚黄杆菌、短芽孢杆菌、施氏假单胞菌、α-变形菌、噬氢菌属、甲基杆菌属、食酸丛毛单胞菌、霉味假单胞菌、类黄噬氢等，虽然营养琼脂平板计数（PCA）法检测炭池出水的细菌总数一般低于 100 个/mL，但采用异养菌平板计数（HPC）法测定，细菌总数（HPC）每毫升可高达数千至上万个。虽然目前尚未发现其中病原菌的孳生繁殖，但大量生物膜脱落并泄漏，不仅增加了后续消毒工艺的压力，而且由于对微生物泄漏的规律不清楚，无法及时采取强化消毒措施以保障饮用水的微生物安全性。世界卫生组织的《饮用水水质准则》（第二版）明确指出，在微生物与化学风险共存时，优先考虑控制的是微生物风险。

（2）水生生物安全性问题

珠江下游地区以河流、水库等地表水为城市水源，水源水质介于 Ⅱ～Ⅳ 类水体之间。由于典型的亚热带气候特征和适宜的水质条件，城市水源呈现典型的生物多样性特征。根据对深圳的水源水库为期 1 周年的调查结果，在水库中发现的微型水生动物多达五十多种（属），优势种为轮虫、枝角类水生动物、桡足类水生动物、线虫、摇蚊幼虫等。每年的 3 月份开始，进入微型动物的生长繁殖期，在原水中的密度呈直线上升趋势，6 月份左右达到高峰期，个别水库中单是甲壳类浮游动物的密度即高达 200 个/L，直到 11 月初，微型动物的密度才下降到相对较低的水平。

进入水厂处理系统的微型动物，经过常规工艺的优胜劣汰以后，进入活性炭池，其中能够适应炭池环境的微型动物在其中大量繁殖，形成绝对优势的种群，主要包括摇蚊幼虫、线虫、底栖型的轮虫和甲壳类动物等。

活性炭滤池中的微生物和有机质为水生动物的孳生繁殖提供了充足的食物来源，臭氧工艺使生物活性炭滤池长期处于富溶解氧状态而有利于促进水生动物的生长和繁殖，因此，臭氧—生物活性炭工艺为微型水生动物提供了比常规水处理工艺更适宜的生长条件。活性炭滤池中大量孳生繁殖水生动物并产生穿透，将对饮用水水质产生严重的安全隐患，而在高温高湿的珠江下游地区，这类生物问题尤其突出，目前已经运行的几个水厂都不同程度存在水生生物安全风险问题，其中在深圳的活性炭滤池中发现的微型水生动物多达40 多种，随着活性炭滤池运行时间的增加，在其中形成了从微生物—原生动物—大型无脊椎动物的完整生物链。

饮用水中微型水生动物如红虫、水蚤、线虫等的存在，对水质安全具有以下几方面的不良影响和潜在风险：

（1）由于微型动物的许多种类的个体大小处理肉眼可见范围，其在饮用水中出现，对水质的影响首先是美学问题，即影响水质的感官指标，对用户造成强烈的感官刺激，从而降低其对饮用水水质安全的信心。

（2）某些水生动物可能携带病原菌和寄生虫，如桡足类中的某些种属，是绦虫、麦地拉线虫等多种寄生虫的中间宿主，一旦感染将对人体健康产生严重影响。摇蚊幼虫中的某些种类，可能使人类产生过敏性反应。

（3）水生动物体内的致病微生物不能与消毒剂有效接触，从而降低消毒效果，导致饮用水微生物风险的增加。

6.6.2 深圳市梅林水厂示范工程

1. 水质特性

微型动物控制示范工程依托深圳市供水规模最大的水厂——梅林水厂，梅林水厂日供水能力为 60 万 m^3，主要服务深圳市福田区约 130 万人口，水厂共进行了三期建设，于 1994 年、1996 年分别完成第一、二期工程的建设，以常规处理工艺向福田区的市民提供饮用水。伴随着我国经济的高速发展与水源水质污染矛盾的加剧，臭氧—活性炭深度处理工艺作为保障饮用水安全的主流净水工艺，得到越来越广泛的应用。为了尽快使深圳供水水质与国际接轨，梅林水厂在常规处理工艺基础上增加了技术上较成熟的臭氧—生物活性炭深度处理工艺。2005 年 6 月 30 日，梅林水厂深度处理工艺正式投入运行，成为深圳市首个提供优质饮用水的水厂。

梅林水厂具体工艺流程示意图，如图 6-39 所示：

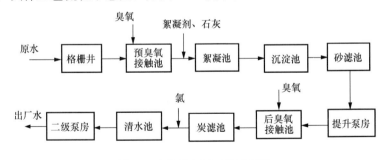

图 6-39 梅林水厂工艺流程图

但在臭氧生物活性炭运行过程中，陆续发现了一些新问题，其中生物安全问题尤为突出。梅林水厂出厂水中曾经发现肉眼可见的桡足类浮游动物剑水蚤，饮用水中存在肉眼可见的浮游动物，不仅会影响水质的感官指标，而且由于剑水蚤等桡足动物在适宜的环境下，可能成为人和家畜某些寄生蠕虫的中间宿主，导致接触人群的寄生虫感染。

针对这一风险因素，在"十一五"期间对梅林水厂全流程工艺中微型动物的种类和丰度进行了为期一年以上的监测，得出了以下结论：

（1）来自水库的原水中存在着种类多样，数量丰度较高的微型动物，在不加以控制的情况下，原水中活体微型动物丰度可以达到 10^3 ind./L，且在出厂水中检出的各种无脊椎动物均来自于原水；

（2）尽管常规的混凝、沉淀和砂滤工艺可以很大程度上去除来自原水的微型动物，但是仍有部分微型动物会穿透砂滤池进入后续生物活性炭滤池；

（3）生物活性炭滤池因其丰富的生物膜结构，为微型动物在其中二次繁殖和孳生提供了很好的食物资源，以至于在不加以控制的情况下，微型动物可以在生物活性炭滤池中孳生到很大的丰度，进而穿透滤池进入出厂水中。

根据以上调查研究的结论，以"南方湿热地区深度处理工艺关键技术与系统化集成"课题研究为契机，将梅林水厂作为生物安全风险控制的示范水厂，完成了从取水→常规处理工艺→深度处理工艺→出厂水的全流程多级生物风险控制技术的集成示范，从而有效地保障了供水安全。

2. 示范工程内容

（1）技术措施及工艺改造

1）原水泵站前加氯

密切关注水温的变化，每年 4 月份底至 11 月初期间增加原水加氯量至 0.8mg/L，杀灭活体生物的水蚤。

2）及时启动水厂预氯化

一旦发现进厂原水或沉后水中有活体水蚤，应及时启动进厂水前加氯和砂滤前加氯，前者投加浓度控制在 1.5～2.5mg/L 之间，砂滤前加氯控制在砂滤后水余氯浓度 0.5mg/L 左右，间歇性停止主臭氧，避免水蚤进入炭池繁殖。

3）优化混凝沉淀过程，降低沉后水浊度

及时调整混凝剂和助凝剂的投加剂量，保障沉后水水质。在甲壳类生物的繁殖期，尽量控制沉后水浊度在 1.5NTU 以下，没有明显跑矾现象。

加强过渡区和沉淀池排泥，生物高发期建议排泥频率在 8h 左右。每年至少清洗一次混合、反应和沉淀池。

4）优化砂滤池反冲洗程序和频率

根据水厂情况，通过评估滤砂含泥量评价反冲洗的程序和频率是否合适。在生物爆发高峰期，每周用含氯水反冲洗砂滤池 1 次。

5）强化炭池反冲洗：

根据炭后水中水蚤情况，及时调整炭池反冲洗频率，必要时采用含氯水对进行反冲洗。间歇性用 2.0mg/L 的含氯水通过炭池。

6）砂垫层

在活性炭滤料下方添加 300mm 高的砂垫层，可以有效控制微型动物的穿透。

7）网板拦截

在水蚤爆发而又来不及采取措施以控制滤池出水中的水蚤密度时，可在滤池出水堰处增加一个采用丝绢制成的网板，利用丝绢将水蚤拦截下来，以控制出厂水中水蚤密度。

采用的滤网孔径太大，则不能起到拦截水蚤的作用；如果孔径过小，网又很快就会被水中的颗粒物堵塞，导致水位升高，甚至漫过网板。结合市场供应以及水厂所需，选用150～200目的滤网是合适的。

（2）预警及应急管理措施

参见5.5.3.2节中的相关内容。

3. 应用效果

如图6-40所示为梅林水厂2007年和2010年两年原水和出厂水中微型动物丰度随运行时间的变化。

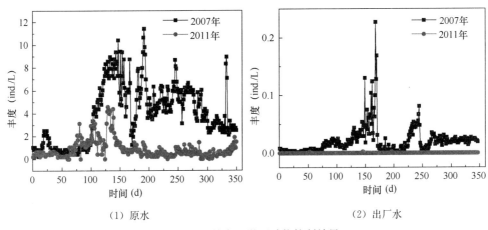

（1）原水 （2）出厂水

图6-40 梅林水厂微型动物控制效果

从图中可以看出，在2007年梅林水厂未进行微型动物控制示范工程的改造，原水中微型动物丰度在温度较高的月份一度达到12ind./L水，且出厂水中微型动物丰度仍然较高，最高时达到接近0.25ind./L水；经过示范工程改造后，进厂原水中微型动物的丰度有所下降，最高丰度为6ind./L水，但出厂水中微型动物丰度一直维持在非常低的水平，一年的连续监测显示，均低于设定的内控限值0.05ind./L水，且多数时间100L出厂水中检不出微型动物。以上的数据说明，梅林水厂针对微型动物泄漏问题的示范工程的改造是成功的，相应的单项和集成技术值得在珠三角地区以至全国范围内推广应用。

在梅林水厂示范工程改造过程中，所涉及的建设投资主要来自于原水泵站预氧化系统的建设、絮凝池折板的更换、炭滤池砂垫层的添加和滤后水不锈钢滤网的添加，而运行投资主要是不同季节预氧化加氯成本、炭滤池反冲洗加氯和加二氧化碳等，经估算吨水成本的增加不超过0.08元。

6.6.3 上海临江水厂紫外消毒工程

1. 水质特性

表6-7给出了2008年1月至2009年9月黄浦江水源水（L水厂进厂水）主要常规水

质指标的变化情况。结果表明，浊度平均值为 22.44NTU，pH 平均值为 7.37，铁和锰含量分别为 0.18mg/L 和 0.05mg/L，但铁锰含量随季节性变化，氨氮和高锰酸盐指数平均值分别达到了 0.32mg/L 和 5.06mg/L，有机物和氨氮含量较高，冬季锰含量较高。

黄浦江水源水质调查结果（进厂水，2008 年 1 月～2009 年 9 月）　　　表 6-7

取样时间	浊度（NTU）	pH	铁（mg/L）	锰（mg/L）	氨氮（mg/L）	高锰酸盐指数（mg/L）
Jan-2008	28.1	7.24	0.20	0.08	0.95	5.20
Feb-2008	20.1	7.36	0.17	0.06	0.99	5.49
Mar-2008	23.7	6.96	0.25	0.08	0.38	5.21
Apr-2008	46.5	7.33	0.40	0.08	0.30	6.46
May-2008	13.8	7.42	0.13	0.04	0.09	4.93
Jun-2008	13.6	7.39	0.16	0.11	0.27	5.45
Jul-2008	17.9	7.58	0.13	0.03	0.17	5.05
Aug-2008	15.1	7.40	0.13	0.03	0.07	5.86
Sep-2008	45.1	7.21	0.26	0.04	0.23	5.42
Oct-2008	34.3	7.46	0.24	0.04	0.07	5.32
Nov-2008	10.0	7.49	0.16	0.04	0.12	4.52
Dec-2008	25.0	7.47	0.15	0.04	0.25	4.72
Jan-2009	22.0	7.63	0.22	0.04	0.63	5.20
Feb-2009	15.0	7.22	0.14	0.04	0.34	4.94
Mar-2009	20.0	7.21	0.21	0.17	0.53	4.44
Apr-2009	10.0	7.30	0.15	0.03	0.27	4.56
May-2009	17.0	7.41	0.15	0.03	0.14	4.76
Jun-2009	13.0	7.36	0.11	0.04	0.13	4.74
Jul-2009	16.0	7.45	0.16	0.04	0.21	5.12
Aug-2009	35.0	7.38	0.17	0.03	0.19	4.52
Sep-2009	30.0	7.53	0.17	<0.02	0.34	4.30
平均值	22.44	7.37	0.18	0.05	0.32	5.06

2. 临江水厂示范工程

临江水厂位于上海市浦东新区的南端，黄浦江畔三林塘的出口处，临江水厂于 1997 年 8 月建成投产，设计规模 40 万 m³/d，原水取自黄浦江上游，采用常规净水处理工艺，设有平流沉淀池 2 座、V 型滤池 2 组、清水池 2 座、吸水井和送水泵房等。采用液体硫酸铝作为混凝剂，氯胺消毒。临江水厂 2004 年进行了规模 20 万 m³/d 新系统的扩建，由于场地受限以及原水特点，临江水厂采用了法国 VEOLIA WATER 公司的 ACTIFLO® 高效澄清池和 Filtraflo® TGV 锰砂滤池工艺，扩建工程 2006 年 7 月正式竣工投产。

临江水厂常规处理系统的生产工艺流程如图 6-41。

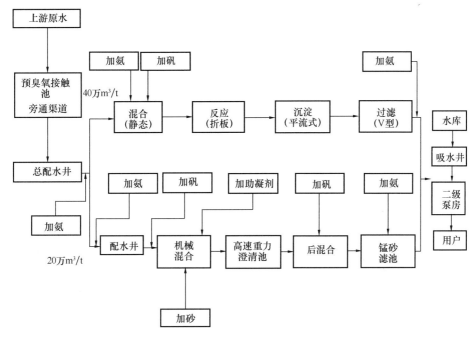

图 6-41 临江水厂总的常规处理工艺流程图

（1）示范工程建设目的和供水水质目标

临江水厂多年出厂水浊度一般保持在 0.1NTU 以下。但是，对照卫生部颁布的《生活饮用水卫生规范》和《上海市供水专业规划》中关于 2010 年水质目标的要求，扩建后常规处理工艺无法使出厂水达标，出水水质存在以下主要问题：

1）黄浦江上游原水受有机物污染，氨氮和耗氧量（高锰酸盐指数）较高。大量加氯导致消毒副产物的增加和有机氯时有超标，使出厂水的嗅阈值高，口感较差，健康安全性降低。出厂水中较高含量有机污染物进入管网后，容易引起管网内微生物的滋生，使水质下降，出厂水中氨氮和高锰酸盐指数也经常超标。

2）现有常规净水工艺对原水中锰的去除能力较差，出厂水中锰指标时有超标，导致出厂水的色度偏高。同时，由于目前临江水厂排泥水收集以后未经处理直接排放，也不符合环保要求。

根据上海市 1999 年～2020 年总体规划及供水专业规划的要求，2010 年临江水厂规划供水量为 60 万 m³/d，出厂水质要求：氨氮≤0.5mg/L，高锰酸盐指数≤3mg/L，色度≤5 度，锰≤0.02mg/L，隐孢子虫为 0，水厂排水悬浮固体含量低于 70mg/L。另一方面，临江水厂面临着为 2010 年上海世博会浦东片区提供优质供水的任务，为此，临江水厂2007 年开始建设规模为 60 万 m³/d 深度处理工程和排泥水处理工程。

（2）工程的系统设计参数

临江水厂深度处理工程采用臭氧生物活性炭深度处理工艺，出水经过紫外线和化合氯联合消毒后进入世博园区供水管网，如图6-42。此外，在预处理阶段以臭氧预氧化代替加氯预氧化，以降低氧化或消毒副产物的生成趋势。

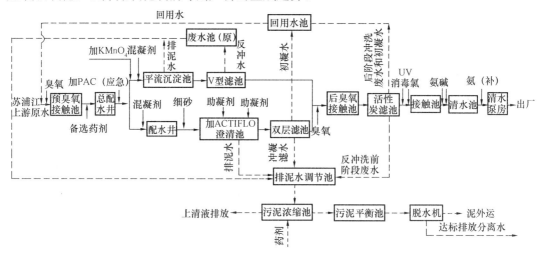

图6-42 深度处理工艺及排泥水处理工艺流程

深度处理工程主要包括预臭氧、后臭氧、活性炭滤池及UV消毒等工艺，预臭氧可氧化部分有机物，去除部分三卤甲烷前驱物质、色度和形成嗅味的物质，并能去除原水中溶解性的锰以及改善混凝条件；后臭氧可进一步氧化水中有机物，提高生物活性炭滤池对有机物的去除效率；当原水氨氮浓度高时，生物活性炭滤池还可去除大部分氨氮，保证出水氨氮达到水质标准。紫外线对杀灭原生动物具有非常明显的作用，可以在低剂量的情况下高效杀灭隐孢子虫和贾第鞭毛虫，与膜过滤和臭氧消毒相比，具有经济、消毒副产物少的特点，且运行管理简单。

1）预臭氧接触池

臭氧能氧化有机物，去除部分三卤甲烷前驱物、色度和形成嗅味的物质，并能去除原水中溶解性的锰以及改善混凝条件。

示范工程设预臭氧接触池1座，规模为60万 m^3/d。臭氧接触时间为2～3min，有效水深为6m。臭氧投加采用静态混合器，预臭氧最大投加量为1mg/L。

2）ACTIFLO澄清池

20万 m^3/d 扩建工程引进了法国OTV公司的ACTIFLO澄清池工艺，其特点是在原水投加混凝剂混合后投加活性细砂，形成以细砂为核心的大而重的矾花，大大增加矾花的沉降速度，提高斜板的负荷，其沉淀速度相当于10倍传统沉淀工艺沉速。高效澄清池采用机械絮凝和斜板沉淀，每格澄清池分离区下部中心泥斗分别设置2根污泥循环泵吸泥管，污泥循环泵连续地将含有细砂的污泥输送到分离器，在离心力的作用下，细砂从泥水中分离并直接投加到絮凝区的投配混合池中，泥水则重力流向污泥调节池。其细砂循环量可以针对不同的水质进行调节，调节比例在3％～6％之间。

扩建工程共建3组Actiflo澄清池，每座规模6.7万m³/d，总占地面积为1600m²，是相同处理能力平流沉淀池的1/4。每组Actiflo澄清池包括1座混凝池、2座聚合物和细砂投加池、1座絮凝熟化池以及1座斜管沉淀池。

在快速混合前投加95％的硫酸铝，在后混合池中投加5％，混合时间为1min。有效水深约6.3m。混合池内分别设置一套直径为2m和3m的机械混合搅拌器。每座澄清池斜管区面积为85m²，分离区液面负荷为34m³/(h·m²)，分离区下部设置中心传动刮泥机，刮泥机直径为11.4m。控制Actiflo澄清池内絮凝时间为10min、沉淀时间为20min时，出水浊度可稳定控制在1.0～1.5NTU。池底设2根吸泥管至污泥循环泵，循环泵将池底含细砂的污泥送至分离器，在离心力作用下将细砂从泥水中分离出来，投配至混合池中，泥水则重力排至排泥水调节池。设计亦可以2格运行，即每格处理规模10万m³/d，其水力负荷为49m³/(h·m²)。

3）双层滤料滤池（TGV）

扩建部分的20万m³/d滤池选用石英砂和锰砂双层滤料快滤池（TGV）。Filtraflo®-TGV滤池，由法国Veolia Water公司开发出来的一种快速重力过滤技术，具有占地小的特点。一般应用于去除悬浮固体，铁和锰，吸收微污染物质（杀虫剂、清洁剂、有机氯化合物等），生物除COT、氨、锰、铁以及反硝化，调节pH值和碱度。

Filtraflo TGV滤池共5组，并排布置，设计处理能力为8766m³/h。单池平面尺寸L×B＝20.44m×6.09m，滤砂上部水深为1.1m。砾石厚度为100mm，锰砂厚度为800mm，有效粒径为1mm，MnO_2含量＞80％；石英砂厚度为1400mm，有效粒径为1.35mm，如图6-43。设计滤速为14.1m/h，设计过滤周期为24h。

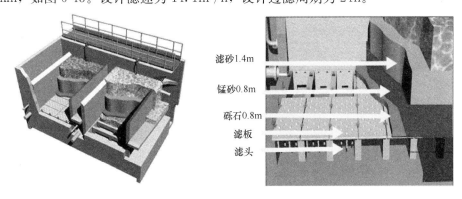

滤砂1.4m
锰砂0.8m
砾石0.8m
滤板
滤头

图6-43 锰砂滤池结构图

反冲洗采用气水联合反冲洗方式，设计参数：单独气冲，强度为60m³/(m²·h)，时间为20s；气—水联合冲洗，气冲强度为60m³/(m²·h)，水冲强度为20m³/(m²·h)，时间为780s；单独水冲，强度为60m³/(m²·h)，时间为300s。

集水及布水、布气系统选用长柄滤头。反冲洗水采用滤池出水，由冲洗水泵提供；反冲洗气由鼓风机提供。冲洗泵房内设置4台反冲洗水泵（3用1备），每台水泵流量为2

$500m^3/h$，扬程为 100kPa，配电功率为 130kW。反冲洗时，在气—水冲阶段开启 1 台水泵，在单独水冲阶段开启 3 台水泵。

鼓风机房设置鼓风机 3 台（2 用 1 备），每台鼓风机流量为 $3750m^3/h$，压力为 40kPa，配电功率为 75kW。同时，机房内还设置空压机 2 套（1 用 1 备），工作压力为 900kPa，主要用于气动阀门的开启和关闭。

4）臭氧活性炭池

为达到优质的出水目标，临江水厂扩建工程采用臭氧—活性炭处理工艺。国内外很多研究和工程实例都证明臭氧—活性炭技术应用于微污染水源水的处理是成熟和成功的。特别是通过 Ames 试验证实，活性炭吸附能有效去除水中的"三致"物质，因而对于 Ames 试验呈阳性的水源而言，活性炭吸附是提高出水健康安全性的重要工艺。同时还可以大大改善出厂水的臭味指标。

5）中间臭氧接触池

作用：提高水的可生化性，降低水的色度和臭味，增强活性炭滤池对有机物的去除效果。

构筑物：设置中间臭氧接触池 1 座，规模 60 万 m^3/d，共分 3 格，每格规模 20 万 m^3/d，有效水深 6m，停留时间 6min。臭氧与水采用折流方式充分混合，如图 6-44。

加注点：臭氧最大投加率为 3.0mg/L。臭氧通过静态混合器后进入中间臭氧接触池，在臭氧接触反应池的总出水渠，设置取样管。预臭氧和后臭氧所采用的静态混合器及臭氧制备和投加系统均采用引进设备。

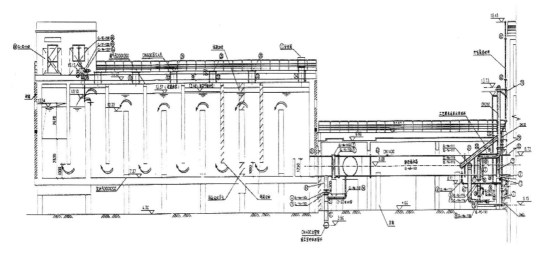

图 6-44 中间臭氧氧化的装置结构

6）活性炭滤池

设活性炭滤池 1 组，规模为 60 万 m^3/d，分为 18 格，双排布置，单格过滤面积为 $125m^2$，见图 6-45。设计滤速 11.2m/h，炭床吸附时间 10.8min。采用煤质颗粒活性炭，滤床的活性炭层厚度为 2.2m，有效粒径 1.0mm，滤料上水深 1.3m。

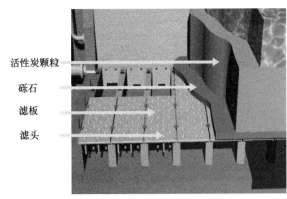

活性炭颗粒

砾石

滤板

滤头

图 6-45 生物活性炭的布置和实物图

反冲洗采用单独气冲加单独水冲洗方式，气冲洗强度为 35m³/（h·m²），水冲洗强度为 35m³/（h·m²）。布水布气系统采用短柄滤头。反冲洗气及反冲洗水均由反冲洗水泵及鼓风机提供。活性炭滤池配套的冲洗泵房及鼓风机、空压机和配电集中设置于活性炭滤池西端。

7）紫外线（UV）消毒

规模为 60 万 m³/d，分为 4 组，可以 4 组运行，亦可 3 组运行，设计处理规模为每组 20 万 m³/d。每台紫外线反应器共设 5 组灯组，每组 12 根紫外线灯，共计 60 根灯管，其中有 2 组可根据需要调节。每台紫外线反应器的功率为 22kW，最大工作压力 0.15MPa。紫外线消毒剂量按 400J/m² 计算。每台紫外线反应器内水流流速 1.22m/s，过流时间 2.2～3s。紫外线消毒的外观见图 6-46。

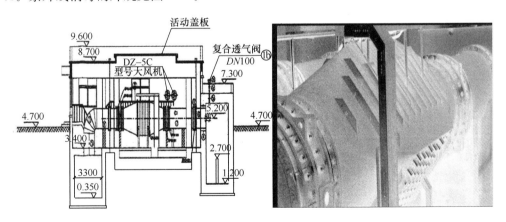

图 6-46 深度处理紫外线消毒的设计示意和紫外灯组布置

8）氯接触池

氯接触池单独设置，处理规模 60 万 m³/d，消毒接触时间不小于 45min，接触池分成 3 格，每格能单独运行，每格接触池容量为 7000m³，3 格接触池的总平面尺寸为 98m×38.4m，平均有效水深为 4.6m。接触池为钢筋混凝土结构。

接触池内设导流墙，在每格接触池前端投加氯，在接触池末端投加氢氧化钠，并设 2 台搅拌器搅拌混合。每格接触池出水口设置有溢流堰，经氯接触后的处理水由出水总渠接入清水池前端分配井中。

3. 应用效果

（1）对细菌的灭活

临江水厂采用德国 WEDECO 公司 K12-5（7）/143 型紫外线灭菌系统，设计最大紫外线剂量 400J/m²，但由于运行处于调试阶段，且紫外线剂量测试探头损坏，无法确切得出紫外照射剂量。由图 6-47 可知，生产上紫外消毒对细菌的对数去除率在 2.1～2.9lg 之间，其中 5 月份、6 月份活性炭池出水的细菌计数较高，使得紫外出水的细菌计数也较高，进入 6 月份以后活性炭池出水细菌数在 5700CFU/mL 以下，紫外消毒后的细菌数量也较低，再经氯胺消毒后，出水的往往没有检测出来，大肠菌在生物活性炭滤池的出水和 UV 消毒出水中均未检出。

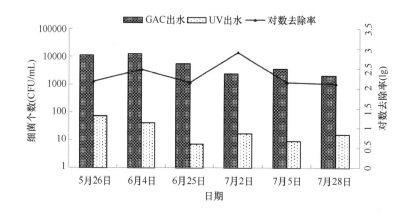

图 6-47　深度处理工程紫外单元的总细菌数去除效果（总细菌数测定采用 R2A 培养基）

（2）对微型动物的杀灭

对微型动物灭活效果　表 6-8

取样点	水蚤（水螨）（个/100L）	轮虫（个/100L）
紫外消毒进水	7	30（活体）
紫外消毒出水	1	无活体
氯胺消毒	无活体	无活体

从示范工程出厂水所取的微型动物镜检结果来看，由于紫外消毒后再投加次氯酸钠，折合有效氯剂量达到 2～2.5mg/L，没有发现活动的微型动物。说明紫外化合氯联合消毒有助于杀灭细菌、微型动物，且能够减少消毒副产物的生成量。

（3）消毒副产物生成削减评估

1）不同氯投加剂量条件下 THMs 的生成量

如上图 6-48 所示，对于 TGV 出水氯消毒三卤甲烷（THMs）来说，随着氯投加量的增加，TGV 出水 THMs 生成总量逐渐增加，而 GAC 和 UV 出水的 THMs 在氯投加量超过 2mg/L 时变化不大；四种三卤甲烷消毒副产物中，二溴一氯甲烷的生成量最高，三氯甲烷的生成量最低；以氯投加量 3mg/L 的条件下为例，TGV 滤后水的 THMs 生成总量为 25.5μg/L，GAC 滤后水的 THMs 生成总量为 20.2μg/L，UV 出水的 THMs 生成总量为 19.1μg/L，可见 GAC 对 THMs 前驱物有较好的去除效果，使得出水的消毒副产物生成量比 TGV 出水降低了 20%，由上可见，GAC 滤池对 THMs 前体有较好的去除作用。

　　2）不同氯投加剂量条件下 HAAs 的生成量

　　由图 6-49 可见，TGV 出水的 HAAs 生成量随氯投加量的增加而增加，而 GAC 和 UV 出水的 THMs 在氯投加量超过 2mg/L 时变化不明显，这与 THMs 的变化趋势是一致的；在所检测到的卤乙酸中以一氯乙酸（MCAA）的生成量最高，其余卤乙酸的生成量较少；以 3mg/L 氯投加量为例，TGV 出水的 HAAs 总量为 60μg/L，GAC 出水的 HAAs 总量为 34μg/L，比 TGV 出水降低 43%，而 UV 出水的 HAAs 总量比 GAC 出水略有增加，为 35μg/L。由上可见，GAC 滤池对 HAAs 前体物有较好的去除效果。

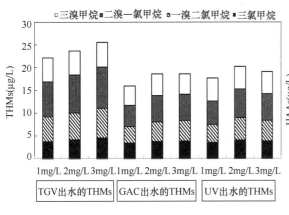 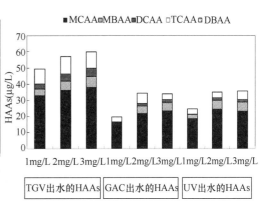

图 6-48　不同氯投加量下各工艺　　　　　图 6-49　不同氯投加量下各工艺
阶段出水的 THMs 生成情况　　　　　　　阶段出水的 HAAss 生成情况

　　（4）临江水厂沿程消毒副产物生成潜能的变化

　　消毒副产物的生成潜能与水样加氯消毒后产生的消毒副产物有较好的相关性，能用来作为预测加氯消毒后产生消毒副产物的指标。

　　由图 6-50 可以看出，预臭氧后的 THMs 生成潜能有所增加，可能是由于臭氧把大分子有机物氧化成小分子有机物的同时提高消毒副产物的生成潜能。从图 6-51 总体的变化趋势来看，消毒副产物生成潜能沿水厂处理流程逐渐降低，其中 O$_3$-BAC 对三卤甲烷的去除率为 44.4%，对 HAAS 的去除率为 31.2%，因此臭氧生物活性炭的联用对于减少消毒副产物的生成起到了关键的作用。取样期间水厂余氯控制在 1.6mg/L，出厂水的 THMs 总量为 14.5μg/L，HAAS 总量 23.2μg/L，远远低于国家饮用水标准。

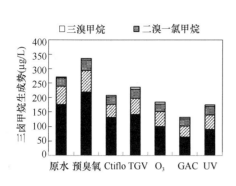

图 6-50　临江水厂三卤甲烷生成潜能沿程变化

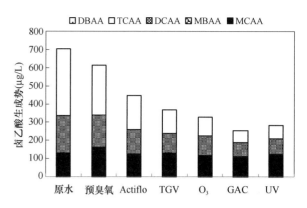

图 6-51　临江水厂卤乙酸生成潜能沿程变化

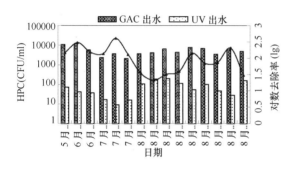

图 6-52　临江水厂紫外线灭菌效果

（5）紫外消毒系统运行评估

试验对水厂紫外消毒装置在 5～8 月份的灭菌效果做了监测与评价，期间紫外的照射剂量 120～210J/m²，结果如下图 6-52 所示。

6 月份到 7 月份期间，水厂生产上紫外出水的细菌数明显低于 8 月份出水的细菌总数，6 月份～7 月份的紫外灭菌对数值范围为 2.1lg～2.6lg，而 8 月份的对数去除率范围为 1.5lg～2.3lg，分析原因可能是：1）处理水量从 3 月份以来逐渐增加，导致紫外消毒效率下降；2）进入 8 月份以来，气温逐渐升高，使得活性炭池的出水的细菌数有所增加，从而使得紫外消毒效率有所降低；3）由于随着紫外灯使用时间的延长，发光效率逐渐降低，可能会导致消毒效率的下降；4）此外，水中的悬浮物质粘附在紫外灯组的套管上，也有可能影响消毒效果。由于试验期间紫外探头装置损坏，未能对紫外照射剂量进行实时监测。试验期间，临江水厂紫外出水细菌数范围在 9～191CFU/mL，出厂水经氯胺顺序消毒后细菌数为 0，未检出大肠菌。

6.7　深度处理运行优化技术与工程示范

6.7.1　深度处理工艺现状问题

我国自 20 世纪 70 年代以来开始对 O₃—BAC 组合技术进行研究，进入 21 世纪，O₃—BAC 深度处理工艺在我国许多城市水厂得到应用，并且推广应用力度愈来愈大。如北京田山村、上海周家渡水厂、桐乡市果园桥水厂等数十个水厂采用了 O₃—BAC 深度处理工艺，建成或在建的累计处理规模接近 2500 万 t/d，尚有数十个深度处理水厂处于待建过程中。

我国目前采用的臭氧—生物活性炭深度净水工艺除个别水厂外，在混凝沉淀之后都是采用"混凝沉淀—砂滤池—主臭氧接触池—炭滤池—消毒清水池"工艺流程。该工艺在常规工艺之后接臭氧—活性炭工艺，其特点在于：无论是臭氧氧化，还是活性炭吸附，都直接针对常规工艺出水残留的微污染物质，具有净化效率高，运行成本低的优点。但由于生物活性炭滤池反冲洗周期较长，反冲洗强度较低，在南方湿热地区容易生长微型生物，主要包括浮游生物（如剑水蚤、尾毛虫、须足轮虫等）和底栖动物（如水丝蚓、颤蚓）。炭滤池的颗粒活性炭粒径通常为 1.5mm，对以上微型生物没有截滤作用，故生物活性炭滤池的微型生物泄漏问题比较突出，虽然经末端加氯消毒后可以灭杀，其最终出水可能出现肉眼可见物，对出水水质造成了不利影响。目前几个已建水厂采用"混凝沉淀—主臭氧接触池—炭滤池—砂滤池—消毒清水池"工艺流程，利用砂滤池把关过滤，有效阻截了微型生物。但是，砂滤池后置也会付出代价，可能增加臭氧的消耗，对炭滤池吸附也有不利的影响，能否利大于弊，取决于混凝沉淀出水浊度的大小，以及运行成本的差异。同时，我国南方以地表水为主要水源，绝大部分江、河、湖、库水源水碱度和硬度较低，低硬低碱水对 pH 变化的缓冲能力低，采用活性炭过滤工艺的水厂，易出现活性炭滤池出水 pH 大幅降低现象。低 pH 值饮用水进入配水管道后，由于化学不稳定行，易造成管道腐蚀，引发黄水黑水等问题。

6.7.2 广州市南洲水厂示范工程

南洲水厂建设规模为 100 万 m³/d，于 2004 年 10 月建成投产，是广东地区第一个采用"臭氧—活性炭"深度净水工艺的大型水厂。采用的北江顺德水道水源大部分指标常年处于地表水环境质量标准Ⅱ类。投产以来，通过硬件建设与软件配套，已初步形成高效的"臭氧—活性炭"深度净水工艺运行管理系统。

广州市自来水公司与华南理工大学共同承担了"十一五"水专项中的"臭氧—活性炭工艺优化设计和运行控制技术"子课题的研究，南洲水厂是该项研究的示范工程，活性炭滤池原位酸碱改性技术、炭滤池反冲洗参数优化、臭氧投加量优化 3 项技术成果在示范工程中得以应用。示范工程的建设，实现了臭氧活性炭净水工艺运行控制系统的全面优化，该工艺在运行控制与节能降耗方面取得了显著效果。

1. 炭滤池原位酸碱改性技术及石灰优化调节出厂水 pH 值

（1）工艺运行状况

南洲水厂投运初期，未设置相应的 pH 调节药剂投加系统，活性炭滤池运行一段时间后，发现炭滤池出水 pH 较原水 pH 有明显下降，投产初期运行数据见表 6-9。

南洲水厂投产初期原水及出厂水 pH 变化情况 表 6-9

时间	2004.10	2004.11	2004.12	2005.1	2005.2	2005.3
原水 pH	7.55	7.53	7.47	7.49	7.47	7.29
出水 pH	7.36	7.34	7.24	7.17	7.15	7.17

由上表可知，原水 pH 值由 7.55 逐渐下降至 7.29，受工艺流程中投加混凝剂、液氯、臭氧等影响，出厂水 pH 值由 7.36 逐渐下降至 7.17。因此开展相关试验选择适合的药剂及投加点调节出厂水 pH。

1）炭滤柱进水投加石灰溶液

炭滤柱内炭滤料取自南洲水厂炭滤池，采用 CaO 含量为 22% 的石灰乳在炭滤柱进水投加，炭柱进水 pH 由 6.85 上升至 7.60，而炭滤出水 pH 又下降至 6.80。

2）炭滤柱出水投加石灰溶液

在炭滤柱出水投加石灰溶液后，炭滤柱出水 pH 明显上升，但对浊度有一定影响，平均上升 0.01～0.07NTU。同时，石灰上清液浊度应控制在 5NTU 以下。

由以上试验，生物活性炭滤池造成其出水 pH 下降，为保证出厂水的水质稳定性，需提高出厂水 pH 值。虽然采用石灰溶液能提高出水 pH 值，但因投加点后移造成出厂水浊度上升的等水质问题，因此，南洲水厂在实际生产运行中，选择在炭滤后投加氢氧化钠调控出厂水 pH 值。生物活性炭滤池降低出水 pH 值的问题，虽然通过加碱解决，但尚未深入研究找出其 pH 值下降的关键因素。

南洲水厂在炭滤后投加氢氧化钠的实际生产运行中，存在清水池内有结晶体、没有过滤保护增加水质风险以及氢氧化钠价格较高增加水处理成本等问题。

（2）解决方案及优化内容

通过研究发现，炭滤池出水 pH 值降低的关键因素是活性炭表面含氧官能团。含氧官能团具有酸碱两性，对炭滤池进水具有酸碱缓冲作用。通过将氢氧化钠投加点由炭滤池出水前移至炭滤池进水，对炭滤料逐步进行改性，提高炭滤料 pH 值平衡点，从而提高炭滤池进水 pH 值。

在示范工程中，将氢氧化钠投加点由炭滤池出水前移至沉淀池出水处（见图 6-53）通过调高炭滤池进水的 pH 值至 7.7～7.8，约 2 个月后，完成了对活性炭的改性，提高其 pH 平衡点至 7.3 左右。改性完成后，在砂滤池前投加氢氧化钠调节炭滤池进水 pH 值至 7.3 左右

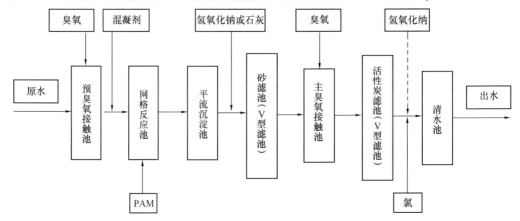

图 6-53　南洲水厂优化前后工艺流程图

注：优化前，氢氧化钠投加线为虚线；优化后，氢氧化钠或石灰投加线为实线。

时，炭滤池出水 pH 也可稳定在 7.3 的水平，并未出现 pH 下降趋势。这是因为改性后的活性炭 pH 值平衡点与炭滤池进水 pH 基本一致，无需活性炭表面官能团缓冲调节。

南洲水厂氢氧化钠采用计量泵投加，投加泵共 6 台，4 运 2 备。氢氧化钠溶液中 NaOH 含量为 30%，投加量约为 18～22mg/L。原氢氧化钠投加点设在清水池进水口，采用该改性技术后，通过投加管道优化改造将氢氧化钠投加点前移至沉淀池出水总渠。

活性炭滤池原位酸碱改性技术为南洲水厂采用石灰投加提供了条件。投加点的前移避免了出水浊度上升的问题，改善了水的口感及硬度，提高了水质安全性，降低了制水成本。

采用石灰投加，一般选择反应池或沉淀池出水两个投加点。在反应池投加石灰，石灰颗粒能起到助凝作用，降低沉淀池出水浊度，但也有部分水厂因为聚合氯化铝的投加点与石灰投加点的距离较近等原因造成出水铝含量偏高。此外，在反应池投加石灰的耗量大于沉淀出水投加的耗量，因此南洲水厂采用在沉淀池出水投加石灰溶液。利用南洲水厂现有氢氧化钠投加系统，改造部分投加管道与设备，采用石灰乳替代氢氧化钠投加至沉淀池出水总渠。

（3）效果分析

1）水质分析

优化后，在沉淀池出水投加氢氧化钠或石灰乳，各流程段水质情况，见表 6-10。

优化后沉淀池出水投加氢氧化钠或石灰乳水质情况　　　　　　表 6-10

	原　水			沉淀池出水（已投碱剂）		砂滤池出水		出厂水		
	浊度（NTU）	pH	高锰酸盐指数（mg/L）	浊度（NTU）	pH	浊度（NTU）	pH	浊度（NTU）	pH	高锰酸盐指数（mg/L）
投加氢氧化钠	20.24	7.3	1.7	0.73	7.5	0.09	7.5	0.07	7.4	0.7
投加石灰乳	24.44	7.25	1.6	2.71	7.6	0.08	7.5	0.07	7.31	0.6

由表 6-10 可知，在对活性炭滤池改性后，将碱剂投加点由炭滤池出水前移至沉淀池出水，投加氢氧化钠或石灰乳，将沉淀池出水 pH 值控制在 7.5～7.6，经过生物活性炭滤池，出水 pH 值保持在 7.3～7.4 左右。

优化后，示范工程连续运行六个月的水质数据情况，见表 6-11。

南洲水厂投加石灰 pH 值变化情况　　　　　　表 6-11

时间	2012.1	2012.2	2012.3	2012.4	2012.5	2012.6
原水	7.3	7.2	7.2	7.2	7.1	7.2
沉淀池出水（已投石灰）	7.5	7.6	7.5	7.5	7.6	7.6
出厂水	7.4	7.2	7.4	7.4	7.4	7.4

2）成本分析

活性炭滤池改性后，将 pH 调节点前移至沉淀池出水，以石灰乳代替氢氧化钠投加，运行成本变化情况，见表 6-12。

南洲水厂优化前后氢氧化钠和石灰乳投加成本对比　　　　表 6-12

	优化前	优化后
pH 调节药剂及投加点	清水池进水管投加氢氧化钠	沉淀池出水投加石灰乳
药剂含量	30% NaOH	22% CaO
投加量范围（mg/L）	18～22	28～32
投加量平均值（mg/L）	20	30
原材料单价（元/t）	1050	440
投加药剂成本（元/m³）	0.021	0.013

由上表可知，南洲水厂由氢氧化钠投加改造为石灰乳投加，药剂成本下降了 0.008 元 /m³，下降比率为 38%。

2. 臭氧投加优化控制

（1）工艺运行状况

臭氧—活性炭工艺的臭氧投加量对运行成本影响很大，目前在生产上尚缺少指导臭氧投加量的控制方法，都是参考臭氧生产厂商提供的投加量范围自行确定。对于 Ⅱ～Ⅲ 类原水，预臭氧投加量的范围为 0.5～1.5mg/L，主臭氧投加量的范围为 0～2.5mg/L。上述臭氧投加量范围较大，实际生产往往难以确定。由于缺乏量化的控制指标，需臭氧量与原水水质和出水水质的对应关系尚不明确，导致臭氧投加量不易控制，不利于保障供水水质及节能降耗。

对于预臭氧，南洲水厂目前主要是根据氧化助凝效果加以选择，基本上采用了定量投加的方式。由于臭氧易分解，水厂投加预臭氧主要为助凝和杀藻，无持续消毒能力，且对于停留时间较长的平流式沉淀池，在维持常规处理阶段水中持续消毒能力方面显得更为不足。尤其对于亚热带地区，偏高的水温比较适合微型生物的繁殖生长，特别是夏季，微型生物数量较多，相应的主臭氧量过高，会增加运行成本。对于主臭氧，通常借鉴国外的控制参数，采用余臭氧仪自动控制。

南洲水厂臭氧投加情况　　　　表 6-13

	最大值	最小值	平均值
预臭氧投加量(mg/L)	1.01	0.52	0.71
主臭氧投加量(mg/L)	1.00	0.20	0.49
臭氧投加量(mg/L)	1.62	1.00	1.20

（2）解决方案及优化内容

根据《室外给水设计规范》GB 50013—2006 的建议，自来水厂在采取混凝、沉淀、过滤处理后某些有机、有毒物质含量或色、臭、味等感官指标仍不能满足出水水质要求的情况下，宜选择 O_3—BAC 深度净水工艺。因此，O_3—BAC 工艺的臭氧投加量优化的原则是通过适量投加臭氧，在常规工艺的基础上进一步去除有机物、有毒物质或色、臭、味等，以实现供水水质达到预期的水质标准为度。对于季节性微污染水源，臭氧的投加以确保在水源污染加重的季节实现出水水质达标，而在水源水质改善，经过混凝、沉淀、过滤处理能满足出水水质要求的季节，臭氧的投加则应以维持 O_3—BAC 系统可靠运行为度，合理降低运行成本。

应根据预臭氧与主臭氧对水质净化的实际贡献，建立臭氧投加量优化的评价方法。预臭氧以去除溶解性铁和锰、色度、藻类，改善臭味以及混凝条件，减少三氯甲烷前驱物为目的。应根据水源水质对预氧化的具体要求来确定预臭氧投加量，并与主臭氧相协调，实现出厂水水质达标以及降低运行成本。主臭氧以氧化难分解有机物、灭活病毒和消毒或与其后续生物处理设施相结合为目的，应根据水厂进入主臭氧接触池的水质对臭氧氧化的具体要求来确定主臭氧投加量，在实现出厂水水质达标的前提下合理控制运行成本。

根据上述臭氧投加量优化评价方法，结合南洲水厂北江水源水质及出厂水按《生活饮用水卫生标准》（GB 5749—2006）和《饮用净水水质标准》（CJ 94—2005）的控制标准，建立南洲水厂臭氧投加与主要水质指标控制关系，见图 6-54。

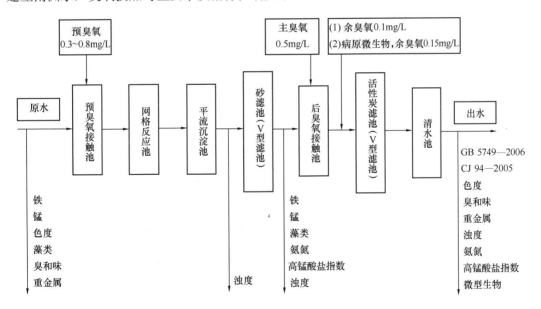

图 6-54 南洲水厂臭氧投加与主要水质指标控制关系示意图

南洲水厂北江水源大部分时间达到地表水 Ⅱ 类标准，预臭氧投加量按照控制待滤水浊度≤1NTU 确定，预臭氧投加量范围为 0.3～0.8mg/L，平均约 0.5mg/L，可取得满意的助凝效果，不必投加聚丙烯酰胺助凝剂，且能够有效控制原水中的藻类。在水源突发污染情况下，则需根据具体情况确定预臭氧投加量。

南洲水厂北江水源属于季节性微污染水源，在暴雨初期水质有波动，需要借助臭氧氧化，方可实现供水水质稳定达到高锰酸盐指数≤2.0mg/L，氨氮≤0.5mg/L 的目标；其他时期基本为Ⅱ类，即使不投加主臭氧，水质较常规工艺仍有显著提高，完全可以实现达标供水。综合水质稳定性与经济性，考虑到臭氧对有机物的去除率及消毒和控制微型生物的需要，推荐主臭氧按维持余臭氧量 0.1mg/L 投加，对应的投加量约为 0.5mg/L。而当原水中发现病原微生物时，提高余臭氧量至 0.15mg/L 左右。

（3）效果分析

1）水质分析

优化后，示范工程连续运行六个月的水质数据情况，见表 6-14。

南洲水厂臭氧投加净水效果　　　　　　　　　　　表 6-14

时　　间		2012.1	2012.2	2012.3	2012.4	2012.5	2012.6
预臭氧投加量(mg/L)		0.81	0.51	0.52	0.45	0.43	0.51
主臭氧投加量(mg/L)		0.83	0.53	0.34	0.52	0.51	0.52
总臭氧投加量(mg/L)		1.64	1.04	0.86	0.97	0.94	1.03
原水	浊度(NTU)	8.32	4.4	24.4	16.4	30.3	41.9
	氨氮(mg/L)	0.21	<0.02	0.06	0.02	<0.02	0.02
	高锰酸盐指数(mg/L)	1.8	1.7	1.9	1.8	1.9	1.9
	铁(mg/L)	0.24	0.21	0.92	0.49	0.68	0.80
	锰(mg/L)	<0.05	<0.05	<0.05	<0.05	<0.05	<0.05
	色度	14	10	25	16	25	23
	总藻类个体数(万个/L)	1.4	0.7	0.5	0.3	0.2	0.2
	臭和味	0	0	0	0	0	0
	菌落总数(CFU/mL)	3984	2556	2745	2753	2577	3847
待滤水	浊度(NTU)	0.7	0.58	1.07	0.65	0.91	0.89
	氨氮(mg/L)	0.18	<0.02	<0.02	<0.02	<0.02	<0.02
	高锰酸盐指数(mg/L)	1.0	0.9	0.9	0.8	0.8	0.8
	色度	5	5	6	5	5	5
	臭和味	0	0	0	0	0	0
	菌落总数(CFU/mL)	21	6	14	6	11	13
砂滤出水	浊度(NTU)	0.12	0.09	0.11	0.10	0.11	0.10
	氨氮(mg/L)	0.17	<0.02	<0.02	<0.02	<0.02	<0.02
	高锰酸盐指数(mg/L)	0.9	0.8	0.8	0.7	0.8	0.7
	色度	5	5	5	5	5	5
	臭和味	0	0	0	0	0	0
	菌落总数(CFU/mL)	3	1	1	1	3	6

续表

时 间		2012.1	2012.2	2012.3	2012.4	2012.5	2012.6
出厂水	浊度(NTU)	0.08	0.08	0.09	0.08	0.08	0.08
	氨氮(mg/L)	0.14	<0.02	<0.02	<0.02	<0.02	<0.02
	高锰酸盐指数(mg/L)	0.7	0.7	0.7	0.6	0.6	0.7
	铁(mg/L)	<0.05	<0.05	<0.05	<0.05	<0.05	<0.05
	锰(mg/L)	<0.05	<0.05	<0.05	<0.05	<0.05	<0.05
	色度	5	55	5	5	5	5
	总藻类个体数(万个/L)	0	0	0	0	0	0
	臭和味	0	0	0	0	0	0
	菌落总数(CFU/mL)	0	0	0	0	0	0

为有效控制微型生物的滋生，降低其泄漏的水质风险，南洲水厂采取了臭氧与氯联合多点投加的控制措施。利用臭氧的强氧化性，在预臭氧接触池与后臭氧接触池两处分别投加臭氧，可有效杀灭水中大部分细菌等微生物，包括具有潜在风险的微生物。但由于臭氧的不稳定性造成其在水中的持续消毒能力差，因此需要其他消毒剂的辅助消毒措施，液氯是水厂使用的常见消毒剂，消毒效果好，价格低廉。为避免不同药剂在同一投加点投加时引起反应，影响消毒效果，因此，采用臭氧与液氯联合多点投加的方式，从水厂工艺全流程控制水中微生物生长。臭氧与液氯联合多点投加工艺流程图，见图6-55。

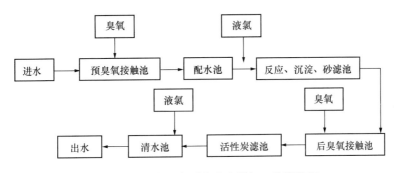

图 6-55 臭氧与液氯联合多点投加工艺流程图

预臭氧投加能有效杀灭原水中的病原微生物、藻类、摇蚊幼虫及虫卵等；经过配水井在反应之前投加液氯，能有效抑制藻类在平流沉淀池内孳生、摇蚊成虫在池内产卵等，砂滤出水中已基本不含氯；主臭氧投加，由于其进水为砂滤池出水，水体洁净、杂质少，臭氧能更彻底地对水体进行消毒杀菌，尤其是杀灭某些耐氯菌群与条件致病菌；清水池内投加液氯，由于活性炭滤池的生物作用，炭滤池出水携带少量细菌，利用液氯在清水池内有效消毒从而控制出厂水的细菌数量。优化后南洲水厂各流程段出水微生物情况，见表6-15。

南洲水厂各流程段微生物情况 表 6-15

		原水	沉淀出水	砂滤出水	炭滤出水	出厂水	管网水
菌落总数	范围(CFU/mL)	870~7600	1~19	0~4	20~1600	0~3	0~1
	平均值(CFU/mL)	2234	6	1	284	0	0

2）成本分析

南洲水厂依据原水水质和出水水质指标，量化控制臭氧投加量。优化前后臭氧投加量变化情况，见表6-16。

南洲水厂优化前后臭氧投加量对比

表6-16

	优化前	优化后
预臭氧投加量(mg/L)	范围0.52～1.01mg/L；平均值0.71mg/L	范围0.42～0.81mg/L；平均值0.51mg/L
主臭氧投加量(mg/L)	范围0.20～1.00mg/L；平均值0.49mg/L	范围0.30～0.79mg/L；平均值0.49mg/L
臭氧投加量(mg/L)	范围1.00～1.62mg/L；平均值1.20mg/L	范围0.80～1.58mg/L；平均值1.00mg/L

由表6-16可知，南洲水厂臭氧投加量优化前后，臭氧投加量下降了0.20mg/L，下降比率为16.7%。

3. 炭滤池反冲洗方式优化

（1）工艺运行状况

南洲水厂炭滤池的反冲洗过程参照V型滤池"气冲—气水混冲—水冲"的反冲洗方式。首先单气冲洗，强度9L/(m²·s)，时间5min；气水共冲阶段气冲强度不变，水冲强度1L/(m²·s)，时间3min；单水漂洗阶段水冲强度8L/(m²·s)，时间12min。气水联合反冲洗方式及反冲洗的强度、时间等参数，主要是以对反冲洗废水浊度指标的控制为依据设置的，即炭滤池的反冲洗主要关注的是滤层内的悬浮物等，以反冲洗后炭滤池残余杂质较少为控制目标，这种冲洗方式对滤层冲洗得较为彻底、排出剥落杂质较为容易。

由于采用的是V型滤池池型，反冲洗废水堰顶距离活性炭层的距离仅有60cm，气水共洗的水面必须保持在废水堰以下，历时2～3min，不易控制，易造成"跑炭"等现象。

南洲水厂炭滤池的反冲洗周期为7～10d。反冲洗周期的确定，主要考察的是炭滤池对高锰酸盐指数的去除效果。由于炭滤池对高锰酸盐指数的去除效果呈现出随反冲洗周期延长而逐渐降低的趋势，反冲洗周期为11d时，对高锰酸盐指数的去除率最低，因此，若要炭滤池对高锰酸盐指数保持较高的去除效果，则炭滤池的反冲洗周期控制在7～10d。

炭滤池运行过程中，随着反冲洗周期的延长，发现活性炭表面的生物膜逐渐老化，易造成脱落并截留于炭层中，同时，悬浮颗粒积累在炭层中，炭层表面附着的颗粒物增多，阻碍其与水中污染物接触，使炭层对有机物的吸附与生化效应降低，并且为活性炭滤池内微型动物的孳生创造了条件，炭滤池的活性炭滤料对微型动物基本无截留作用，故生物活性炭滤池出水存在微型生物泄漏的潜在风险，对出水水质产生不利影响。

（2）解决方案及优化内容

针对南洲水厂炭滤池在反冲洗过程中出现的问题，将反冲洗的目标调整为对有机物去除与微生物控制上，即炭滤池定期冲洗的主要目的是冲掉附着在炭粒上和炭粒间的黏着物，恢复其正常的生化、过滤功能，并能控制微生物的进一步生长繁殖。

炭滤池以水质控制作为反冲洗目标，与砂滤池有很大差异。因此，研究炭滤池反冲洗周期、强度、历时对出水浊度、高锰酸盐指数等指标以及微型生物滋生的影响关系，探究不同反冲洗方式下炭滤池的冲洗效果，找出适合于采用气水反冲洗滤池池型的炭滤池反冲洗方式。反冲洗方式的优化，对水厂运行控制具有重要的指导意义。

南洲水厂通过对生物活性炭滤池不同反冲洗方式的对比试验，针对孳生微型动物的关键因素，根据其出水浊度、高锰酸盐指数和微生物等指标，判断反冲洗方式对防止孳生微型生物的有效性，优化反冲洗方式和反冲洗参数。优化前后，南洲水厂反冲洗方式及主要参数调整情况，见表6-17。

南洲水厂优化前后反冲洗方式及主要参数对比 表6-17

	优化前	优化后
反冲洗周期	7～10d	3～6d
反冲洗参数	气冲：9L/(m²·s)，5min； 气水冲：气9L/(m²·s)，水1L/(m²·s)，3min； 水冲：8L/(m²·s)，12min	气冲：9L/(m²·s)，4min； 水冲：8L/(m²·s)，1.5min； 水冲：12L/(m²·s)，3.5min； 水冲：8L/(m²·s)，3min
反冲洗历时	20min	12min

在反冲洗方式上，以小强度水冲洗代替气水共洗。优化后南洲水厂炭滤池的反冲洗程序由三段式改为四段式。反冲洗周期控制在3～6d。在4～11月份炭滤池内微型生物大量繁殖，可缩短炭滤池的反冲洗周期，其他月份可适当延长炭滤池的反冲洗周期。

南洲水厂反冲洗泵房主要设备情况：配置罗茨鼓风机2台，流量$Q=66～43.68m^3/min$，压力$P=0.04～0.03MPa$，风机配QABP75-4P，75kW电机。采用变频调速运行，满足单格滤池的气反冲洗要求。配置反冲洗水泵3台，型号24SAP-18J，配Y355M2-8/160KW/380V/IP23电机。采用变频调速运行，满足单格滤池进行水反冲洗要求。现有反冲洗设备能够满足反冲洗参数调整的需求，不需要对设备进行改造。

（3）效果分析

针对微型动物在炭滤池繁殖的问题，南洲水厂以高锰酸盐指数和微型动物作为水质控制目标，通过对其反冲洗方式及参数的优化，将反冲洗程序由气水反冲洗滤池的三段式改为四段式，反冲洗周期控制在3～6d，保证了滤池的正常运行。

优化后，示范工程连续运行六个月的水质数据情况，见表6-18。

南洲水厂炭滤池净水效果 表6-18

时　间	2012.1	2012.2	2012.3	2012.4	2012.5	2012.6
反冲洗周期(h)	120	120	120	120	120	120
砂滤出水浊度(NTU)	0.12	0.09	0.11	0.10	0.11	0.10
炭滤出水浊度(NTU)	0.12	0.11	0.15	0.12	0.12	0.11
砂滤出水高锰酸盐指数(mg/L)	0.9	0.8	0.8	0.7	0.8	0.7
炭滤出水高锰酸盐指数(mg/L)	0.7	0.7	0.7	0.6	0.6	0.7
高锰酸盐指数去除率(%)	22.22	12.50	12.50	14.29	25.00	0

炭滤池反冲洗方式优化后，炭滤出水几乎检测不出微型动物，但反冲洗方式优化只能改善微生物及微型生物的生存条件，以控制其进一步生长。而有效去除及杀灭，还是要与消毒措施共同发挥作用，有效控制及杀灭微生物及微型生物。

6.8 以活性炭砂滤池为核心的短流程深度处理技术与工程示范

6.8.1 短流程深度处理技术应用背景

对于水源受到有机物和氨氮污染的水厂，传统的解决思路是加长净水处理工艺流程，即在常规净水工艺前后分别增加预处理工艺或深度处理工艺。但是，对于水源水只是轻度污染或季节性污染，或是受到经济条件或场地条件限制的水厂，如果采用加长净水处理工艺流程的方法，则存在基建费用和运行费用高、占地面积大、运行管理复杂等困难，在很多水厂难以实现。

炭砂滤池，即活性炭石英砂双层滤料滤池，可以在保留滤池原有的对颗粒物去除截留的基础上，通过增加颗粒活性炭对有机物的吸附作用和强化滤层中微生物对污染物的生物降解作用，提高对有机物和氨氮去除效果，是一种深度处理技术。由于炭砂滤池是用来替代常规净水工艺中的石英砂滤池，因此炭砂滤池在工程上的实现不需要在水厂增加新的处理构筑物，相对于臭氧－生物活性炭工艺而言其流程较短，因此可以称之为短流程深度处理技术。

采用炭砂滤池短流程深度处理技术，基本建设费用低，且炭砂滤池和石英砂滤池的运行方式差别不大，运行费用低，管理难度小，在工程上非常容易实现，因此在我国自来水厂的升级改造中有着广阔的应用前景。开发占地面积小，可以同时去除有机物和氨氮的炭砂滤池短流程深度处理技术，在我国有着重要的实用价值。

6.8.2 东莞市第二水厂示范工程

依托水专项的研究成果，清华大学与东莞市东江水务有限公司和北京市市政工程设计研究总院合作，将东莞第二水厂的两个石英砂滤池改造为炭砂滤池。本节以该工程改造为例，介绍炭砂滤池的改造方案，以期为其他水厂的炭砂滤池改造提供借鉴和参考。

对炭砂滤池改造费用和运行费用进行了初步的估算，评价该工艺在经济上的可行性。

1. 工程简介

工程改造涉及水厂的两个石英砂滤池，每个滤池的处理水量为 5000t/d。

（1）砂滤池现状

水厂现有砂滤池的石英砂粒径 0.8～1.3mm，滤层厚 0.7m。滤池为水面下进水，减速过滤，按照产水量计算的平均滤速为 6.4m/h。24～48h 反冲洗一次，冲洗频率需根据运行条件而定。冲洗方式为气水反冲洗，先气冲 5min，强度 15L/s·m²，而后是 5～7min 的水反冲洗，反冲洗强度 10L/s·m²，由 10m 的高位水箱提供反冲洗水，含氯浓度约为 0.7～0.8mg/L。

滤池为普通快滤池结构，剖面图见图 6-56 所示。

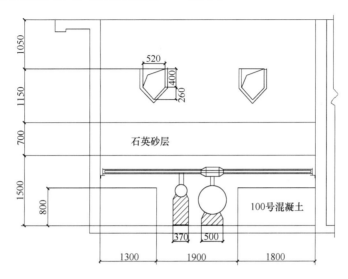

图 6-56　砂滤池剖面图

滤池长 6.5m，宽 5m，过滤面积为 32.5m²。滤池总高度 4.4m，其中石英砂滤料层为 0.7m，下部的配水配气槽和承托层为 1.5m，其中卵石垫层 0.7m。滤料表面距离反洗排水槽的底部为 0.49m，反洗排水槽高度为 0.66m，其顶部距离滤池顶部的距离为 1.05m。在运行过程中，一般情况下滤层上水深为 1.5m。运行中水位标高一般为 7.7m～8.1m，距池顶 0.3m～0.7m，滤池池底标高 4.01m（±0.00），池顶标高 8.41m。清水池水位标高一般为 4.0m～5.0m。滤池总有效作用水头最小值为 2.7m。

对砂滤池出水水质进行了一年的检测，数据如下：

1）进水浊度为 0.356～2.845NTU，均值为 1.482NTU，出水浊度为 0.065～0.287NTU，均值为 0.101NTU；

2）进水颗粒数为 899～9071CNT/mL，均值为 4758CNT/mL，出水颗粒数为 38～369CNT/mL，均值为 126CNT/mL；

3）进水高锰酸盐指数为 0.65～2.82mg/L，均值 1.42mg/L，出水高锰酸盐指数为 0.48～2.37mg/L，均值为 1.28mg/L，平均去除率为 9.2%；

4）进水 UV$_{254}$ 为 0.013～0.038cm^{-1}，均值为 0.023cm^{-1}，出水 UV$_{254}$ 为 0.012～0.038cm^{-1}，均值为 0.022cm^{-1}，基本没有去除效果；

5）进水氨氮为 0.02～2.00mg/L，均值为 0.57mg/L，出水氨氮为 0.01～1.31mg/L，均值为 0.18mg/L；

6）进水亚硝酸盐氮为 0.001～0.465mg/L，均值为 0.150mg/L，出水亚硝酸盐氮为 0～0.930mg/L，均值为 0.173mg/L，运行过程中容易出现出水亚硝酸盐氮浓度高于进水的情况。

当水源水质较差时（如夏季氨氮浓度高于 2mg/L）水厂停产，砂滤池没有运行数据，因此检测的砂滤池出水水质总体较好。

（2）工程改造目标

1）将原有的砂滤池改造为炭砂滤池，在保证对浊度去除的基础上，增加对有机物、氨氮等污染物质的去除，全面提高滤池出水水质。

2）曝气炭砂滤池工艺在保证对浊度去除的基础上，提高去除氨氮的能力，在进水氨氮浓度不高于 3mg/L 时，出水氨氮浓度满足生活饮用水卫生标准对氨氮的要求。

在水厂砂滤池中选择 2 个滤池，一个进行炭砂滤池的改造，另一个进行曝气炭砂滤池的改造，每个滤池的处理能力为 5000t/d。与之平行运行的有水厂的砂滤池，可以对运行效果进行对比。

炭砂滤池预期的运行效果及出水水质如下：

1）浊度：低于 0.15NTU；

2）高锰酸盐指数：第一年运行可保证出水低于 1.5mg/L；

3）氨氮：在不受溶解氧限制的条件下低于 0.1mg/L；

4）亚硝酸盐氮：低于检出限。

曝气炭砂滤池预计的运行效果：

1）浊度：低于 0.25NTU；

2）氨氮：在进水氨氮浓度不高于 3mg/L 时，出水氨氮可以低于 0.5mg/L；

3）亚硝酸盐氮：低于检出限。

2. 改造方案

炭砂滤池改造的基本要求：

（1）滤料改为石英砂和活性炭；

（2）过滤方式改为恒速变水头过滤，以跌水方式进水；

（3）改造滤池出水系统，保证反冲后滤池水位，建出水堰；

（4）新建三个不锈钢反冲洗排水槽；

（5）将原有的穿孔管配水配气系统改为滤头配水配气系统。

曝气炭砂滤池改造的基本要求是在炭砂滤池的基础上，在活性炭层中增设曝气设施，具体改造内容如下：

（1）炭砂滤池改造

1）滤料

石英砂：粒径 0.5～1.0mm，K_{80}<2.0，厚度 0.4m；

活性炭：粒径 8×30 目，K_{80}<2.0，采用煤质压块破碎炭或柱状破碎炭，厚度 1m。

2）进水系统

改造滤池为恒速变水头过滤，滤池新增进水堰，单独在水面上进水，即以跌水的方式进水，采用炭钢材质。

3）出水系统

改造滤池出水系统，新增出水溢流堰，使之可以保证反冲后滤池水位高于滤料表面，溢流堰上边缘高于滤池内的滤料表面 0.1m，采用炭钢材质，见图 6-57。

4）反冲洗排水槽

为了增加滤池在深度方向可利用的空间，需要减小排水槽的高度，因此需要增加排水槽的个数，以保证反冲洗水的及时排放。拆除原有的 2 个反冲洗排水槽，按高程要求新建 3 个不锈钢反冲洗排水槽。其剖面示意图见 6-58。

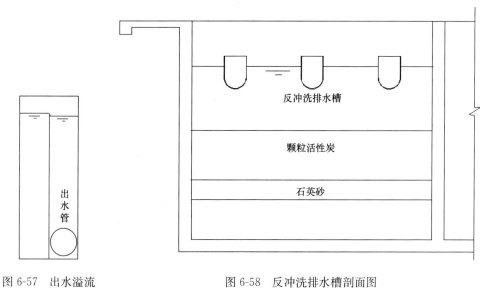

图 6-57　出水溢流
　　　　　堰示意图

图 6-58　反冲洗排水槽剖面图

5）配水配气系统

拆除原有穿孔管大阻力配水配气系统，采用滤头配水配气系统，滤板滤头配水系统总高度 0.7m。减少配水配气系统的高度，可以争取更多的滤层空间以提高滤层厚度。

改造后承托层采用粒径 2～4mm 粗砂，厚度为 0.2m。

炭砂滤池的运行周期可以是 2～3d，由于该水厂滤池冲洗采用高位水箱，其容量有限，故建议运行周期为 2d。平时采用水反冲洗，根据需要定期(如每 2 周 1 次)采用气水反冲洗。单独水反冲的参数为：滤层膨胀率为 30%，按照冲洗强度为 15L/(s·m²)设计，冲洗时间 5～7min。气水反冲洗的参数为：采用先气后水的反冲洗方式，气冲洗强度 10L/(s·m²)，冲洗时间 2min，然后水冲洗滤层膨胀率为 30%，按照冲洗强度为 15L/(s·m²)设计，冲洗时间 5～7min。反冲洗水采用水厂清水池出水，利用现有高位水箱提供反冲洗水。反冲洗进水管设手动、自动两个阀门，用手动阀门的开启度控制反冲洗强度。反冲洗用气由现有供气系统提供。

由于炭砂滤池水冲洗强度和石英砂的水冲洗强度相似，炭砂滤池气冲洗强度小于石英砂的气冲洗强度，因此滤池原有的反冲洗进水管线和反冲洗进气管线无需改动。

（2）曝气炭砂滤池改造方案

曝气炭砂滤池是在上述炭砂滤池改造的基础上，在活性炭层增设曝气头和曝气管，通过鼓风机向滤池内曝气。

曝气系统布置的立面示意图和平面示意图如图 6-59 和图 6-60 所示。

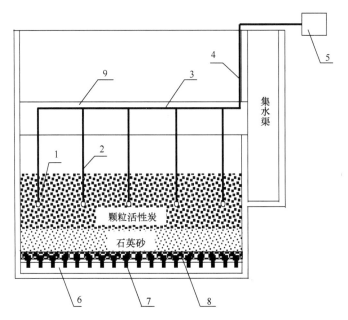

图 6-59 曝气炭砂滤池曝气系统布置立面示意图

1—曝气头；2—曝气立管；3—曝气横管；4—曝气干管；5—鼓风机；

6—配水配气室；7—长柄滤头，8 承托层，9 反冲洗排水槽

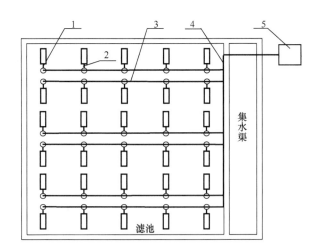

图 6-60 曝气炭砂滤池曝气系统布置平面示意图

1—曝气头；2—曝气立管；3—曝气横管；4—曝气干管；5—鼓风机

具体的改造方式如下：

滤池的滤层内设置曝气设施，设置在炭层表面下方 0.6m 处，即曝气下方有 0.4m 的

炭层和 0.4m 的砂层。

曝气头选用全表面布气刚玉管式微孔曝气器，沿排水槽布置曝气干管，按过滤面积均匀布置曝气竖支管，并横向安装曝气头，共 30 个，单个气量 $1m^3/h$。气水比范围 0.05～0.30。曝气设施仅在水中溶解氧不足时使用，主要是在夏季的排洪期。

管廊上层房间内设置罗茨鼓风机 1 台，为充氧曝气装置提供气源，曝气干管沿滤池池宽方向布置，在 3 个排水槽两端分别连接曝气支管沿滤池长度方向布置，之后每隔 1.3m 安装竖管并最终连接微孔曝气器，为滤层充氧。

3. 运行效果

（1）浊度去除

炭砂滤池对浊度的去除效果略优于砂滤池，出水浊度均小于 0.30 NUT，一般情况下保持在 0.10～0.20 NUT，具体数值见图 6-61。

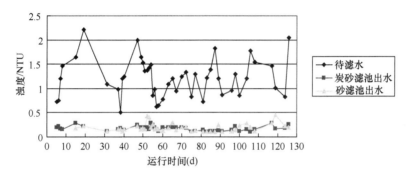

图 6-61　对浊度的去除效果

（2）有机物去除

1）高锰酸盐指数

炭砂滤池运行第一个月对高锰酸盐指数去除率在 50％～60％；运行第二个月的去除率在 50～70％；运行第三个月的去除率在 35％～50％；运行第四个月的去除率在 40～50％。随着运行时间的延长，炭砂滤池对高锰酸盐指数去除率呈下降趋势。该运行期间，砂滤池对高锰酸盐指数的平均去除率约 20％～30％。炭砂滤池的运行效果明显优于砂滤池，具体运行情况见图 6-62。

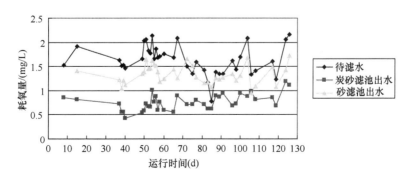

图 6-62　对高锰酸盐的去除效果

2）UV$_{254}$

炭砂滤池运行第一个月对 UV$_{254}$ 的去除率保持在 90％以上；运行第二个月对 UV$_{254}$ 的去除率在 70～80％；运行第三个月对 UV$_{254}$ 的去除率在 50～60％；运行第四个月对 UV$_{254}$ 的去除率在 40～50％。运行期间，砂滤池对 UV$_{254}$ 一直无明显去除效果，去除率基本小于 15％。随着运行时间的延长，炭砂滤池对 UV$_{254}$ 去除率呈下降趋势。该运行期间，砂滤池对 UV$_{254}$ 的去除量为 0.001～0.002 cm^{-1}。炭砂滤池的运行效果明显优于砂滤池，具体运行情况见图 6-63。

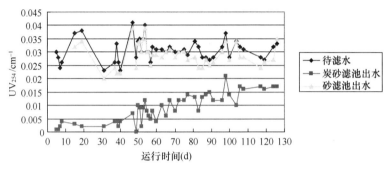

图 6-63　对 UV$_{254}$ 的去除效果

（3）氨氮和亚硝酸盐氮去除

1）氨氮

炭砂滤池在运行第一个月，尚处于挂生物膜初期，对氨氮的去除率很不稳定，去除效果劣于砂滤池；运行第二个月，炭砂滤池对氨氮的去除率有所上升，但去除效果仍劣于砂滤池；运行第三个月至第四个月，炭砂滤池挂膜趋于稳定和成熟，对氨氮的去除效果与砂滤池无明显差异，出水氨氮基本在 0.05mg/L 以下。具体运行情况见图 6-64。

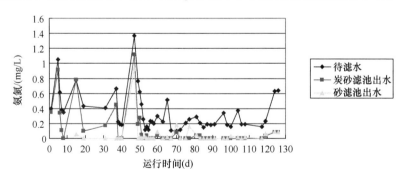

图 6-64　对氨氮的去除效果

2）亚硝酸盐氮

炭砂滤池运行第一个月，尚处于挂生物膜初期，常出现出水亚硝酸盐氮浓度高于进水的情况，出水效果明显劣于砂滤池；运行第二个月，炭砂滤池出水亚硝酸盐氮浓度低于进水，对亚硝酸氮的去除率从约 45％逐渐升至 90％以上，运行 50 天～60d 对亚硝酸盐氮的去除率基本稳定在 90％以上；运行第三个月至第四个月，炭砂滤池挂膜趋于稳定和成熟，硝化反应充分，出水基本无亚硝酸盐氮检出，对亚硝酸盐氮的去除效果与砂滤池无明显差异。具体运行情况见图 6-65。

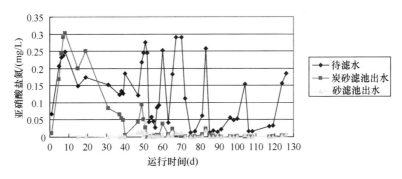

图 6-65 对亚硝酸盐氮的去除效果

6.8.3 深圳市沙头角水厂示范工程

滤池作为生物活性滤池运行，可能会出现细菌泄漏的问题，南方湿热地区相对而言更易出现该问题，为了提高出水的生物安全性，考察活性炭滤池＋超滤膜工艺的运行效果，并在深圳沙头角水厂进行示范工程建设。

1. 工程简介

沙头角水厂位于深圳市盐田区，设计规模为 4 万 m^3/d。采用格栅、穿孔旋流斜管沉淀池、双阀滤池、清水池（氯消毒）等工艺。由于建设年代较早，个别池体部分渗漏和设施老化，严重影响到供水安全。该水厂水源由江水、水库水和山水组成，主要存在嗅味、有机物等污染问题。另外，当地为南方亚热带气候，微生物孳生较严重，因此，微生物安全问题亦迫切需要妥善解决。

2. 改造方案

该水厂原主要设计参数：

（1）穿孔旋流斜管沉淀池。共 2 座，单座平面尺寸 $19.0 \times 16.8m$。絮凝时间约 19.3min。沉淀池清水区上升流速为 2.3mm/s。

（2）双阀滤池。共 1 座，单座平面尺寸 $26.0m \times 20.8m$，分 10 格，单格过滤面积 $25.6m^2$（$6.4m \times 4m$），采用双排布置。正常过滤速度 7.2m/h。滤料采用均质石英砂，高度为 0.97m，砾石承托层厚 0.15m。采用气、水洗联合冲洗。

（3）清水池。共 2 座，单座平面尺寸 $50.8 \times 15.8m$，池深 5.8m，有效调节容积 $9310m^3$。加氯量 1.0～2.0mg/L。

在工艺技术升级方案中，将砂滤池改造成炭滤池，并在炭滤池后增加超滤膜工艺，形成活性炭—超滤工艺，提高微生物安全保障能力，改善对水源水质突变的应对能力，进一步保障水质安全。改造后工艺如图 6-66 所示。

主要工程设计参数：

（1）炭滤池

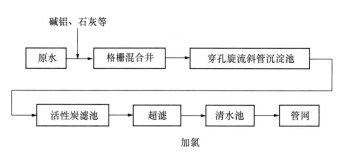

图 6-66　沙头角水厂改造后处理工艺流程图

① 滤板。更换滤板、并对池体进行修补。滤板单块平面尺寸 1256mm×965mm，厚度 100mm，每座滤池共 20 块，布置方式与现状保持一致。

② 承托层。承托层粒径级配为：2～4mm 和 4～8mm，各层厚均为 50mm，共 100mm。

③ 炭滤层。现排水槽顶距滤料面的高度为 1.10m，考虑炭膨胀率 35%，炭层高度确定为 1.05m。滤池正常过滤速度 7.16m/h，空床接触时间 8.7min，强制滤速（N-1）7.96m/h，空床接触时间 7.9min。

④ 反冲洗。炭滤池单独水反冲洗周期为 1～3d。气、水联合反冲周期为 24d，气冲强度 55～57m/h，气冲时间为 2～3min；水冲强度 25～29m/h，水冲时间 5～10min。

（2）超滤膜

膜车间采用压力式超滤膜，膜设计通量 70L/（m²·h）。进水调节池和膜处理车间合建以节省用地。地下层为进水调节池，地上一层为膜组及进水泵、冲洗泵、废水泵等设备间，二层为膜清洗药品及控制、电气设备间，占地面积 21×27m²。

3. 运行效果

（1）微生物指标

1）浊度

浊度与隐孢子虫和贾第虫之间具有一定的相关性，为保证两虫的去除效果，国外一般要求滤后水浊度低于 0.1NTU。

水厂沉后水的浊度在 0.31～3.55NTU，平均 0.90NTU；炭出水的浊度在 0.084～0.126NTU，平均 0.092NTU。炭滤池浊度去除率在 70.65%～91.53%，平均 85.11%。活性炭滤池对浊度有良好的去除效果，见图 6-67。

膜出水的浊度在 0.046～0.071NTU，平均 0.054NTU。超滤浊度去除率在22.89%～53.19%，平均 40.67%。超滤对浊度具有进一步的去除效果，超滤膜出水浊度均＜

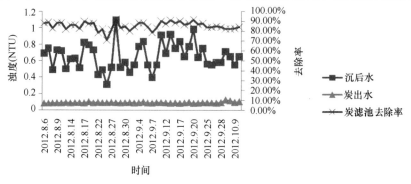

图 6-67　炭滤池浊度去除效果

0.1NTU，见图 6-68。

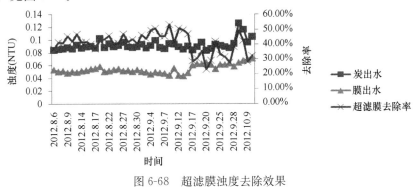

图 6-68 超滤膜浊度去除效果

2）颗粒数

① 各工艺段出水颗粒数总量

图 6-69 是各工艺段出水中 $2\mu m$ 以上颗粒数监测结果：

沉后水的 $2\mu m$ 以上颗粒数在 1815～4470CNT/mL，平均 3128CNT/mL；炭出水 $2\mu m$ 以上颗粒数在 79～332CNT/mL，平均 214CNT/mL。炭滤池对 $2\mu m$ 以上颗粒数有极好的去除效果，去除率在 89.75%～96.67%，平均 93.14%。

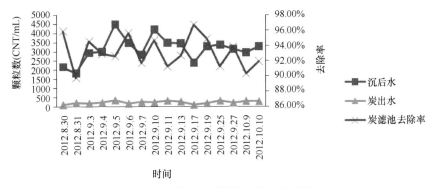

图 6-69 炭滤池对颗粒物的去处效果

膜后水 $2\mu m$ 以上颗粒数在 1～4CNT/mL，平均 2CNT/mL。在炭滤池对 $2\mu m$ 颗粒数的去除基础上，超滤对 $2\mu m$ 以上颗粒数能够进一步的高效去除，去除率在 96.67%～99.60%，平均 98.83%，见图 6-70。

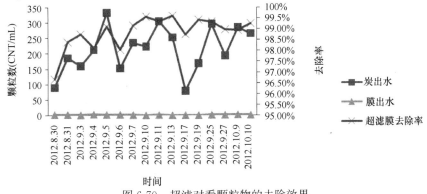

图 6-70 超滤对看颗粒物的去除效果

② 各工艺单元出水颗粒物粒径分布

图 6-71 为不同工艺单元出水的颗粒粒径分布，可以看出，水厂沉后水中颗粒粒径主要集中在 $2\sim3\mu m$、$3\sim5\mu m$ 两个范围，分别占 49%、43%，$5\sim7\mu m$、$7\sim10\mu m$、$10\sim15\mu m$ 分别平均为 141CNT/mL、79CNT/mL 和 17CNT/mL，这种水质条件极易隐藏有害微生物，对饮用水生物安全造成极大的隐患。活性炭滤池工艺出水 $3\sim5\mu m$、$5\sim7\mu m$、$7\sim10\mu m$ 的颗粒数依次为 83CNT/mL、14CNT/mL、20CNT/mL，仍存在一定的微生物风险。同时，活性炭滤池工艺出水颗粒数含量与运行条件，例如反洗周期、反洗强度有较大关系，活性炭滤池工艺在刚反洗完一段时间的初滤水也存在着微生物风险。

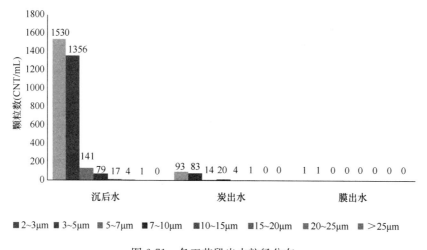

图 6-71　各工艺段出水粒径分布

超滤膜出水 $2\mu m$ 以上颗粒数均在 10CNT/mL 以下，保证了贾第鞭毛虫和隐孢子虫的去除，提高了出水的微生物安全。

3）菌落总数

各工艺段出水的菌落总数如图 6-72 所示。

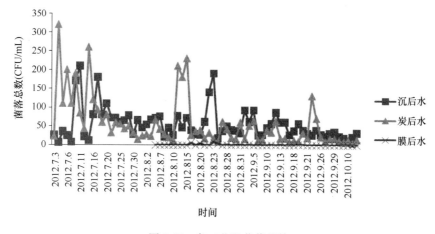

图 6-72　各工艺段菌落总数

沉后水菌落总数波动较大，在 7～210CFU/mL，平均 61CFU/mL；经活性炭滤池后经常有所增加，在 8～320CFU/mL，平均 32CFU/mL；超滤膜对细菌的去除有极佳效果，绝大多数时候能够降至 0，极少数时候有少量的检出，可能是由于反洗水箱没有消毒措施，水箱里的水被污染导致膜出水侧被细菌污染。超滤出水菌落总数在 0～12CFU/mL，平均 1.1CFU/mL。总体来说，膜工艺作为出水最后一道屏障，可以较好地保证微生物安全性。大肠菌群自水厂沉后水含量即少，超滤出水均为 0。

4）浮游动物

各工艺单元出水中的浮游动物情况如图 6-73、图 6-74 所示。

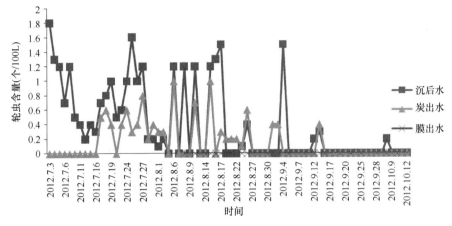

图 6-73 各工艺段出水轮虫数量

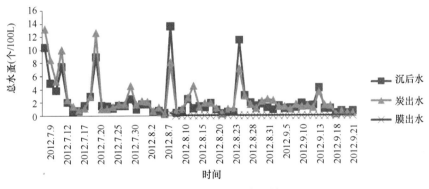

图 6-74 各工艺段总水蚤数量

沉后水轮虫个数在 0～1.8 个/100L，平均 0.46 个/100L；炭出水轮虫个数在 0～1.0 个/100L，平均 0.18 个/100L；膜出水轮虫个数为 0。活性炭滤池对轮虫具有一定的去除，超滤则具有完全去除的效果。

沉后水总水蚤在 0.4～13.6 个/100L，平均 2.26 个/100L；炭出水总水蚤在 0.2～12.6 个/100L，平均 2.56 个/100L；膜出水总水蚤含量为 0。部分炭后水含量经常高于沉后水含量，炭后水平均含量亦高于沉后水平均含量，说明炭滤池内总水蚤有一定程度的滋生。经超滤后水蚤含量均为 0，说明超滤工艺对水蚤具有完全的去除效果。

（2）一般化学指标

1) pH

如图 6-75 所示,沉后水 pH 在 7.1~7.4,平均 7.24;炭出水 pH 在 7.1~7.4,平均 7.22;膜出水 pH 在 7.2~7.5,平均 7.38。炭后水比沉后水略低。可能是由于活性炭滤池内微生物对有机的分解产生的二氧化碳溶解于水中,使得 pH 略微降低,膜后水比沉后水、炭后水略高,主要由于因超滤进水前端膜投加次氯酸钠进行膜的维护,次氯酸钠呈弱碱性。pH 总体上稳定在 7.1~7.5。

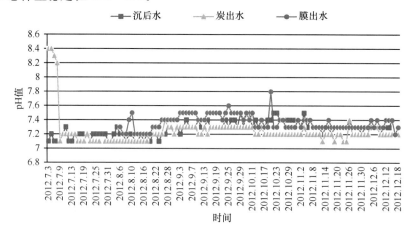

图 6-75 各工艺段 pH 值

2) 色度

如图 6-76 所示,沉后水色度已经较低,在 2~5,平均 2.3;炭出水色度已经降为 1,膜出水色度没有变化,均为 1。

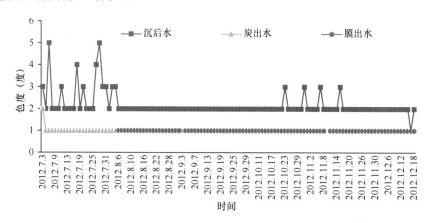

图 6-76 各工艺段色度

3) 铁、锰

总铁:沉后水总铁多数时候<0.05mg/L,偶有检出 0.06mg/L、0.07mg/L;炭出水总铁均<0.05mg/L;膜出水总铁均<0.05mg/L。

锰:沉后水、炭出水、膜出水锰含量均<0.05mg/L。

4) 总铝

如图 6-77 所示,沉后水总铝含量在 0.050~0.106mg/L,平均 0.078mg/L;炭出水

总铝含量在0.029～0.077mg/L，平均0.049mg/L；膜出水总铝含量在0.031～0.057mg/L，平均0.044mg/L。炭滤池对铝有明显去除，超滤则略有去除。

（3）有机物指标

1）高锰酸盐指数

如图6-78所示，沉后水高锰酸盐指数在0.84～1.85mg/L，平均1.33mg/L；炭出水高锰酸盐指数在0.53～1.35mg/L，平均0.89mg/L；膜出水高锰酸盐指数在0.53～1.12mg/L，平均0.86mg/L。炭滤池对高锰酸盐指数的去除率在2.17%～59.70%，平均33.42%；超滤对高锰酸盐指数的去除率在1.14%～28.70%，平均11.02%。对高锰酸盐指数的去除，活性炭滤池起到主要的去除作用，超滤并没有明显的去除作用。

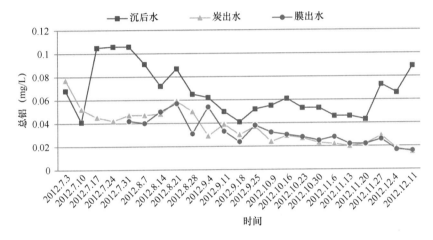

图6-77 各工艺段总铝

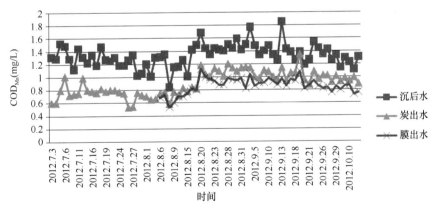

图6-78 各工艺段高锰酸盐指数指数去除效果

2）UV_{254}

如图6-79所示，沉后水UV_{254}在0.013～0.025/cm，平均0.021/cm；炭出水UV_{254}在0.004～0.020/cm，平均0.013/cm；膜出水UV_{254}在0.002～0.015/cm，平均0.011/cm。炭滤池对UV_{254}的去除率在20.0%～70.0%，平均40.2%；超滤对UV_{254}的去除率在0～66.7%，平均21.5%。对UV_{254}的去除，活性炭滤池起到主要的去除作用，超滤也

有一定的去除作用。

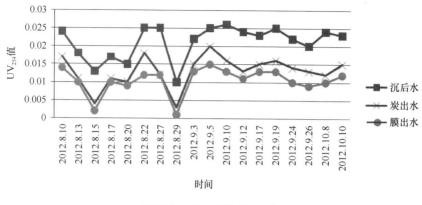

图 6-79　各工艺段 UV_{254} 值

6.9　国外的工程案例

6.9.1　瑞士苏黎世林格水厂

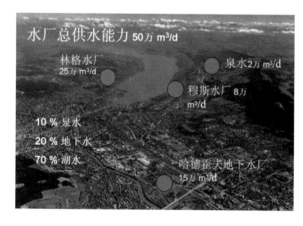

图 6-80　苏黎世供水系统示

瑞士最大的城市苏黎世，位于阿尔卑斯山北部，苏黎世湖西北端，利马特河同苏黎世湖的河口。苏黎世人口 36.9 万，城市用水主要取自利马特河和苏黎世湖，其中大约 70% 的饮用水来自苏黎世湖。目前，苏黎世供水局服务人口 80 万，有 3 个水厂，29 个泵站，1550km 管线，见图 6-80。

三座自来水厂分别是：哈德霍夫（Hardhof）地下水厂、穆斯（Moos）水厂和林格（Lengg）水厂。

林格水厂建于 1955 年，水厂设计规模 25 万 m^3/d，以苏黎世湖为水源。苏黎世湖面积 $68km^2$，最大深度 136m，容量 34 亿 m^3，湖水由贯穿苏黎世市的利马特河流向莱茵河。

经过 5 年的设计及模型实验，格林水厂于 1960 年底建成并投产。最初的工艺没有臭氧活性炭，后因湖水水质下降，1970 年开始上臭氧-活性炭工艺，1975 年建成。以后在土建工艺上没有改动。1989 年用预臭氧取代预氯。1992 年开始不加管网消毒剂。林格水厂工艺流程如图 6-81 所示：

原水取水口位于湖面下 32m，距离湖底 16m，此处水温常年 4～8℃，水质良好。取水管长 585m，直径 $DN1600mm$。

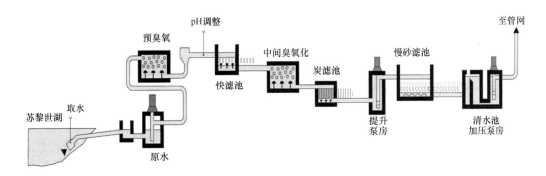

图 6-81 林格水厂工艺流程示意图

取水泵站有 6 台水泵，每台能力为 2300m³/h，扬程约 50m。经过长 695m、直径 DN1350mm 的输水管道送到净水厂。为防止贝类在输水管道中生长，每个月投加一次氯，每次 8h，投加量为 10mg/L。

原水进入净水厂后首先进行预臭氧，预臭氧投加量为 1.2mg/L，（调节范围为 0.4～2.0 mg/L），反应时间 10min。

全厂有 2 台臭氧发生器，每台最大发生量为 20kg/h，氧源为纯氧，见图 6-82。

原水进入滤池前投加石灰乳调整 pH，以保证管道不被腐蚀。

微絮凝过滤，投加明矾 0.2～0.5mg/L（Al）。

快滤池：共 38 格，总过滤面积 1710m²，每格过滤面积 45 m²。滤速 6m/h，滤料为浮石和细的石英砂，浮石厚度 50cm，石英砂厚度 70～90cm。每 14d 冲洗一次。

中间臭氧投加量为 0.5mg/L，（调节范围为 0.4～2.0mg/L），反应时间 6min。

活性炭吸附池：共 12 格，每格过滤面积 44m²。石英砂厚度 40cm，活性炭厚度 130cm，接触时间 4min，见图 6-83。

图 6-82 臭氧发生系统   图 6-83 活性炭滤池

慢砂滤池：共 14 格，总过滤面积 15140m²，其中 12 格，每格过滤面积 1120 m²；其余 2 格每格过滤面积 850m²。滤速 0.7m/h。滤料为各种粒径的湖砂，滤料高度 0.5～0.6m，滤床总高度 0.8m。慢砂滤池是整个处理流程中最后的处理单元。

清水池：2 座，容积分别是 4300m³ 和 4100m³。

清水泵房：共 7 台泵，其中 5 台每台流量 2300m³/h，扬程 100m。水泵为 Sulzer（苏尔寿）产品。2 台每台流量 1150m³/h，扬程 60m。

水质监测包括：温度、pH、电导率、浊度、颗粒计数、紫外光吸收率、氧化剂（Cl₂、ClO₂、O₃）、氧化还原电位、溶解氧、臭氧溶解度、矿物油、生物监测等。主要水质指标见表 6-19。

林格水厂各工艺单元的处理效果　　　　　　　　　　　　　　　　　表 6-19

参数	原水	快滤池出水	中间臭氧化出水	炭滤出水	出厂水
温度（℃）	6.2	6.5		6.5	6.6
浊度（NTU）	0.56	0.06		0.04	0.02
pH	7.8			7.64	8.1*
余臭氧（mg/L）			0.35		
电导率（μS/cm）	253	261			267
总硬度（mmol/L）	1.44	1.43			1.48
溶解氧（mg/L）	7.4	13.6			11.8
UV₂₅₄（cm⁻¹）	3.2	1.4	1.3	1.0	0.0
DOC（mg/L）	1.3	1.0	1.0	0.85	0.8
AOX（μg/L）	＜3				＜3

6.9.2　德国 Constance 湖水厂

Constance 湖总面积 538 平方公里，像盆地一样嵌在阿尔卑斯山和汝拉山脉（Jura）群山之中，德国、奥地利和瑞士三国在这里交界，Constance 湖由 236 条河流和小溪汇聚而成，莱茵河河水从东部源源不断地注入。

为了解决 Constance 湖地区日益增长的用水需要，位于湖区的 13 个镇和社区联合起来，于 1954 年修建了 Constance 湖水厂。目前水厂的供水能力已经达到 67 万 t/d，为水厂以北的 179 个社区供水，服务人口近 400 万，是目前德国供水能力最大的水厂，也是世界上最早采用臭氧化工艺的水厂之一。

水厂的水源来自 Constance 湖，Constance 湖的容量达 50 亿 m³，平均年径流量 11.5 亿 m³，相当于 360m³/s，湖内最大深度 254m。

Constance 水厂的原水通过 3 台泵从水面下 60m 深处抽上来并提升 310m 输送到水厂。为了保障原水的水质，在湖底 70m 深处修建了 3 个水塔，水塔高度 10m，取水口位于水塔的顶部，水塔的顶部盖有穿孔金属板，以免粗的杂质进入原水。三台泵的总输送能力为 9000L/s。由于水厂的用水量约为 Constance 湖径流量的 1%，相对其巨大的库容和径流量，几乎可以忽略不计。

为了保护 Constance 湖水不受污染，湖区的各个国家和地区之间签订了长期的水源保护协议，同时环湖居住的居民长期以来形成了良好的水源保护理念。湖水水质优良，周围植被保护完整，生态环境优美。据水厂化验室的检测结果，湖水的浊度一般为 0.3NTU，没有重金属、农药以及其他工业污染物的污染。同时，水的硬度适中（约 200mg/L 碳酸钙），矿物质含量均衡，口感很好，水中的硝酸盐含量约 4.5mg/L，因此，湖水也被推荐用于婴儿食品加工。

尽管水源水质优良，为了进一步提高饮用水的水质，水厂根据自身的特点，采用了先进的水处理工艺。其主要目标是去除水中的微生物和悬浮杂质，主要水处理单元有 3 个，依次为微滤、臭氧化、快滤，见图 6-84。

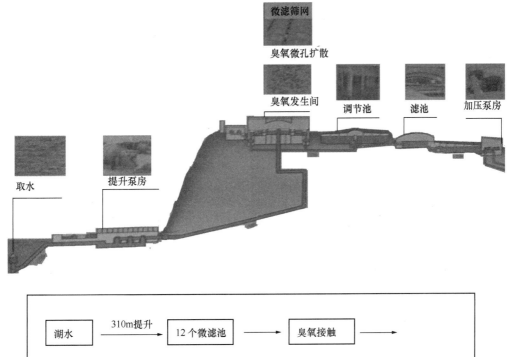

图 6-84　Constance 湖水厂工艺示意图

水厂没有混凝沉淀工艺，主要通过微滤去除原水中的悬浮杂质，直径约 5m 的圆形进水井位于构筑物的中央，设有水下照明装置，可以看见碧绿清澈的原水，原水井周围是呈圆圈分布的 12 个微滤滤池。

微滤装置设有孔径不同的 A、B、C 三重滤网，孔径分别为 $15\mu m$，$20\mu m$ 和 $90\mu m$，其原理及滤网材质、结构如图 6-85。

通过微滤，过滤掉大部分悬浮物质和微生物。

Constance 水厂的臭氧氧化工艺 1978 年就投入了使用，臭氧设备由 Ozonia 公司提供（见图 6-86），经微滤后的水在管道上投加臭氧，杀灭微生物并分解氧化有机污染物质。为了使水中残留臭氧充分分解，提高水质安全性，臭氧接触后的水进入调节池，分解残留臭氧。

图 6-85　微滤原理及装置实物

图 6-86　臭氧发生器

调节池出水直接进入快砂滤池。为了提高对浊度的去除效果，在滤池前投加少量的 $FeCl_3$ 进行微絮凝沉淀。滤后水进入清水池，通过 2 条配水干管（$DN1300$ 和 $DN1600$）将处理好的水输送至中间贮水池或用户。由于水中的微生物和有机物含量很低，只需在出厂前补加少量的氯抑制管道中微生物的生长。

经过上述工艺处理后的水厂出水，其浊度一般在 0.02NTU 左右，无论水厂出水还是管网水，多年的连续检测，没有发生异养菌（HPC）或粪型大肠菌（E.Coli）超标的情况。值得一提的是，德国与其他欧共体国家一样，不仅没有对水中余氯的最低要求，而且在保障微生物安全性的前提下，尽可能少加氯等化学药剂，一般加氯量在 0.3mg/L 左右。介绍人员一再强调，他们重视天然的水处理工艺，尽量少在水中投加各种各样的化学药剂。

6.9.3　荷兰阿姆斯特丹 PWN 水厂

荷兰阿姆斯特丹 PWN 水厂位于荷兰阿姆斯特丹的 Andijk 镇，属于北荷兰供水公司的一个饮用水处理厂。北荷兰供水公司成立于 1920 年，最初水源为地下水。由于供水量的不断增长，北荷兰供水公司不得不采用地表水作为补充水源。1961 年北荷兰供水公司在阿姆斯特丹的北部 Andijk 镇建立 PWN 水厂，水源为莱茵河边的 JJssel 湖水。

最初工艺为细格栅、折点氯化、混凝、沉淀、快滤池和氯消毒。1978 年增加移动床活性炭过滤。经过 40 多年的运行，PWN 水厂一直能达到荷兰饮用水所有水质标准要求。尽管如此，为了控制消毒副产物、致病微生物如原生动物和微量有机污染物如农药等，PWN 水厂决定采用 UV/H_2O_2 高级氧化工艺，并且用活性炭确保去除剩余的 H_2O_2 和 AOC 等。$UV\ H_2O_2$ 于 2004 年投入运行。

1. 工艺选择

PWN 水厂的目标是选择一种处理技术，可以同时有效控制致病微生物和农药等微量有机物。最初的选择是臭氧氧化技术，因为臭氧可以控制致病微生物，但由于臭氧对农药的氧化有选择性，考虑到自由基反应的速度是臭氧氧化的 $10^6 \sim 10^9$ 倍，因此初步决定采用臭氧与过氧化氢组合。由于发现臭氧氧化后产生较高浓度的致癌物溴酸盐，特别是在低温条件下。由于放弃了臭氧氧化技术。而随后的中试研究发现 UV/ H_2O_2 则可以达到有效降解农药和控制致病微生物的要求，例如去除 60% 的阿特拉津电耗为 0.5 度。因此经过长期、全面的试验后决定采用 UV/ H_2O_2 高级氧化技术。

2. 工艺流程

PWN 水厂的工艺如图 6-87。其特点是在常规处理（混凝、沉淀、过滤）后增加高级氧化工艺——UV/H_2O_2 处理单元，其后还有两级活性炭滤池。UV/H_2O_2 置于常规处理后的原因是常规处理可以尽可能去除水中的浊度，增加水的透光率，从而提高紫外线的效率，降低电耗。其后的二级活性炭一方面可以去除剩余的 H_2O_2，另一方面也可以去除高级氧化过程中产生的产物和生物可同化有机炭等，对其他微量有机物也有一定的去除能力，因此对水质安全有多重保障作用。其中紫外线反应器为 4 个特洁安公司生产的 Trojan Swift 16L30 反应器。

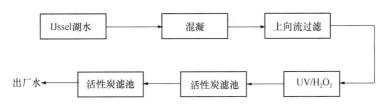

图 6-87　PWN 水厂处理工艺流程图

3. 运行情况

PWN 水厂原水为 IJssel 湖水，由莱茵河流入。微量污染物主要有农药、内分泌干扰素和医药类化学物，在莱茵河浓度最高达到 $1\mu g/L$，在 IJssel 湖水中为 $0.5\mu g/L$，而欧共体的限制值为 $0.1\mu g/L$。原水 DOC 平均为 $2.5mg/L$。溴离子浓度达到 $300 \sim 500\mu g/L$，因此如果采用臭氧氧化技术，溴酸盐风险较高。

UV/H_2O_2 系统于 2004 年完成后，采用运行参数为 UV：$0.9kWh/m^3$、H_2O_2 投量为 $4mg/L$。此紫外线剂量大大高于消毒所需剂量，因此对消毒有很好的效果，对农药的去处率大于 80%。但 UV/H_2O_2 单元出水的 AOC 浓度在 $100\mu g/L$ 左右，因此后面采用两级活性炭去除 AOC，活性炭接触时间为 40min。出水

图 6-88　PWN 水厂 UV 处理装置

AOC 为 $10\sim40\mu g/L$。另外活性炭对 H_2O_2 也有良好的去除作用，使 UV/ H_2O_2 单元出水中剩余的 H_2O_2 得到有效的去除。

整个系统运行 1 年以来，对农药的去除效果达到 80% 以上，但对原水中 TOC 去除作用不明显，另外消毒效果与改造前采用二氧化氯相比也有提高，出厂水不再投加化学性消毒剂，减少了消毒副产物的产生。原水浊度为 0.3NTU，出厂水浊度低于 0.1NTU，整个系统运行效果良好，全面提高了水质。

6.9.4　美国洛杉矶水厂

1. 工艺概况

洛杉矶水厂（The Los Angeles Aqueduct Filtration Plant）于 1987 年 4 月正式投产，是全美最大的臭氧化水厂，最高日处理量 230 万 m^3，平均日处理量 160 万 m^3。原水来自内华达西拉山的东坡，积雪融化的水通过渠道和水管两种输水方式，经 540km 距离，重力输送至水厂。原水浊度 2NTU 左右，$pH=8\sim8.5$，TOC 平均 1.5mg/L，水质较好。

图 6-89　洛杉矶水厂全景

（1）工艺流程

洛杉矶水厂工艺流程如图 6-90 所示。

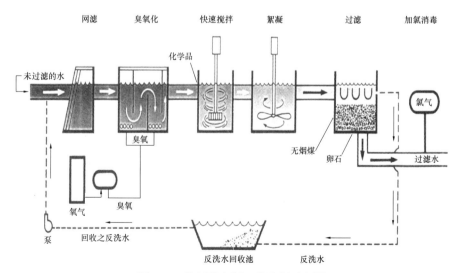

图 6-90　洛杉矶水厂工艺流程示意图

洛杉矶水厂的主要工艺过程包括：

1）预臭氧化（图 6-91）

臭氧发生器设计采用 5 台（4 用 1 备），臭氧发生量 149kg/h。臭氧接触室共 4 座，单池尺寸为 30m×9m×6m，臭氧投加量 1.0～2.0mg/L，停留时间 5min，尾气由接触室顶部集中抽送到臭氧尾气破坏装置中，将尾气中臭氧降至 0.1mg/L 以下，排入大气。

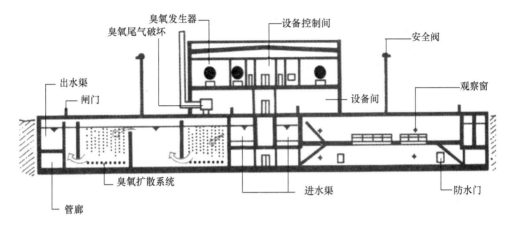

图 6-91　预臭氧化系统

2）快速混合（图 6-92）

快速混合池共 8 个，单池尺寸为 3m×3m×4.3m，各安装快速搅拌器，转速 25rpm，把混凝剂快速均匀地扩散至水中。混凝剂投量为：阳离子聚合物 1.3mg/L，三氯化铁 1.1mg/L。混合时间 0.86s。

3）絮凝（图 6-93）

絮凝池 36 个，单池尺寸为 7.6m×7.6m×6.1m，搅拌器转速 5rpm 停留时间 10min，水中带电微粒与混凝剂经过 一段时间相互碰撞，粘合在一起，形成细小矾花，并在水中保持悬浮状态。

图 6-92　快速搅拌器

图 6-93　絮凝池

图 6-94　滤池

4）过滤（图 6-94）

滤池 24 只，单池面积 130m²，无烟煤滤料，厚度 1.83m，有效粒径 1.5mm，均匀系数 1.5。采用 3 段式气水混合反冲洗：首先气水同时冲洗，通气时间 1min，冲洗强度 20L/(s・m²)，水冲 2min，冲洗强度 6.8L/(s・m²)；然后单水高速反冲 5min，冲洗强度 17L/(s・m²)；最后低强度漂洗 2min，冲洗强度 15L/(s・m²)。冲洗效果良好，滤料表面不易结块，滤层不形成泥球。

5）消毒

由于预臭氧化的作用，最后消毒时，三卤甲烷大大减少。4 台加氯机容量 124kg/h，最大加氯量 5.6mg/L。

2. 出水水质

洛杉矶水厂处理前后的水质指标见表6-20。由浊度、三卤甲烷生成势、总有机碳等几项指标来衡量，该水厂的出水优良。

洛杉矶水厂处理前后水质 表 6-20

参数	单位	原水	出水	参数	单位	原水	出水
浊度	NTU	2.6	0.1	镁	mg/L	4.2	4.2
溶解固体	mg/L	100	100	钠	mg/L	29	29
pH		8.2	7.8	钾	mg/L	8.0	8.0
三卤甲烷生成势	μg/L	90	60	碱度	mgCaCO₃/L	94	94
总有机碳	mg/L	1.5	1.1	硫酸盐	mg/L	20	20
溶解氧	mg/L	9.3	9.3	氯化物	mg/L	13	16
色度	铂钴单位	4	1	硝酸盐	mg/L	0.44	0.44
硬度	mgCaCO₃/L	68	68	铁	mg/L	0.01	0.01
钙	mg/L	21	21	氟化物	mg/L	0.56	0.56

3. 臭氧化技术特点与应用效果

（1）臭氧发生（图 6-95～图 6-97）

洛杉矶水厂采用管式水冷臭氧发生器，使用 9.5～10.5kV、600Hz 高压中频交流电，以纯氧为原料产生臭氧，臭氧浓度按重量计可达 6%。氧气由洛杉矶水厂的低温氧气发生厂供应，日产 45360kg，氧气从空气中制备，纯度达 95%。为了满足生产过程中臭氧用量的不同需要，氧气产量可在设计能力的 100%～60% 进行调节。每日还产生大约 1820kg 的液态氧，贮存在一个 35250L 的液氧罐内。液态氧可在需氧高峰期间增加氧气的供应，也是氧气厂停机时的后备供氧源。

图 6-95　液氧装置

图 6-96　臭氧发生器

臭氧发生器原设计采用 5 台，1993 年又添置了 1 台臭氧发生器，以增加臭氧的投加能力。1997 年，其中的 1 台臭氧发生器根据 Ozonia 的最新技术（Advanced Technology ®)进行了改造，将原有的玻璃放电管改换为陶瓷放电管，将产量提高近 1 倍，并可

图 6-97　两种放电管

节约能量。目前的总装机能力为 250kg/h。运行时，臭氧的产量可通过增减臭氧发生器的工作台数，在系统能力的 25%～100% 进行调节，氧气的流量及发生器的功率均可自动控制。

（2）臭氧以微孔扩散方式接触反应

预臭氧化之前，水仅在入口处经过筛网过滤。臭氧注入接触池，水深≤6.10m，水力停留时间≤5min。池内的导流墙可以使水的短流降至最小。在每一个接触池内有两排微孔陶瓷扩散器，从中注入臭氧。臭氧投加量通常为 1.0～1.5mg/L，根据需要，可增加到 2.0mg/L 以上。根据 10 年来统计的结果，臭氧的平均投加量为 1.3mg/L。1993 年 7 月美国环境保护局地表水处理规定（Surface Water Treatment Rule）实施以来，水中剩余臭氧较以往有所增加，目前通常保持臭氧接触池的第一反应室剩余臭氧浓度值在 0.3mg/L 以上，以达到美国环境保护局规定杀灭 0.5 个数量级贾第鞭毛虫所需的 CT 值。

臭氧化水厂要定期测定臭氧的转移效率，以便确定臭氧扩散器的工作状况，检查不同组的臭氧接触池的臭氧投加是否均衡。原来的棒状微孔陶瓷扩散器在最初的 2 年运行良好，但到了第 3 年，一些扩散棒的端帽发生开裂，需要进行焊接；一些耐腐塑料垫片出现破损，要用硅胶垫片进行更换，并用密封胶作了处理。从 1991 年开始，一种经过改进的微孔陶瓷扩散器投入使用，克服了原有扩散器的缺陷。1997 年，另外 3 套扩散器也进行了更换。

（3）臭氧在水处理过程中的作用

洛杉矶水厂 10 年的运行经验充分证实，臭氧除了可有效地控制臭、味与色度和控制消毒副产物以外，臭氧化通过微絮凝和消毒灭菌，在水厂处理工艺中发挥着至关重要的作用。

1) 微絮凝作用

与预加氯比较,臭氧有助于加快絮凝,絮凝时间从 20min 缩短到 10min,相应地絮凝池的数目减少了 1/2;臭氧能提高滤池过滤速度,过滤速率由 22m/h 增加到 33m/h,相应所需过滤装置的数目则降低了 1/3;延长了反洗周期之间的过滤装置运行时间,降低了反洗所需的用水量,减少所需反洗设备的规模;臭氧可降低絮凝剂的用量,所需的化学絮凝剂减少了 33%,并且减少了过滤装置反洗污泥。

2) 消毒灭菌

在水厂控制贾第鞭毛虫和病毒的多道屏障中,臭氧首当其冲。根据美国环保局地表水处理规定进行测算,臭氧对贾第鞭毛虫的平均灭活率达 0.8 个数量级以上。臭氧与后加氯共同作用可以达到杀灭贾第鞭毛虫 1 个数量、杀灭病菌 3 个数量级。

同时,控制水中颗粒数量的试验表明,如果将臭氧关闭,代之以预氯化,滤后水中的颗粒数量将增加 5 倍。

此外,臭氧化使后消毒的氯需求减少了 50%,改善了供水的口感,降低了水中的消毒副产物。

4. 臭氧化技术的发展

水中天然有机物对于供水水质有着重要影响,可同化有机碳(AOC)进入管网后可能会造成细菌的再度繁殖,使水中大肠菌的数量超过规定的标准。同时,供水能否符合关于消毒副产物的规定,原水中的天然有机物的种类和数量至关重要。非腐殖酸类天然有机物据认为是引起管网中微生物再度繁殖的碳源,生物过滤能够有效去除这类天然有机物;臭氧化能够通过将天然有机物的大分子,氧化为小分子,减少三卤甲烷(THMs)和其他消毒副产物的前驱物。但这些小分子大多易于生物降解,会导致管网中细菌再度繁殖。因此,将臭氧化和生物过滤结合有利于发挥其各自的优势。

洛杉矶水厂在现有工艺的基础上,通过改变无烟煤滤池前的投氯量,进行了臭氧化—生物过滤的生产性对比试验。结果表明,臭氧化—生物过滤能够去除 29% 的三卤甲烷和卤乙酸的前驱物,去除 29% 的 TOC,并能控制臭氧化以后水中 AOC 的增加。这项研究还消除了关于生物过滤对滤池出水浊度、过滤周期,以及出水中大肠菌的疑虑。生物滤池出水中的大肠杆菌和其他异养菌的数量完全可以通过后加氯消毒与以杀灭,并且在所有的水样中,尽管一些大肠菌检验呈阳性,但埃希氏大肠菌均呈阴性,也未发现粪便污染。在 1 年的运行试验中,两种对比流程出水平均浊度均为 0.07NTU,滤池的运行周期亦未见差别。

6.9.5 法国巴黎梅里奥塞水厂

法国巴黎梅里奥塞(Mery-sur-Oise)水厂,位于法国巴黎北郊的奥塞(Oise)河旁,该厂建于 20 世纪初,经过多次重大改造,目前供水规模已达 34 万 m³/d,其中 14 万 m³/d 采用纳滤膜技术。这是世界上第一个采用纳滤膜技术处理河水的水厂,水厂出水水质安全卫生，口感好，不含氯味。

1. 建设概况

梅里奥塞水厂原供水规模 20 万 m³/d，采用的工艺为：混合反应沉淀—砂滤—后臭氧接触池—生物活性炭滤池—氯化接触池。由于奥塞河水质污染不断加剧，1993 年该厂安装了一套 1400m³/d 纳滤中试装置，开始为附近的阿沃斯奥塞小镇提供膜处理用水，两年的试验结果证明了纳滤膜技术是行之有效的。1995 年法国水务企业联合集团（SEDIF）决定投资 1.5 亿欧元增建 14 万 m³/d 纳滤膜水厂，并于 1999 年建成试运行，采用水处理工艺：Actiflo 高密度沉淀池—臭氧接触池—双层滤料滤池—保安滤器—纳滤—紫外消毒。该厂建成后，不仅出水水质好，可为巴黎北郊 39 个区大约 80 万居民提供优质饮用水，而且自动化程度高，整个水厂采用了 1250 台由计算机控制的预报控制屏，950 多台在线传感器，140 个自动系统，可以连续向控制中心提供 600 个数据信息，完全实现自动控制。

2. 处理工艺

纳滤膜技术是 20 世纪 80 年代发展起来，介于反渗透与超滤之间，孔径一般在 1～2nm，以纳滤为核心的水处理工艺在保证水的浊度，去除水中藻类、三氯甲烷中间体、低分子有机物、农药、激素、砷和重金属等有害物质以及提高与饮用水安全饮用最直接相关的水微生物安全性方面具有其他处理工艺难以达到的效果，可以认为纳滤膜技术是未来优质饮用水净化的一种重要的选择技术。

奥塞河是一条起源于比利时南部阿尔登山脉的河，最终汇入法国北部的塞纳河，由于沿途受污染严重，水中含有大量的有机物与杀虫剂，特别是除草剂莠去净，且河水的温度和有机物的含量一年随季节变化波动也很大，为此，梅里奥塞水厂特别用了两年的时间做了中试，根据奥塞河水的特点设计专门处理奥塞河水的纳滤系统。工艺流程详见图 6-98。

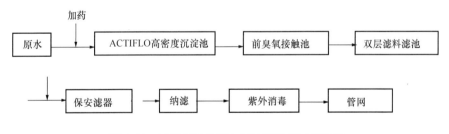

图 6-98 巴黎梅里奥塞水厂纳滤系统工艺流程

（1）Actiflo 高密度沉淀池

Actiflo 沉淀池是法国威立雅下属 OTV 公司 1988 年开发研制并获得专利的一种高效沉淀技术，它的主要特点是利用细砂作为絮凝的核心物质，以形成较易沉降的絮体，加快沉淀过程，缩小斜管沉淀池面积。该池型在欧美国家已经多年，据统计，在法国有 12 个、加拿大 20 个、美国 8 个、英国 5 个、土耳其 2 个、马来西亚 2 个水厂，规模为 7000～800000m³/d。国内使用实例较少，主要有上海临江水厂（20 万 m³/d）、北京水源九厂（34 万 m³/d）。

1）Actiflo 高密度沉淀池工作流程，详见图 6-99。

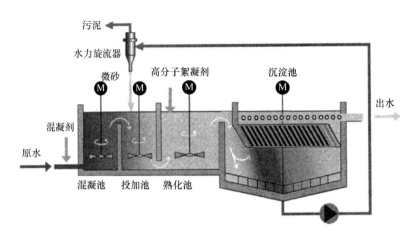

图 6-99　Actiflo 高密度沉淀池工作流程

① 混合：原水与絮凝剂（PAC）经混合装置快速混合后，胶体颗粒脱稳，形成微絮凝体。

② 絮凝：形成微絮凝体的原水进入投加池，在池中投加粒径为 $80\sim100\mu m$ 的微砂，投加的微砂通过搅拌机快速完全混合，与微絮凝体有效结合形成更大更重的絮体。

③ 熟化：形成絮体的原水进入熟化池，在池中投加阴离子 PAM 助凝剂，通过吸附、电性中和以及颗粒之间的架桥作用，絮体进一步变大、密实，熟化池中采用慢速搅拌。

④ 高速沉淀：絮凝后水进入沉淀池的斜管底部，然后向上流经斜管区，絮凝体在斜管内沉淀并在重力的作用滑下。由于有非常好的混凝和絮凝，絮凝体很容易沉淀，大大提高了沉淀效果，沉淀池的上升流速可高达 $30\sim70m/h$。

⑤ 含细砂的污泥回流：沉淀的泥砂混合污泥通过刮泥机刮向中心坑内，然后由污泥循环泵一天 24h 连续抽排，把微砂和污泥输送到水力分离器中。水力分离器把微砂从污泥中分离出来，注入投加池中循环使用，约占回流量的 $10\%\sim20\%$，污泥从上层流中溢出，流向污泥处理系统，约占回流量的 $80\%\sim90\%$。污泥回流率一般为进水量的 $3\%\sim6\%$。

图 6-100　梅里奥塞水厂 Actiflo 高密度沉淀池
水力分离器

2）Actiflo 高密度沉淀池工艺参数

① Actiflo 沉淀池共 1 座分 2 格，每格单池面积 $700m^2$，深度 7.5m，池内平均停留时间 12min，上升流速 40m/h。

② 采用絮凝剂为聚合氯化铝，投加量 $30g/m^3$；助凝剂为阴离子 PAM，投加量 $1g/m^3$。

③ Actiflo 高密度沉淀池处理效果。

可去除 95% 胶状颗粒，通过控制投药量可保证沉后水浊度 $\leqslant1.1NTU$。

Actiflo 高密度沉淀池是一种新型澄清工艺，它具有沉淀时间短、占地面积小、耐冲击负荷能力高、运行稳定等特点，在国内饮用水处理中的应用也越来越多。

（2）臭氧接触池

在砂滤池前投加臭氧在国内目前还没有应用，在此位置，臭氧的作用是氧化絮凝沉淀后余留的有机物，分解大分子，如微藻类，提高砂滤池的过滤效率。由于絮凝沉淀中去除了部分可氧化的物质，在此处投加臭氧可降低臭氧投加量。

梅里奥塞水厂臭氧接触池工艺参数：臭氧投加量 $3g/m^3$，臭氧发生器设置 3 台，总发生量 22kg/h。

（3）双层滤料滤池

梅里奥塞水厂新建纳滤系统预处理阶段的滤池采用是双层滤料气水反冲滤池。在滤池进水中加入少量助滤剂，是为改善滤池过滤性能，降低滤后水浊度。目前在国内助滤剂已开始使用但并不普遍。随着饮用水水质标准提高，尤其对出水浊度要求的提高，助滤剂的使用会普及起来。助滤剂的种类主要有：a）聚合无机高分子（如聚合氯化铝）；b）合成有机高分子

图 6-101　梅里奥塞水厂臭氧发生间

（如聚丙烯酰胺）；c）天然有机高分子（如骨胶）；d）氧化剂（如氯、臭氧等）。助滤剂的主要原理是通过加入助滤剂改变进入滤池之前的颗粒或滤料表面的性质、电性和尺寸。改变滤料表面性质可提高颗粒向滤料迁移速度与粘附效率，改变进入滤池悬浮颗粒的表面性质和尺寸可提高颗粒的粘附效率。梅里奥塞水厂助滤剂选用聚合氯化铝。

滤池工艺参数：

① 滤池共 1 座分 10 格，单格池面积 $117m^2$，滤速 6～7m/h，滤层厚度 1.5m，其中无烟煤 0.7m，石英砂 0.8m。

② 助滤剂的投加量 $5g/m^3$。

③ 滤池处理效果

可 100％去除大于 $100\mu m$ 颗粒物，100％氨氮。

（4）保安滤器

滤后水经过中间提升泵（低压泵）进入保安过滤。

保安过滤就是水从保安滤器滤芯的外侧进入滤芯内部，微量悬浮物或细小杂质颗粒物被截留在滤芯外部的过程。

保安滤器的作用就是为了捕捉颗粒，防止这些颗粒堵塞或损坏膜元件，一旦滤池产水中含有过高的悬浮物质时，保安滤器就如电气回路中的断路器一样，保护纳滤膜本体。

1）保安滤器工艺参数

① 共有 8 台 $6\mu m$ 保安滤器，每台保安滤器容积 $10m^3$，内装有 410 支滤芯，总过滤面积 $990m^2$，滤速 0.88m/h。

② 除预处理部分出现故障之外，保安滤器清洗频率一般为 36h。此外，保安滤器还

图 6-102　梅里奥塞水厂保安滤器

需进行定期化学清洗，清洗频率一般为 15d。

2）保安滤器应用效果

可以去除 100％粒径大于 $6\mu m$ 颗粒，去除 95％粒径大于 $1\mu m$ 颗粒。

（5）纳滤

在饮用水处理中，针对不同的微污染水源水，可以选择不同性能的纳滤膜，目前纳滤膜主要有三类产品，Ⅰ类纳滤膜 NF270，为中等脱盐率和硬度透过率的纳滤膜，对盐的截留率为 40％～90％，对硬度的截留率为 50％左右，对有机物去除率较高；Ⅱ类纳滤膜 NF200，为中等硬度透过率的纳滤膜，对水中的盐和硬度有 30％～50％左右的截留率，对除草剂莠去净和 TOC 具有很高的脱除率；Ⅲ类纳滤膜 NF90，对盐的截留率为 90％左右，对铁、杀虫剂、除草剂和 TOC 具有很高的去除率。

由于奥塞河沿途受污染，水中含有大量的有机物与杀虫剂，特别是除草剂莠去净，且河水的温度和有机物的含量一年随季节变化波动也很大，为此，梅里奥塞水厂特别用了两年的时间做了中试，根据奥塞河水的特点设计专门处理奥塞河水的纳滤系统，纳滤系统膜元件选用的也是专为处理奥塞河水设计的 FilmTec 卷式纳滤元件 NF200B-400，它具有对盐和硬度的截留率低，对低分子量的有机物截留率高等特点，特别是对除草剂莠去净的去除高。

梅里奥塞水厂纳滤膜共分 8 个系列，每个系列分 4 个支架，第一段 2 个支架，每个支架安装 54 支容器；第二段 1 个支架，装有 54 支容器，第三段 1 个支架，装有 28 支容器的；每支压力容器装 6 支元件，共有 9120 支卷式纳滤膜元件，膜元件设置在 3600 m^2 的建筑物内，过滤面积确达 340000m^2。膜进口压力根据原水水温的不同而变化，变化范围 $8\sim15\times10^5 Pa$。纳滤膜的回收率为 85％。

膜元件启动清洗的条件是产水量下降 25％或任一段标准压力增加 25％，清洗频率一般为 40d，清洗一系列膜组的时间大约 36h。

清洗系统分两组，每组由清洗配液水箱、变频泵和保安滤器组成，采用加热的纳滤水来配制清洗液，共有 4 种化学药品，洗涤剂、氢氧化钠、柠檬酸、最后一种是由醋酸、过乙酸和 H_2O_2 配制而成的杀菌剂。

处理情况：去除 95％有机物、100％硫酸盐，99.999％的细菌和病毒，95％杀虫剂，50％矿物质。

（6）后处理

在后处理部分，首先采用脱气塔脱除纳滤产水中的 CO_2，共有 8 座脱气塔；然后在出水管上安装 5 台辐射量为 $25mJ/cm^2$ 的紫外消毒器，最后再经过投加 NaOH 进行 pH 的调节。

图 6-103　梅里奥塞水厂纳滤膜系统一角　　　　图 6-104　梅里奥塞水厂紫外消毒

（7）出水水质

Actiflo 沉淀出口浊度为 1.1NTU；滤池出口浊度为 0.05NTU。

纳滤后 TOC 平均含量为 0.18mg/L，杀虫剂低于分析仪器的下限 50ng/L，钙离子的平均含量 40mg/L。

第7章　饮用水深度处理技术发展展望

随着深度处理工艺在国内外研究和应用的快速发展，运行管理中将会面临一些重要的问题，如活性炭性能失效指标、微生物等次生风险、废旧膜及组件材料的处理和处置等问题。

活性炭是深度处理工艺的关键材料之一，我国"十五"和"十一五"期间，在活性炭性能评价和选用方面曾做过大量的研究和实践。目前我国最早应用活性炭技术的水厂已经运行约8~10年左右。根据调查，这些水厂的活性炭性能已经显著降低，如碘值从最初运行的1000mg/g下降到200mg/g左右，去除效率也从初期的50~70％下降到10~20％左右，说明这些活性炭工艺中活性炭吸附能力已经发生了明显变化，这在一些水源有机污染较重的地区，已经很难保证出水水质，而在一些水源有机污染不重的地区，出水水质仅仅略有下降。因此，如果针对不同的水源水质，提出活性炭性能失效的客观评价指标体系，是当前行业面临的重要问题之一。

微生物问题是活性炭工艺面临的另一个主要问题，臭氧生物活性炭工艺的一个显著特点就是微生物在活性炭表面的附着生长，这是该工艺之所以称谓生物活性炭的原因所在，对水质净化起到了重要作用，但微生物的过量孳生和泄漏使人们对该工艺提出了新的质疑。人们对微生物问题的关注始于臭氧活性炭工艺的工程实践，特别是南方湿热地区。我国"十五"和"十一五"期间，在各地运行的臭氧生物活性炭工艺出水中不断有人发现不同的微生物，包括细菌、剑水蚤、红虫等，这些微生物不仅本身具有一定的致病风险，而且一些致病或条件致病的微生物可能会通过一些较大的水生生物穿过消毒屏障，产生人类健康风险。

膜技术在"十一五"期间开始饮用水水厂的大规模应用，随着运行时间的延长，作为该工艺重要材料的有机膜将不断老化，这些有机膜一般采用PVDF、PES、PVC等难生物降解的材质，而且表面也吸附了一些重金属等有害物质，考虑到膜使用的时间一般为5~8年，一些早期膜工艺将面临的废旧膜的处理和处置问题，如何解决这些问题将是今后行业面临的重要问题。

为了满足日益严格的饮用水水质标准，应对不断出现的新型污染物，深度处理工艺将不断创新发展，深度处理工艺将更加集成、高效、省地、适用范围更广。随着相关研究的不断发展，深度处理工艺将更具有针对性，逐渐形成基于各地不同水质特征和气候特征的深度处理工艺技术体系，工艺形式将从臭氧生物活性炭工艺为主体转变为各种不同工艺形式共存的技术体系，更加关注臭氧及高级氧化技术，以应对不断出现的多种新型污染物质。反应器形式将更加优化，一些反应器设计理论将不断应用于工艺研究，如CFD等，反应理论的应用将会进一步促进深度处理工艺形式及新池型的快速发展。日益发展的新材料技术将促进高效滤料及催化剂的开发和应用，以解决日益复杂的水质问题。

随着分析检测技术的快速发展，一些以 PPCPs 和 EDC 为代表新型污染物从水源、出厂水和龙头水中被不断检出，这些物质一般包括抗生素、解热镇痛药、心血管药等。研究表明，这些新型污染物分子结构复杂，具有一定的环境和健康风险。大量研究和实践表明，采用混凝沉淀过滤的饮用水常规处理工艺很难去除，而深度处理工艺则有较好的去除效果。目前，我国对该类物质的认识刚刚开始，在深度处理工艺去除该类物质的研究方面还很少，需要在今后的研究中不断深入。这些物质结构相对明确，各类物理化学性质在手册中都可以找到，根据一些前期研究，这些物质的分子结构和物化性质与水处理工艺之间存在着密切关系，这对我们从分子水平上去重新理解饮用水处理工艺具有重要的意义。因此，如何从分子水平上对其进行认识，并从工艺运行和调控进行研究，是我们今后需要进一步解决的重要课题和现实要求。

在深度处理工艺的设计和工程实践中，其一般与现有常规处理工艺进行结合使用，由于各地情况及人们认识的不同，组合方式逐渐呈现出多样化的特征。就活性炭工艺而言，不仅可以放置于砂滤之后，也可根据需要放置在砂滤之前。如何选择深度处理工艺组合与现有工艺组合方式，目前行业内并未形成一致意见。但是就组合方式而言，无论如何变化，其目的均应该针对当地的水质特征和气候特点，因地制宜、不能僵化。随着我国对深度处理工艺研究和实践的不断深入和发展，深度处理工艺与现有工艺的组合将不断创新，工艺流程将不断优化和集成，以解决日益复杂的水质问题。

经过多年的研究和实践，我国针对各地不同的水质特征和气候特点，深度处理工艺也在不断发展和变化，逐步形成了各地特色。国家"十一五"期间，针对典型水质污染物的稳定和高效去除，一些深度处理工程陆续建成，解决了高氨氮和高有机物污染、中低程度有机物和氨氮污染、低温低浊水中有机物等特定的水质问题，同时针对深度处理工艺次生风险，如微生物安全、pH 下降和溴酸盐等问题，也开发的相应的处理技术。这些深度处理工艺研究和工程实践，不仅对保障水质安全起到了重要作用，而且对深度处理技术体系的完善发挥了重要作用。但是，这些工程运行方面仍需要进一步总结，特别是建立具有指导性的深度处理标准体系，以全面指导我国深度处理技术实践。

参 考 文 献

[1] 张自杰，林荣忱，金儒霖. 排水工程（下册）[M]. 中国建筑工业出版社，2000：13.

[2] 杨桂山，翁立达，李利锋. 长江保护与发展报告2007[M]. 长江出版社，2007.

[3] 中华人民共和国水利部，中华人民共和国环境保护部黄河流域水资源保护局. 2007年黄河流域地表水资源质量公报[R]. 北京，2008.

[4] 中华人民共和国环境保护部. 2008年全国环境质量状况[R]. 北京，2009.

[5] 中华人民共和国环境保护部. 2009年中国环境状况公报[R]. 北京，2010.

[6] 中华人民共和国环境保护部. 2009年全国水环境质量状况[R]. 北京，2010.

[7] 中华人民共和国环境保护部. 2010年重点流域水环境质量状况[R]. 北京，2011.

[8] 中华人民共和国住房和城乡建设部. 全国城镇供水设施改造与建设"十二五"规划及2020年远景目标[R]. 北京，2012.

[9] 左金龙. 饮用水处理技术现状评价及技术集成研究[D]. 哈尔滨工业大学，2007.

[10] 韩宏大. 安全饮用水保障集成技术研究[D]. 北京工业大学，2006.

[11] 王占生. 对建设部《城市供水水质标准》的认识与体会[J]. 给水排水，2005，31(6)：1~3.

[12] 郑洪领，王龙，宗逸君等. 我国微污染水源饮用水处理技术应用进展[J]. 山东建筑大学学报，2008，6(5)：543-546.

[13] 周玲玲，张永吉，孙丽华. 铁盐和铝盐混凝对水中天然有机物的去除特性研究[J]. 环境科学，2008，5(5)：1187-1191.

[14] 李思思，王启山，何凤华等. 预臭氧化工艺处理高藻水的应用研究[J]. 中国给水排水，2011，19(4)：32-34.

[15] 张昱，杨敏，郭召海，日本几种不同类型的饮用水深度处理技术[J]. 给水排水，2005，31(5)：32-36.

[16] 张朝晖，吕锡武. 生物活性炭滤池去除水中溶解性有机碳的研究[J]. 中国给水排水，2008，24(1)：105-108.

[17] 施燕，陆少鸣. 生物活性炭滤池在给水深度处理中的应用[J]. 环境科学与技术，2009，32(8)：146-148.

[18] 叶恒朋，陆少鸣，杜冬云，等. 臭氧—生物活性炭深度处理工艺对微污染原水中营养物的去除研究[J]. 水处理技术，2010，36(2)：88-91.

[19] 乔铁军，安娜，尤作亮，等. 梅林水厂臭氧/生物活性炭工艺的运行效果[J]. 中国给水排水，2006，22(13)：10-17.

[20] 朱建文，许阳，汪大翚. 臭氧活性炭工艺在杭州南星桥水厂的应用[J]. 中国给水排水，2005，21(6)：84-87.

[21] 王琳，王宝贞，马放，等. 臭氧化-生物活性炭净化水厂的运行效能[J]. 中国环境科学，1998，18(6)：552-556.

[22] 李思敏，赵南南，李志广. 臭氧/活性炭工艺深度处理微污染水源水的中试[J]. 中国给水排水，2011，27(11)：45-47.

[23] 杨洁，陆少鸣. 常规、中置臭氧活性炭和曝气活性炭工艺处理北江原水对比研究[J]. 水处理技术，2012，38(3)：94-98.

[24] 窦建军. 臭氧活性炭-超滤组合工艺深度处理长江微污染原水中试研究[J]. 城镇供水 2011，5：61-63.

[25] 刘洋，崔云霞. 两级臭氧-活性炭组合工艺净化太湖水中试研究[J]. 环境科技，2011，24(4)：39-46.

[26] 杨凯人，张静，方芳，等. 臭氧-活性炭工艺处理黄浦江奉贤段原水初探[J]. 供水技术，2011，5(3)：15-18.

[27] 张磊，顾军农，周北海. 预臭氧-活性炭工艺深度处理丹江口水库水的研究[C]. 全国给水深度处理研究会 2012 年年会，59-67.

[28] 刘建广，张春阳，查人光，等. 饮用水深度处理工艺活性炭运行生命周期探讨[J]. 给水排水 2011，37(5)：35-39.

[29] 俞小明，孙妮娜. 臭氧与活性炭结合对水中有机物去除的研究[J]. 环境科学与管理，2011，36(8)：92-94.

[30] 邵志昌，陆少鸣，廖伟，等. 针对 O_3—BAC 工艺生物泄漏问题后置砂滤池级配研究[J]. 水处理技术，2012，38(3)：111-112.

[31] 刘冬梅，于明学，崔福义，等. 臭氧化处理含溴水时溴酸盐的生成特性[J]. 哈尔滨工业大学学报，2010，42(12)：1883-1886.

[32] 施东文，谢曙光，汪蕊，等. 生物炭形成过程对溴酸盐和有机物的去除能力研究[J]. 中国给水排水，2006，22(19)：5-7.

[33] 安东，李伟光，崔福义，等. 溴酸盐的生成及控制[J]. 水处理技术，2005，31(6)：54-55.

[34] 刘燕，姚智文，卢钢，等. O3/BAC 工艺中溴酸盐的控制[J]. 供水技术，2009，3(6)：17-20.

[35] 李继，董文艺，贺彬，等. 臭氧投加方式对溴酸盐生成量的影响[J]. 中国给水排水，2005，21(4)：1-4.

[36] 何茹，鲁金凤，马军，等. 臭氧催化氧化控制溴酸盐生成效能与机理[J]. 环境科学，2008，29(1)：99-103.

[37] 韩帮军，马军，张涛，等. 臭氧催化氧化抑制溴酸盐生成效能的研究[J]. 环境科学，2008，29(3)：665-669.

[38] 王长平，乔铁军，周瑾，等. 臭氧-生物活性炭工艺出水 pH 的变化及机理[J]. 给水排水，2010，36(7)：21-24.

[39] 汪义强，张金松. 利用石灰与 Na_3PO_4 缓蚀剂改善管网水质[J]. 中国给排水，2004，20(5)：99-100.

[40] 王长平，乔铁军. 分步加碱法调节水处理中 pH 值的试验研究[J]. 净水技术 2010，29(5)：26-29.

[41] 乔铁军，刘晓飞，范洁，等. 生物活性炭技术的安全性评价[J]. 中国给水排水，2004，20(02)：31-33.

[42] 刘丽君，张金松，李小伟，等. 生物活性炭吸附池无脊椎动物群落变化及对水质影响[J]. 给水排水，2010，46(04)：7-11.

[43] 范爱丽，刘路. 桡足类生物死体进入供水管网后的分布规律研究[J]. 净水技术，2009，28(3)：1-5.

[44] 祝玲，刘文君，袁永钦，等. 生物活性炭工艺颗粒物分布及微生物安全性研究[J]. 给水排水，2009，35(3)：23-28.

[45] 何元春，林浩添，张菊梅，等. 给水生物处理工艺微生物特性研究[J]. 给水排水，2007，33(12)：22-26.

[46] 金鹏康，姜德旺，张小峰，等. 臭氧-生物活性炭工艺中生物群落分布特征[J]. 西安建筑科技大学学报(自然科学版)，2007，39(6)：829-833.

[47] 吴强，梁伟杰. BAC滤池微生物分布及生长状况的分析[J]. 供水技术，2007，1(4)：20-22.

[48] 骆兴旺，贾堤，韩宏大，等. 石英砂垫层在臭氧生物活性炭工艺中的应用[J]. 天津城市建设学院院报，2006，12(1)：55-58.

[49] 韩立能，刘文君，王占生，等. 上/下向流生物活性炭处理效果比较[J]. 清华大学学报(自然科学版)，2012，52(5)：677，681.

[50] 张智翔，廖晓斌，张晓健，等. 升流式生物活性炭系统中生物量、活性及净水效果研究[J]. 北京大学学报(自然科学版)，2013，49(3)：504-508.

[51] 查人光，徐兵，朱海涛，等. 上向流BAC吸附池在净水生产中的应用[J]. 给水排水，2010，36(6)：14-17.

[52] 林县平，陆少鸣. 升流式中置生物活性炭滤池滤料优化研究[J]. 水处理技术，2013，39(3)：85-87.

[53] 漆文光，常颖，贺涛，等. 升流式曝气生物滤池对不同微污染原水的预处理中试研究[J]. 水处理技术，2011，水处理技术，2011，37(3)：65-71.

[54] 杨至瑜，冯硕，张晓健，等. 炭砂滤池去除有机物特性的研究[J]. 给水排水，2012，38(1)：25-29.

[55] 高炜，周文琪，叶辉，等. 炭砂滤池代替快滤池处理长江陈行原水的中试研究[J]. 工业水处理，2012，32(10)：13-15.

[56] 曾植，杨春平. 炭砂滤池与砂滤池处理稳定性微污染地表水对比试验[J]. 工业水处理，2008，28(9)：43-46.

[57] 王广智，李伟光，王锐，等. 炭砂滤池在松花江污染应急处理中的应用特性研究[J]. 给水排水，2007，33(8)：11-15.

[58] 吴强，陆少鸣. 炭砂复合滤池处理微污染水源水的研究[J]. 中国给水排水，2012，28(15)：61-63.

[59] 张凤，顾平，刘锋刚，等. 混凝/微滤去除滦河水中不同分子质量有机物的效果[J]. 中国给水排水，2008，24(7)：70-77.

[60] 王雪，顾平，王丽丽，等. PAC累积逆流吸附与微滤联用处理反渗透浓水[J]. 中国给水排水，2013，29(1)：68-70.

[61] 陶润先，陈立，万宁，等. 混凝-微滤工艺提高饮用水生物稳定性的试验研究[J]. 膜科学与技术，2012，32(1)：106-110.

[62] 程宇婕，冯启言，李向东. 电絮凝-微滤技术应用于给水处理的实验研究[J]. 能源环境保护，2008，22(4)：28-31.

［63］ 杨东，张玲玲，钟梓洁，等. 混凝-微滤工艺处理膜反洗水的研究［J］. 天津工业大学学报，2008，27(3)：77-81.

［64］ 王晓东，钟梓洁，张玲玲，等. 混凝-微滤工艺去除膜反洗水中有机物的试验研究［J］. 中国给水排水，2008，24(15)：104-108.

［65］ 李荧，程家迪，刘锐，等. 微滤膜处理铁污染地下水的效果及膜污染控制研究［J］. 中国给水排水，2010，26(1)：36-39.

［66］ 严晓菊，于水利，付胜涛，等. 一体式粉末活性炭-微滤组合工艺的除污染效能［J］. 环境科学，2008，29(1)：87-91.

［67］ 张燕，王捷，张宏伟，等. 混凝-微滤处理微污染原水工艺优化及膜污染的研究［J］. 天津工业大学学报，2009，28(1)：10-15.

［68］ 杨帆，王暄，吕晓龙，等. 混凝-微滤饮用水处理中试装置运行的优化研究［J］. 膜科学与技术，2009，29(1)：73-77.

［69］ 马聪，于水利，张林燕，等. 一体式活性炭/微滤组合工艺在低温下的除污效能［J］. 中国给水排水，2010，26(21)：13-15.

［70］ 夏圣骥，李圭白，彭剑锋. 超滤膜净化水库水试验研究［J］. 膜科学与技术，2006，26(2)：56-59.

［71］ 修海峰，朱仲元，高乃云，等. 超滤膜深度处理长江原水的中试研究［J］. 中国给水排水，2011，27(7)：45-47.

［72］ 何文杰，顾金辉，康华，等. 混凝-超滤工艺处理滦河水的中试研究［J］. 中国给水排水，2007，23(9)：73-76.

［73］ 杨忠盛，芦敏，袁东星，等. 活性炭结合超滤及纳滤工艺深度处理饮用水的中试研究［J］. 给水排水，2011，37(5)：29-34.

［74］ 唐凯峰，郭淑琴. 气浮/超滤工艺处理微污染水试验研究［J］. 哈尔滨商业大学学报(自然科学版)，2011，27(3)：304-307.

［75］ 史慧婷，杨艳玲，李星，等. 混凝—超滤处理低温低浊受污染水试验研究［J］. 哈尔滨商业大学学报(自然科学版)，2010，26(2)：144-148.

［76］ 谢良杰，李伟英，陈杰，等. 粉末活性炭—超滤膜联用工艺去除水体藻毒素的特性研究［J］. 水处理技术，2010，36(7)：92-95.

［77］ 崔俊华，王培宁，李凯，等. 基于在线混凝-超滤组合工艺的微污染地表水处理［J］. 河北工程大学学报(自然科学版)，2011，28(1)：52-56.

［78］ 林佳琪，刘百仓，郭劲松，等. 不同氨氮浓度对混凝-超滤组合工艺水质处理效果及膜通量的影响［J］. 环境工程学报，2013，7(1)：113-118.

［79］ 郭爱玲，陈起，张萍. 粉末活性炭在超滤净水厂的应用研究［J］. 城镇供水，2012，2：24-26.

［80］ 袁哲，陈卫，陶辉，等. MIEX/超滤一体化工艺净化长江原水的研究［J］. 中国给水排水，2010，26(5)：33-37.

［81］ 李星，芦澍，杨艳玲，等. 粉末活性炭-超滤工艺处理微污染水中试研究［J］. 中国矿业大学学报，2011，40(4)：598-601.

［82］ 黄富民，胡海修. 超滤膜直接过滤浑浊水的试验［J］. 净水技术 2010，29(4)：24-26.

［83］ 陆俊宇，李伟英，赵勇，等. 不同预处理工艺对超滤膜运行影响的中试试验研究［J］. 水处理技术，2010，36(6)：119-122.

[84] 马敬环，李娟，项军，等. 混凝超滤工艺处理天津渤海湾海水[J]. 膜科学与技术，2010，30(5)：71-76.

[85] 姜薇，陶涛，郭五珍，等. 几种超滤膜祖合工艺处理此江原水中试研究[J]. 给水排水，2011，37(9)：129-133.

[86] 唐凯峰，郭淑琴. 超滤组合工艺处理微污染水源水[J]. 膜科学与技术，2011，31(5)：69-72.

[87] 夏端雪，辛凯，马永恒，等. 超滤膜对水中颗粒物的去除效果研究[J]. 给水排水，2011，37(增刊)：19-22.

[88] 叶挺进，梁恒，曹国栋，等. 二氧化氯和超滤组合处理微污染水[J]. 给水排水，2010，36(8)：20-24.

[89] 李诚，黄廷林，李志伟，等. 不同强化混凝技术超滤工艺处理滦河水对比试验研究[J]. 水处理技术，2012，38(12)：127-129.

[90] 王琳，王宝贞，王欣泽，等. 活性炭与超滤组合工艺深度处理饮用水[J]. 中国给水排水，2002，18(02)：1-4.

[91] 黄瑾辉，曾光明，刘萍，等. 颗粒活性炭-超滤膜联用工艺去除管网水中微量有机物[J]. 水处理技术，2007，33(01)：74-78.

[92] 许阳，代荣，董民强，等. 炭砂过滤-膜处理组合工艺中试研究[J]. 给水排水，2008，34(3)：17-20.

[93] 张颖，顾平，谭丁. 膜混凝反应器处理轻度污染地表水[J]. 天津大学学报，2003，36(2)：187-191.

[94] 许航，陈卫，李为兵. 臭氧—生物活性炭与超滤膜联用技术试验研究[J]. 华中科技大学学报(自然科学版)，2009，37(2)：125-128.

[95] 于宏兵，范伟民，王暖春，等. 超滤/臭氧/生物炭组合工艺预处理源水[J]. 中国给水排水，2003，19(08)：1-3.

[96] 靳文礼，朱孟府，张玉忠，等. 臭氧—活性炭—超滤组合工艺处理石油微污染水的试验研究[J]. 给水排水，2009，35(05)：129-133.

[97] 韩力超，刘建广，罗培，等. O_3 和 H_2O_2/O_3—BAC 处理饮用水中有机污染物的生产性试验研究[C]. 全国给水深度处理研究会 2012 年年会，68-74.

[98] 范小江，张锡辉，韦德权，等. 臭氧/平板陶瓷膜新型净水工艺中试研究[C]. 国给水深度处理研究会 2012 年年会，97-104.

[99] 茹永晶，王利平，季炎峰，等. 混凝-陶瓷膜组合工艺处理富营养化水体研究[J]. 常州大学学报(自然科学版)，2013，25(2)：20-22.

[100] 范小江，盛德洋，张建国，等. 采用浸没式平板陶瓷膜处理东江原水的应用试验[J]. 净水技术，2012，31(5)：15-19.

[101] 张建国，盛德洋，郭建宁，等. 陶瓷膜在高浊度给水处理中的试验研究[J]. 水处理技术，2012，38(2)：115-118.

[102] 段元堂，吴克宏，霍争峰，等. 氧化铝陶瓷膜分离高浊度水试验研究[J]. 云南环境科学，2005，24(3)：6-8.

[103] 陈丽珠，吴启龙，张建国，等. 陶瓷膜净水技术试验研究[J]. 广东化工，2011，38(2)：103-105.

[104] 李伟英，汤浅晶，董秉直，等. 超高流速金属膜过滤性能及其微粒子去除特性[J]. 同济大学学报(自然科学版)，2008，36(2)：203-206.

[105] 孙晓丽，王磊，程爱华，等. 腐殖酸共存条件下双酚A的纳滤分离效果研究[J]. 水处理技术，2008，34(6)：16-22.

[106] 吕建国，王文正. 纳滤淡化高氟苦咸水示范工程[J]给水排水，2009，35(7)：25-27.

[107] 时强，张乾，阮国岭，等. 正渗透-纳滤耦合处理苦咸水脱盐工艺[J]. 净水技术，2012，31(5)：25-28.

[108] 何华，方帷韬，李京旗，超滤-纳滤系统处理地下水运行研究[J]. 城镇供水，2011，(增刊)：12-15.

[109] 刘莉，王庚平，赵虎群. 太阳能纳滤苦咸水淡化技术在西北地区饮用水处理中的应用[J]. 甘肃科技，2011，27(18)：61-63.

[110] 于洋，赵长伟，王艳贵，等. 絮体性质对纳滤膜污染的影响[J]. 环境工程学报，2013，7(2)：427-431.

[111] 张洁欣，魏俊富，张环. 聚砜纳滤中空纤维膜去除内分泌干扰物双酚A[J]. 膜科学与技术，2012，32(2)：41-45.

[112] 郑建军，王亮，马术岭，等. 小型直饮水系统中预处理工艺对纳滤的影响[J]. 天津工业大学学报，2011，30(5)：1-4.

[113] 郑颖韩，吴昊，陈晟颖，等. 反渗透-电去离子复合处理水中Ni^{2+}研究[J]. 浙江大学学报(理学版)，2012，39(1)：85-88.

[114] 孔劲松，王晓伟. 反渗透对模拟放射性废水中镍的截留性能研究[J]. 核动力工程，2013，34(2)：157-159.

[115] 吴春华，陈震. 反渗透与常规水处理工艺有机物去除特性的对比研究[J]. 上海电力学院学报，2012，28(6)：549-552.

[116] 钟常明，王宗丽，王汝胜，等. 反渗透和纳滤分离矿井水中营养组分和重金属离子的研究[J]. 江西理工大学学报，2013，34(1)：1-6.

[117] 毛维东，周如禄. 矿井水反渗透处理系统设计要素[J]. 辽宁工程技术大学学报(自然科学版)，2013，32(7)：917-919.

[118] 潘凌潇，刘汉湖，何春东. 顾桥矿矿井水深度处理：超滤＋反渗透系统设计研究[J]. 中国矿业，2013，22(6)：47-50.

[119] 尹晓峰，金玉涛，王少波. 反渗透技术在电厂锅炉水处理中的工程应用[J]. 水处理技术，2011，37(3)：126-131.

[120] 曹国民，盛梅，迟峰，等. 反渗透法脱除地下水中硝酸盐的中试试验[J]. 净水技术 2011，30(5)：7-10.

[121] 杨明宇. 快滤-超滤-反渗透技术在工业给水苦咸水淡化中的应用[J]. 给水排水，2013，39(2)：93-97.

[122] 周海东，张庆俊，张倩倩. 臭氧联合工艺降解典型内分泌干扰物的研究[J]. 水资源与水工程学报，2013，24(2)：5-9.

[123] 杨宏伟，孙利利，吕淼，等. H_2O_2/O_3 高级氧化工艺控制黄河水中溴酸盐生成[J]. 清华大学学报(自然科学版)，2012，52(2)：211-215.

[124] 李绍峰，孙楚，陶虎春. O_3/H_2O_2 氧化降解环嗪酮研究[J]. 环境科学学报，2012，32(1)：157-163

[125] 刘宇，沈吉敏，陈忠林，等. O_3/H_2O_2 工艺去除饮用水中邻苯二甲酸二甲酯的研究[J]. 黑龙江大学自然科学学报，2013，30(2)：215-219.

[126] 孙云娜，魏东洋，陆桂英，等. $O_3/H_2O_2/UV$ 降解 1，2，4－三氯苯的研究[J]. 环境污染与防治，2013，35(1)：25-29.

[127] 韩文亚，张彭义，祝万鹏，等. 水中微量消毒副产物的光催化降解[J]. 环境科学，2005，26(3)：92- 95.

[128] 冯小刚，卫涛，袁春伟. 饮用水中微囊藻毒素污染及其光催化降解的研究进展[J]. 东南大学学报（自然科学版），2004，34(5)：705- 710.

[129] 童新，王军辉. 纳米 TiO_2 光催化氧化去除水中痕量双氯芬酸的研究[J]. 环境污染与防治，2012，34(8)：53-57.

[130] 刘佳，龙天渝，陈前林，等. Cu / La 共掺杂 TiO_2 光催化氧化水中的氨氮[J]. 环境工程学报，2013，7(2)：457-462.

[131] 刘红吾，张萍，吕文光. TiO_2-AgCl 光催化氧化分解水中有机物的研究[J]. 辽宁化工，2012，41(6)：561-563.

[132] 张敏健，凌瀚. 流化床光催化氧化器净化饮用水典型有机物研究[J]. 环境科技，2012，25(5)：15-21.

[133] 李芳，沈耀良，杨丽，等. 饮用水深度处理技术研究进展[J]. 净水技术，2008，27(2)：32-35.

[134] 张光明，施阳. 超声波处理微污染水体技术研究[J]. 净水技术，2003，22(4)：13- 15.

[135] 夏宁，刘汉湖，时效磊. 超声波技术处理微污染水的实验研究[J]. 环境污染治理技术与设备，2005，6(4)：73- 75.

[136] 彭迪水. 顺德五沙水厂的微滤工艺[J]. 中国给水排水，1999，15(12)：43-44.

[137] 曹井国，顾平，朱高雄，等. 混凝/微滤工艺处理含氟地下水的工程设计与运行[J]. 中国给水排水，2011，27(6)：79-82.

[138] 韩宏大，何文杰，吕晓龙，等. 天津市杨柳青水厂超滤膜法饮用水处理技术示范工程[J]. 给水排水，2008，34(9)：14-16.

[139] 笪跃武，殷之雄，李廷英，等. 超滤技术在无锡中桥水厂深度处理工程中的应用[J]. 中国给水排水，2012，28(8)：79-83.

[140] 王黎明，李华友，陈华友，等. 超滤膜处理黄河水工程实例[C]. 2010 年膜法市政水处理技术研讨会，347-349.

[141] 黄明珠，曹国栋，叶挺进，等. 活性炭＋浸没式超滤工艺在佛山新城区优质水厂的应用研究[J]. 城镇供水，2011，(2)：88-91.

[142] 徐扬，刘永康，陈克诚，等. 浸没式超滤膜在自来水厂中的大规模应用-北京市第九水厂应急改造工程[J]. 城镇供水，2011，(增刊)：6-11.

[143] 常海庆，梁恒，高伟，等. 东营南郊净水厂超滤膜示范工程的设计和运行经验简介[J]. 给水排水，2012，38(6)：9-13.

[144] 徐叶琴，谭奇峰，李冬平，等. 肇庆高新区水厂超滤膜法升级提标改造示范工程[J]. 供水技术，2012，6(5)：44-47.

[145] Fernando J. Belttan 著，周云瑞 译。水和废水的臭氧反应动力学。中国建筑工业出版社：北京，2007。

[146] 钟离，詹怀宇. 高级氧化技术在废水处理中的应用研究进展. 上海环境科学，2000，19(12)：578-671.

[147] 李绍峰，石冶，张荣全. 臭氧/过氧化氢降解西马津试验研究. 环境科学，2008，29(7)：1914-1918.

[148] 傅金祥，陈正清，赵玉华，等. 过氧化氢催化臭氧氧化—活性炭—砂滤联用深度处理微污染水. 沈阳建筑大学学报(自然科学版)，2006，22(5)：791-7942.

[149] 周磊，聂玉伦，许德平，王东升，胡春. UV/H₂O₂/Fe₂FeOₓH₂ₓ₋₃ 和 UV/ H₂O₂ 工艺降解水中富里酸的研究. 环境工程学报，2007，1(11)：1-4.

[150] 尹菁菁，张彭义，孙莉. UV/ H₂O₂ 和 UV/TiO₂/ H₂O₂ 去除水中微量硝基苯的比较研究. 给水排水，2006，32：84-88.

[151] 马军，刘晓飞，王刚，等. 臭氧/高锰酸盐控制臭氧氧化副产物[J]. 中国给水排水. 2005，21(06)：12-15.

[152] 贾瑞宝，宋武昌，杨晓亮，孙韶华. 臭氧氧化工艺溴酸盐控制中试研究[J]. 给水排水，2010，36(12)：13-16.

[153] 董文艺. 臭氧化组合工艺净水效能及副产物控制对策研究[D]. 哈尔滨：哈尔滨工业大学，2004：61-73.

[154] 杜红，王宝贞。臭氧活性炭净水过程溴酸盐的控制与去除技术研究，哈尔滨工业大学，市政工程，2004，博士。

[155] 胡红梅，董秉直，宋亚丽，等. 高锰酸钾预氧化/混凝/微滤工艺处理黄浦江源水[J]. 中国给水排水. 2007，23(5)：97-100.

[156] 邹俐，李继. 臭氧接触池优化集成研究，哈尔滨工业大学，市政工程，2010，硕士.

[157] 朱琦，刘冬梅，崔福义，方蕾，王睿. 活性炭向生物活性炭转化过程中溴酸盐的控制[J]. 哈尔滨工业大学学报，2010，42(6)：904-906.

[158] 董洋，董文艺. 活性炭负载贵金属催化去除饮用水中溴酸盐的初步研究，哈尔滨工业大学，市政工程，2010，硕士.

[159] 吴红伟，刘文君，王占生. 臭氧组合工艺去除饮用水源水中有机物的效果[J]. 环境科学. 2000(04)：29-33.

[160] 张朝晖，邵林，王亮，等. 炭池生物量在反冲洗前后的变化规律[J]. 环境工程. 2008(03)：42-44.

[161] 郜玉楠，李伟光，王广智. 生物增强活性炭工艺中优势菌群生物活性强化[J]. 哈尔滨工业大学学报. 2010(10)：1605-1608.

[162] 严敏，谭章荣等. 自来水厂管理技术[M]. 化学工业出版社，2005.

[163] 乔铁军，孙国芬. 臭氧/生物活性炭工艺的微生物安全性研究[J]. 中国给水排水，2008，24(5)：31-35.

[164] 于鑫，张晓键，王占生. 饮用水生物处理中生物量的脂磷法测定[J]. 给水排水，2002，28(5)：1-5.

[165] 伍治林，于鑫，朱亮，等. 生产规模 O₃—BAC 滤池中的微生物生物量和活性研究[J]. 环境科学，

2010，31(5)：1211-1214.

[166] 崔福义，林涛，马放，等. 水源水中水蚤类浮游动物的孳生与生态控制研究[J]. 哈尔滨工业大学学报，2002，23(3)：399-403.

[167] 邢宏，陈艳萍，张清，等. 水处理工艺中浮游甲壳动物的控制[J]. 中国给水排水，2005，21(3)：77-79.

[168] 蔺西萌，刘长军，颜秋叶，等. 生食蝌蚪感染曼氏裂头蚴发病的发现与调查. 中国人兽共患病学报. 2008，24(12)：1173-1175

[169] 崔福义，左金龙，赵志伟，等. 饮用水中贾第鞭毛虫和隐孢子虫研究进展. 哈尔滨工业大学学报. 2006，38(9)：1487-1491

[170] 檀风海，王桂清，刘学山，等. 我国首例无甲腔轮虫泌尿系感染. 临床军医杂志. 2000，28(1)：78

[171] 许文涛，郭星等，微生物菌群多样性分析方法的研究进展[J]. 食品科学，2009，30(7)：258-265.

[172] 刘志培，杨惠芳. 微生物分子生态学进展[J]. 应用与环境生物学报，1999，5(1)：43-48.

[173] 苏洪涛，柯水洲，刘丽君，等. 氯作为水厂灭活剑水蚤药剂的可行性研究[J]. 给水排水，2008(5)：147-149.

[174] 赵志伟，崔福义，林涛，等. 二氧化氯对剑水蚤类浮游动物的灭活与去除[J]. 环境科学，2008，28(8)：1759-1762.

[175] 崔福义，张敏，李冬梅，等. 氯胺灭活水中剑水蚤类浮游动物的试验研究[J]. 河海大学学报(自然科学版)，2005，33(5)：485-489.

[176] 崔福义，林涛，刘冬梅，等. 氧化剂对剑水蚤类浮游动物的杀灭效能及影响[J]. 哈尔滨工业大学学报，2004，36(2)：143-146.

[177] 周文琪，张明德，李宁，等. 过氧化氢对绕线虫的灭活效果和动力学[J]. 水处理技术，2010，36(11)：19-21.

[178] 聂小保. 净水工艺中蠕虫生长繁殖、迁移分布及污染控制研究[J]. 西安：西安建筑科技大学博士学位论文，2011：84-86.

[179] 刘丽君. 原水及饮用水中甲壳类生物污染防治技术(未公开)[R]. 深圳：深圳水务(集团)有限公司，2008：83-85.

[180] 刘丽君. 饮用水处理系统中无脊椎动物群落演替与控制技术研究[D]. 哈尔滨工业大学博士学位论文，2010：27-35.

[181] USEPA, Drinking Water Standards and Health Advisories[M]，EPA822-R-04-005，Washington，DC，Winter 2004.

[182] World Health Organization. Guidelines for Drinking-water Quality[M]，thirdedition. Vol. 1，Geneva，2004.

[183] EU's Drinking Water Standards. Council Directive 98/83/EC on the Quality of Water Intended for Human Consumption[M]. Adopted by the Council，1998.

[184] Julien L R，Hervé G，Jean P C. Formation of NDMA and Halogenated DBPs by Chloramination of Tertiary Amines：The Influence of Bromide Ion[J]. Environmental Science & Technology，2012，46(3)：1581 – 1589.

[185] Susan D R，Cristina P. Drinking Water Disinfection By-products[J]. The Handbook of Environmental Chemistry，2012，20：93-137.

[186] Tasushi T, Kazuhiro M, Noriyuki M, et al. Removal of organic substances from water by ozone treatment followed by biological activated carbon treatment[J]. Wat Sci Tech, 1997, 35(7): 171-178.

[187] Aieta E M, Regan K M, Lang J S. Advanced oxidation processes for treating groundwater contaminated with TCE and PCE: pilot scale evaluations[J]. Journal AWWA, 1998, 80: 64-75

[188] Weihua S, Kevin E. O'Shea. Ultrasonically induced degrada-tion of 2 - methylisoborneol and geosmin [J]. Water Research, 2007, 41: 2672-2678.

[189] Hoigne J. Chemistry of aqueous ozone and transformation of pollutants by ozonation and advanced oxidation process. In The Handbook of Environmental Chemistry, v5 part C—Quality and Treatment of Drinking Water II, ed. J. Hrubec. Springer-Verlag Berlin Heidelberg, 1998.

[190] Hoigné J, Bader. H. Rate constants of reactions of ozone with organic and inorganic compounds in water- II : Dissociating organic compounds. Water Research. Volume 17, Issue 2, 1983, Pages 185-194

[191] Feng Xiong, Nigel J. D. Graham. Rate Constants for Herbicide Degradation by Ozone. The Journal of the International Ozone Association Volume 14, Issue 4, 1992: 283-301

[192] Glaze, W H Kang, J W Chapin. D H The Chemistry of Water Treatment Processes Involving Ozone, Hydrogen Peroxide and Ultraviolet Radiation, The Journal of the International Ozone Association, Volume 9, Issue 4, 1987, p335-352.

[193] Von G U, Oliveras Y. Kinetics of the reaction between hydrogen peroxide and hypobromous acid: implication on water treatment and natural systems. Water Research, 1997, 31(4): 900-906

[194] Von G U, Holgne J. Bromate Formation During Ozonation of Bromide-containing Waters-Interaction of Ozone and Hydroxyl Radical Reactions. Environmental Science & Technology, 1994, 28(7): 1234-1242.

[195] Femando S G E, Jorge I, Luciano C, et al. Evaluation of the efficiency of photodegradation of nitroaromatics applying the UV/ H2O2 technique. Environmental Science & Technology, 2002, 36(18): 3936-3944.

[196] Glaze W H, Peyton G R, Simon Lin, R Y Huang, and Jimmie L Burleson. Destruction of Pollutants in Water with Ozone in Combination with Ultraviolet Radiation. 2. Natural Trihalomethane Precursors. Environ. Sci. Technol. 1982. 16, 454-458.

[197] Kulovaara, M, Corin, N, Backlund, P, et al, J. Impact of UV254-radiation on aquatic humic substances. Chemosphere. 1996, 33(5): 783-790.

[198] Femando S G E, Jorge I, Luciano C, et al. Evaluation of the efficiency of photodegradation of nitroaromatics applying the UV/ H_2O_2 technique. Environmental Science & Technology, 2002, 36(18): 3936-3944.

[199] Camel V, Bermond A. The use of ozone and associated oxidation processes in drinking water treatment. Water Research, 1998, 32(11): 3208~3222.

[200] Wert, E C, Rosario-Ortiz, F L. Effect of Ozonation on Trihalomethane and Haloacetic Acid Formation and Speciation in a Full-Scale Distribution System. Ozone-Science & Engineering, 2011, 33(1): 14-22.

[201] Gould，J P，Fitchhorn，L E，Urheim，E. Formation of brominated trihalomethanes: extent and kinetics. Water chlorination: environmental impact and health effects, 1983, 4.

[202] Chang，E，Lin，Y，Chiang，P. Effects of bromide on the formation of THMs and HAAs. Chemosphere, 2001, 43(8): 1029-1034.

[203] Haag W R，Hoigne J. Oznation of Bromide Containing waters: Kinetics of Formation of Hypobromous Acid and Bromate. Environ. Sci. & Technol. 1983, 17: 261~267.

[204] U von Gunton，J. Hoigne. Bromate Formation during Oznation of Bromide Containing Waters: Interaction of Ozone and Hydroxyl Radical Reactions. Environ. Sci. and Technol. 1994, 28(7): 1234~1242.

[205] U. Pinkernell，U von Gunten. Bromate Minimization during Oznation: Mechanistic Considerations. Environ. Sci. Techn. 2001, 35(12): 2525~2531.

[206] Siddiqui M S，Amyg G L. Factors affecting DBP formation during ozone-bromide reactions [J]. Journal of the American Water Works Association, 1993, 85(1): 63-72.

[207] Gunton U V. Oznation of drinking water: Part II. Disinfection and by-product formation in presence of bromide, iodide or chlorine. Water Res. 2003, 37(7): 1469-1487.

[208] Ge F，Shu H M，Dai Y Z. Removal of Bromide by Aluminium Chloride Coagulant in the Presence of Humic Acid[J]. Journal of Hazardous Materials. 2007, 147(1-2): 457-462.

[209] Plankey B J，Patterson H H，Cronan C S. Kinetics of Aluminum Fluoride Complexation in Acidic Waters[J]. Environmental Science&Technology. 1986, 20(2): 160-165.

[210] Dong W Y，Dong Z J，OuYang F，et al. Potassium Permanganate/ Ozone Combined Oxidation for Minimizing Bromate in Drinking Water. Advanced Materials Research. 113-116 (2010) 1490-1495.

[211] Peter A，Gunten U V. Oxidation Kinetics of Selected Taste and Odor Compounds During Oznation of Drinking Water[J]. Environmental Science & Technology, 2007, 4(2): 626-631.

[212] Leaube B，Modelinc B P，Bromate Formation by Oznation of Surface Waters in Drinking, water treatment. Water Res. 2004, 38: 2185-2195.

[213] Hijnen W A M，Suylen G M H，et al. GAC Adsorption Filters as Barriers for Viruses, Bacteria and Protozoan (oo)cysts in Water Treatment[J]. Water Research. 2010, 44: 1224-1234.

[214] Yvonne Rollinger，Wolfgang Dott. Survival of Selected BacterialSpecies in Sterilized Activated Carbon Filters and Biological Activated Carbon Filters[J]. Applied and Environmental Microbiology, 1987, 53(4): 777-781.

[215] Camper A K，Mark W. Lechevallier, et al. Growth and Persistence of Pathogens on Granular Activated Carbon Filters[J]. Applied and Environmental Microbiology. 1985, 50(6): 1378-1382.

[216] Valde H，Sanchez P M，Rivera U J，et al. Effect of Ozone Treatment on Surface Properties of Activated Carbon[J]. Langmuir, 2002, 18(6): 2111-2116.

[217] Stewart M H，Wolfe R L，Means E G. Assessment of the Bacteriological Activity Associated with Antigranulocytes Activated Carbon Treatment of Drinking-Water[J]. Applied and Environmental Microbiology, 1990, 56(12): 3822-3829.

[218] Malloch J R. The Chironomidae or Midges of Illinois, with Particular Reference to the Species Occurring in the Illinois River[J]. Bulletin of the Illinois State Laboratory of Natural History, 1915,

10: 6.

[219] Adam K. Heath RGM, Steynberg MC. Invertebrates as Biomonitors of Sand-filter Efficiency[J]. Water S A. , 1998, 24(1): 43-48.

[220] Floris R B. Metropolitan Water Board (London), 28th Chemical and Bacteriological Report[R]. Abstracted in Journal of the American Water Works Association, 1935, 27: 1194.

[221] Kelly S N. Infestation of the Norwich, England Water System[J]. Journal of the American Water Works Association, 1955, 47: 330-334.

[222] Smalls I. C. Greaves G. F. A Survey of Animals in Distribution Systems[J]. Water Treatment and Examination. 1968, 17: 150-186.

[223] Van Lieverloo J H M. Veenendaal G, Van Der Kooij D. Dierlijke Organismen in Systemen voor Distributie van Drinkwater. Resultaten van een Inventarisatie. (Invertebrates in Drinking Water Distribution Systems. Results of a Survey)[J]. Nieuwegein: KIWA Onderzoek en Advies, 1997, 175.

[224] Steyberg M C. Geldenhuys J C. et al. The Influence of Water Quality on the Efficiency of Chlorine Dioxide as Pre-oxidant and Algaecide in the Production of Potable Water. WRC Report No. 182/1/94. Water Research Commission. Pretoria. South Africa. 1994

[225] Shaddock B. An Evaluation of Invertebrate Dynamics in a Drinking Water Distribution System: A South African Perspective. Magister Scientiae in Zoology in the Faculty Science at the Rand Afrikaas University. Zoology. 2005

[226] Evins C. Small Animals in Drinking-Water Distribution Systems. http: //www. who. int/water_sanitation_health/dwq/en/piped6. pdf

[227] Du. Preez H H. Ugrasen K. Report on the Invertebrate Guidelines for Drinking Water, Report for Comment. Hydrobiology Section, Analytical Services Rand Water. Report No. 2001/10. Inverts. 1 (H): 13pp

[228] Lupi E. Ricci V. Burrini D. Recovery of Bacteria in Nematodes from a Drinking Water Supply. Journal of Water Supply. 1995, 44: 12-218

[229] World Health Organization. Guidelines for Drinking-Water Quality. In Health Criteria and Other Supporting Information. World Health Organization. Geneva, 1996, 2

[230] Torresa P. Villalobosb L. Woelflb S, et al. Identification of the Copepod Intermediate. Host of the Introduced Broad Fish Tapeworm, Diphyllobothrium latum, in Southern Chile. J. Parasitology 2004, 90(5): 1190-1193

[231] Patricio T. Steffan W. Lorena V. Experimental Infection of Copepods from Four Lakes in Southern Chile with Diphyllobothrium Latum Coracidia. Comparative Parasitology, 2007, 74(1): 167-170

[232] Pampiglione S, Fioravanti M L, Rivasi F. Human Sparganosis in Italy. Apmis. 2003, 111(2): 349-354

[233] Chang S L. Survival and Protection Against Chlorination of Human Enteric Pathogens in Free-living Nematodes Isolated from Water Supplies. American Journal of Tropical Medicine and Hygiene. 1960, 9(2): 136-142

[234] Smerda S M, Jensen H J, Anderson A W Escape of Salmonellae from Chlorination During Ingestion by Pristonchus Ihertheri (Nematoda Dip logasterinae). Journal of Nematology. 1971, 3: 201-204

[235] Levy R V. Cheetham R D. Dabis J et al. Novel Method for Studying the Public Health Significance of Macroinvertebrates Occurring in Potable Water. Applied and Environmental Biology. 1984, 47: 889-894

[236] Wolmarans E. du. Preez H, H, de C, M. et al. Significance of Bacteria Associated with Invertebrates in Drinking Water Distribution Networks. Water Science Technology. 2005, 52(8): 171-175

[237] Wolmarans E. Ventee S, N Health Related Aspects of Invertebrates in Drinking Water. WRC Report No. 2001, 5, HYDRO. GEN(HI)

[238] Morin P Camper A. Jones W. et al. Colonization and Disinfection of Biofilms Hosting Coliform-Colonized Carbon Fines[J]. Applied and Environmental Microbiology, 1996, 62(12): 4428-4432.

[239] Camper A K. LeChevallier M W. Broadaway S, C, et al. Evaluation of Procedures to Desorb Bacteria From Granular Activated Carbon[J]. Journal of Microbiological Methods, 1985, 3(3-4): 187-198.

[240] Scheriber H, Schoenen D, Traunspurger W. Invertebrate Colonization of Granular Activated Carbon Filters[J]. Water Research, 1997, 31(4): 743-748.

[241] Li Xiaowei, Yang Yufeng, Liu Lijun, et al. Invertebrate Community Characteristics in Biologically Activated Carbon Filter[J]. Journal of Environmental Sciences, 2010, 22: 648-655.

[242] Bichai F, Barbeau B, Dullemont Y, et al. Role of Predation by Zooplankton in Transport and Fate of Protozoan (oo)cysts in Granular Activated Carbon Filtration[J]. Water Research, 2009, 44 (4): 1072-1081.

[243] King C. H. , Sanders R. W. , Shotts E. B, et al. Differential Survival of Bacteria Ingested by Zooplankton from a Stratified Eutrophic Lake[J]. Limnol. Oceanogr. , 1991, 36(5): 829-845.

[244] Schallenberg M, Bremer PJ. , Henkel S. , et al. Survival of *Campylobacter jejuni* in Water: Effect of Grazing by the Freshwater Crustacean *Daphnia carinata* (Cladocera)[J]. Appl. Environ. Microbiol. , 2005, 71(9): 5085-5088.

[245] Nowosad P, Kuczynska-Kippen N, Slodkowicz-Kowalska A, et al. The Use of Rotifers in Detecting Protozoan Parasite Infections in Recreational Lakes[J]. Aquat. Ecol. , 2007, 41(1): 47-54.

[246] Levy R V, Hart F L, Cheetham R D. Occurrence and Public Health Significance of Invertebrates in Drinking Water Systems[J]. Journal of the American Water Works Association, 1986, 78(9): 105-110.

[247] Laaberki M H, Dworkin J. Death and survival of sporeforming bacteria in the Caenorhabditis elegans intestine[J]. Symbiosis 2008, 46 (2), 95-100.

[248] Kenney S J, Anderson G L, Williams P L, et al. Persistence of *Escherichia coli* O157: H7, *Salmonella Newport*, and *Salmonella Poona* in the Gut of a Free-living Nematode, *Caenorhabditis elegans*, and Transmission to Progeny and Uninfected Nematodes[J]. International Journal of Food Microbiology, 2005, 101(2): 227-236.

[249] Watson H E. A Note on the Variation of the Rate of Disinfection with Change in the Concentration of the Disinfectant[J]. J. Hyg. , 1908, 8(4): 536.

[250] Storey M V, Ashbolt N J, Stenstrom T A. Biofilms, *Thermophilic Amoebae* and *Legionella Pneumophila*-a Quantitative Risk Assessment for Distributed Water[J]. Water Sci. Technol. ,

2004, 50: 77-82.

[251] Ding G, Sugiura N, Inamori Y, et al. Effect of Disinfection on the Survival of Escherichia coli, Associated with Nematoda in Drinking Water[J]. Water Supply, 1995, 13: 101-106.

[252] Li, J S, McLellan S, Ogawa S. Accumulation and Fate of Green Fluorescent Labeled Escherichia Coli in Laboratory-Scale Drinking Water Biofilters[J]. Water Research, 2006, 40(16): 3023-3028.

[253] Gagnon G A, Rand J L, Oleary K C, et al. Disinfectant Efficacy of Chlorite and Chlorine Dioxide in Drinking Water Biofilms[J]. Water Research, 2005, 39(9): 1809-1817

[254] Ketelaars H A M, Wagenvoort A J. Control of Dreissena Biofouling by the Water Storage Corporation Bra Bantse Biesbosch[J]. Journal of Water Supply: Research and Technology-Aqua, 2001, 44 (Supp. 1): 97-101.

[255] Evins C, Greaves G F. Penetration of Water Treatment Works by Animals[R]. Technical Report TR 115, Water Research Centre, Medmenham, UK, 1979.

[256] Sands J R. The Control of Animals in Water Mains[R]. Technical Paper TP 63, Water Research Association, Medmenham, UK, 1969.

[257] Broza M, HALPERN M, TELTSCH B, et al. Shock Chloramination: Potential Treatment for Chironomidae (Diptera) Larvae Nuisance Abatement in Water Supply Systems[J]. Journal of Economic Entomology, 1998, 91: 834-840.

[258] Lin Tao, Chen Wei, Wang Zhiliang. Response Surface Optimization for Zooplankton Inactivation with Hydrogen Peroxide[C]. 3rd International Conference on Biomedical Engineering and Informatics (BMEI 2010), 2010.

[259] Sun X B, Cui F Y. Inactivation of Chironomid Larvae with Ozone[J]. Water Science and Technology: Water Supply, 2008, 8(3): 355-361.

[260] Sun X B, Cui F Y. Inactivation of Chironomid Larvae with Chlorine Dioxide and Chlorine[J]. Journal of Donghua University (Eng. Ed.), 2008, 25(4): 361-365.

[261] Burfield I, Williams D N. Control of Parthenogenetic Chironomids with Pyrethrins[J]. Water Treatment and Examination, 1975, 24: 57-67.

[262] Abram F S H, Evins C, Hobson J A. Permethrin for the Control of Animals in Water Mains[R]. Technical Report TR 145, Water Research Centre, Medmenham, UK, 1980.

[263] Mitcham R P, Shelley M W. The Control of Animals in Water Mains Using Permethrin, a Synthetic Pyrethroid [J]. Journal of the Institution of Water Engineers and Scientists, 1980, 34: 474-483.

[264] Fawell J K. An Assessment of the Safety in Use of Permethrin for Disinfestation of Water Mains [R]. Report PRU 1412-M/1, Water Research Centre, Medmenham, UK, 1987.